21世纪本科院校电气信息类创新型应用人才培养规划教材

信号与系统

主　编　许丽佳　康志亮
副主编　庞　涛　黄诚剔
参　编　宋国明　张昌华　罗　航

内 容 简 介

本书简明扼要地介绍了信号与系统的基本理论和分析方法，包括信号与系统的基本概念、连续信号与系统的时域分析、离散信号与系统的时域分析、连续信号与系统的频域分析、离散信号与系统的频域分析、连续信号与系统的复频域分析、离散信号与系统的Z域分析、MATLAB在信号与系统中的应用。

本书精选了一些重要的例题，旨在帮助读者理解和掌握信号与系统的基本理论和分析方法。本书叙述精练，深入浅出，举例翔实，适合教学和自学。本书适合作为普通高校信息与通信工程、电子科学与技术、电气工程、控制科学与工程等相关专业的教材，也可供高职高专院校的相关专业选用。

图书在版编目(CIP)数据

信号与系统/许丽佳，康志亮主编. —北京：北京大学出版社，2013.7
(21世纪本科院校电气信息类创新型应用人才培养规划教材)
ISBN 978-7-301-22582-0

Ⅰ. ①信… Ⅱ. ①许…②康… Ⅲ. ①信号系统—高等学校—教材 Ⅳ. ①TN911.6

中国版本图书馆CIP数据核字(2013)第116906号

书　　名：信号与系统
著作责任者：许丽佳　康志亮　主编
策 划 编 辑：童君鑫　宋亚玲
责 任 编 辑：宋亚玲
标 准 书 号：ISBN 978-7-301-22582-0/TP·1289
出 版 发 行：北京大学出版社
地　　址：北京市海淀区成府路205号　100871
网　　址：http://www.pup.cn　新浪官方微博：@北京大学出版社
电 子 信 箱：pup_6@163.com
电　　话：邮购部010-62752015　发行部010-62750672　编辑部010-62750667
印 刷 者：北京虎彩文化传播有限公司
经 销 者：新华书店
787毫米×1092毫米　16开本　20.25印张　468千字
2013年7月第1版　2023年7月第5次印刷
定　　价：58.00元

未经许可，不得以任何方式复制或抄袭本书之部分或全部内容。
版权所有，侵权必究
举报电话：010-62752024　电子信箱：fd@pup.pku.edu.cn

前　言

本书详细地介绍了信号与系统的基本理论和分析方法。编者依据多年的教学经验，精选了各章的内容。本书分为 8 章，以最基本的内容为主线，注重系统性和逻辑性，介绍精练，层次分明，便于读者自学。本书主要内容如下：

第 1 章　信号与系统的基本概念。介绍信号与系统的基本概念、分类、信号的基本运算，系统的性质，并辅之以实例。

第 2 章　连续信号与系统的时域分析。介绍了微分算子方程和卷积，对连续系统的零输入响应、零状态响应、完全响应等给予了详细的介绍。

第 3 章　离散信号与系统的时域分析。介绍了差分算子方程和卷和，对离散系统的零输入响应、零状态响应、完全响应等给予了详细的介绍。

第 4 章　连续信号与系统的频域分析。介绍了连续信号的正交分解、周期信号的傅里叶级数、非周期信号的傅里叶变换、傅里叶变换的性质、周期信号的傅里叶变换，最后详细地阐述了傅里叶变换的三大应用及连续信号与系统的频域分析，并辅以实例。

第 5 章　离散信号与系统的频域分析。介绍了离散周期信号傅里叶级数、非周期信号的傅里叶变换、傅里叶变换的性质，最后详细地阐述了快速傅里叶变变换算法及离散信号与系统的频域分析，并辅以实例。

第 6 章　连续信号与系统的复频域分析。介绍了连续信号的双边拉普拉斯变换、收敛域、单边拉普拉斯变换、常见信号拉普拉斯变换对、拉普拉斯变换的性质，最后详细阐述了连续信号与系统的复频域分析，并辅以实例。

第 7 章　离散信号与系统的 Z 域分析。介绍了离散信号的双边 Z 变换、收敛域、单边 Z 变换、常见信号 Z 变换对、Z 变换的性质，最后详细阐述了离散信号与系统的 Z 域分析，并辅以实例。

第 8 章　MATLAB 在信号与系统中的应用。介绍了信号的基本运算、卷积、卷和、系统时域响应、频域分析、复频域分析、Z 域分析，并配有大量 MATLAB 程序。

各章后均附有习题，在学完每章后，读者可通过大量习题的练习进一步巩固所学的内容。

本书第 1 章由成都工业学院宋国明编写，第 2 章由四川农业大学庞涛、电子科技大学张昌华编写，第 3 章由四川农业大学庞涛编写，第 4、5 章由四川农业大学康志亮编写，第 6 章由四川农业大学许丽佳编写，第 7 章由四川农业大学许丽佳、华侨大学黄诚剔编写，第 8 章由四川大学罗航、四川农业大学康志亮编写。全书由许丽佳、康志亮统稿并定稿。

由于时间有限，加上编者水平所限，书中难免存在一些不足之处，恳请广大读者不吝指正。

编者

2013.4

目　　录

第1章　信号与系统的基本概念 ……… 1

1.1　信号的描述与分类 ……………… 2

1.1.1　信号的定义和描述 ……… 2

1.1.2　信号的分类 ……………… 2

1.2　信号的基本运算 ………………… 6

1.2.1　信号相加和相乘 ………… 6

1.2.2　信号翻转、平移、尺度变换 ……………………… 7

1.2.3　连续信号的微分和积分 … 10

1.2.4　离散信号的差分和迭分 … 10

1.3　阶跃信号与冲激信号 …………… 12

1.3.1　连续时间阶跃信号 ……… 12

1.3.2　连续时间冲激信号 ……… 13

1.3.3　冲激信号与阶跃信号的关系 ……………………… 14

1.3.4　广义函数和 δ 函数性质 … 14

1.3.5　冲激序列和阶跃序列 …… 18

1.4　系统的描述 ……………………… 18

1.4.1　系统模型 ………………… 18

1.4.2　系统的输入输出描述 …… 19

1.5　系统特性与分类 ………………… 21

1.5.1　线性特性 ………………… 21

1.5.2　时不变特性 ……………… 22

1.5.3　因果性 …………………… 24

1.5.4　稳定性 …………………… 24

1.5.5　系统的分类 ……………… 25

本章小结 ……………………………… 25

习题一 ………………………………… 25

第2章　连续信号与系统的时域分析 ……………………………… 28

2.1　卷积积分 ………………………… 29

2.1.1　卷积的定义 ……………… 29

2.1.2　卷积的性质 ……………… 31

2.1.3　常用信号的卷积积分 …… 36

2.2　连续系统的微分算子方程 ……… 37

2.2.1　微分算子和积分算子 …… 37

2.2.2　一般 LTI 系统的微分算子方程 …………………… 38

2.2.3　电路系统算子方程的建立 ……………………… 39

2.3　连续系统的零输入响应 ………… 41

2.3.1　系统的初始条件 ………… 41

2.3.2　零输入响应算子方程 …… 42

2.3.3　简单系统的零输入响应 … 42

2.4　连续系统的零状态响应 ………… 45

2.4.1　连续信号的 $\delta(t)$ 分解 …… 45

2.4.2　冲激响应 ………………… 46

2.4.3　一般信号 $f(t)$ 激励下的零状态响应 ……………… 49

2.4.4　阶跃响应 ………………… 50

2.5　连续系统微分方程经典分析法 … 52

2.5.1　齐次解和特解 …………… 52

2.5.2　完全解 …………………… 53

本章小结 ……………………………… 55

习题二 ………………………………… 56

第3章　离散信号与系统的时域分析 ……………………………… 60

3.1　卷积和 …………………………… 61

3.1.1　卷积和的定义 …………… 61

3.1.2　卷积和的图解机理 ……… 62

3.1.3　卷积和的性质 …………… 62

3.1.4　列表法和竖式乘法计算卷积和 ………………… 63

3.1.5　常用序列的卷积和公式 … 65

3.2　离散系统的差分算子方程 ……… 66

3.3　离散系统的零输入响应 ………… 68

3.3.1 简单系统的零输入响应 …… 69

3.3.2 一般系统的零输入响应 …… 70

3.4 离散系统的零状态响应 …… 72

3.4.1 离散系统的单位响应 …… 72

3.4.2 一般序列 $f(k)$ 激励下的零状态响应 …… 75

3.5 离散系统差分方程经典分析法 …… 79

本章小结 …… 81

习题三 …… 82

第4章 连续信号与系统的频域分析 …… 85

4.1 信号的正交分解 …… 86

4.1.1 正交信号 …… 86

4.1.2 信号的正交分解 …… 87

4.2 周期信号的傅里叶级数 …… 89

4.2.1 三角形式的傅里叶级数 …… 89

4.2.2 指数形式的傅里叶级数 …… 92

4.2.3 两种形式傅里叶级数的关系 …… 92

4.2.4 周期信号的频谱 …… 93

4.2.5 周期信号频谱的特点 …… 95

4.2.6 周期信号的功率 …… 97

4.3 非周期信号的傅里叶变换 …… 98

4.3.1 傅里叶变换 …… 98

4.3.2 非周期信号的频谱函数 …… 100

4.3.3 常见信号的傅里叶变换 …… 101

4.4 傅里叶变换的性质 …… 105

4.5 周期信号的傅里叶变换 …… 114

4.5.1 利用傅里叶变换的性质 …… 114

4.5.2 利用两种频谱函数之间关系 …… 116

4.5.3 利用周期信号与非周期信号之间关系 …… 117

4.6 傅里叶变换的三大应用 …… 118

4.6.1 滤波 …… 118

4.6.2 采样与恢复 …… 122

4.6.3 调制与解调 …… 126

4.7 连续系统的频域分析 …… 128

本章小结 …… 130

习题四 …… 130

第5章 离散信号与系统的频域分析 …… 134

5.1 周期序列的离散时间傅里叶级数 …… 135

5.1.1 离散时间傅里叶级数(DFS) …… 135

5.1.2 周期序列的频谱 …… 136

5.2 非周期序列的离散时间傅里叶变换 …… 138

5.2.1 离散时间傅里叶变换(DTFT) …… 139

5.2.2 常见序列的离散时间傅里叶变换 …… 140

5.3 离散时间傅里叶变换的性质 …… 144

5.4 周期序列的离散时间傅里叶变换 …… 147

5.5 离散傅里叶变换(DFT) …… 149

5.5.1 离散傅里叶变换(DFT)的引入 …… 150

5.5.2 DFT 的计算 …… 153

5.6 DFT 的快速算法(FFT) …… 154

5.7 离散系统的频域分析 …… 156

5.7.1 基本序列 $e^{j\omega k}$ 通过离散系统的零状态响应 …… 156

5.7.2 一般序列 $f(k)$ 通过离散系统的零状态响应 …… 158

本章小结 …… 159

习题五 …… 159

第6章 连续信号与系统的复频域分析 …… 161

6.1 拉普拉斯变换及其逆变换 …… 162

6.1.1 双边拉普拉斯变换 …… 162

6.1.2 单边拉普拉斯变换 …… 164

6.1.3 拉普拉斯逆变换 …… 166

6.2 拉普拉斯变换的性质 …… 169

6.3　连续系统的复频域分析 ············ 176
6.3.1　连续信号的S域分解 ······ 176
6.3.2　基本信号 e^{st} 激励下的零状态响应 ············ 176
6.3.3　一般信号 $f(t)$ 激励下的零状态响应 ············ 177
6.3.4　系统微分方程的S域解 ···················· 178
6.3.5　*RLC* 系统的S域分析 ··· 180
6.4　连续系统的表示和模拟 ············ 184
6.4.1　连续系统的方框图表示 ······················ 184
6.4.2　连续系统的信号流图表示 ······················ 187
6.4.3　连续系统的模拟 ········· 190
6.5　传递函数与系统特性 ·········· 193
6.5.1　$H(s)$的零点和极点 ······ 193
6.5.2　$H(s)$与系统的时域特性 ······················ 194
6.5.3　$H(s)$与系统的频率特性 ······················ 196
6.5.4　$H(s)$与系统的稳定性 ··· 197
本章小结 ······························ 201
习题六 ································ 201

第7章　离散信号与系统的Z域分析 ·························· 206

7.1　Z变换及其逆变换 ············ 207
7.1.1　Z变换的定义 ·········· 207
7.1.2　Z变换的收敛域 ········· 208
7.1.3　常用序列的Z变换 ······ 211
7.1.4　Z逆变换 ················ 212
7.2　Z变换的性质 ·················· 214
7.3　离散系统的表示和模拟 ············ 224
7.3.1　传递函数的定义 ········· 224
7.3.2　离散系统的方框图表示 ······················ 224
7.3.3　离散系统的信号流图表示 ······················ 226
7.3.4　离散系统的模拟 ········· 227
7.4　离散系统的Z域分析 ·········· 228
7.4.1　零输入响应的Z域求解 ······················ 229
7.4.2　零状态响应的Z域求解 ······················ 229
7.4.3　全响应的Z域求解 ······ 229
7.5　传递函数与系统特性 ·········· 231
7.5.1　传递函数的零点与极点 ······················ 231
7.5.2　传递函数的零、极点与时域响应 ·············· 232
7.5.3　传递函数与频率响应 ······ 232
7.5.4　传递函数与稳定性 ······ 234
本章小结 ······················ 236
习题七 ························ 236

第8章　MATLAB在信号与系统中的应用 ·························· 241

8.1　信号的基本知识 ·············· 242
8.1.1　数字信号与模拟信号之间的转换及采样频率 ········ 242
8.1.2　信号的表示 ············ 243
8.1.3　信号的基本运算 ········ 246
8.2　信号和系统的时域分析 ·········· 249
8.2.1　连续系统的冲激响应 ······ 249
8.2.2　连续系统的零状态响应 ······················ 250
8.2.3　离散系统的零状态响应 ······················ 250
8.2.4　离散系统的冲激响应 ······ 252
8.2.5　卷积和的运算 ·········· 253
8.3　信号与系统的频域分析 ·········· 254
8.3.1　离散傅里叶变换及其逆变换 ······················ 254
8.3.2　信号的功率密度谱 ······ 256
8.3.3　信号的互相关功率密度谱 ······················ 256
8.3.4　数字滤波器 ············ 258
8.4　连续信号与系统的复频域分析 ··· 260

8.4.1 MATLAB 实现部分因式展开 …… 260
8.4.2 $H(s)$零极点与系统特性 …… 262
8.4.3 拉普拉斯变换的计算 …… 264
8.5 离散信号和系统的 Z 域分析 …… 265
8.5.1 MATLAB 实现部分因式展开 …… 265
8.5.2 $H(z)$零极点与系统特性 …… 266
8.5.3 Z 变换的计算 …… 267
本章小结 …… 268
习题八 …… 268
习题一参考答案 …… 270
习题二参考答案 …… 274
习题三参考答案 …… 280
习题四参考答案 …… 284
习题五参考答案 …… 291
习题六参考答案 …… 293
习题七参考答案 …… 296
习题八参考答案 …… 299
参考文献 …… 310

第1章 信号与系统的基本概念

本章学习目标

★ 了解信号的定义和分类；
★ 掌握信号的基本运算；
★ 掌握阶跃信号和冲激信号；
★ 了解系统的定义和描述；
★ 掌握系统分类和性质。

本章教学要点

知识要点	能力要求	相关知识
信号的定义和分类	了解信号的定义和分类	连续与离散、周期与非周期、确定与随机、能量与功率
信号的基本运算	掌握信号的基本运算	相加、相乘、翻转、平移、展缩、微分、差分、积分、迭分
阶跃信号和冲激信号	掌握阶跃信号和冲激信号	广义函数的定义和性质
系统的定义和描述	了解系统的定义和分类	系统的数学模型建立
系统分类和性质	掌握系统分类和性质	线性与非线性、时变与时不变、因果与非因果、稳定与非稳定

导入案例

信号与系统的概念出现在极为广泛的各种领域中。物质的运动形式或状态的变化，如声、光、电、振动、流量、温度等都是信号。系统是由若干相互联系、相互作用的单元组成的具有一定功能的整体，包括通信系统、计算机系统、自动控制系统、生态系统、经济系统、社会系统等。系统的功能是传输和处理各种信号。图1所示的收音机系统，就是把从接收电路接收到的高频信号经检波(解调)还原成音频信号，送到耳机或扬声器变成音波。

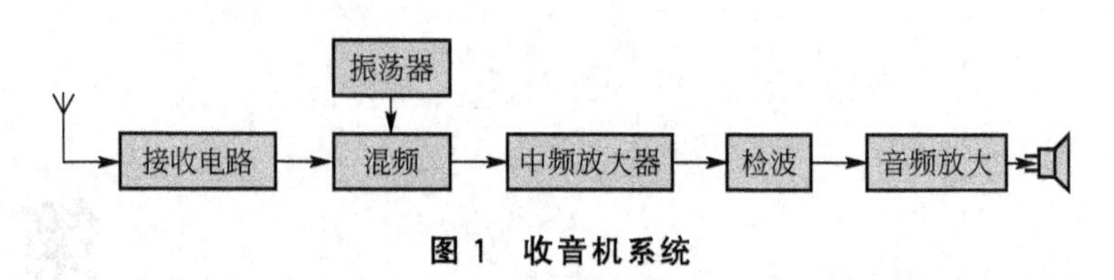

图 1 收音机系统

引言

本章主要介绍信号与系统的基本概念、信号的基本运算(加法、乘法、翻转、平移、尺度变换、微分、积分、差分、迭分)、系统的分类与特性(线性、时不变性、因果、稳定),重点阐述信号的基本运算和讨论线性时不变系统的特性,并以此为基础介绍信号与系统分析的基本内容和方法。

1.1 信号的描述与分类

本节主要介绍信号的描述和分类。在数学上,信号一般用函数描述,可以是一维,也可以是 n 维信号。本书只讨论一维信号,为方便起见,一般都将信号的自变量设为时间 t 和序号 k。与函数一样,信号除用函数表示外,还可以用图形、测量数据或统计数据表示。按照信号的函数关系和是否具有随机性,可以将信号分为连续信号和离散信号、确定信号与随机信号、周期信号与非周期信号、能量信号与功率信号等。

1.1.1 信号的定义和描述

信号的概念广泛出现在各个领域中,它以各种各样的形式表现且携带特定的信息。信号就是这些信息的载体,一般表现为随时间变化的某种物理量。从广义上讲,它包含光信号、声信号和电信号等。例如,古代人利用点燃烽火台而产生的滚滚狼烟,向远方军队传递敌人入侵的信息,这属于光信号;当人们说话时,声波传递到他人的耳朵,使他人了解其意图,这属于声信号;遨游太空的各种无线电波、四通八达的电话网中的电流等,都可以用来向远方表达各种信息,这属于电信号。信号分为电信号和非电信号,所谓电信号通常是指随时间变化的电压和电流,也可以是电荷或磁通以及电磁波等。其他形式的非电信号通常可以通过各类传感器转换为电信号,例如,通过热电偶可以把温度信号转换为热电势,通过电阻应变片和相应的转换电路可以将压力转换为电压信号。在可以作为信号的诸多物理量中,电信号是应用最广的物理量,且易于产生和控制,传送效率高,也容易实现电信号与非电信号的相互转换,所以本书主要讨论电信号。

信号一般可以表示为一个或多个变量的函数。例如,语音信号可以表示为声压随时间变化的函数,黑白图像信号可以表示为灰度随二维空间变量变化的函数。信号是随时间变化的,在数学上通常描述为时间的函数,用 $f(t)$ 或 $f(k)$ 表示(其中,$f(t)$ 表示连续信号,$f(k)$ 表示离散信号),故信号和函数这两个名词通常交替使用。

1.1.2 信号的分类

信号的分类方法很多,可以从不同的角度对信号进行分类。在信号与系统的分析中,根据信号与自变量的特性，信号可以分为连续信号和离散信号、确定信号与随机信号、周期信号与非周期信号、能量信号与功率信号等。

1. 连续信号与离散信号

一个信号，如果在某个时间区间除了有限间断点外都有定义，就称该信号在此区间内为连续时间信号，简称连续信号。这里“连续”一词是指在定义域内(除有限个间断点外)信号是连续可变的。例如，正弦信号的表达式为

$$f_1(t)=A\sin(\pi t) \tag{1-1}$$

式中：A 为常数，自变量 t 在定义域$(-\infty,\ \infty)$内连续变化，信号在值域 $[-A,\ A]$ 上连续取值，如图 1.1 所示。

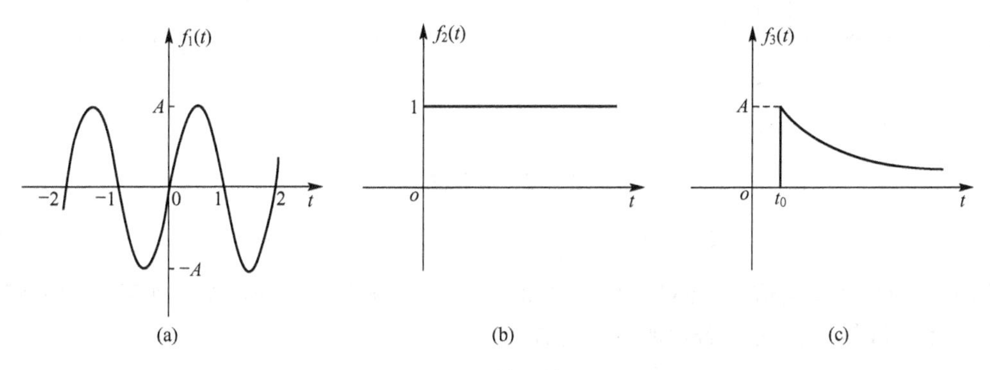

图 1.1　模拟信号

仅在离散时刻点上有定义的信号称为离散时间信号，简称离散信号。这里“离散”一词表示自变量只取离散的数值，相邻离散时刻点的间隔可以相等或不相等。

定义在等间隔离散时刻点上的离散信号也称为序列，通常记为 $f(k)$，k 称为序号。例如，与序号 $k=2$ 相应的序列值 $f(2)$称为信号的第 2 个样值。一般情况下，$f(k)$是 $f(t)$等间隔抽样得到的，假设抽样周期为 T，那么 $t=kT$，则抽样信号可以表示为 $f(kT)$。工程应用中为了简化书写，抽样信号表示为 $f(k)$。

在工程应用中，常常把幅值可连续取值的连续信号称为模拟信号；把幅值可连续取值的离散信号称为抽样信号，如图 1.2 中(a)所示；而把幅值只能取某些规定数值的离散信号称为数字信号，如图 1.2(b)、图 1.2(c)所示。

2. 确定信号与随机信号

若信号被表示为一确定的时间函数，对于指定的某一时刻，可确定其相应的函数值，这种信号称为确定信号或规则信号，例如正弦信号。

但是，实际传输的信号往往具有未可预知的不确定性，这种信号是随机的，不能以明确的数学表达式表示，只能知道该信号的统计特性，这种信号通常称为随机信号或不确定信号。例如，在通信传输过程中引入的各种噪声，即使在相同的条件下进行观察测试，每次的结果都不相同，呈现出随机性和不可预测性。本书主要研究确定性信号。

3. 周期信号与非周期信号

一个连续信号 $f(t)$，若对所有 t 均有

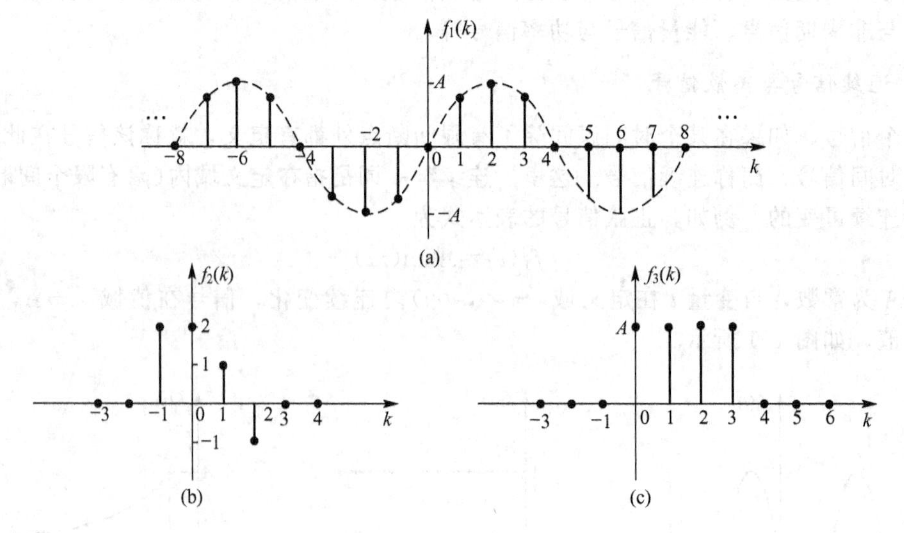

图 1.2　离散信号

$$f(t)=f(t+mT)\quad m=0,\ \pm1,\ \pm2,\ \cdots \tag{1-2}$$

则称 $f(t)$ 为连续周期信号，满足式(1-2)的最小 T 值称为 $f(t)$ 的周期，如图 1.3(a)所示。

一个离散信号 $f(k)$，若对所有 k 均有

$$f(k)=f(k+mN)\quad m=0,\ \pm1,\ \pm2,\ \cdots \tag{1-3}$$

就称 $f(k)$ 为离散周期信号或周期序列，如图 1.3(b)所示。

非周期信号在时间上不具有周而复始的特性。若令周期信号的周期 T 趋于无限大，则成为非周期信号。

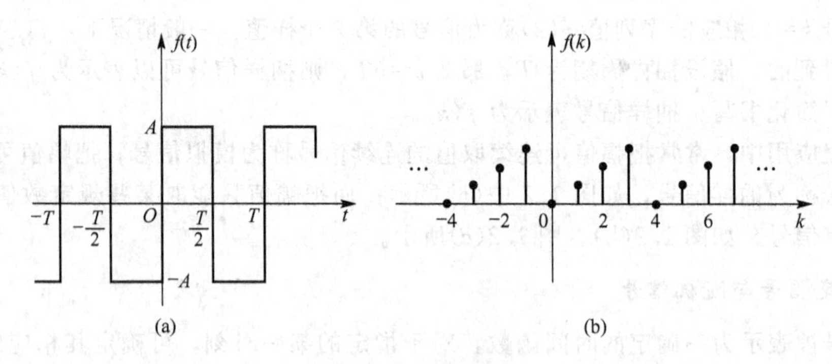

图 1.3　周期信号

4. 能量信号与功率信号

若将信号 $f(t)$ 设为电压或电流，则加载在单位电阻上产生的瞬时功率为 $|f(t)|^2$，在一定的时间区间 $\left(-\frac{\tau}{2},\ +\frac{\tau}{2}\right)$ 内会消耗一定的能量，如果将时间区间无限扩展，那么信号 $f(t)$ 的能量定义为

$$E=\lim_{t\to\infty}\int_{-\frac{\tau}{2}}^{+\frac{\tau}{2}}|f(t)|^2\mathrm{d}t \tag{1-4}$$

信号 $f(t)$的平均功率 P 为

$$P=\lim_{t\to\infty}\frac{1}{\tau}\int_{-\frac{\tau}{2}}^{+\frac{\tau}{2}}|f(t)|^2\mathrm{d}t \tag{1-5}$$

如果在无限大时间区间内信号的能量为有限值，即 $E<\infty$，就称该信号为能量有限信号，简称能量信号。如果在无限大时间区间内，信号的平均功率为非零有限值，即 $0<P<\infty$，则称此信号为功率有限信号，简称功率信号。

对于离散信号，其能量的计算公式定义为

$$E=\sum_{k=-\infty}^{\infty}|f(k)|^2 \tag{1-6}$$

例 1-1　计算图 1.4 所示信号的能量。

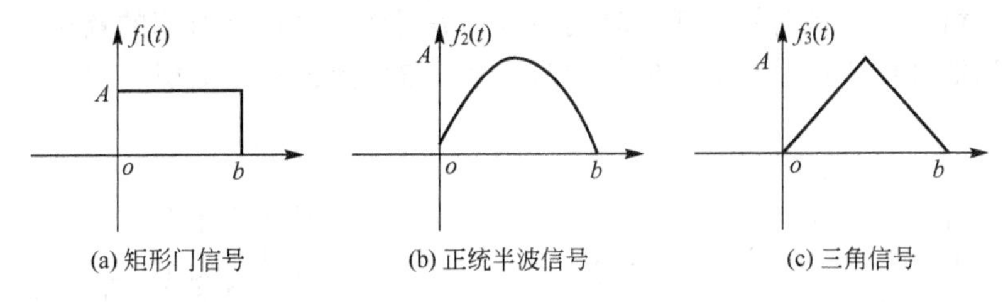

图 1.4　例 1-1 图

解：(a)根据能量的定义，矩形门信号的能量为

$$E_1=\lim_{t\to\infty}\int_{-\frac{\tau}{2}}^{\frac{\tau}{2}}|f_1(t)|^2\mathrm{d}t=\int_0^b|A|^2\mathrm{d}t=A^2b$$

(b) 同理，正弦半波信号的能量为

$$E_2=\lim_{t\to\infty}\int_{-\frac{\tau}{2}}^{\frac{\tau}{2}}|f_2(t)|^2\mathrm{d}t=\int_0^b\left|A\sin\left(\frac{\pi}{b}t\right)\right|^2\mathrm{d}t=\frac{1}{2}A^2b$$

(c) 三角信号的能量为

$$E_3=\lim_{t\to\infty}\int_{-\frac{\tau}{2}}^{\frac{\tau}{2}}|f_3(t)|^2\mathrm{d}t=\int_0^{\frac{b}{2}}\left|\frac{2A}{b}t\right|^2\mathrm{d}t+\int_{\frac{b}{2}}^{b}\left|2A-\frac{2A}{b}t\right|^2\mathrm{d}t=\frac{1}{3}A^2b$$

5. 因果信号和反因果信号

因果信号是指信号 $f(t)$在 $t<0$ 时，取值为零，只有 $t>0$ 才有取值的信号，如图 1.5(a)所示。反因果信号是指 $t>0$ 时，$f(t)=0$，只有 $t<0$ 时才有取值的信号，如图 1.5(b)所

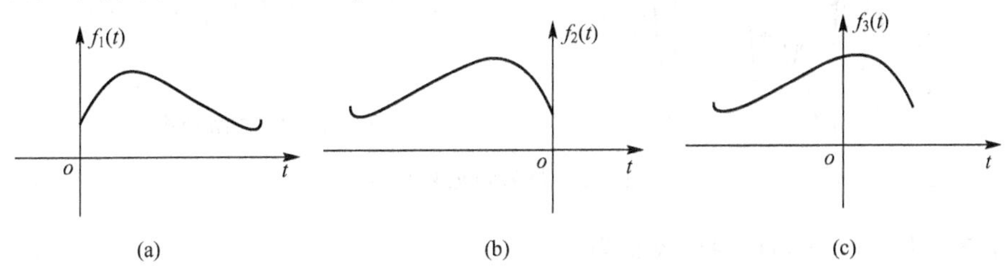

图 1.5　因果信号与非因果信号

示。非因果信号的信号可以称为非因果信号，如图 1.5(c)所示。非因果信号包含反因果信号。

当然，还有其他的分类方式，如可以把信号分为模拟信号和数字信号，实信号和复信号等，此处不再赘述。

1.2 信号的基本运算

在信号的传输与处理过程中往往需要进行信号的运算，它包括信号的相加或相乘，信号波形的翻转、平移和尺度变换，连续信号的微分(导数)和积分以及离散信号的差分和迭分运算等。

1.2.1 信号相加和相乘

两个信号相加，其和信号在任意时刻的幅值等于两信号在该时刻的幅值之和；两个信号相乘，其积信号在任意时刻的幅值等于两信号在该时刻的幅值之积，如图 1.6 所示。

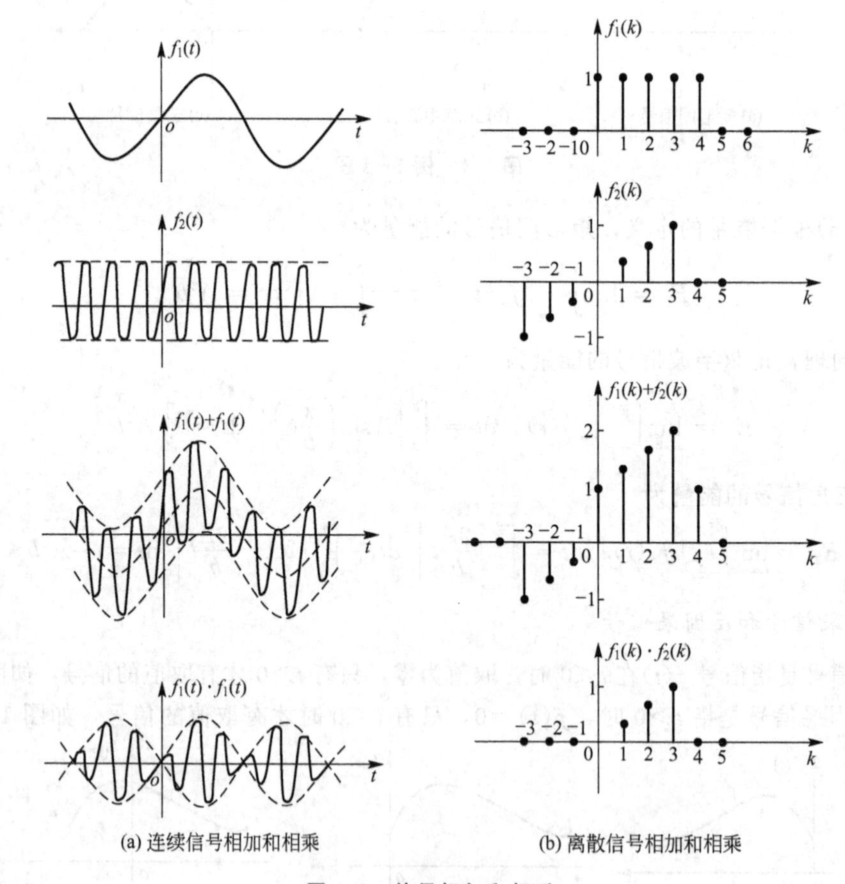

图 1.6 信号相加和相乘

两个连续信号相加和相乘可表示为

$$s(t)=f_1(t)+f_2(t) \tag{1-7}$$

$$p(t)=f_1(t)\cdot f_2(t) \tag{1-8}$$

同样，两个离散信号相加和相乘可表示为

$$s(k)=f_1(k)+f_2(k) \tag{1-9}$$

$$p(k)=f_1(k)\cdot f_2(k) \tag{1-10}$$

图 1.6(a)和图 1.6(b)作为两个例子给出了一对连续信号和一队离散信号的波形以及它们的和信号及积信号的波形。对于多个信号相加和相乘方法是一样的。

1.2.2　信号翻转、平移、尺度变换

1. 信号翻转

将信号 $f(t)$（或 $f(k)$）的自变量 t（或 k）换成 $-t$（或 $-k$），得到另一个信号 $f(-t)$（或 $f(-k)$），将这种变换称为信号的翻转。它的几何意义是将自变量轴“倒置”，取其原信号自变量轴的负方向作为变换后信号自变量轴的正方向，或者按照习惯，自变量轴不“倒置”时，可将 $f(t)$或 $f(k)$的波形绕纵坐标轴翻转 180°，即为 $f(-t)$或 $f(-k)$的波形，如图 1.7 所示。

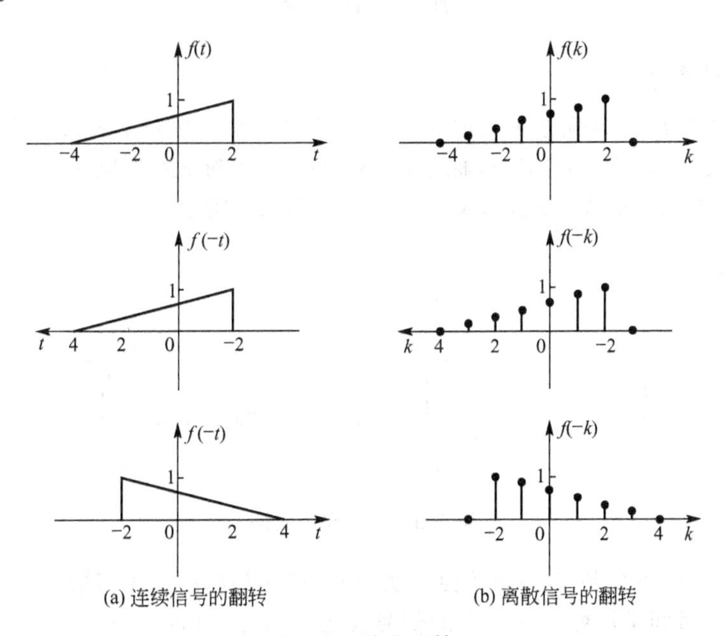

图 1.7　信号翻转

2. 信号平移

将信号 $f(t)$沿 t 轴平移 t_0，即得到平移信号 $f(t-t_0)$，其中 t_0为常数。当 $t_0>0$ 时，平移信号是原信号 $f(t)$沿时间轴右移 t_0的结果，表征滞后 t_0时间。当 $t_0<0$ 时，平移信号是原信号 $f(t)$沿时间轴左移$|t_0|$的结果，表征超前$|t_0|$时间，如图 1.8 所示。

平移信号在雷达、声呐和地震信号处理中经常遇到，通过平移信号 $f(t-t_0)$和原信号 $f(t)$在时间上的迟延，可以探测目标和震源的距离。

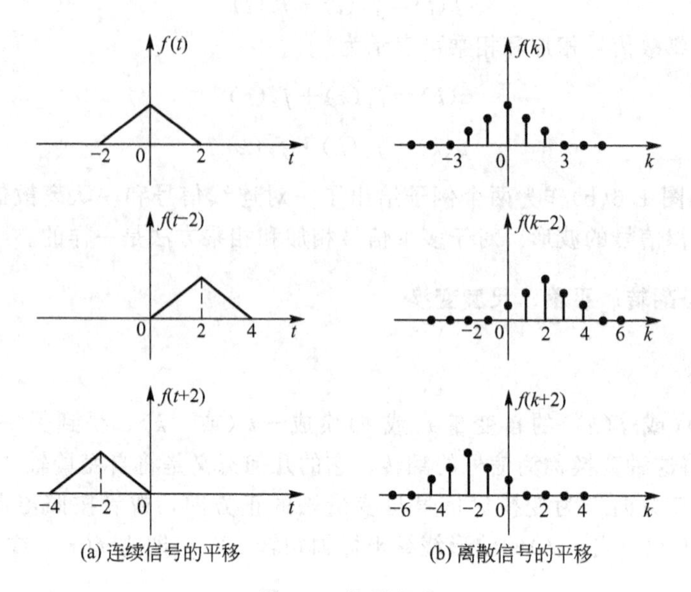

(a) 连续信号的平移　　(b) 离散信号的平移

图 1.8　信号平移

3. 信号尺度变换

如果将信号 $f(t)$ 的自变量 t 换成 at，a 为正数，并且保持 t 轴尺度不变，那么，当 $a>1$ 时，$f(at)$ 表示将 $f(t)$ 波形以坐标原点为中心，沿 t 轴压缩为原来的 $1/a$；当 $0<a<1$ 时，$f(at)$ 表示将 $f(t)$ 波形沿 t 轴展宽 $1/a$ 倍，如图 1.9 所示。

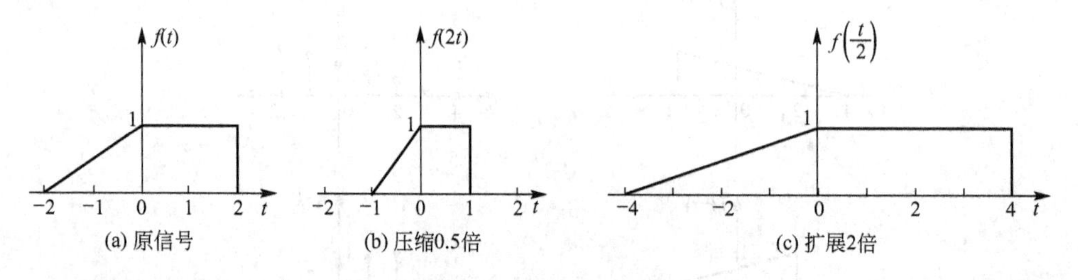

(a) 原信号　　(b) 压缩0.5倍　　(c) 扩展2倍

图 1.9　信号尺度变换

如果以变量 $at+b$ 代替 $f(t)$ 中的独立变量 t，可得到新的信号函数 $f(at+b)$。当 $a>0$ 时，它是 $f(t)$ 沿时间轴展缩、平移后的信号波形；当 $a<0$ 时，它是 $f(t)$ 沿时间轴展缩、平移和翻转后的信号波形。

信号的翻转、平移和尺度变换运算只是自变量的简单变换，而变换前后信号端点的函数值不变。因此可通过端点函数值不变这一关系，来确定信号变换前后其图形各端点的位置。

例 1-2　已知信号 $f(t)$ 的波形如图 1.10(a)所示，试画出 $f(1-2t)$ 的波形。

解：一般来说，在 t 轴尺度保持不变的情况下，信号 $f(at+b)(a\neq0)$ 的波形可以通过对信号 $f(t)$ 波形的平移、翻转(若 $a<0$)和尺度变换得到。根据变换操作顺序不同，可用多种方法画出 $f(1-2t)$ 的波形。

(1) 按“平移—翻转—尺度变换”顺序。先将 $f(t)$沿 t 轴左移一个单位得到 $f(t+1)$波形。再将该波形绕纵轴翻转 180°，得到 $f(-t+1)$波形。最后，将 $f(-t+1)$波形压缩 1/2 得到 $f(1-2t)$的波形。信号波形的变换过程如图 1.10 所示。

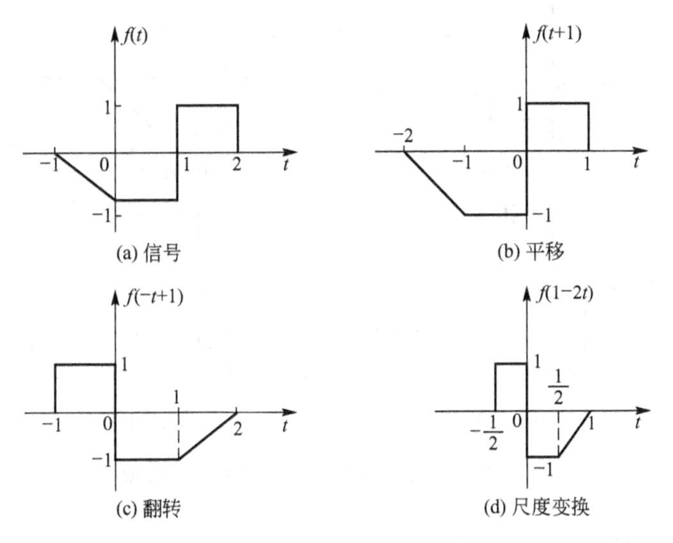

图 1.10 信号及其翻转、平移和尺度变换

(2) 按“尺度变换—平移—翻转”顺序。先以坐标原点为中心，将 $f(t)$的波形沿 t 轴压缩 0.5 倍，得到 $f(2t)$的波形。再将 $f(2t)$的波形沿 t 轴左移 1/2 个时间单位，得到信号 $f(2(t+1/2))=f(2t+1)$的波形。最后，进行“翻转”操作，得到 $f(1-2t)$的波形。信号的变换过程如图 1.11 所示。

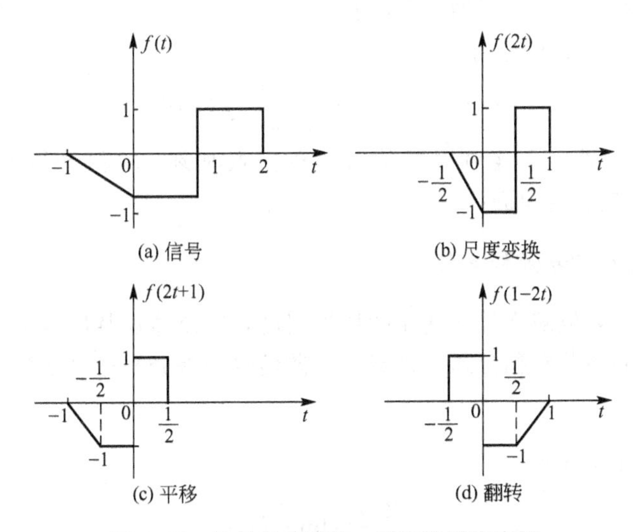

图 1.11 信号及其翻转、平移和尺度变换

(3) 按“翻转—展缩—平移”顺序。首先将 $f(t)$的波形进行翻转得到 $f(-t)$波形。然后，以坐标原点为中心，将 $f(-t)$波形沿 t 轴压缩 1/2，得到 $f(-2t)$波形。由于 $f(1-2t)$可以改写为 $f(-2(t-1/2))$，所以只要将 $f(-2t)$沿 t 轴右移 1/2 个单位，即可得到$f(1-2t)$

波形。信号的波形变换过程如图 1.12 所示。

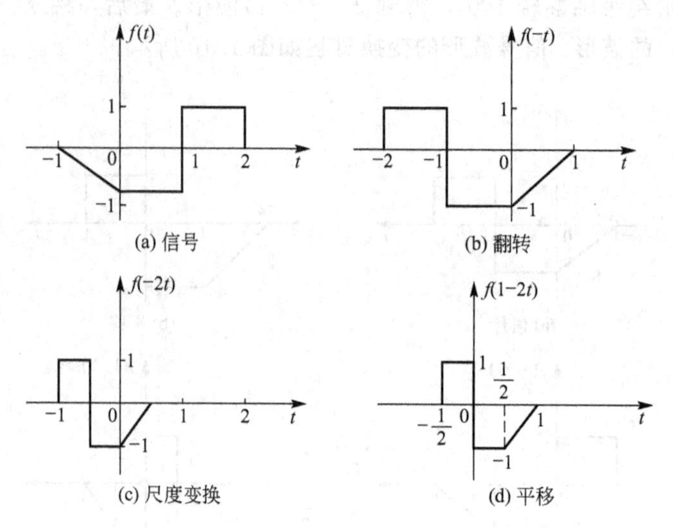

图 1.12 信号及其翻转、平移和尺度变换

1.2.3 连续信号的微分和积分

连续时间信号 $f(t)$的导数为

$$y(t)=f^{(1)}(t)=\frac{\mathrm{d}}{\mathrm{d}t}f(t) \tag{1-11}$$

信号求导产生另一个连续时间信号，它表示信号 $f(t)$的幅值随变量 t 的变化情况。在常规意义下，函数在断点处的导数是不存在的。

连续时间信号 $f(t)$的积分为

$$y(t)=f^{(-1)}(t)=\int_{-\infty}^{t}f(x)\mathrm{d}x \tag{1-12}$$

信号的积分产生另一个连续时间信号，在任意时刻 t 的积分信号值为 $f(t)$波形在$(-\infty, t)$区间上所包含的净面积。

1.2.4 离散信号的差分和迭分

为了反映离散序列值随序号 k 变化的快慢程度，以及体现某序号之前序列值的累加效果，仿照连续信号的微分和积分运算来定义离散信号的差分和迭分运算。

1. *差分运算*

连续时间信号的导数为

$$\frac{\mathrm{d}f(t)}{\mathrm{d}t}=\lim_{\Delta t\to 0}\frac{\Delta f(t)}{\Delta t}$$

对于离散信号，可用两个相邻序列值的差值代替 $\Delta f(t)$，用相应离散时间之差代替 Δt，称这两个差值之比为离散信号的变化率。根据相邻离散时间选取方式的不同，离散信号变化率有如下两种表示形式。

$$\frac{\Delta f(k)}{\Delta k}=\frac{f(k+1)-f(k)}{(k+1)-k}$$

$$\frac{\Delta f(k)}{\Delta k}=\frac{f(k)-f(k-1)}{k-(k-1)}$$

1）前向差分

$$\Delta f(k)=f(k+1)-f(k) \tag{1-13}$$

2）后向差分

$$\nabla f(k)=f(k)-f(k-1) \tag{1-14}$$

离散信号的差分运算产生另一个离散信号，并且对于同一个离散信号而言，其前向差分信号沿 k 轴右移一个单位，即为该信号的后向差分信号。

如果对差分运算得到的离散信号继续进行差分操作，可以定义高阶差分运算。对于前向差分有以下几种情况。

一阶前向差分为

$$\Delta f(k)=f(k+1)-f(k)$$

二阶前向差分为

$$\begin{aligned}\Delta^2 f(k)&=\Delta[\Delta f(k)]\\&=\Delta[f(k+1)-f(k)]=\Delta f(k+1)-\Delta f(k)\\&=[f(k+2)-f(k+1)]-[f(k+1)-f(k)]\\&=f(k+2)-2f(k+1)+f(k)\end{aligned}$$

一般 m 阶前向差分可表示为

$$\begin{aligned}\Delta^m f(k)&=\Delta^{m-1}f(k+1)-\Delta^{m-1}f(k)\\&=f(k+m)+b_{m-1}f(k+m-1)+\cdots+b_0 f(k)\end{aligned} \tag{1-15}$$

同理，一阶后向差分为

$$\nabla f(k)=f(k)-f(k-1)$$

二阶后向差分为

$$\begin{aligned}\nabla^2 f(k)&=\nabla[\nabla f(k)]=\nabla[f(k)-f(k-1)]\\&=f(k)-2f(k-1)+f(k-2)\\&=f(k)-2f(k-1)+f(k-2)\end{aligned}$$

m 阶后向差分可表示为

$$\begin{aligned}\nabla^m f(k)&=\nabla^{m-1}f(k+1)-\nabla^{m-1}f(k)\\&=f(k)+a_1 f(k-1)+a_2 f(k-2)+\cdots+a_m f(k-m)\end{aligned} \tag{1-16}$$

2. 迭分运算

连续时间信号积分运算为

$$y(t)=\int_{-\infty}^{t}f(x)\mathrm{d}x=\lim_{\Delta\tau\to 0}\sum_{\tau=-\infty}^{t}f(\tau+\Delta\tau)\Delta\tau$$

在离散信号中，最小间隔 $\Delta\tau$ 就是一个单位时间，即 $\Delta\tau=1$，可定义离散积分运算为

$$y(k)=\sum_{n=-\infty}^{k}f(n) \tag{1-17}$$

表明离散积分实际上就是对 $f(n)$ 的累加计算，故称离散积分为迭分运算。

1.3 阶跃信号与冲激信号

阶跃信号和冲激信号是描述一类特定物理现象的数学模型，它们在信号与系统分析中具有重要意义。单位阶跃信号和单位冲激信号作为连续信号与系统分析的基本信号，一般信号都可以分解为单位阶跃信号和单位冲激信号的线性组合。

1.3.1 连续时间阶跃信号

一般采用图 1.13(a)所示信号的极限来定义阶跃信号。图 1.13(a)信号可以表示为

$$\varepsilon_{\Delta}(t)=\begin{cases}0 & t<0\\ \dfrac{1}{\Delta}t & 0<t<\Delta\\ 1 & t>\Delta\end{cases} \tag{1-18}$$

该函数在 $t<0$ 时为零，$t>\Delta$ 时为常数 1。在区间$(0,\Delta)$内直线上升，其斜率为 $1/\Delta$。

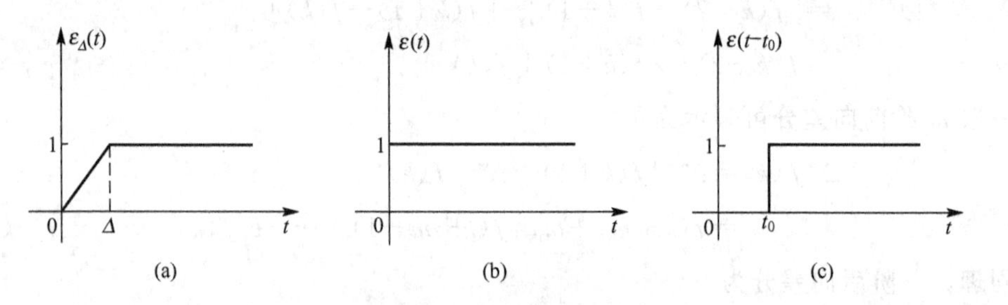

图 1.13 阶跃信号

当 $\Delta\to 0$ 时，信号 $\varepsilon_{\Delta}(t)$在 $t=0$ 处由 0 跳变为 1，其斜率为无限大，定义此信号为连续时间单位阶跃信号，简称单位阶跃信号，用 $\varepsilon(t)$表示，波形如图 1.13(b)所示，表示为

$$\varepsilon(t)=\begin{cases}0, & t<0\\ 1, & t>0\end{cases} \tag{1-19}$$

单位阶跃信号时移 t_0 后，可表示为

$$\varepsilon(t)=\begin{cases}0, & t<t_0\\ 1, & t>t_0\end{cases} \tag{1-20}$$

其波形如图 1.13(c)所示，应用单位阶跃信号可以简化某些信号的表示。

如图 1.14(a)所示的因果信号，可以表示为

$$f_1(t)=\begin{cases}0 & t<0\\ \sin w_0 t & t>0\end{cases}$$

如图 1.14(b)所示的因果信号，可以表示为

$$f_2(t)=\begin{cases}0 & t<t_0\\ \sin w_0 t & t>t_0\end{cases}$$

如图 1.14(c)所示的分段信号，可以表示为

$$f_3(t)=\begin{cases}\dfrac{1}{3}(t+2) & -2<t<1\\ -\dfrac{1}{2}(t-1) & 1<t<3\\ 0 & 其他\ t\end{cases}$$

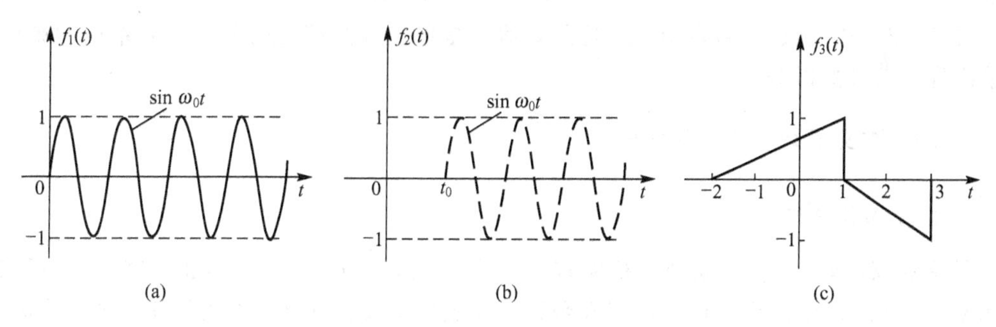

图 1.14　因果信号和分段信号

用单位阶跃信号可以表示如下。

$$f_1(t)=\sin w_0 t\varepsilon(t)$$

$$f_2(t)=\sin w_0 t\varepsilon(t-t_0)$$

$$f_3(t)=\frac{1}{3}(t+2)[\varepsilon(t+2)-\varepsilon(t-1)]-\frac{1}{2}(t-1)[\varepsilon(t-1)-\varepsilon(t-3)]$$

可见，用单位阶跃信号来表示某些复杂信号可以使其表达式更加简洁。

1.3.2　连续时间冲激信号

对式(1-18)求导，可以得到

$$p_\Delta(t)=\frac{\mathrm{d}}{\mathrm{d}t}\varepsilon_\Delta(t)=\begin{cases}\dfrac{1}{\Delta} & 0<t<\Delta\\ 0 & 其他\ t\end{cases} \tag{1-21}$$

当$\Delta\to 0$时，矩形脉冲的宽度趋于零，幅度趋于无限大，而其面积等于1。将此信号定义为连续时间单位冲激信号(图 1.5)，简称单位冲激信号或δ函数，用$\delta(t)$表示，即

$$\delta(t)=\lim_{\Delta\to 0}p_\Delta(t) \tag{1-22}$$

单位冲激信号的另外一种定义为

$$\begin{cases}\displaystyle\int_{t_1}^{t_2}\delta(t)\mathrm{d}t=1 & t_1<0<t_2\\ \delta(t)=0 & t\neq 0\end{cases} \tag{1-23}$$

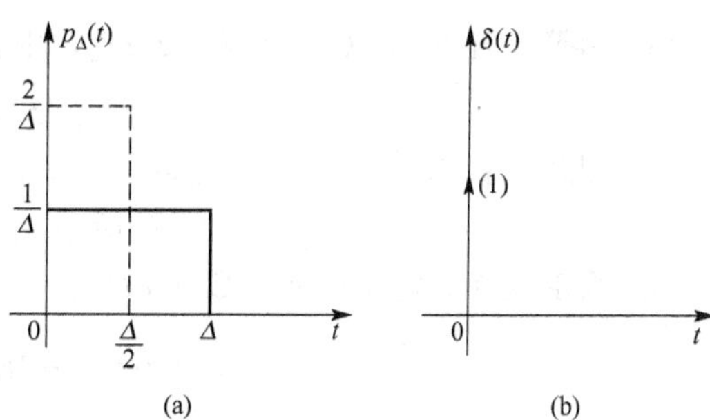

图 1.15　冲激信号

定义表明δ函数除原点以外，处处为零，但其面积为1。

1.3.3 冲激信号与阶跃信号的关系

冲激信号的积分可以表示为

$$\int_{-\infty}^{t}\delta(x)\mathrm{d}t=\begin{cases}0 & t<0\\ 1 & t>0\end{cases}=\varepsilon(t) \tag{1-24}$$

阶跃信号的微分可以表示为

$$\delta(t)=\lim_{\Delta\to 0}p_{\Delta}(t)=\lim_{\Delta\to 0}\left[\frac{\mathrm{d}}{\mathrm{d}t}\varepsilon_{\Delta}(t)\right]=\frac{\mathrm{d}}{\mathrm{d}t}\left[\lim_{\Delta\to 0}\varepsilon_{\Delta}(t)\right]=\frac{\mathrm{d}}{\mathrm{d}t}\varepsilon(t) \tag{1-25}$$

式(1-24)和式(1-25)表明，单位阶跃信号是单位冲激信号的积分，而单位冲激信号是单位阶跃信号的微分。

1.3.4 广义函数和δ函数性质

1. 广义函数的概念

普通函数，如 $y=f(t)$是将一维实数空间的 t 经过 f 所规定的运算映射为一维实数空间的 y。将普通函数的概念推广，广义函数可以这样定义：选择一类性能良好的函数$\varphi(t)$，$\varphi(t)$称为检验函数(相当于自变量)，一个广义函数 $g(t)$对检验函数空间中的每个函数 $\varphi(t)$赋予一个数值 N 的映射，该数与广义函数 $g(t)$和检验函数 $\varphi(t)$有关，记作 $N_g[\varphi(t)]$。

广义函数可写为

$$N_g[\varphi(t)]=\int_{-\infty}^{\infty}g(t)\varphi(t)\mathrm{d}t \tag{1-26}$$

广义函数与普通函数的关系见表 1-1。

表 1-1 广义函数和普通函数的对应关系

类型	定义式	自变量	定义域	函数值
普通函数	$y=f(t)$	t	(t_1, t_2)	$f(t)$
广义函数	$N_g[\varphi(t)]=\int_{-\infty}^{\infty}g(t)\varphi(t)\mathrm{d}t$	$\varphi(t)$	$\{\varphi(t)\}$	$N_g[\varphi(t)]$

2. 广义函数的基本运算

(1) 相等。若 $N_{g1}[\varphi(t)]=N_{g2}[\varphi(t)]$，则定义

$$g_1(t)=g_2(t) \tag{1-27}$$

(2) 相加。若 $N_g[\phi(t)]=N_{g1}[\phi(t)]+N_{g2}[\phi(t)]$，则定义

$$g(t)=g_1(t)+g_2(t) \tag{1-28}$$

(3) 尺度变换。定义广义函数 $g(at)$为

$$N_{g(at)}[\varphi(t)]=N_g\left[\frac{1}{|a|}\varphi\left(\frac{t}{a}\right)\right] \tag{1-29}$$

(4) 微分。定义广义函数 $g(t)$的 n 阶导数 $g^{(n)}(t)$为

$$N_{g^{(n)}(t)}[\varphi(t)]=N_g[(-1)^n\varphi^{(n)}(t)] \tag{1-30}$$

3. δ 函数的广义函数定义

按广义函数理论，$\delta(t)$函数定义为

$$\int_{-\infty}^{\infty} \delta(t)\varphi(t)\mathrm{d}t = \varphi(0) \tag{1-31}$$

即冲激函数 $\delta(t)$作用于检验函数 $\varphi(t)$的效果是给它赋值为 $\varphi(0)$，称为冲激函数的取样性质(或筛选性质)。简言之，能从检验函数 $\varphi(t)$中筛选出函数值 $\varphi(0)$的广义函数就称为冲激函数 $\delta(t)$。

4. δ 函数的性质

性质 1　δ 函数与普通函数 $f(t)$相乘

若将普通函数 $f(t)$与广义函数 $\delta(t)$的乘积看成是新的广义函数，则按广义函数定义和 δ 函数的筛选性质，有

$$\begin{aligned}\int_{-\infty}^{\infty}[f(t)\delta(t)]\varphi(t)\mathrm{d}t &= \int_{-\infty}^{\infty}\delta(t)[f(t)\varphi(t)]\mathrm{d}t = f(0)\varphi(0)\\ &= f(0)\int_{-\infty}^{\infty}\delta(t)\varphi(t)\mathrm{d}t = \int_{-\infty}^{\infty}[f(0)\delta(t)]\varphi(t)\mathrm{d}t\end{aligned}$$

根据广义函数相等的定义得到

$$f(t)\delta(t)=f(0)\delta(t) \tag{1-32}$$

同理，对普通函数 $f(t)$与时移 δ 函数 $\delta(t-t_0)$相乘有如下结论。

$$f(t)\delta(t-t_0)=f(t_0)\delta(t-t_0) \tag{1-33}$$

性质 2　$\delta'(\mathrm{t})$函数与普通函数 $f(t)$相乘

根据广义函数定义和微分运算规则，并应用 δ 函数筛选性质作如下推导。

$$\begin{aligned}\int_{-\infty}^{\infty}[f(t)\delta'(t)]\varphi(t)\mathrm{d}t &= \int_{-\infty}^{\infty}\delta'(t)[f(t)\varphi(t)]\mathrm{d}t\\ &= \int_{-\infty}^{\infty}\delta(t)\left\{(-1)\frac{\mathrm{d}}{\mathrm{d}t}[f(t)\varphi(t)]\right\}\mathrm{d}t\\ &=-\int_{-\infty}^{\infty}\delta(t)[f(t)\varphi'(t)+f'(t)\varphi(t)]\mathrm{d}t\\ &=-f(0)\varphi'(0)-f'(0)\varphi(t)\\ &=-f(0)\int_{-\infty}^{\infty}\delta(t)\varphi'(t)\mathrm{d}t-f'(0)\int_{-\infty}^{\infty}\delta(t)\varphi(t)\mathrm{d}t\\ &= f(0)\int_{-\infty}^{\infty}\delta'(t)\varphi(t)\mathrm{d}t-f'(0)\int_{-\infty}^{\infty}\delta(t)\varphi(t)\mathrm{d}t\\ &= \int_{-\infty}^{\infty}[f(0)\delta'(t)-f'(0)\delta(t)]\varphi(t)\mathrm{d}t\end{aligned}$$

根据广义函数相等的定义，有

$$f(t)\delta'(t)=f(0)\delta'(t)-f'(0)\delta(t) \tag{1-34}$$

同理，将 $\delta'(\mathrm{t})$换成 $\delta'(t-t_0)$，重复上述推导过程，可得

$$f(t)\delta'(t-t_0)=f(t_0)\delta'(t-t_0)-f'(t_0)\delta(t-t_0) \tag{1-35}$$

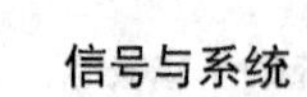

性质 3　尺度变换

设常数 $a\neq 0$，按照广义函数尺度变换和微分运算的定义，可将 $\delta^{(n)}(at)$ 表示为

$$\begin{aligned}\int_{-\infty}^{\infty}\delta^{(n)}(at)\varphi(t)\mathrm{d}t &= \int_{-\infty}^{\infty}\delta^{(n)}(x)\varphi\left(\frac{x}{a}\right)\frac{\mathrm{d}x}{|a|}\\ &= \int_{-\infty}^{\infty}(-1)^n\delta(x)\cdot\frac{1}{a^n}\delta^{(n)}(x)\left(\frac{x}{a}\right)\frac{\mathrm{d}x}{|a|}\\ &= \frac{(-1)^n}{|a|}\cdot\frac{1}{a^n}\int_{-\infty}^{\infty}\delta(x)\phi^{(n)}\left(\frac{x}{a}\right)\mathrm{d}x\\ &= (-1)^n\cdot\frac{1}{|a|a^n}\phi^{(n)}(0)\\ &= \frac{1}{|a|a^n}\int_{-\infty}^{\infty}(-1)^n\delta(t)\varphi^{(n)}(t)\mathrm{d}t\\ &= \int_{-\infty}^{\infty}\left[\frac{1}{|a|a^n}\delta^{(n)}(t)\right]\varphi(t)\mathrm{d}t\end{aligned}$$

根据广义函数相等的定义，可得到

$$\delta^{(n)}(at)=\frac{1}{|a|}\cdot\frac{1}{a^n}\delta^{(n)}(t) \tag{1-36}$$

当 $n=0$ 和 1 时，分别有

$$\delta(at)=\frac{1}{|a|}\delta(t) \tag{1-37}$$

$$\delta'(at)=\frac{1}{|a|}\cdot\frac{1}{a}\delta'(t) \tag{1-38}$$

性质 4　奇偶性

在式(1-36)中，若取 $a=-1$，则可得

$$\delta^{(n)}(-t)=(-1)^n\delta^{(n)}(t) \tag{1-39}$$

显然，当 n 为偶数时，有

$$\delta^{(n)}(-t)=\delta^{(n)}(t)\quad n=0,2,4,\cdots \tag{1-40}$$

当 n 为奇数时，有

$$\delta^{(n)}(t)=-\delta^{(n)}(t)\quad n=1,3,5,\cdots \tag{1-41}$$

例 1-3　化简下列信号的表达式。

(1) $f_1(t)=t\delta(t)$　(2) $f_2(t)=t\delta(t-1)$　(3) $f_3(t)=\mathrm{e}^{-t}\delta(t-1)$

解：根据式(1-32)和式(1-33)，有

(1) $f_1(t)=t\delta(t)=0$　(2) $f_2(t)=t\delta(t-1)=\delta(t-1)$　(3) $f_3(t)=\mathrm{e}^{-t}\delta(t-1)=\mathrm{e}^{-1}\delta(t-1)$

例 1-4　计算下列各式。

(1) $y_1(t)=t\dfrac{\mathrm{d}}{\mathrm{d}t}[\mathrm{e}^{-t}\varepsilon(t)]$　　(2) $y_2(t)=\displaystyle\int_{-\infty}^{+\infty}\mathrm{e}^{-t}[\delta(t)+\delta'(t)]\mathrm{d}t$

(3) $y_3(t)=\displaystyle\int_{-\infty}^{t}(4+\tau^3)\delta(1-\tau)\mathrm{d}\tau$　　(4) $y_4(t)=\displaystyle\int_{-\infty}^{t}(\mathrm{e}^{-\tau}+\tau)\delta\left(\frac{\tau}{2}\right)\mathrm{d}\tau$

(5) $y_5(t)=\displaystyle\int_{8-t}^{10}\delta\left(2-\frac{\tau}{3}\right)\mathrm{d}\tau$

解：根据冲激信号的性质，有

(1) $y_1(t)=t\dfrac{\mathrm{d}}{\mathrm{d}t}[\mathrm{e}^{-t}\varepsilon(t)]=t[\mathrm{e}^{-t}\delta(t)-\mathrm{e}^{-t}\varepsilon(t)]=-t\mathrm{e}^{-t}\varepsilon(t)$

(2) $y_2(t)=\int_{-\infty}^{+\infty}\mathrm{e}^{-t}[\delta(t)+\delta'(t)]\mathrm{d}t=\int_{-\infty}^{+\infty}\mathrm{e}^{-t}\delta(t)\mathrm{d}t+\int_{-\infty}^{+\infty}\mathrm{e}^{-t}\delta'(t)\mathrm{d}t$

$=\mathrm{e}^{-t}\big|_{t=0}+(\mathrm{e}^{-t})'\big|_{t=0}=2$

(3) $y_3(t)=\int_{-\infty}^{t}(4+\tau^3)\delta(1-\tau)\mathrm{d}\tau=\int_{-\infty}^{t}5\delta(1-\tau)\mathrm{d}\tau=5\varepsilon(1-t)$

(4) $y_4(t)=\int_{-\infty}^{t}(\mathrm{e}^{-\tau}+\tau)\delta\left(\dfrac{\tau}{2}\right)\mathrm{d}\tau=\int_{-\infty}^{t}(\mathrm{e}^{-\tau}+\tau)\cdot 2\delta(\tau)\mathrm{d}\tau=\int_{-\infty}^{t}2\delta(\tau)\mathrm{d}\tau=2\varepsilon(t)$

(5) $y_5(t)=\int_{8-t}^{10}\delta\left(2-\dfrac{\tau}{3}\right)\mathrm{d}\tau=\int_{8-t}^{10}3\delta(\tau-6)\mathrm{d}\tau$

当 $8-t<6$，即 $t>2$ 时，$y_5(t)=3$，否则，$y_5(t)=0$。因此，$y_5(t)=3\varepsilon(t-2)$。

特别需要注意的是，积分上下限是$+\infty$和$-\infty$，或者是其他的定值，那么该积分是广义函数，根据广义函数和冲激函数的性质求解。如果积分上下限中包含变量 t，那么该积分是不定积分，应该根据冲激函数和阶跃函数的关系求解。

例 1-5　绘制 $\delta(t^2-4)$的波形。

解：实际中，有时会遇到形如 $\delta(f(t))$的冲激函数，其中 $f(t)$是普通函数。并且 $f(t)=0$ 有 n 个互不相等的实根 $t_i(i=1,2,3,\cdots,n)$。

由于

$$\frac{\mathrm{d}}{\mathrm{d}t}\{\varepsilon[f(t)]\}=\delta[f(t)]\cdot\frac{\mathrm{d}f(t)}{\mathrm{d}t}=\delta[f(t)]\cdot f'(t)$$

有

$$\delta[f(t)]=\frac{1}{f'(t)}\cdot\frac{\mathrm{d}}{\mathrm{d}t}\{\varepsilon[f(t)]\}$$

本例中，$f(t)=t^2-4$，如图 1.16(a)所示，在$-2<t<+2$，$f(t)<0$，那么 $\varepsilon[f(t)]=0$。当 $t<-2$ 和 $t>2$ 时，$f(t)>0$，那么，$\varepsilon[f(t)]=1$，如图 1.16(b)所示。$\varepsilon[f(t)]$ 可以表示为 $\varepsilon[f(t)]=1-\varepsilon(t+2)+\varepsilon(t-2)$。

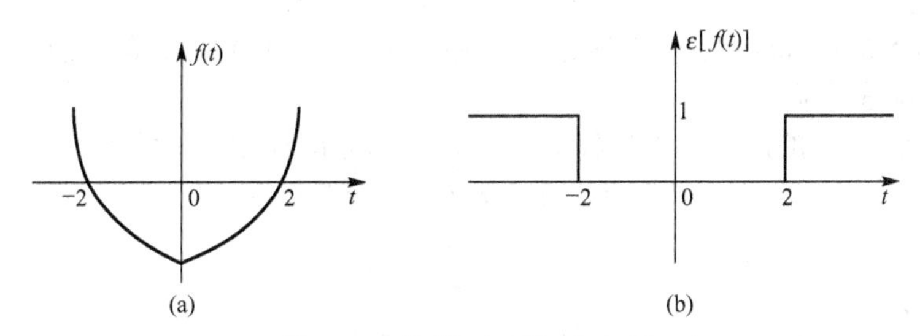

图 1.16　信号 $f(t)$及 $\varepsilon[f(t)]$

那么

$$\delta(t^2-4)=\frac{[1-\varepsilon(t+2)+\varepsilon(t-2)]'}{(t^2-4)'}=\frac{-\delta(t+2)+\delta(t-2)}{2t}$$

$$=\frac{-\delta(t+2)}{2t}+\frac{\delta(t-2)}{2t}=\frac{\delta(t+2)}{4}+\frac{\delta(t-2)}{4}$$

$\delta(t^2-4)$的波形如图 1.17 所示。

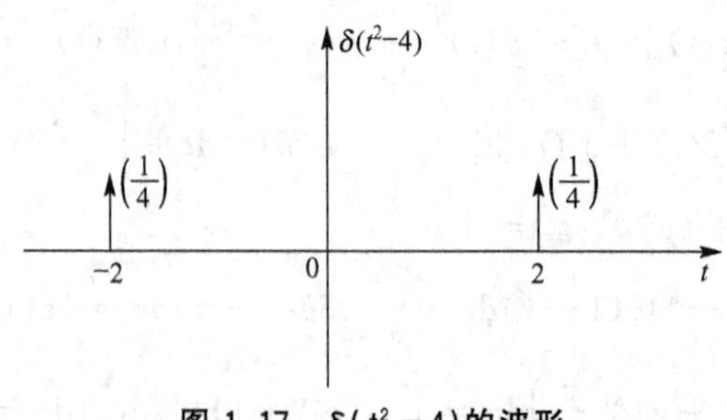

图 1.17　$\delta(t^2-4)$的波形

1.3.5　冲激序列和阶跃序列

1. 单位阶跃序列

离散时间单位阶跃序列定义为

$$\varepsilon(k)=\begin{cases}1, & k\geqslant 0\\ 0, & k<0\end{cases} \tag{1-42}$$

显然，单位阶跃序列 $\varepsilon(k)$是与单位阶跃信号 $\varepsilon(t)$相对应的，但应注意它们之间的差别，$\varepsilon(t)$在 $t=0$ 处无定义，而 $\varepsilon(k)$在 $k=0$ 处定义为 1。

2. 单位脉冲序列

离散时间单位脉冲序列定义为

$$\delta(k)=\begin{cases}1, & k=0\\ 0, & k\neq 0\end{cases} \tag{1-43}$$

只有当 $k=0$ 时 $\delta(k)$的值为 1，而当 $k\neq 0$ 时 $\delta(k)$的值均为零，所以任意序列 $f(k)$与 $\delta(k)$相乘时，结果仍为脉冲序列，其幅值等于 $f(k)$在 $k=0$ 处的值，即

$$f(k)\delta(k)=f(0)\delta(k) \tag{1-44}$$

而当 $f(k)$与 $\delta(k-m)$相乘时，则有

$$f(k)\delta(k-m)=f(m)\delta(k-m) \tag{1-45}$$

表明 $\delta(k)$和 $\delta(k-m)$分别具有筛选 $f(k)$中序列值 $f(0)$和 $f(m)$的性质，称此性质为单位脉冲序列的筛选性质。

根据 $\varepsilon(k)$和 $\delta(k)$的定义，不难看出 $\varepsilon(k)$和 $\delta(k)$之间满足以下关系。

$$\delta(k)=\varepsilon(k)-\varepsilon(k-1)=\nabla\varepsilon(k) \tag{1-46}$$

$$\varepsilon(k)=\sum_{n=-\infty}^{k}\delta(n) \tag{1-47}$$

即 $\delta(k)$是 $\varepsilon(k)$的后向差分，而 $\varepsilon(k)$是 $\delta(k)$的迭分。

1.4　系统的描述

1.4.1　系统模型

所谓系统模型，是指对实际系统基本特性的一种抽象描述。一个实际系统，根据不同

需要，可以建立或使用不同类型的系统模型。

如果系统只有单个输入和单个输出信号，则称为单输入单输出系统(SISO)，如图1.18(a)所示；如果含有多个输入、输出信号，就称为多输入多输出系统(MIMO)，如图1.18(b)所示。

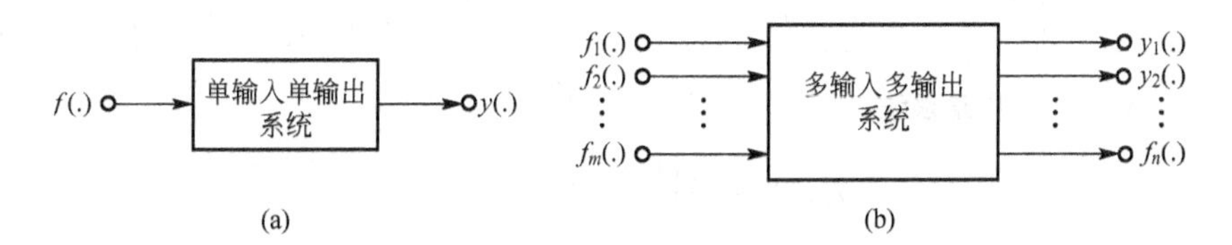

图1.18　系统模型

对于一个给定系统，如果在任一时刻的输出信号仅决定于该时刻的输入信号，而与其他时刻的输入信号无关，就称之为即时系统或无记忆系统；否则，就称为动态系统或记忆系统。例如，只有电阻元件组成的系统是即时系统，包含有动态元件(如电容、电感、寄存器等)的系统是动态系统。本书主要讨论单输入单输出动态系统。

通常，把着眼于建立系统输入输出关系的系统模型称为输入输出模型或输入输出描述，相应的数学模型(描述方程)称为系统的输入输出方程。把着眼于建立系统输入、输出与内部状态变量之间关系的系统模型称为状态空间模型或状态空间描述，相应的数学模型称为系统的状态空间方程。

1.4.2　系统的输入输出描述

如果系统的输入、输出信号都是连续时间信号，则称之为连续时间系统。如果系统的输入、输出信号都是离散时间信号，则称之为离散时间系统。由两者混合组成的系统称为混合系统。

描述连续时间动态系统的数学模型为微分方程，描述离散时间动态系统的数学模型为差分方程。

1. 连续时间系统

例1-6　简单力学系统如图1.19所示。光滑平面上质量为m的钢性球体在水平外力$f(t)$的作用下产生运动。设球体与平面间的摩擦力及空气阻力忽略不计。

解：将外力$f(t)$看做是系统的激励，球体运动速度看做是系统的响应。根据牛顿第二定律，有

$$f(t)=ma(t)=m\frac{\mathrm{d}v(t)}{\mathrm{d}t} \qquad (1-48)$$

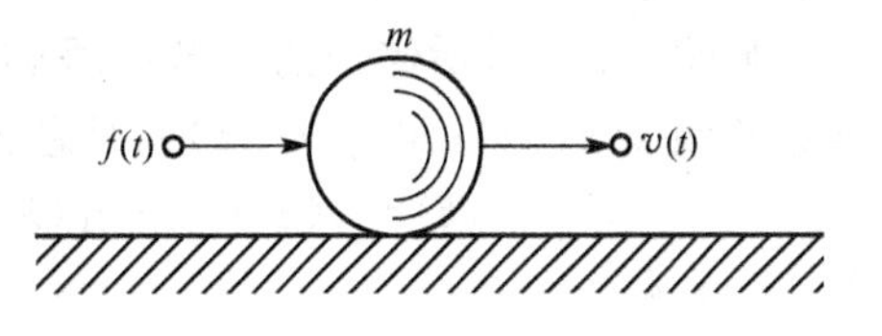

图1.19　简单力学系统

微分方程的左端为输出信号，右端为输入信号，式(1-48)可以改写为

$$v'(t)=\frac{1}{m}f(t) \qquad (1-49)$$

可见，描述该力学系统的输入输出关系的数学模型，即输入输出方程是一阶常系数微分方程。

例1-7　图1.20是一个电路系统，电压源$u_{s1}(t)$和$u_{s2}(t)$是电路的激励。若设电感中

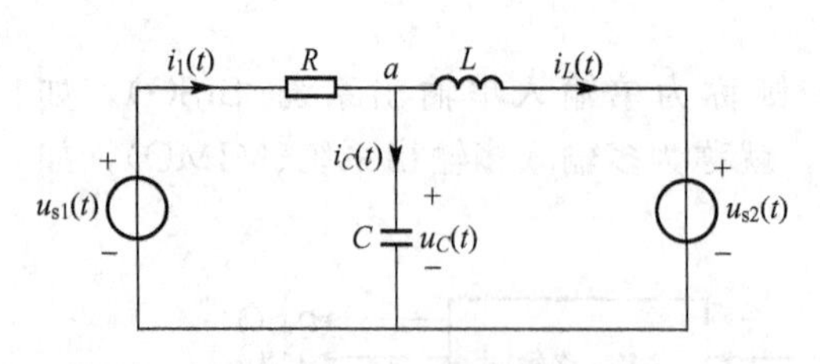

图 1.20　电路系统

电流 $i_L(t)$ 为电路响应，求解该系统的输入输出方程。

解：根据基尔霍夫定律，列出节点 a 的支路电流方程如下。

$$i_L(t)=i_1(t)-i_C(t) \tag{1-50}$$

其中

$$i_1(t)=\frac{u_{s1}(t)-u_C(t)}{R}$$

$$=\frac{1}{R}[u_{s1}(t)-Li_L'(t)-u_{s2}(t)] \tag{1-51}$$

$$i_C(t)=Cu_C'(t)=C[Li_L'(t)+u_{s2}(t)]'$$

$$=LCi_L''(t)+Cu_{s2}'(t) \tag{1-52}$$

将式(1-51)和式(1-52)代入式(1-50)，经整理可得

$$i_L''(t)+\frac{1}{RC}i_L'(t)+\frac{1}{LC}i_L(t)=\frac{1}{RLC}[u_{s1}(t)-u_{s2}(t)]-\frac{1}{L}u_{s2}'(t) \tag{1-53}$$

系统的输入输出方程是一个二阶常系数微分方程。

如果描述连续系统输入输出关系的数学模型是 n 阶微分方程，就称该系统为 n 阶连续系统。当系统的数学模型为 n 阶线性常系数微分方程时，写成一般形式有

$$\sum_{i=0}^{n}a_i y^{(i)}(t)=\sum_{j=0}^{m}b_j f^{(j)}(t) \tag{1-54}$$

式中：$f(t)$ 是系统的输入信号(激励)，$y(t)$ 为系统的输出信号(响应)，$a_n=1$。$f^{(j)}(t)=\frac{d^j}{dt^j}f(t)$，$y^{(j)}(t)=\frac{d^i}{dt^i}y(t)$。若要求解 n 阶微分方程，还需要给定 n 个初始条件 $y(0)$，$y'(0)$，…，$y^{(n-1)}(0)$。

2. 离散时间系统

例 1-8　考察一个银行存款本息总额的计算问题。储户每月定期在银行存款。设第 k 个月的存款额是 $f(k)$，银行支付月息利率为 β，每月利息按复利结算，试计算储户在 k 个月后的本息总额 $y(k)$。

显然，k 个月后储户的本息总额 $y(k)$ 应该包括如下 3 部分款项：①前面 $k-1$ 个月的本息总额 $y(k-1)$；②$y(k-1)$ 的月息 $\beta y(k-1)$；③第 k 个月存入的款额 $f(k)$。于是有

$$y(k)=y(k-1)+\beta y(k-1)+f(k)=(1+\beta)y(k-1)+f(k)$$

即

$$y(k)-(1+\beta)y(k-1)=f(k) \tag{1-55}$$

与连续系统类似，由 n 阶差分方程描述的离散系统称为 n 阶系统。当系统的数学模型(即输入输出方程)为 n 阶线性常系数差分方程时，写成一般形式有

$$\sum_{i=0}^{N}a_i y(k-i)=\sum_{j=0}^{M}b_j f(k-j) \tag{1-56}$$

式中：$a_0=1$。

1.5　系统特性与分类

系统特性可以为系统分类和信号通过系统的分析问题提供方便之外，更重要的是可以为推导一般系统分析方法提供理论依据。

1.5.1　线性特性

系统的作用就是把输入信号经过传输、变换或处理后，在系统的输出端得到满足要求的输出信号，这一过程表示为

$$f(t) \rightarrow y(t)$$

$f(t)$表示输入信号，$y(t)$表示输出信号，→表示信号通过系统。

假设

$$f_1(t) \rightarrow y_1(t), \quad f_2(t) \rightarrow y_2(t)$$

如果有

$$af_1(t) \rightarrow ay_1(t), \quad bf_2(t) \rightarrow by_2(t)$$

a、b为任意常数，即输入信号变化多少倍数，其对应输出信号也变化相应倍数，则称该系统具有齐次性。

如果有

$$f_1(t)+f_2(t) \rightarrow y_1(t)+y_2(t)$$

即两个输入信号同时作用在系统上，其输出信号是每一个输入信号单独作用在该系统上产生的输出信号之和，则称该系统具有叠加性。

如果有

$$af_1(t)+bf_2(t) \rightarrow ay_1(t)+by_2(t)$$

即系统同时满足齐次性和叠加性，则称该系统具有线性特性。

虽然以上都是用连续时间信号来对线性特性进行定义的，但对离散系统也同样适用。

一般来说，一个系统的输出信号(响应)，既包括由系统初始状态(如电容、电感等储能元件)产生的零输入响应，又包括由输入信号产生的零状态响应。判定一个系统是否具有线性特性，它必须同时满足如下3个条件，则称之为线性系统，否则称为非线性系统。

条件1　分解性，完全响应$y(t)$可以分解为零输入相应$y_x(t)$和零状态响应$y_f(t)$之和，即

$$y(t)=y_x(t)+y_f(t)$$

条件2　零输入响应线性，即零输入响应$y_x(t)$与初始状态$x(0^-)$或$x(0)$之间满足线性特性。

条件3　零状态响应线性，即零状态响应$y_f(t)$与激励$f(t)$时间满足线性特性。

例1-9　在下列系统中，$f(t)$为激励，$y(t)$为响应，$x(0^-)$为初始状态，试判定它们是否为线性系统。

(1) $y(t)=x(0^-)f(t)$　　(2) $y(t)=x(0^-)^2+f(t)$

(3) $y(t)=2x(0^-)+3|f(t)|$　　(4) $y(t)=af(t)+b$

解：系统(1)不满足分解特性；系统(2)的零输入响应不满足线性；系统(3)的零状态响应不满足线性；系统(4)同时满足分解性、零输入响应线性、零状态响应线性，为线性系统。

这里需要注意的是系统(4)，响应 $y(t)$可以看成是零输入响应线性 $y_x(t)=b$ 和零状态响应线性 $y_f(t)=af(t)$之和，即满足分解性，而零输入响应线性与初始状态 b 满足线性，零状态响应线性与 $f(t)$满足线性。

例 1-10 假设某线性系统的初始状态为 $x_1(0)$、$x_2(0)$，输入信号为 $f(t)$，响应为 $y(t)$,且已知：当 $f(t)=0$，$x_1(0)=1$，$x_2(0)=0$ 时，有 $y_1(t)=2e^{-t}+3e^{-3t}$，$t\geqslant 0$；当 $f(t)=0$，$x_1(0)=0$，$x_2(0)=1$ 时，有 $y_2(t)=4e^{-t}-2e^{-3t}$，$t\geqslant 0$。求当 $f(t)=0$，$x_1(0)=5$，$x_2(0)=3$ 时系统的响应 $y(t)$。

解：由于是线性系统，所以同时满足分解性、零输入响应线性、零状态响应线性。从条件(1)和(2)可以看出，输入信号 $f(t)=0$，其响应为零输入响应。零输入响应由两个初始状态 $x_1(0)$、$x_2(0)$产生，由于系统是线性的，零输入响应也应该是线性的，由线性特性的定义可知，必须同时满足齐次性和叠加性。

系统的响应 $y(t)$由 $x_1(0)=5$ 和 $x_2(0)=3$ 两个初始状态单独作用于系统产生的零输入响应之和构成，即

$$y(t)=5y_1(t)+3y_2(t)=22e^{-t}+9e^{-3t},\quad t\geqslant 0$$

1.5.2 时不变特性

结构组成和元件参数不随时间变化的系统，称为时不变系统，否则称为时变系统。

一个时不变系统，由于组成和参数不随时间变化，故系统的输入输出关系也不会随时间变化。如果激励 $f(t)$作用于系统产生的零状态响应为 $y_f(t)$，那么，当激励延迟 t_d 接入时，其零状态响应也延迟相同的时间，其响应的波形形状保持相同。

一个时不变系统，若有

$$f(t)\rightarrow y_f(t) \quad 或 \quad f(k)\rightarrow y_f(k)$$

对于连续系统，则有

$$f(t-t_d)\rightarrow y_f(t-t_d)$$

对于离散系统，则有

$$f(k-k_d)\rightarrow y_f(k-k_d)$$

系统的这种性质称为时不变特性。连续系统的时不变特性如图 1.21 所示。

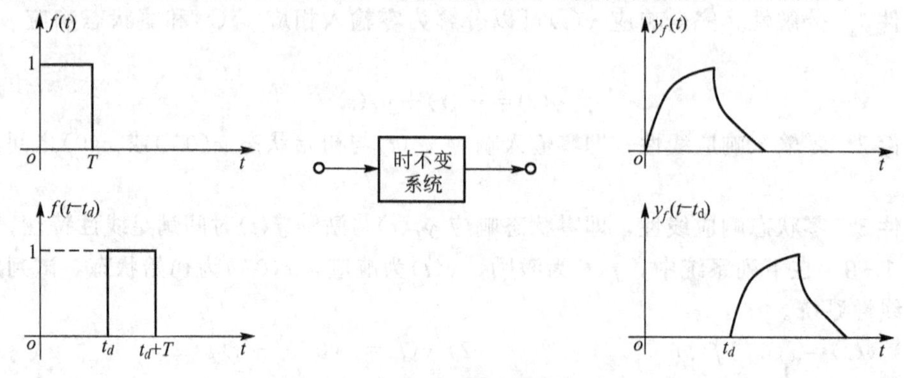

图 1.21 连续系统的时不变特性

如果一个系统既是线性系统，又是时不变系统，则该系统称为线性时不变系统(Linear Time Invariant)，简称 LTI 系统。描述 LTI 系统的输入输出方程通常是线性常系数微分或差分方程。

例 1-11　试判断以下系统是否为时不变系统。

(1) $y_f(t)=a\cos[f(t)]$，$t\geqslant 0$　　(2) $y_f(t)=f(2t)$，$t\geqslant 0$

输入输出方程中，$f(t)$和 $y_f(t)$分别表示系统的激励和零状态响应，a 为常数。

解：(1) 已知

$$f(t)\rightarrow y_f(t)=a\cos[f(t)]$$

设 $f_1(t)=f(t-t_d)$，则其零状态响应为

$$y_{f1}(t)=a\cos[f_1(t)]=a\cos[f(t-t_d)]$$

即

$$y_{f1}(t)=y_f(t-t_d)$$

故该系统是时不变系统。

(2) 该系统代表时间上的尺度压缩，系统输出 $y_f(t)$的波形是输入 $f(t)$在时间上压缩 1/2 后得到的波形。直观上看，任何输入信号在时间上的延迟都会受到这种时间尺度改变的影响，所以系统是时变的。

设

$$f_1(t)=f(t-t_d),\quad t\geqslant t_d$$

相应的零状态响应为

$$y_{f1}(t)=f_1(2t)=f(2t-t_d)$$

$$y_f(t-t_d)=f[2(t-t_d)]=f(2t-2t_d)$$

显然

$$y_{f1}(t)\neq y_f(t-t_d)$$

故该系统是时变系统。

例 1-12　有一 LTI 系统，假设输入 $f_1(t)$，输出为 $y_1(t)$，求输入 $f_2(t)$时系统的输出 $y_2(t)$。$f_1(t)$、$y_1(t)$、$f_2(t)$的波形如图 1.22 所示。

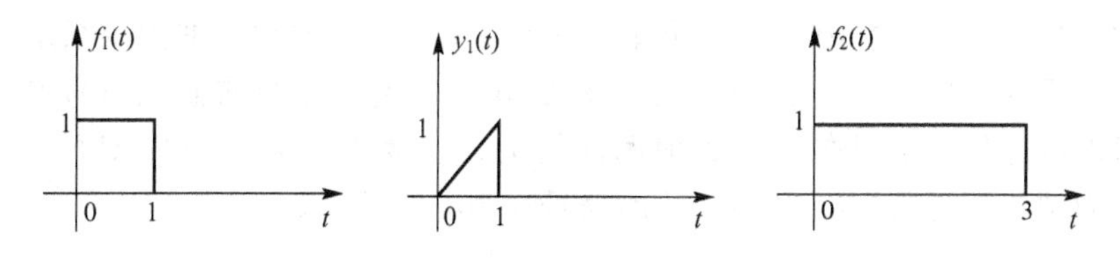

图 1.22　$f_1(t)$、$y_1(t)$、$f_2(t)$波形图

解：系统是线性时不变系统，可以充分利用线性和时不变特性。由图 1.22 可知

$$f_2(t)=f_1(t)+f_1(t-1)+f_1(t-2)$$

已知 $f_1(t)\rightarrow y_1(t)$，根据时不变特性有

$$f_1(t-1)\rightarrow y_1(t-1),\quad f_1(t-2)\rightarrow y_1(t-2)$$

根据线性系统的叠加性质，有

$$f_2(t)=f_1(t)+f_1(t-1)+f_1(t-2)\rightarrow y_2(t)=y_1(t)+y_1(t-1)+y_1(t-2)$$

$y_2(t)$的波形如图 1.23 所示。

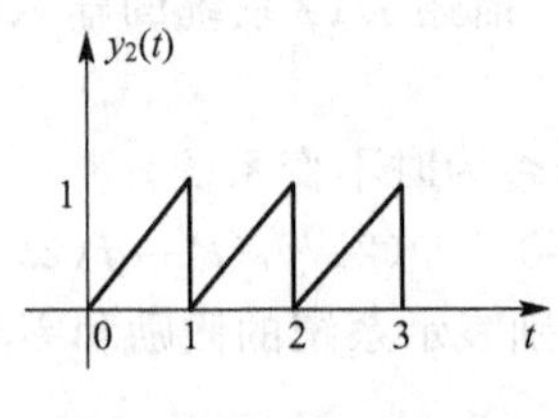

图 1.23　$y_2(t)$波形图

1.5.3　因果性

一个系统，如果激励在 $t<t_0$(或 $k<k_0$)时为零，相应的零状态响应在 $t<t_0$(或 $k<k_0$)时也为零，就称该系统具有因果性，并称这样的系统为因果系统；否则，为非因果系统。

在因果系统中，原因决定结果，结果不会出现在原因作用之前。因此，系统在任一时刻的响应只与该时刻以及该时刻以前的激励有关，而与该时刻以后的激励无关。所谓激励可以是当前输入，也可以是历史输入或等效的初始状态。由于因果系统没有预测未来输入的能力，因而也常称为不可预测系统。

例 1-13　对于以下系统。

$$y_f(t)=af(t)+b$$

$$y_f(t)=cf(t)+df(t-1)$$

$$y_f(k)=\sum_{i=-\infty}^{k} f(i)$$

由于任一时刻的零状态响应均与该时刻以后的输入无关，因此都是因果系统。

而对于输入输出方程为

$$y_f(t)=f(t+1)$$

其任一时刻的响应都将与该时刻以后的激励有关。例如，令 $t=1$ 时，就有 $y_f(1)=f(2)$,即 $t=1$ 时刻的响应取决于 $t=2$ 时刻的激励。响应在先，激励在后，这在物理系统中是不可能的，故该系统是非因果的。同理，系统 $y_f(t)=f(2t)$也是非因果系统。

在信号与系统分析中，常以 $t=0$ 作为初始观察时刻，在当前输入信号作用下，因果系统的零状态响应只能出现在 $t\geqslant 0$ 的时间区间上，故常常把从 $t=0$ 时刻开始的信号称为因果信号，而把从某时刻 $t_0(t_0\neq 0)$开始的信号称为有始信号。

1.5.4　稳定性

一个系统，如果它对任何有界的激励 $f(t)$或 $f(k)$所产生的零状态响应 $y_f(t)$或 $y_f(k)$也为有界时，就称该系统为有界输入/有界输出(Bound - input/Bound - output)稳定，简称 BIBO 稳定，有时也称系统是零状态稳定的。

一个系统，如果它的零输入响应 $y_x(t)$或 $y_x(k)$随变量 t(或 k)增大而无限增大，就称该系统为零输入不稳定的；若 $y_x(t)$或 $y_x(k)$总是有界的，则称系统是临界稳定的；若 $y_x(t)$或 $y_x(k)$随变量 t(或 k)增大而衰减为零，则称系统是渐近稳定的。

1.5.5　系统的分类

综上所述，可以从不同角度对系统进行分类。例如，按系统工作时信号呈现的规律，可将系统分为确定系统与随机系统；按信号变量的特性分为连续时间系统与离散时间系统；按输入、输出的数目分为单输入单输出系统与多输入多输出系统；按系统的不同特性分为瞬时与动态系统、线性与非线性系统、时变与时不变系统、因果与非因果系统、稳定与非稳定系统等。

本书主要讨论确定的线性、时不变、因果、稳定的连续系统和离散系统。

本章小结

本章主要介绍了信号与系统的基本概念，信号的基本运算，阶跃信号和冲激信号的性质，系统的描述以及系统的性质和分类。其中，信号的基本运算是基础，阶跃信号和冲激信号的性质以及系统的性质和分类是重点。

LTI系统分析的理论基础是信号的分解特性和系统的线性、时不变特性。实现系统分析的统一观点和方法是：激励信号可以分解为众多基本信号单元的线性组合；系统对激励所产生的零状态响应是系统对各基本信号单元分别作用时相应响应的叠加；不同的信号分解方式将导致不同的系统分析方法。

本书主要从时域、频域、复频域3个方向讨论连续和离散系统的理论和分析方法。每一种分析方法和理论之间都相互联系。本书希望在全面系统地介绍“信号与系统”课程理论体系的同时，能够进一步揭示出各种分析方法的内在联系和本质上的统一性。

习　题　一

1.1　函数 $f(t)$的波形如题图1.1所示，画出 $f(-2-t)\varepsilon(-t)$的波形。

1.2　已知 $f(t)$的波形如题图1.2所示，画出 $f(2t-4)$的波形。

1.3　绘出下列信号的波形。

(1) $y_1(t)=t\,[\varepsilon(t)-\varepsilon(t-1)]+\varepsilon(t-1)$

(2) $y_2(t)=(t-2)[\varepsilon(t-2)-\varepsilon(t-3)]$

1.4　用阶跃函数写出题图1.4所示波形的函数表达式。

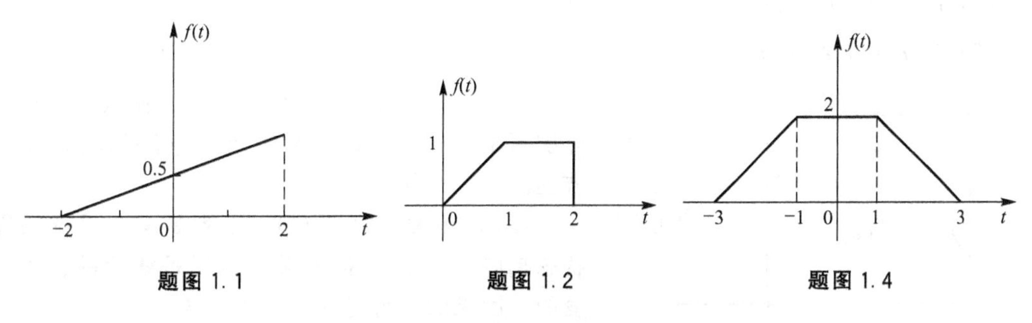

题图1.1　　题图1.2　　题图1.4

1.5　如题图1.5所示的波形，用阶跃函数写出其函数表达式。

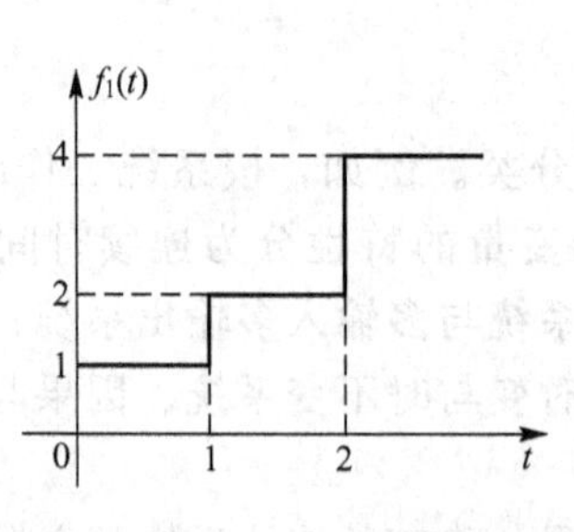

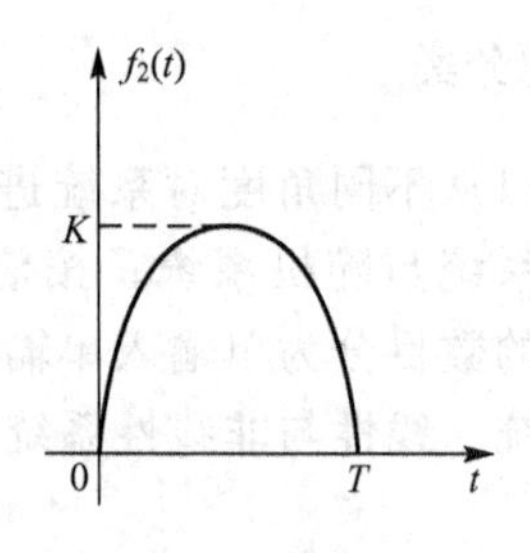

题图 1.5

1.6　如果一个系统的零状态响应为 $y_f(t)=a\sin[f(t-2)]\varepsilon(t-3)$，试判断该系统的性质：线性/非线性、时不变性/时变、因果性/非因果、稳定性/非稳定？

1.7　计算下列各题。

(1) $\int_{-\infty}^{t}\mathrm{e}^{-x}[\delta(x)+\delta'(x)]\mathrm{d}x$

(2) $\int_{-\infty}^{\infty}(t^2+t+1)\delta\left(\frac{t}{2}\right)\mathrm{d}t$

1.8　计算下列各题。

(1) $(1-t)\frac{\mathrm{d}}{\mathrm{d}t}[\mathrm{e}^{-2t}\delta(t)]$

(2) $\int_{-\infty}^{\infty}\frac{\sin(\pi t)}{t}\delta(t)\mathrm{d}t$

1.9　设系统的初始状态为 $x_1(\cdot)$ 和 $x_2(\cdot)$，输入为 $y(\cdot)$，完全响应为 $y(\cdot)$，试判断下列系统的性质(线性/非线性，时变/时不变，因果/非因果，稳定/不稳定)。

(1) $y(t)=x_1(0)x_2(0)+\int_{0}^{t}f(\tau)\mathrm{d}\tau$

(2) $y(k)=x_1(0)+2x_2(0)+f(k)f(k-2)$

1.10　计算下列各题。

(1) $\int_{0}^{5}\left(t^2+t-\cos\frac{\pi}{4}t\right)\delta(t+1)\mathrm{d}t$

(2) $\int_{-\infty}^{\infty}\mathrm{e}^{\mathrm{j}\omega t}[\delta(t)-\delta(t-t_0)]\mathrm{d}t$

1.11　画出下列信号的波形。

(1) $f_1(t)=\varepsilon(t^2-4)$

(2) $f_2(t)=\delta(2t-4)$

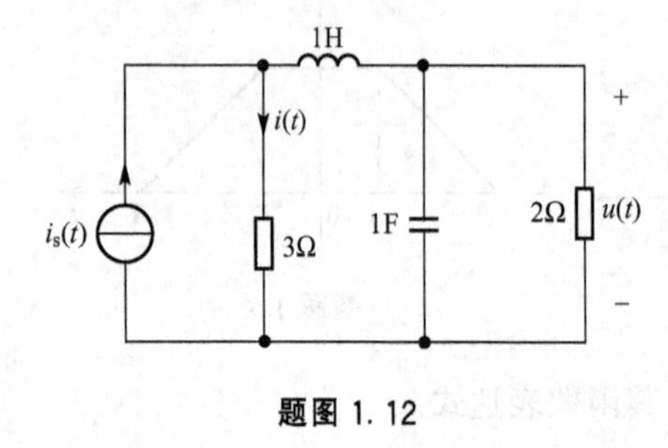

题图 1.12

1.12　如题图 1.12 所示电路，输入为 $i_s(t)$，分别写出以 $i(t)$、$u(t)$ 为输出时电路的输入输出方程。

1.13　设激励为 $f(t)$，下列是两个系统的零状态响应 $y(t)$，判断各系统是否是线性的、时不变的、因果的、稳定的？

(1) $y_1(t)=f(t)\cos(2\pi t)$

(2) $y_2(t)=f(-t)$

1.14 某LTI连续系统，其初始状态一定，已知当激励为 $f(t)$ 时，其完全响应为 $y_1(t)=e^{-t}+\cos(\pi t)$，$t\geqslant 0$ 若初始状态不变，激励为 $2f(t)$ 时，其完全响应 $y_2(t)=2\cos(\pi t)$，$t\geqslant 0$，求初始状态不变，而激励为 $3f(t)$ 时的系统全响应。

1.15 计算。

(1) $\int_{-\infty}^{\infty}\left[t^2+\sin\left(\frac{\pi t}{4}\right)\right]\delta(t+2)\mathrm{d}t$

(2) $\int_{-\infty}^{t}(1-x)\delta'(x)\mathrm{d}x$

1.16 如果一个系统的零状态响应为 $y_f(t)=\frac{\mathrm{d}f(t)}{\mathrm{d}t}$，试判断该系统的性质：线性/非线性、时不变性/时变、因果性/非因果、稳定性/非稳定。

1.17 考虑一连续系统，其输入 $f(t)$ 和输出 $y(t)$ 的关系为 $y(t)=f(\sin(t))$。

(1) 该系统是因果的吗？

(2) 该系统是线性的吗？

1.18 判断下列系统是否为线性的、时不变的、因果的？

(1) $y(t)=f(t)\varepsilon(t)$

(2) $y(t)=f(2t)$

(3) $y(t)=f^2(t)$

1.19 应用冲激信号的性质，求下列表达式的值。

(1) $\int_{-\infty}^{\infty}(t+\sin t)\delta\left(t-\frac{\pi}{6}\right)\mathrm{d}t$

(2) $\int_{-\infty}^{\infty}e^{-j\omega t}[\delta(t)-\delta(t-t_0)]\mathrm{d}t$

1.20 如果一个系统的零状态响应为 $y(t)=[\cos(3t)]f(t)$，试判断该系统的性质：线性/非线性、时不变性/时变、因果性/非因果、稳定性/非稳定。

1.21 已知有一LTI系统，起始状态不知道，在激励为 $f(t)$ 时的完全响应为 $(2e^{-3t}+\sin 2t)\varepsilon(t)$，激励为 $2f(t)$ 时的完全响应为 $(e^{-3t}+2\sin 2t)\varepsilon(t)$，求起始状态是原来的两倍，激励为 $2f(t)$ 时的完全响应。

第2章

连续信号与系统的时域分析

本章学习目标

★ 掌握卷积积分的定义、性质和求解方法；
★ 掌握微分算子方程的建立；
★ 了解连续系统的零输入响应、零状态响应和完全响应；
★ 连续系统经典分析法的求解。

本章教学要点

知识要点	能力要求	相关知识
卷积积分	了解卷积积分的定义和求解方法	卷积积分的图解机理、性质和运算
微分算子方程	掌握微分算子方程的建立	微分算子、积分算子、传输函数以及微分算子方程的建立
连续系统的零输入响应、零状态响应和完全响应	掌握零输入响应、零状态响应和完全响应的求解过程	零输入响应、零状态响应和完全响应的基本概念，冲激响应和阶跃响应的定义
连续系统经典分析法	掌握连续系统经典分析法的求解方法	连续系统的完全解、齐次解、特解、暂态响应和稳态响应

导入案例

如图1所示为理想火箭推动器模型。火箭质量为m_1，荷载舱质量为m_2，两者中间用刚度系数为k的弹簧连接。火箭和荷载舱各自受到摩擦力的作用，摩擦系数分别为f_1和f_2。可以利用胡克定律、牛顿第二定律、摩擦力公式等元件约束特性，再利用机械系统网络拓扑约束——达朗贝尔原理，建立关于火箭推动力$e(t)$与荷载舱运动速度$v(t)$的微分方程。通过时域分析，了解火箭推动器在时间上的工作过程和运动轨迹。

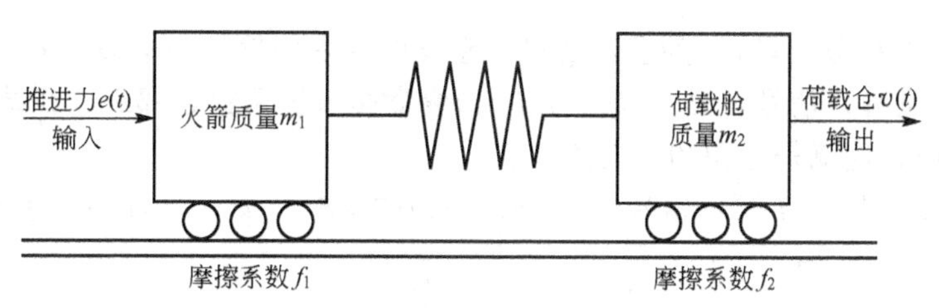

图 1　理想火箭推动器模型

引言

线性时不变系统的时域分析方法有两种：系统分析法和经典分析法。

经典分析法是线性常系数微分方程法，起源于17世纪牛顿时代，在相当长的时期内，在信号与系统的时域分析中占据着统治地位。直到20世纪，随着以卷积为基础的系统分析方法的应用和逐步完善，经典分析法才逐渐失去其在时域分析中的主导地位。

系统分析法物理概念清楚，运算过程比较方便，并可借助计算机求解。在线性系统理论中，采用卷积积分的系统分析法占有十分重要的地位，是现代时域分析方法。

本章首先讨论卷积积分和微分算子方程，在此基础上，引入系统的零输入响应和零状态响应这两个重要的概念，使线性系统分析方法在理论上更完善。在引入系统的冲激响应以后，将冲激响应与激励信号进行卷积积分，得到系统的零状态响应。本章最后还将讨论系统的经典时域分析法，它也是系统研究和分析的一个重要工具。

2.1　卷积积分

系统分析法(即采用卷积积分)在信号与系统理论中占有重要地位。在信号与线性系统分析中，卷积不仅是一种重要的数学工具，而且是联系时域分析和频域分析的一条纽带。随着理论研究的深入和计算机技术的发展，卷积积分方法得到了更为广泛的应用。

2.1.1　卷积的定义

线性系统具有齐次性和叠加性，利用系统的这一特征可以对信号进行合成和分解。可将一连续的线性系统看成是许多相连的矩形脉冲合成的，同时也可以对两个或两个以上的线性系统进行合成。下面就利用线性系统的这一特性推导出卷积的定义。

(1) 定义两个任意的时间函数$f_1(t)$和$f_2(t)$，假设它们的图形如图2.1所示，将图形的t轴改成τ，分别得到$f_1(\tau)$和$f_2(\tau)$的图形，将$f_2(\tau)$图形以翻转得到$f_2(-\tau)$图形。

(2) 将$f_2(-\tau)$沿着τ平移，t为一个定值，当$t>0$时$f_2(-\tau)$右移，当$t<0$时左移，就可得到$f_2(t-\tau)$图形。将$f_1(\tau)$与$f_2(t-\tau)$相乘，从而得到波形图。

(3) 令t在$(-\infty,\infty)$范围内变化，计算$f_1(\tau)f_2(t-\tau)$波形与τ轴之间的净面积，即$\int_{-\infty}^{\infty}f_1(\tau)f_2(t-\tau)\mathrm{d}\tau$卷积在$t$时刻的值。

卷积的定义如下。

$$y(t)=f_1(t)*f_2(t)=\int_{-\infty}^{\infty}f_1(\tau)f_2(t-\tau)\mathrm{d}\tau \tag{2-1}$$

式中：τ 为虚设的积分变量，t 为参数变量，卷积的结果仍然是一个关于 t 的函数。如果把信号 $f_1(t)$看做是输入信号，另一个信号 $f_2(t)$看做是系统函数，那么卷积结果 $y(t)$就是系统的零状态响应，这就是卷积的物理意义。

例 2-1 试求图 2.1 所示信号 $f_1(t)$和 $f_2(t)$的卷积 $f(t)=f_1(t)*f_2(t)$。

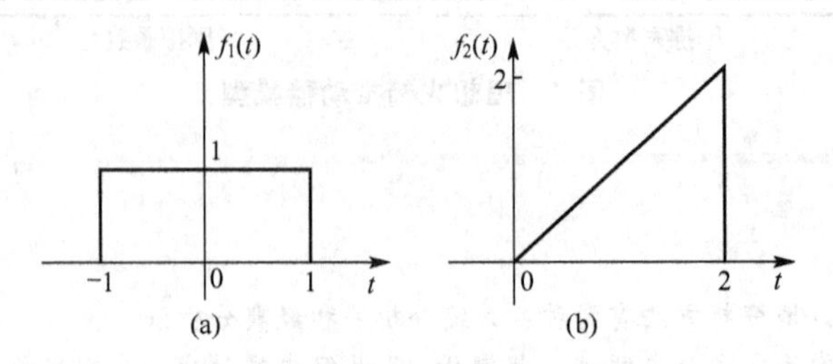

图 2.1 $f_1(t)$和 $f_2(t)$的波形

解：根据卷积的定义，按照改自变量 $t\to\tau$ 对其中一个信号翻转，对翻转后的信号平移、重叠部分相乘，对相乘后的图形进行积分。需要注意的是，根据时间的推移，需要分情况确定积分上下限，最终得到分段积分结果。

卷积的定义为 $f(t)=f_1(t)*f_2(t)=\int_{-\infty}^{\infty}f_2(\tau)f_1(t-\tau)\mathrm{d}\tau$。式(2-1)表示 t 时刻的卷积积分值 $f(t)$等于 $f_1(t-\tau)$与 $f_2(\tau)$相乘后的面积。由于时间 t 定义在区间$(-\infty,\ \infty)$上，因此 $f_1(t-\tau)$沿着 τ 轴的正方向由$-\infty$向∞平移。在 $f_1(t-\tau)$移动过程中，与 $f_2(\tau)$相乘、积分，求得卷积 $f(t)$。

(1) 换自变量 $t\to\tau$，翻转：将 $f_1(t)$、$f_2(t)$的变量换为 τ，如图 2.2(a)和图 2.2(b)所示。根据 $f_1(\tau)$、$f_2(\tau)$的波形，选择将 $f_1(\tau)$翻转比较方便。将 $f_1(\tau)$翻转后得到 $f_1(-\tau)$的波形，如图 2.2(c)所示。$f_1(-\tau)$可以看成 $f_1(0-\tau)$，即 $f_1(t-\tau)$在 $t=0$ 时的位置，此时 t 在 τ 轴原点的位置上。$f_1(t-\tau)$方波的前沿为 $t+1$，其后沿为 $t-1$。

(2) $t<-1$：当 $f_1(t-\tau)$在 $t<-1$ 时，$f_1(t-\tau)$与 $f_2(\tau)$如图 2.2(d)所示。请注意，$f_1(t-\tau)$的中轴线为 t，其方波前沿为 $t+1$，后沿为 $t-1$。此时，$f_1(t-\tau)f_2(\tau)=0$，故 $f(t)=0$。

(3) $-1<t<1$：此时 $f_1(t-\tau)$与 $f_2(\tau)$如图 2.2(e)所示。由该图可知

$$f(t)=\int_0^{t+1}\tau\mathrm{d}\tau=\frac{1}{2}(t+1)^2$$

(4) $1<t<3$：此时 $f_1(t-\tau)$与 $f_2(\tau)$如图 2.2(f)所示。由该图可知

$$f(t)=\int_{t-1}^{2}\tau\mathrm{d}\tau=\frac{1}{2}(-t^2+2t+3)=-\frac{1}{2}(t-1)^2+2$$

(5) $t>3$：此时 $f_1(t-\tau)$与 $f_2(\tau)$如图 2.2(g)所示。此时，$f_1(t-\tau)f_2(\tau)=0$，故 $f(t)=0$。

将以上计算的卷积积分结果归纳如下。

$$f(t)=\begin{cases}0, & t<-1\\ \frac{1}{2}(t+1)^2, & -1<t<1\\ -\frac{1}{2}(t-1)^2+2, & 1<t<3\\ 0, & t>3\end{cases}$$

$f(t)$的波形如图 2.2(h)所示。

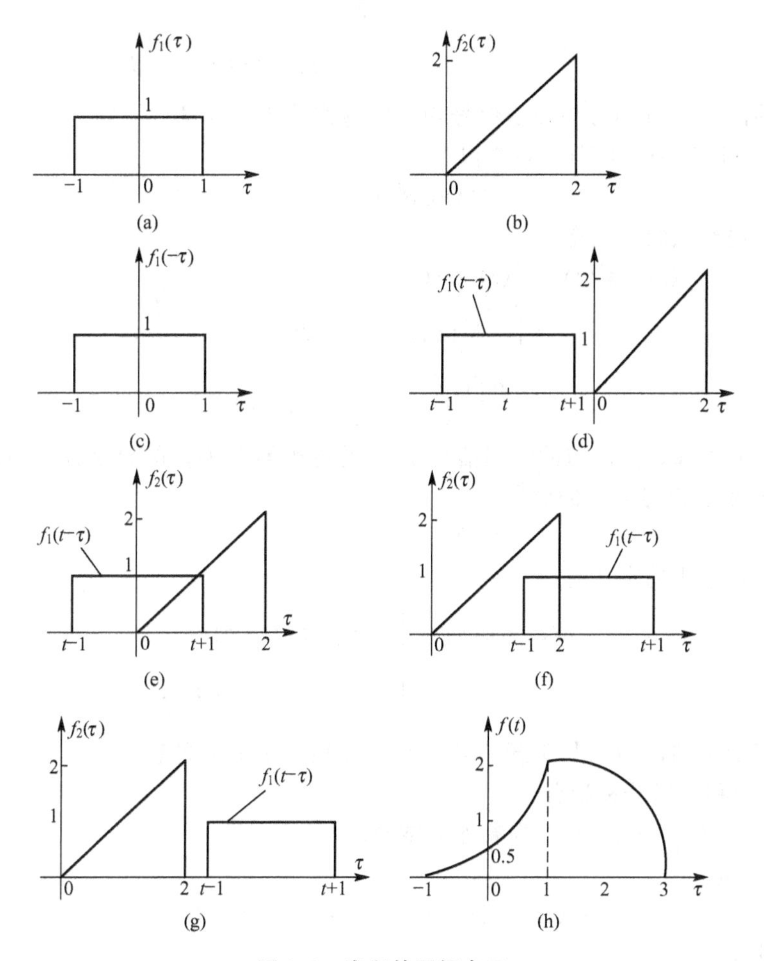

图 2.2　卷积的图解表示

2.1.2　卷积的性质

这里给出卷积的几个常见性质，深刻理解和掌握这些性质有助于卷积积分的简化，给运算带来便捷。

性质 1　卷积代数性质

交换律
$$f_1(t) * f_2(t) = f_2(t) * f_1(t) \tag{2-2}$$

结合律
$$f_1(t) * [f_2(t) * f_3(t)] = [f_1(t) * f_2(t)] * f_3(t) \tag{2-3}$$

分配律
$$f_1(t) * [f_2(t) + f_3(t)] = f_1(t) * f_2(t) + f_1(t) f_3(t) \tag{2-4}$$

性质 2　$f(t)$与奇异信号的卷积

1) $f(t)$与冲激信号$\delta(t)$的卷积

$$f(t) * \delta(t) = f(t) \tag{2-5}$$

证明：由卷积的定义和交换定律得

$$f(t) * \delta(t) = \delta(t) * f(t)$$

$$= \int_{-\infty}^{+\infty} \delta(\tau) f(t-\tau) \mathrm{d}\tau$$

$$= f(t) \int_{-\infty}^{+\infty} \delta(\tau) \mathrm{d}\tau = f(t)$$

由上面的证明可知 $f(t)$ 与冲激信号 $\delta(t)$ 的卷积等于其本身。

2) $f(t)$ 与冲激偶信号 $\delta'(t)$ 的卷积

$$f(t) * \delta'(t) = f'(t) \tag{2-6}$$

证明：根据卷积的定义有

$$\begin{aligned} f(t) * \delta'(t) &= \delta'(t) * f(t) \\ &= \int_{-\infty}^{+\infty} \delta'(\tau) f(t-\tau) \mathrm{d}\tau \\ &= -\left.\frac{\mathrm{d}f(t-\tau)}{\mathrm{d}\tau}\right|_{\tau=0} = f'(t) \end{aligned}$$

由以上证明可知，$f(t)$ 与冲激偶信号 $\delta'(t)$ 的卷积等于 $f(t)$ 的导函数 $f'(t)$。

3) $f(t)$ 与阶跃信号 $\varepsilon(t)$ 的卷积

$$f(t) * \varepsilon(t) = f^{(-1)}(t) \tag{2-7}$$

证明：根据卷积的定义有

$$\begin{aligned} f(t) * \varepsilon(t) &= \int_{-\infty}^{\infty} f(t) \varepsilon(t-\tau) \mathrm{d}\tau \\ &= \int_{-\infty}^{t} f(\tau) \mathrm{d}\tau = f^{(-1)}(t) \end{aligned}$$

由以上证明可知，$f(t)$ 与阶跃信号 $\varepsilon(t)$ 的卷积等于 $f(t)$ 的积分。

性质 3 卷积的微分和积分

假设 $y(t) = f_1(t) * f_2(t)$，则有如下结论。

1) 微分性质

$$y'(t) = f_1'(t) * f_2(t) = f_1(t) * f_2'(t) \tag{2-8}$$

2) 积分性质

$$y^{(-1)}(t) = f_1^{(-1)}(t) * f_2(t) = f_1(t) * f_2^{(-1)}(t) \tag{2-9}$$

3) 微积分性质

$$y(t) = f_1(t) * f_2(t) = f_1'(t) * f_2^{(-1)}(t) = f_1^{(-1)}(t) * f_2'(t) \tag{2-10}$$

证明：(1) 由式(2-6)和式(2-3)可知

$$\begin{aligned} y'(t) &= [f_1(t) * f_2(t)]' = [f_1(t) * f_2(t)] * \delta'(t) \\ &= [f_1(t) * \delta'(t)] * f_2(t) = f_1'(t) * f_2(t) \\ &= f_1(t) * [f_2(t) * \delta'(t)] = f_1(t) * f_2'(t) \end{aligned}$$

(2) 由式(2-7)和式(2-3)可知

$$\begin{aligned} y^{(-1)}(t) &= \int_{-\infty}^{t} f_1(\xi) * f_2(\xi) \mathrm{d}\xi = [f_1(t) * f_2(t)] * \varepsilon(t) \\ &= [f_1(t) * \varepsilon(t)] * f_2(t) = f_1^{(-1)}(t) * f_2(t) \\ &= f_1(t) * [f_2(t) * \varepsilon(t)] = f_1(t) * f_2^{(-1)}(t) \end{aligned}$$

(3) 由

$$\int_{-\infty}^{t} \left[\frac{\mathrm{d}f_1(\xi)}{\mathrm{d}\xi}\right] \mathrm{d}\xi = f_1(t) - f_1(-\infty)$$

可得

$$f_1(t)=\int_{-\infty}^{t}\left[\frac{\mathrm{d}f_1(\xi)}{\mathrm{d}\xi}\right]\mathrm{d}\xi+f_1(-\infty)$$

这样，利用卷积的分配律和积分性质，有

$$\begin{aligned}y(t)&=f_1(t)*f_2(t)\\&=\left\{\int_{-\infty}^{t}\left[\frac{\mathrm{d}f_1(\xi)}{\mathrm{d}\xi}\right]\mathrm{d}\xi+f_1(-\infty)\right\}*f_2(t)\\&=\int_{-\infty}^{t}\left[\frac{\mathrm{d}f_1(\xi)}{\mathrm{d}\xi}\right]\mathrm{d}\xi*f_2(t)+f_1(-\infty)*f_2(t)\\&=f_1'(t)*\int_{-\infty}^{t}f_2(\xi)\mathrm{d}\xi+f_1(-\infty)*f_2(t)\\&=f_1'(t)*f_2^{(-1)}(t)+f_1(-\infty)\int_{-\infty}^{+\infty}f_2(t)\mathrm{d}t\end{aligned}$$

同理，可将 $f_2(t)$表示为

$$f_2(t)=\int_{-\infty}^{t}\left[\frac{\mathrm{d}f_2(\xi)}{\mathrm{d}\xi}\right]\mathrm{d}\xi+f_2(-\infty)$$

进一步得到

$$f_1(t)*f_2(t)=f_1^{(-1)}(t)*f_2^{(1)}(t)+f_2(-\infty)\int_{-\infty}^{\infty}f_1(t)\mathrm{d}t$$

当 $f_1(t)$和 $f_2(t)$满足

$$f_1(-\infty)\int_{-\infty}^{\infty}f_2(t)\mathrm{d}t=f_2(-\infty)\int_{-\infty}^{\infty}f_1(t)\mathrm{d}t=0 \tag{2-11}$$

时，式(2-10)成立。可见，式(2-11)是微积分性质的使用条件。

性质4　卷积的时移性质

设 $y(t)=f_1(t)*f_2(t)$，则有

$$f_1(t)*f_2(t-t_0)=f_1(t-t_0)*f_2(t)=y(t-t_0)$$

由卷积的时移性，可以进一步得到以下结论。

$$f_1(t-t_1)*f_2(t-t_2)=y(t-t_1-t_2) \tag{2-12}$$

利用卷积定义和变量替换即可证明时移性质。

例2-2　计算实常数 $K(\neq 0)$与信号 $f(t)$的卷积积分。

解：直接按卷积定义，有

$$K*f(t)=f(t)*K=\int_{-\infty}^{\infty}Kf(\tau)\mathrm{d}\tau=K\cdot[f(t)\text{波形的净面积}]$$

表明常数 K 与任意信号 $f(t)$的卷积值等于该信号波形净面积的 K 倍。

注意，在本例中，如不考虑卷积的微积分性质的使用条件式(2-11)，就会得出

$$K*f(t)=\int_{-\infty}^{t}f(\tau)\mathrm{d}\tau*\frac{\mathrm{d}}{\mathrm{d}t}K=0$$

的错误结果。因为常数 K 在 $t=-\infty$处不为零，而任意信号 $f(t)$的波形净面积也不一定为零，所以是不能使用卷积的微积分性质来求解的。

例2-3　计算下列卷积积分。

(1) $[\varepsilon(t)-\varepsilon(t-1)]*[\varepsilon(t)-\varepsilon(t-2)]$　　　(2) $f(t)*\delta(t-t_0)$

解：(1) 由卷积的乘法分配律可得

$$[\varepsilon(t)-\varepsilon(t-1)]*[\varepsilon(t)-\varepsilon(t-2)]$$
$$=\varepsilon(t)*\varepsilon(t)-\varepsilon(t)*\varepsilon(t-2)-\varepsilon(t-1)*\varepsilon(t)+\varepsilon(t-1)*\varepsilon(t-2)$$

先计算 $\varepsilon(t)*\varepsilon(t)$。因为 $\varepsilon(-\infty)=0$，满足卷积的微积分性质，故有

$$\varepsilon(t)*\varepsilon(t)=\int_{-\infty}^{t}\varepsilon(\tau)d\tau*\varepsilon'(t)=\int_{0}^{t}\varepsilon(\tau)\mathrm{d}\tau*\delta(t)=t\varepsilon(t)$$

然后利用卷积的时移性质，可得

$$\begin{aligned}&[\varepsilon(t)-\varepsilon(t-1)]*[\varepsilon(t)-\varepsilon(t-2)]\\&=\varepsilon(t)*\varepsilon(t)-\varepsilon(t)*\varepsilon(t-2)-\varepsilon(t-1)*\varepsilon(t)+\varepsilon(t-1)*\varepsilon(t-2)\\&=t\varepsilon(t)-[\varepsilon(t)*\varepsilon(t)]_{t\to t-2}-[\varepsilon(t)*\varepsilon(t)]_{t\to t-1}+[\varepsilon(t)*\varepsilon(t)]_{t\to t-3}\\&=t\varepsilon(t)-[t\varepsilon(t)]_{t\to t-2}-[t\varepsilon(t)]_{t\to t-1}+[t\varepsilon(t)]_{t\to t-3}\\&=t\varepsilon(t)-(t-2)\varepsilon(t-2)-(t-1)\varepsilon(t-1)+(t-3)\varepsilon(t-3)\end{aligned}$$

(2) 由于 $f(t)*\delta(t)=f(t)$，根据卷积的时移性质得

$$f(t)*\delta(t-t_0)=f(t-t_0)$$

这一结果表明，位于 $t=t_0\,(t>t_0)$ 处的单位冲激信号与另外一个信号 $f(t)$ 的卷积运算，相当于把信号 $f(t)$ 直接搬移到 $t=t_0$，如图 2.3 所示。

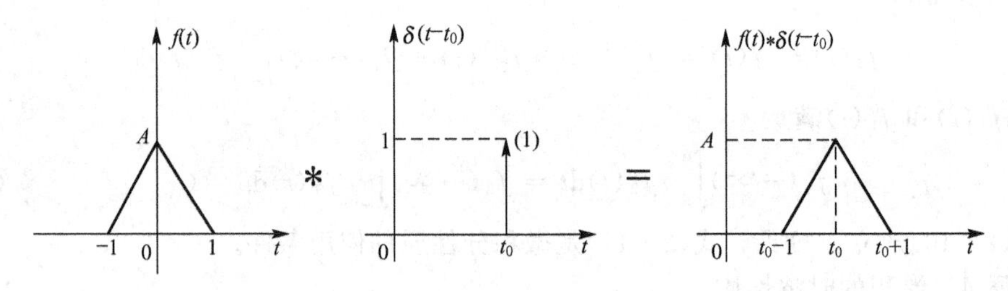

图 2.3　例 2-3 图

利用上面的方法，可以对非周期信号进行周期化，假设

$$\delta_T(t)=\sum_{m=-\infty}^{\infty}\delta(t-mT) \tag{2-13}$$

式中，m 为整数。现在计算 $f_1(t)$ 与 $\delta_T(t)$ 的卷积。

$$\begin{aligned}f_T(t)=f_1(t)*\delta_T(t)&=f_1(t)*\Big[\sum_{m=-\infty}^{\infty}\delta(t-mT)\Big]\\&=\sum_{m=-\infty}^{\infty}[f_1(t)*\delta(t-mT)]\\&=\sum_{m=-\infty}^{\infty}f_1(t-mT)\end{aligned} \tag{2-14}$$

画出周期化的过程，如图 2.4 所示。显然，当 $\tau\leqslant T$ 时，$f_T(t)$ 中的每一个波形与 $f_1(t)$ 相同。但是，当 $\tau>T$ 时，由于求和时各相邻波形之间部分重叠，将无法使 $f_1(t)$ 的波形在 $f_T(t)$ 中周期性地出现。

例 2-4　图 2.5 所示为门函数，在电子技术中常称矩形脉冲，用符号 $g_\tau(t)$ 表示，其幅度为 1，宽度为 τ，求卷积积分 $g_\tau(t)*g_\tau(t)$。

解：本题可以采用图解法推导，要进行较为复杂的卷积积分。这里，可以运用卷积的性质求解，使计算简化。

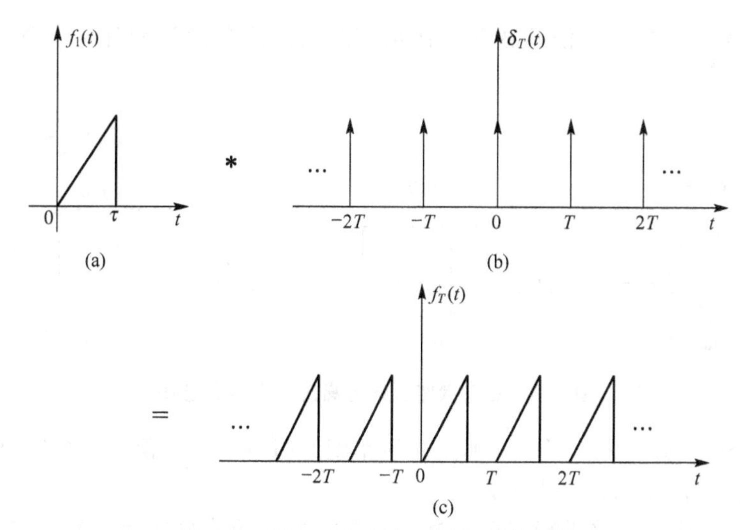

图 2.4 利用 $\delta_T(t)$对 $f_1(t)$进行周期化

运用卷积的微积分性质和时移性质，可得

$$
\begin{aligned}
g_\tau(t) * g_\tau(t) &= g_\tau^{(1)}(t) * g_\tau^{(-1)}(t) \\
&= \frac{\mathrm{d}}{\mathrm{d}t}\left[\varepsilon\left(t+\frac{\tau}{2}\right)-\varepsilon\left(t-\frac{\tau}{2}\right)\right] * g_\tau^{(-1)}(t) \\
&= \left[\delta\left(t+\frac{\tau}{2}\right)-\delta\left(t-\frac{\tau}{2}\right)\right] * g_\tau^{(-1)}(t) \\
&= g_\tau^{(-1)}\left(t+\frac{\tau}{2}\right)-g_\tau^{(-1)}\left(t-\frac{\tau}{2}\right) \\
&= \begin{cases} 0, & t<-\tau,\ t>\tau \\ t+\tau, & -\tau\leqslant t<0 \\ \tau-t, & 0\leqslant t\leqslant\tau \end{cases}
\end{aligned}
$$

计算过程如图 2.5 所示。

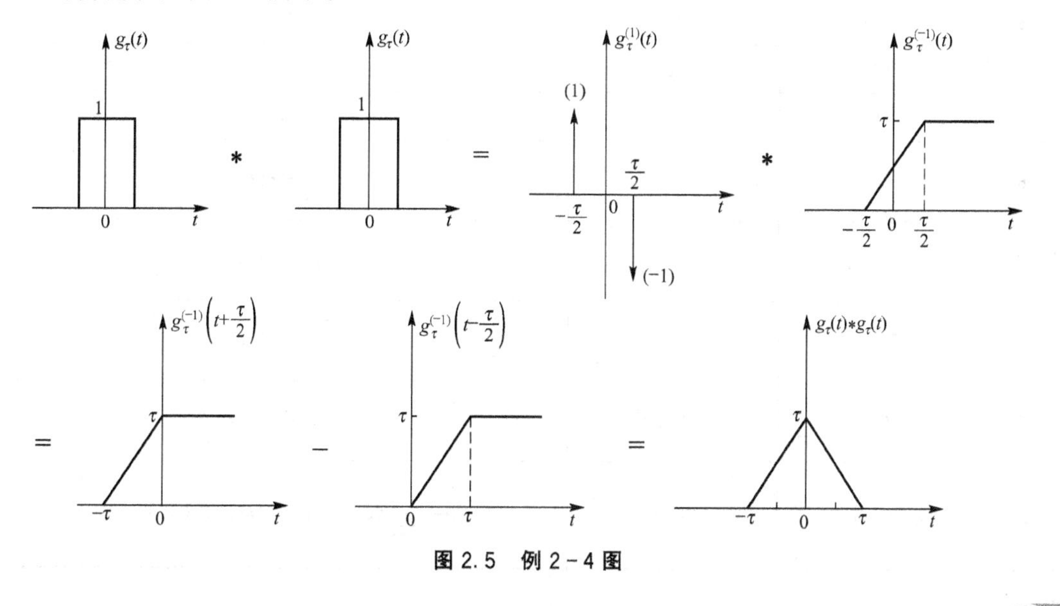

图 2.5 例 2-4 图

本题解法还可以推广到任意宽度、任意高度的门函数的卷积计算。卷积计算过程如图 2.6 所示。

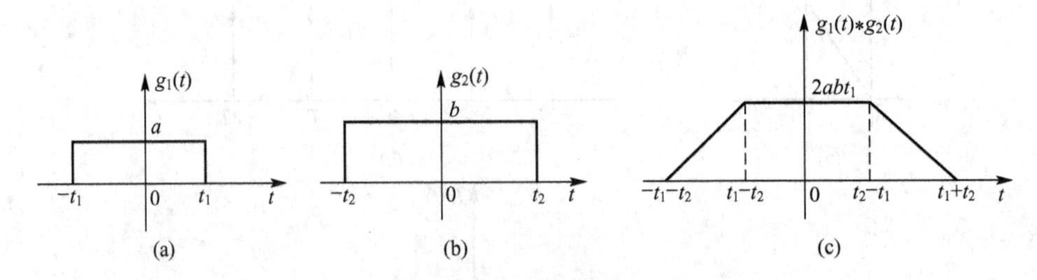

图 2.6 任意宽度、任意高度的门函数卷积

其中，$t_2>t_1$。从图 2.6 可知，不同时间宽度的门信号相卷积，其结果为梯形信号。

求解卷积的方法可归纳为以下几种。

(1) 利用定义式，直接进行积分。对于容易求积分的函数比较有效，如指数函数、多项式函数等。

(2) 图解法。特别适用于求某时刻点上的卷积值。

(3) 利用性质。比较灵活。

三者常常结合起来使用。

2.1.3 常用信号的卷积积分

常用信号的卷积公式见表 2－1。

表 2－1 常用信号的卷积公式

序号	$f_1(t)$	$f_2(t)$	$f_1(t)*f_2(t)$
1	K(常数)	$f(t)$	K · [$f(t)$波形的净面积]
2	$f(t)$	$\delta(t)$	$f(t)$
3	$f(t)$	$\delta^{(1)}(t)$	$f^{(1)}(t)$
4	$f(t)$	$\varepsilon(t)$	$f^{(-1)}(t)$
5	$\varepsilon(t)$	$\varepsilon(t)$	$t\varepsilon(t)$
6	$\varepsilon(t)$	$t\varepsilon(t)$	$\frac{1}{2}t^2\varepsilon(t)$
7	$e^{-\alpha t}\varepsilon(t)$	$e^{-\alpha t}\varepsilon(t)$	$te^{-\alpha t}\varepsilon(t)$
8	$e^{-\alpha t}\varepsilon(t)$	$te^{-\alpha t}\varepsilon(t)$	$\frac{1}{2}t^2e^{-\alpha t}\varepsilon(t)$
9	$\varepsilon(t)$	$e^{-\alpha t}\varepsilon(t)$	$\frac{1}{\alpha}(1-e^{-\alpha t})\varepsilon(t)$
10	$e^{-\alpha_1 t}\varepsilon(t)$	$e^{-\alpha_2 t}\varepsilon(t)$	$\frac{1}{\alpha_1-\alpha_2}(e^{-\alpha t}-e^{-\alpha_2 t})\varepsilon(t)$，$(\alpha_1\neq\alpha_2)$

续表

序号	$f_1(t)$	$f_2(t)$	$f_1(t)*f_2(t)$
11	$e^{-\alpha_1 t}\varepsilon(t)$	$te^{-\alpha_2 t}\varepsilon(t)$	$\left[\frac{1}{(\alpha_1-\alpha_2)^2}e^{-\alpha_1 t}-\frac{\alpha_1-\alpha_2 t-1}{(\alpha_1-\alpha_2)^2}e^{-\alpha_2 t}\right]\varepsilon(t)$，$(\alpha_1\neq\alpha_2)$
12	$e^{-\alpha t}\varepsilon(t)$	$t\varepsilon(t)$	$\left(\frac{1}{\alpha_2}e^{-\alpha t}+\frac{\alpha t-1}{\alpha^2}\right)\varepsilon(t)$
13	$f_1(t)$	$\tau_T(t)$	$\sum_{m=-\infty}^{\infty}f_1(t-mT)$

2.2　连续系统的微分算子方程

2.2.1　微分算子和积分算子

系统分析一般分为3个步骤：①建立数学模型，得到输出与输入的系统方程的数学表达式；②求解系统方程；③系统方程的物理解释、运用及性能分析等。在连续系统的时域分析中，系统数学模型为微分方程。

在微分方程中，用$\frac{d}{dt}$表示对响应或激励函数的微分，$\int_{-\infty}^{t}(\ )d_\tau$表示对响应或激励函数的积分。这些微积分式子用算子$p$来表示。算子$p$常表示为

$$p\triangleq\frac{d}{dt} \tag{2-15}$$

$$\frac{1}{p}\triangleq\int_{-\infty}^{t}()d_\tau \tag{2-16}$$

式中：p称为微分算子；$\frac{1}{p}$称为积分算子。

在工程应用中，常把输出输入的微分方程用算子方程来表示，通过下面的表达式可以简化模型方程和运算。

$$pf(t)=\frac{d}{dt}f(t)$$

$$p^n f(t)=f^n(t)=\frac{d^n}{dt^n}f(t)$$

$$\frac{1}{p}f(t)=\int_{-\infty}^{t}(\tau)d_\tau$$

对于微分算子方程

$$\frac{d^2}{dt^2}y(t)+3\frac{d}{dt}y(t)+5y(t)=5\frac{d}{dt}f(t)+2f(t)$$

可以表示为

$$p^2y(t)+3py(t)+5y(t)=5pf(t)+2f(t)$$

或写成

$$(p^2+3p+5)y(t)=(5p+2)f(t)$$

以上含有微分算子 p 的方程称为微分算子方程。从上述例子可知，微分算子 p 及其多项式可以进行加、减、乘、除等代数运算，有一些情况也满足交换及分配定理。但是应注意以下两点。

(1) 微分算子方程等号两边 p 或 $p+a$ 的公因式不能随便消去。因为 $y(t)$ 和 $f(t)$ 可能相差一个常数 c 或者 $c\cdot e^{-at}$。

(2) 在算子相除且函数中有常数因子时不可随意约分，即函数“先除后乘”时，可以约去，反之“先乘后除”，不可约分。例如

$$p\cdot\frac{1}{p}f(t)=f(t)$$

$$\frac{1}{p}\cdot pf(t)\neq f(t)$$

2.2.2 一般 LTI 系统的微分算子方程

一般的 LTI 连续系统，其输入输出方程是 n 阶常系数微分方程。用通式可以表示为

$$\begin{aligned}&y^{(n)}(t)+a_{n-1}y^{(n-1)}(t)+\cdots+a_1y^{(1)}(t)+a_0y(t)\\&=b_mf^{(m)}(t)+b_{m-1}f^{(m-1)}(t)+\cdots+b_1f^{(1)}+b_0f(t)\end{aligned}$$

用微分算子 p 简化可得

$$\begin{aligned}&(p^n+a_{n-1}p^{n-1}+\cdots+a^1p^1+a_0p)y(t)\\&=(b_mp^m+b_{m-1}p^{m-1}+\cdots+b_1p^1+b_0)f(t)\end{aligned}\tag{2-17}$$

令 $A(p)=\sum\limits_{i=0}^{n}a_ip^i,B(p)=\sum\limits_{j=0}^{m}b_jp^j$，式(2-17)进一步简化为

$$A(p)y(t)=B(p)f(t)$$

式中：a_i 和 b_j 均为常数，且 $a_n=1$。通常将微分算子方程写成如下形式。

$$y(t)=\frac{B(p)}{A(p)}f(t)=H(p)f(t)$$

$$H(p)=\frac{B(p)}{A(p)}=\frac{b_mp^m+b_{m-1}p^{m-1}+\cdots+b_1p^1+b_0}{p^n+a_{n-1}p^{n-1}+\cdots+a_1p^1+a_0p}\tag{2-18}$$

式中：$A(p)=p^n+a_{n-1}p^{n-1}+\cdots+a_1p+a_0$ 为 p 的 n 次多项式，常称为系统的特征多项式，方程 $A(p)=0$ 称为系统的特征方程，$B(p)=b_mp^m+b_{m-1}p^{m-1}+\cdots+b_1p+b_0$ 为 p 的 m 次多项式。$H(p)$ 为系统的传输算子，也称为转移算子，常用它来表示 LTI 连续系统的输入输出模型。

$$f(t)\circ\!\longrightarrow\boxed{H(p)}\longrightarrow\!\circ\, y(t)$$

图 2.7　用 $H(p)$ 表示的 LTI 连续系统输入输出模型

图 2.7 给出的是用传输算子 $H(p)$ 表示的 LTI 连续系统输入输出模型。

例 2-5　某连续系统如图 2.8 所示，写出该系统的传输算子和微分方程。

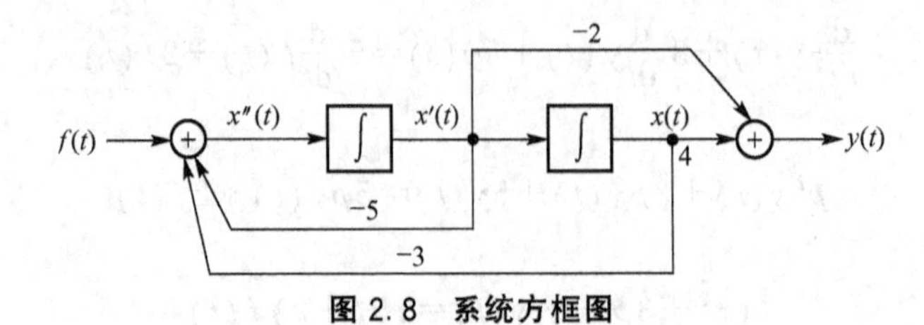

图 2.8　系统方框图

解： 将图 2.8 中右端积分器的输出假设为中间变量 $x(t)$，则其输入为 $x'(t)$，左端积分器的输入为 $x''(t)$，如图 2.8 所示。写出左端加法器的输出为

$$x''(t)=f(t)-5x'(t)-3x(t)$$

移项整理得

$$f(t)=x''(t)+5x'(t)+3x(t)$$

写出右端加法器的输出为

$$y(t)=-2x'(t)+4x(t)$$

相应的算子方程为

$$\begin{aligned}H(p)=\frac{y(t)}{f(t)}&=\frac{-2x'(t)+4x(t)}{x''(t)+5x'(t)+3x(t)}\\&=\frac{(-2p+4)x(t)}{(p^2+5p+3)x(t)}\\&=\frac{-2p+4}{p^2+5p+3}\end{aligned}$$

由

$$\frac{y(t)}{f(t)}=\frac{-2p+4}{p^2+5p+3}$$

可得

$$(p^2+5p+3)y(t)=(-2p+4)f(t)$$

则

$$y''(t)+5y'(t)+3y(t)=-2f'(t)+4f(t)$$

可见方框图、微分方程、算子方程三者之间是可以相互转换的。

2.2.3 电路系统算子方程的建立

将电路系统中各基本元件(R、L、C)上的伏安关系(VAR)用算子形式表示，可以得到相应的算子模型，见表 2-2。表中，pL 和$\frac{1}{pC}$分别称为感抗和容抗。

表 2-2 电路元件的 p 算子模型

元件	电路符号	u 与 i 关系(VAR)	VAR 的算子形式	算子模型
电阻	R $i(t)$ + $u(t)$ −	$u(t)=Ri(t)$	$u(t)=Ri(t)$	R $i(t)$ + $u(t)$ −
电感	L $i(t)$ + $u(t)$ −	$u(t)=L\dfrac{\mathrm{d}i(t)}{\mathrm{d}t}$	$u(t)=pLi(t)$	pL $i(t)$ + $u(t)$ −
电容	C $i(t)$ + $u(t)$ −	$u(t)=\dfrac{1}{C}\int_{-\infty}^{t}i(\tau)\mathrm{d}\tau$	$u(t)=\dfrac{1}{pC}i(t)$	$1/pC$ $i(t)$ + $u(t)$ −

在求解系统的算子方程时，只要把电路中的 R、L、C 用算子模型表示，L、C 就可以

看成电阻一样进行计算。而电路中的基本规律和方法，如基尔霍夫定律、接点法、回路法等都适用。

例 2-6 电路如图 2.9(a)所示，试写出 $u_1(t)$对 $f(t)$的传输算子。

解： 画出算子模型电路如图 2.9(b)所示。由节点电压法列出 $u_1(t)$的方程为

$$\left(\frac{p}{2}+\frac{1}{2}+\frac{1}{2+2p}\right)u_1(t)=f(t) \tag{2-19}$$

将式(2-19)两边同时乘以$(2+2p)$，整理得到微分算子方程为

$$(p^2+2p+2)u_1(t)=2(p+1)f(t)$$

$u_1(t)$对 $f(t)$的传输算子为

$$H(p)=\frac{2(p+1)}{p^2+2p+2}$$

将其转换为微分方程如下。

$$u_1''(t)+2u_1'(t)+2u_1(t)=2f'(t)+2f(t)$$

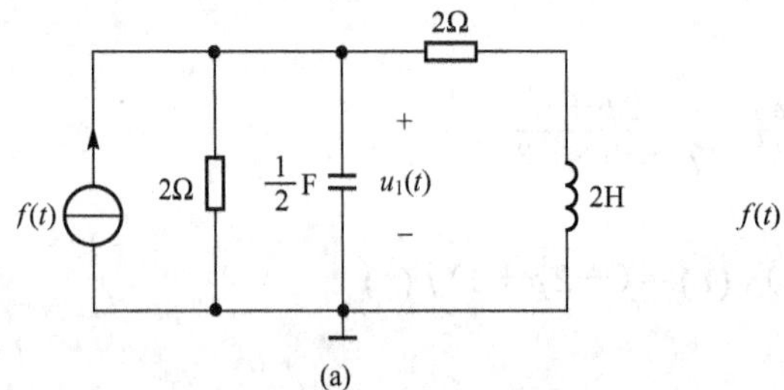

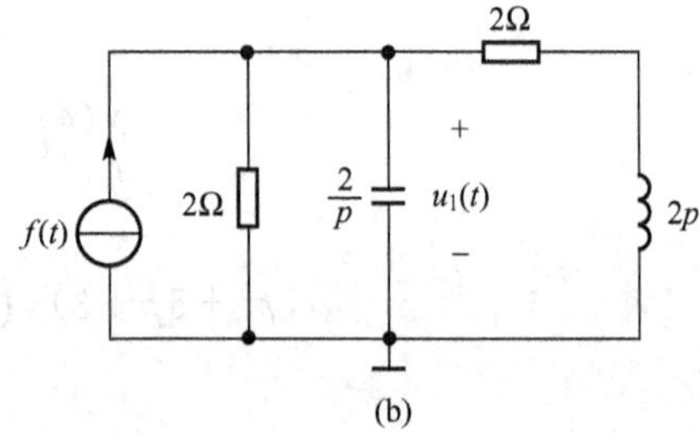

图 2.9 例 2-6 电路图

例 2-7 如图 2.10(a)所示电路，电路输入为 $f(t)$，输出为 $i_2(t)$，试建立该电路的输入输出算子方程和微分方程。

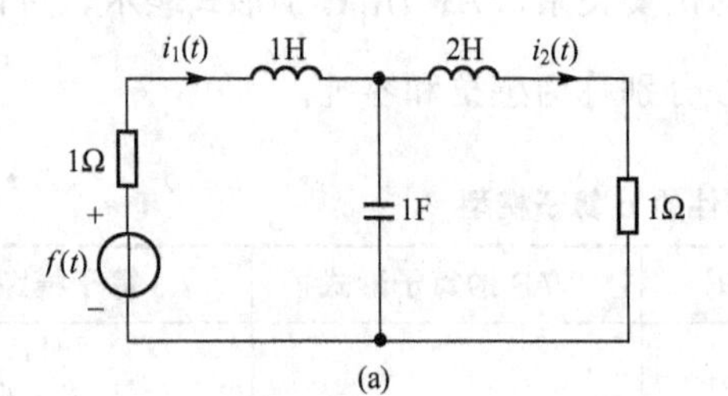

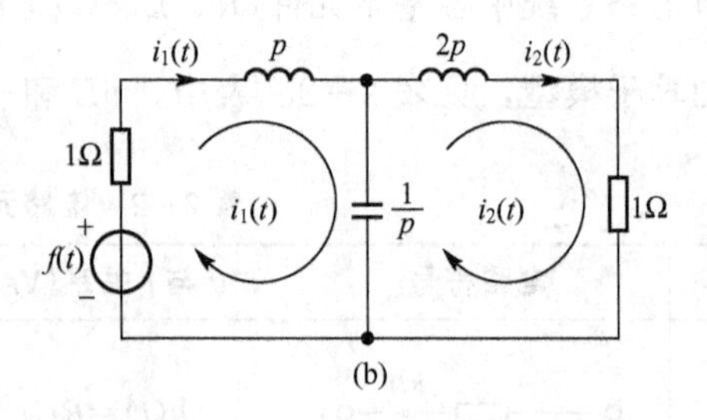

图 2.10 例 2-7 电路图

解： 画出算子模型电路如图 2.10(b)所示。列出网孔电流方程如下。

$$\begin{cases}\left(1+p+\dfrac{1}{p}\right)i_1(t)-\dfrac{1}{p}i_2(t)=f(t)\\ -\dfrac{1}{p}i_1(t)+\left(2p+1+\dfrac{1}{p}\right)i_2(t)=0\end{cases}$$

消除中间变量 $i_1(t)$，得到

$$(2p^3+3p^2+4p+2)i_2(t)=f(t)$$

算子方程表示为

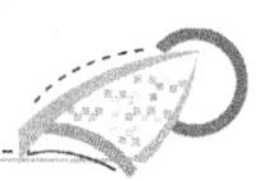

$$H(p)=\frac{0.5}{p^3+1.5p^2+2p+1}$$

微分方程可表示为

$$i'''_2(t)+1.5i''_2(t)+2i'_2(t)+i_2(t)=0.5f(t)$$

2.3　连续系统的零输入响应

通过对连续信号的卷积运算以及连续系统的算子方程的学习，对信号与系统在时域上的特点有一定的了解。在此基础上，加入现代系统的基本观点，分别引进连续系统零输入响应和零状态响应的计算方法。本节先讨论连续系统的零输入响应。

2.3.1　系统的初始条件

根据线性系统的分解性，LTI 系统的完全响应 $y(t)$ 可以分为零输入响应 $y_x(t)$ 和零状态响应 $y_f(t)$ 之和。

$$y(t)=y_x(t)+y_f(t) \tag{2-20}$$

零输入响应 $y_x(t)$ 是当输入信号为零时由系统的初始状态产生的输出。此时，零输入响应 $y_x(t)$ 与初始状态之间满足齐次性和叠加性。零状态响应 $y_f(t)$ 是系统初始状态为零时的响应，这时系统的输出响应完全是由激励(即输入信号)产生的，此时零状态响应 $y_f(t)$ 与输入信号之间也完全满足齐次性和叠加性。

设系统初始时刻 $t=0$，在激励作用下，系统输出信号可能发生跳变或出现冲激信号。为了考察信号变化，分别考察 $y(t)$ 及各阶导数在初始观察时刻前一瞬间 $t=0^-$ 和后一瞬间 $t=0^+$ 时的初始条件。

在 $t=0^-$ 和 $t=0^+$ 可得

$$y(0^-)=y_x(0^-)+y_f(0^-) \tag{2-21}$$

$$y(0^+)=y_x(0^+)+y_f(0^+) \tag{2-22}$$

设系统为线性时不变的因果系统，则有 $y_x(0^+)=y_x(0^-)$。因此，式(2-21)和(2-22)可以转变成

$$y(0^-)=y_x(0^-)=y_x(0^+) \tag{2-23}$$

$$y(0^+)=y_x(0^-)+y_f(0^+)=y(0^-)+y_f(0^+) \tag{2-24}$$

依照同样的分析，可以推得响应 $y(t)$ 的各阶导数满足

$$y^{(j)}(0^-)=y_x^{(j)}(0^-)=y_x^{(j)}(0^+) \tag{2-25}$$

$$y^{(j)}(0^+)=y^{(j)}(0^-)+y_f^{(j)}(0^+) \tag{2-26}$$

以上结论得到了 n 阶系统的 0^- 和 0^+ 的初始条件：$y^{(j)}(0^-)(j=0，1，\cdots，n-1)$ 和 $y^{(j)}(0^+)(j=0，1，\cdots，n-1)$。

由式(2-26)可求解出系统的 0^- 和 0^+ 的相互关系。在 LTI 系统中，系统在任一时刻的响应都由这一时刻的状态和激励共同决定。对于因果系统，由于在 $t=0^-$ 时刻，输入信号没有接入系统，故 0^- 初始条件是完全由系统在 0^- 时刻的状态所决定的。由初始状态引起的响应就是零输入响应，它直接体现了历史输入信号的作用。

在传统的微分方程经典解法中，通常采用 0^+ 初始条件，这时 $y^{(j)}(0^+)(j=0，1，\cdots，n-1)$

可利用式(2-26)，由 0^- 初始条件和 $y_f^j(0^+)(j=0,1,\cdots,n-1)$ 来确定。

微分方程的经典解法是把完全响应 $y(t)$ 分为齐次解 $y_h(t)$ 和特解 $y_p(t)$，即

$$y(t)=y_h(t)+y_p(t) \tag{2-27}$$

齐次解 $y_h(t)$ 是输入信号 $f(t)=0$ 时，齐次微分方程的解；特解 $y_p(t)$ 是初始条件为 0 时，由输入信号 $f(t)$ 产生的响应。

系统解法的初始条件为 0^- 时刻的状态，而经典解法的初始条件为 0^+ 时刻的状态，这是系统解法和经典解法的区别。而在实际电路中，系统在 0 时刻投入运行，如果输入信号 $f(t)$ 在 0 到 0^+ 产生的输出没有跳变，即零状态响应 $y_f(t)$ 在 0 到 0^+ 是连续的信号，则

$$\begin{cases} y_x(t)=y_h(t) \\ y_f(t)=y_p(t) \end{cases} \tag{2-28}$$

即系统解法和经典解法的解是完全相同的。但是，如果输入信号 $f(t)$ 在 0 到 0^+ 产生的输出有跳变，即零状态响应 $y_f(t)$ 在 0 到 0^+ 不是连续的信号，那么 0^+ 时刻的初始条件中不仅包含了 0^- 时刻全部的初始状态，还包含了 0 到 0^+ 由输入信号 $f(t)$ 在系统上产生的零状态响应 $y_f(t)$(即跳变)。此时系统齐次解就是全部零输入响应 $y_x(t)$ 和 0 到 0^+ 的零状态响应 $y_f(t)$ 的叠加，而特解就是 0^+ 时刻以后的零状态响应 $y_f(t)$。

在工程应用中，通常采用系统解法求解系统响应，经典解法仅仅适用于对微分方程的解进行理论研究。原因是 0^- 时刻的初始状态可以很方便得到，而 0^+ 时刻的初始状态不容易得到。系统在 $t=0$ 时刻投入运行，系统没有运行前，储能元件(如电容 C、电感 L)的初始状态一般不发生变化，使用仪表可以很方便测量储能元件的初始状态，作为 0^- 时刻的初始条件。而系统一旦投入运行，由于输入信号 $f(t)$ 作用于系统，很难在 0 到 0^+ 这么短暂的时间内用仪表测量储能元件的初始状态。

2.3.2 零输入响应算子方程

设系统响应 $y(t)$ 对输入 $f(t)$ 的传输算子为 $H(p)$，且

$$H(p)=\frac{B(p)}{A(p)}=\frac{b_m p^m+b_{m-1}p^{m-1}+\cdots+b_1 p+b_0}{p_n+a_{n-1}p_{n-1}+\cdots+a_1 p+a_0} \tag{2-29}$$

由算子方程(2-29)得

$$A(p)y(t)=B(p)f(t) \tag{2-30}$$

根据零输入响应 $y_x(t)$ 的定义，得到

$$A(p)y_x(t)=0 \quad t\geqslant 0 \tag{2-31}$$

2.3.3 简单系统的零输入响应

简单系统 1 若 $A(p)=p-\lambda$，则 $y_x(t)=c_0 e^{\lambda t}$。

该系统为一阶系统，其算子方程一般形式为

$$(p-\lambda)y_x(t)=0$$

转换为微分方程，即

$$y_x'(t)-\lambda y_x(t)=0$$

此时系统的特征方程 $A(p)=0$ 仅有一个特征根 $p=\lambda$。两边乘以 $e^{-\lambda t}$，并整理得

$$\frac{d}{dt}\left[y_x(t)e^{-\lambda t}\right]=0$$

同时两边取积分$\int_{0^-}^{t}(\ )dx$，得到

$$y_x(t)=y_x(0^-)e^{\lambda t}=c_0e^{\lambda t},\quad t\geqslant 0 \tag{2-32}$$

式(2-32)中c_0是待定常数，其初始值由初始条件$y_x(0^-)$或$y_x(0)$决定。因此。可以得出结论为$A(p)=p-\lambda$对应的零输入响应$y_x(t)$为$c_0e^{\lambda t}$。即

$$A(p)=p-\lambda\rightarrow y_x(t)=c_0e^{\lambda t},\quad t\geqslant 0 \tag{2-33}$$

简单系统2　若$A(p)=(p-\lambda)^2$，则$y_x(t)=(c^0+c_1t)e^{\lambda t}$。

该系统是二阶系统，将$A(p)=(p-\lambda)^2$代入$A(p)y_x(t)=0$，得到算子方程为

$$(p-\lambda)^2y_x(t)=0$$

可知该系统的特征方程在$p=\lambda$处具有一个二阶重根。

将算子方程整理得

$$(p-\lambda)[(p-\lambda)y_x(t)]=0$$

根据一阶系统的结论，$A(p)=p-\lambda\rightarrow y_x(t)=c_0e^{\lambda t}$，得到

$$(p-\lambda)y_x(t)=c_0e^{\lambda t}$$

转换为微分方程，即

$$y_x'(t)-\lambda y_x(t)=c_0e^{\lambda t}$$

两边乘以$e^{-\lambda t}$，同时取积分$\int_{0^-}^{t}(\ )dx$，得

$$y_x(t)=(c^0+c_1t)e^{\lambda t},\quad t\geqslant 0 \tag{2-34}$$

式(2-34)中c_0和c_1是待定系数，由系统的初始状态$y_x(0^-)$、$y_x'(0^-)$决定。

将$y_x(t)=(c^0+c_{1t})e^{\lambda t}$推广到$d$阶情况时，有

$$A(p)=(p-\lambda)^d\rightarrow y_x(t)=(c_0+c_1t+c_2t^2+\cdots+c_{d-1}t^{d-1})e^{\lambda t},\quad t\geqslant 0 \tag{2-35}$$

式中：系数c_0、c_1、…、c_{d-1}由$y_x(t)$的初始条件$y_x(0^-)$、$y'_x(0^-)$、…、$y_x^{(d-1)}(0^-)$确定。

综上所述，对于一般的n阶LTI连续系统零输入响应的求解步骤如下。

(1) 将$A(p)$进行因式分解，即

$$A(p)=\prod_{i=1}^{l}(p-\lambda_i)^{d_i} \tag{2-36}$$

式(2-36)中，λ_i和d_i分别是系统特征方程的第i个根及其响应的重根阶数。

(2) 根据式(2-35)，求出第i个根λ_i对应的零输入响应$y_{xi}(t)$为

$$y_{xi}(t)=(c_{i0}+c_{i1}t+c_{i2}t^2+\cdots+c_{i(d-1)}t^{d-1})e^{\lambda t}\quad i=1,2,\cdots,l \tag{2-37}$$

(3) 将所有的$y_{xi}(t)=(i=1,2,\cdots,l)$相加，得到系统的零输入响应，即

$$y_x(t)=\sum_{i=1}^{l}y_{xi}(t)\quad t\geqslant 0 \tag{2-38}$$

(4) 根据给定的输入响应的初始条件$y_x^{(j)}(0^-)(j=0,1,2,\cdots,n-1)$或者系统的$0^-$初始条件$y^{(j)}(0^-)(j=0,1,2,\cdots,n-1)$确定系数$c_{i0}$，$c_{i1}$，$c_{i2}$，…，$c_{i(d-1)}(i=1,2,\cdots,l)$。

表2-3列出了$y_x(t)$与$A(p)$的对应关系。

例2-8　已知某连续系统的传输算子和零输入响应初始条件为

$$H(p)=\frac{2p^2+8p+3}{(p+1)(p+3)^2}$$

$$y_x(0)=2,\quad y_x'(0)=1,\quad y_x''(0)=0$$

求系统的零输入响应 $y_x(t)$。

表 2-3　$y_x(t)$与 $A(p)$的对应关系

序号	特征根类型	算子多项式 $A(p)$	零输入响应 $y_x(t)$，$t\geqslant 0$
1	相异单根	$\prod_{i=1}^{n}(p-\lambda_i)$	$\sum_{i=1}^{n}c_i e^{\lambda_i t}$
2	d 阶重根	$(p-\lambda)^d$	$(c_0+c_1t+\cdots+c_{d-1}t^{d-1})e^{\lambda t}$
3	共轭复根	$[p-(\delta+j\omega)][p-(\delta-j\omega)]$ $=p^2-2\delta p+(\delta^2+\omega^2)$	$e^{\delta t}(c_1\cos\omega t+c_2\sin\omega t)$ $=Ae^{\sigma t}\cos(\omega t+\phi)$
4	一般情况	$\prod_{i=1}^{l}(p-\lambda_i)^{d_i}$	$\sum_{i=1}^{l}(c_{i0}+c_{i1}t+\cdots+c_{i(d-1)}t^{d-1})e^{\lambda_i t}$

解：由题意知

$$A(p)=(p+1)(p+3)^2$$

由

$$(p+1)\rightarrow y_{x1}(t)=c_{10}e^{-t}$$

$$(p+3)^2\rightarrow y_{x2}(t)=(c_{20}+c_{21}t)e^{-3t}$$

可得

$$y_x(t)=y_{x1}(t)+y_{x2}(t)=c_{10}e^{-t}+(c_{20}+c_{21}t)e^{-3t}$$

其一、二阶导函数为

$$y_x'(t)=-c_{10}e^{-t}+(c_{21}-3c_{20}-3c_{21}t)e^{-3t}$$

$$y_x''(t)=c_{10}e^{-t}-3(2c_{21}-3c_{20}-3c_{21}t)e^{-3t}$$

代入初始条件，整理得

$$y_x(0)=c_{10}+c_{20}=2$$

$$y_x'(0)=-c_{10}+c_{21}-3c_{20}=1$$

$$y_x''(0)=c_{10}-6c_{21}+9c_{20}=0$$

联立求解得

$$c_{10}=6,\quad c_{20}=-4,\quad c_{21}=-5$$

最后得到系统零输入响应为

$$y_x(t)=6e^{-t}-(4+5t)e^{-3t},\quad t\geqslant 0$$

例 2-9　如图 2.11 所示电路。已知 $i_L(0^-)=0$，$u_c(0^-)=1\text{V}$，$C=1\text{F}$，$L=1\text{H}$。求 $i_x(t)(t>0)$。

解：算子电路模型如图 2.12 所示。列出回路 KVL 方程，并代入元件参数，得

$$\left(pL+\frac{1}{pC}\right)i_x(t)=0$$

或写成

$$(p^2+1)i_x(t)=0$$

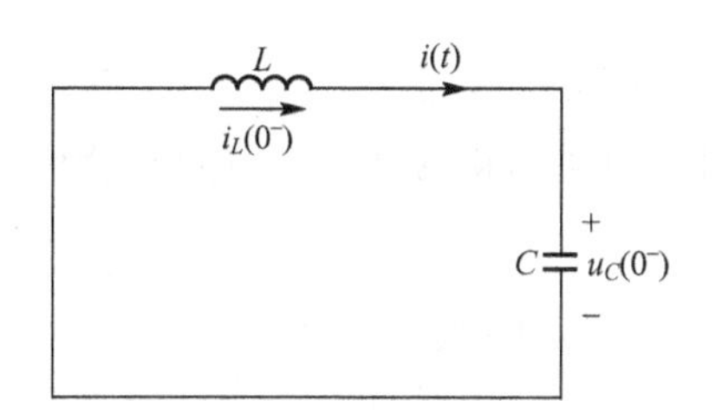

图 2.11　例 2-9 电路图

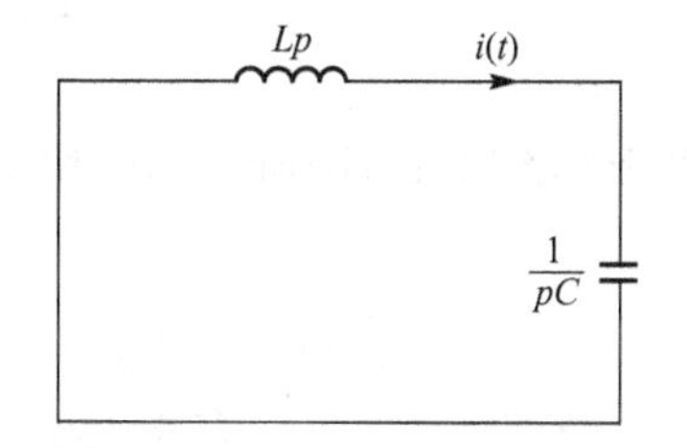

图 2.12　例 2-9p 算子模型电路图

令 $A(p)=p^2+1=0$，解得 $p_{1,2}=\pm\mathrm{j}$，故有

$$i_x(t)=c_{10}\mathrm{e}^{\mathrm{j}t}+c_{20}\mathrm{e}^{-\mathrm{j}t}$$

初始条件 $i_x(0^-)=c_{10}+c_{20}=2$，$u_c(0^-)=-u_L(t)|_{t=0}=-pLi(t)|_{t=0}=(c_{20}-c_{10})\mathrm{j}=1$，联立求解上面的方程，得

$$c_1=-\frac{1}{2\mathrm{j}}\quad c_2=\frac{1}{2\mathrm{j}}$$

故得

$$i_x(t)=-\frac{1}{2\mathrm{j}}(\mathrm{e}^{\mathrm{j}t}+\mathrm{e}^{-\mathrm{j}t})=-\sin t=\cos(t+90°)\quad t\geqslant 0$$

2.4　连续系统的零状态响应

在初始条件为零的条件下，仅由输入信号 $f(t)$ 引起的响应，称为零状态响应。按照 LTI 系统分析的基本思想，要求零状态响应首先需要对输入信号进行分解，在本节首先学习以单位冲激信号 $\delta(t)$ 为基本信号，把输入信号分解为多个冲激信号的线性组合，同时求解系统在基本信号 $\delta(t)$ 激励下的冲激响应，并利用 LTI 系统的线性和时不变特性，推导出在一般信号激励下系统零状态响应的计算方法。

2.4.1　连续信号的 $\delta(t)$ 分解

任一连续信号 $f(t)$ 与单位冲激信号 $\delta(t)$ 卷积运算的结果等于信号 $f(t)$，即

$$\begin{aligned}f(t)&=f(t)*\delta(t)=\int_{-\infty}^{\infty}f(\tau)\delta(t-\tau)\mathrm{d}\tau\\&=\lim_{\Delta\tau\to 0}\sum_{k=-\infty}^{\infty}f(k\Delta\tau)\delta(t-k\Delta\tau)\Delta\tau\end{aligned}\qquad(2-39)$$

从式(2-39)可知，$\delta(t-\tau)$ 是位于 $t=\tau$ 处的单位冲激信号 $\delta(t)$，$f(\tau)\mathrm{d}\tau$ 与时间 t 无关，可以看成是 $\delta(t-\tau)$ 的加权系数，积分 $\int_{-\infty}^{\infty}$ 实质上代表求和运算，所以该式表明任一连续信号 $f(t)$ 都可以分解为众多 $\delta(t-\tau)$ 冲激信号的线性组合。

也可以从图形上定性地理解说明式(2-39)的正确性。如图 2.13 所示。假设图 2.13(a)中待分解信号为 $f(t)$，$\hat{f}(t)$ 为近似 $f(t)$ 的台阶信号，另设脉冲信号 $p_{\Delta\tau}(t)$ 为

$$p_{\Delta\tau}(t)=\begin{cases}\dfrac{1}{\Delta\tau} & 0\leqslant t\leqslant \Delta\tau \\ 0 & 其余\ t\end{cases} \tag{3-40}$$

其波形如图 2.13(b)所示。应用 $p_{\Delta\tau}(t)$ 信号，可以将图 2.13(a)中的台阶信号 $\hat{f}(t)$ 表示为

$$\begin{aligned}\hat{f}(t)&=\cdots+f(-\Delta\tau)p_{\Delta\tau}(t+\Delta\tau)+f(0)p_{\Delta\tau}(t)\Delta\tau+\\&\quad f(\Delta\tau)p_{\Delta\tau}(t-\Delta\tau)\Delta\tau+\cdots\\&=\sum_{k=-\infty}^{\infty}f(k\Delta\tau)p_{\Delta\tau}(t-k\Delta\tau)\Delta\tau\end{aligned} \tag{2-41}$$

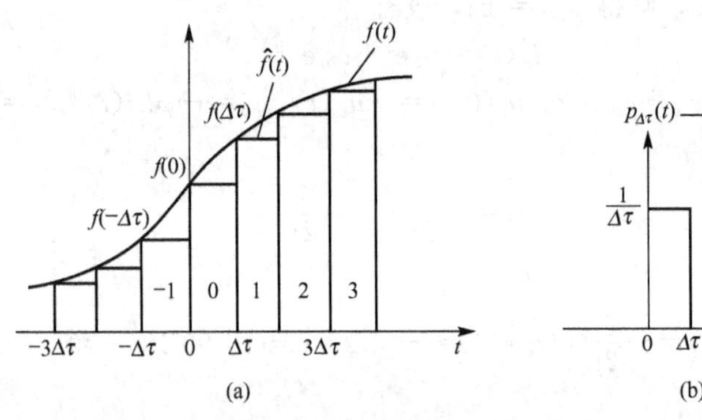

图 2.13　连续信号的 $\delta(t)$ 分解

由图 2.13(a)可见，当 $\Delta\tau\to 0$，即趋近于无穷小量 $d\tau$ 时，离散变量 $k\Delta\tau$ 将趋近于一个连续变量 τ，式(2-41)中各变量做如下变化。

$$p_{\Delta\tau}(t)\to\delta(t)$$
$$p_{\Delta\tau}(t-k\Delta\tau)\to\delta(t-\tau)$$
$$f(k\Delta\tau)\to f(\tau)$$
$$\sum_{k=-\infty}^{+\infty}\to\int_{-\infty}^{+\infty}$$
$$\hat{f}(t)\to f(t)$$

可见，当 $\Delta\tau\to 0$ 时，式(2-41)将演变为

$$f(t)=\int_{-\infty}^{\infty}f(\tau)\delta(t-\tau)d\tau \tag{2-42}$$

2.4.2　冲激响应

1. 冲激响应的定义

在初始观察时刻 $t_0=0$。对于一个初始状态为零的 LTI 因果系统，输入为单位冲激信号时产生的零状态响应称为冲激响应，简称冲激响应，记为 $h(t)$，如图 2.14 所示，即

$$h(t)=T\{x(0^-)=0,\ f(t)=\delta(t)\}=H(p)\delta(t)\big|_{x(0^-)=0} \tag{2-43}$$

图 2.14　冲激响应 $h(t)$ 的定义

2. 冲激响应的计算

设 LTI 连续系统的传输算子为 $H(p)$。推理几个简单系统的冲激响应，从而总结出计算系统冲激响应 $h(t)$ 的步骤。

简单系统 1

$$H(p)=\frac{K}{p-\lambda}$$

其微分方程为

$$y'(t)-\lambda y(t)=Kf(t) \tag{2-44}$$

当初始状态为零时，$y(t)$为零状态响应，式(2-44)可以表示为

$$y_f'(t)-\lambda y_f(t)=Kf(t) \tag{2-45}$$

根据 $h(t)$的定义，若式(2-45)中令 $f(t)=\delta(t)$，则 $y_f(t)=h(t)$，所以有

$$h'(t)-\lambda h(t)=K\delta(t)$$

这是关于 $h(t)$的一阶微分方程，两边同时乘以 $e^{-\lambda t}$，然后积分求得

$$h(t)=Ke^{\lambda t}\varepsilon(t)$$

于是有

$$H(p)=\frac{K}{p-\lambda}\rightarrow h(t)=Ke^{\lambda t}\varepsilon(t) \tag{2-46}$$

简单系统 2

$$H(p)=\frac{K}{(p-\lambda)^2}$$

此时，系统冲激响应 $h(t)$满足的算子方程为

$$(p-\lambda)[(p-\lambda)h(t)]=K\delta(t)$$

根据 $H(p)=\frac{K}{p-\lambda}\rightarrow h(t)=Ke^{\lambda t}\varepsilon(t)$，有

$$(p-\lambda)h(t)=Ke^{\lambda t}\varepsilon(t)$$

改写微方程为

$$h'(t)-\lambda h(t)=Ke^{\lambda t}\varepsilon(t) \tag{2-47}$$

式(2-47)两边再乘以 $e^{-\lambda t}$，再取积分$\int_{-\infty}^{t}(\ )dx$，代入 $h(-\infty)=0$，得到 $h(t)=Kte^{\lambda t}\varepsilon(t)$，即

$$H(p)=\frac{K}{(p-\lambda)^2}\rightarrow h(t)=Kte^{\lambda t}\varepsilon(t) \tag{2-48}$$

这一结果可推广到特征方程 $A(p)=0$ 在 $p=\lambda$ 处有 r 重根的情况，有

$$H(p)=\frac{K}{(p-\lambda)^r}\rightarrow h(t)=\frac{K}{(r-1)!}t^{r-1}e^{\lambda t}\varepsilon(t) \tag{2-49}$$

简单系统 3

$$H(p)=Kp^n$$

由于

$$y_f(t)=Kp^nf(t)$$

则有

$$h(t)=K\delta^{(n)}(t)$$

即

$$H(p)=Kp^n \rightarrow h(t)=K\delta^{(n)}(t) \tag{2-50}$$

对于一般的传输算子 $H(p)$，当 $H(p)$ 为 p 的真分子式时，可将其展开如下形式的部分分式之和，即

$$H(p)=\sum_{j=1}^{l}\frac{K_j}{(p-\lambda_j)^{r_j}}$$

设第 j 个分式 $\frac{K_j}{(p-\lambda_j)^{r_j}}$，$j=1，2，\cdots，l$，对应的冲激响应分量为 $h_j(t)$，则满足如下方程。

$$h_j(t)=\frac{K_j}{(p-\lambda_j)^{r_j}}\delta(t),\quad j=1，2，\cdots，l$$

对 $h_j(t)$ 求和有

$$\sum_{j=1}^{l}h_j(t)=\sum_{j=1}^{l}\frac{K_j}{(p-\lambda_j)^{r_j}}\delta(t)=H(p)\delta(t)$$

所以，系统 $H(p)$ 所对应的冲激响应 $h(t)$ 可以表示为

$$h(t)=\sum_{j=1}^{l}h_j(t) \tag{2-51}$$

综合以上几个简单系统的推论，可以总结得到计算系统冲激响应 $h(t)$ 的一般步骤如下。

(1) 求出系统的传输算子 $H(p)$。

(2) 将 $H(p)$ 进行部分分式展开写成如下形式。

$$H(p)=\sum_{j=1}^{l}\frac{K_j}{(p-\lambda_j)^{r_j}}+\sum_{i=1}^{q}K_ip^i \tag{2-52}$$

(3) 根据式(2-49)和式(2-50)，得到各分式对应的冲激响应分量。

(4) 将所有的冲激响应分量相加，得到系统的冲激响应 $h(t)$。

常用的 $h(t)$ 和 $H(p)$ 对应关系见表2-4。

表2-4　常用的 $h(t)$ 和 $H(p)$ 对应关系

序号	$H(p)$类型	传输算子 $H(p)$	冲激响应 $h(t)$
1	整数幂	Kp^n	$K\delta^{(n)}(t)$
2	一阶极点	$\frac{K}{p-\lambda}$	$Ke^{\lambda t}\varepsilon(t)$
3	r 阶重极点	$\frac{K}{(p-\lambda)^r}$	$\frac{K}{(r-1)!}t^{r-1}e^{\lambda t}\varepsilon(t)$
4	二阶极点	$\frac{\beta}{p^2+\beta^2}$	$\sin\beta t\varepsilon(t)$
		$\frac{p}{p^2+\beta^2}$	$\cos\beta t\varepsilon(t)$
		$\frac{K}{p-s}+\frac{K^*}{p-s^*}$ $K=\rho e^{j\varphi}$，$s=\delta+j\omega$	$2\rho e^{\delta t}\cos(\omega t+\varphi)\varepsilon(t)$

例 2-10 已知系统输入输出算子方程为

$$H(p)=\frac{p^3+9p^2+24p+18}{(p+1)(p^2+2p+2)(p+2)^2}$$

求该系统的冲激响应 $h(t)$。

解： 由

$$H(p)=\frac{p^3+9p^2+24p+18}{(p+1)(p^2+2p+2)(p+2)^2}$$

$$=\frac{2}{p+1}+\frac{2}{p+2}+\frac{1}{(p+2)^2}+\frac{\sqrt{5}\,\mathrm{e}^{-\mathrm{j}153.4^\circ}}{p-(-1+\mathrm{j}1)}+\frac{\sqrt{5}\,\mathrm{e}^{\mathrm{j}153.4^\circ}}{p-(-1-\mathrm{j}1)}$$

可得

$$h(t)=2\mathrm{e}^{-t}+(2+t)\mathrm{e}^{-2t}+2\sqrt{5}\,\mathrm{e}^{-t}\cos(t-153.4^\circ),\quad t\geqslant 0$$

2.4.3 一般信号 $f(t)$ 激励下的零状态响应

由上述分析已得连续信号 $f(t)$ 的 $\delta(t)$ 分解表达式，以及系统在基本信号 $\delta(t)$ 激励下的冲激响应。根据 LTI 的线性和时不变性，可以导出在一般信号 $f(t)$ 激励下系统零状态响应的求解方法。

设 LTI 连续系统如图 2.15 所示。图中，$h(t)$ 为系统的冲激响应，$y_f(t)$ 为系统在一般信号 $f(t)$ 激励下系统的零状态响应。

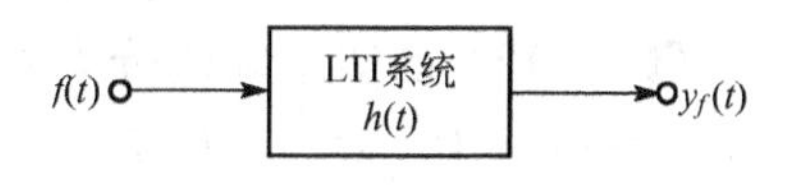

图 2.15 LTI 系统的零状态响应

用如下符号表示。

$$f(t)\to y_f(t)$$

$$\delta(t)\to h(t) \qquad [h(t)\text{的定义}]$$

$$\delta(t-\tau)\to h(t-\tau) \qquad [\text{系统的时不变特性}]$$

$$f(\tau)\delta(t-\tau)\mathrm{d}\tau\to f(\tau)h(t-\tau)\mathrm{d}\tau \qquad [\text{系统的齐次性}]$$

$$\int_{-\infty}^{\infty}f(\tau)\delta(t-\tau)\mathrm{d}\tau\to\int_{-\infty}^{\infty}f(\tau)h(t-\tau)\mathrm{d}\tau \qquad [\text{系统的叠加性}]$$

$$f(t)*\delta(t)=f(t)\to f(t)*h(t) \qquad [\text{卷积定义与性质}]$$

由以上推理可知，LTI 连续系统在一般信号 $f(t)$ 激励下系统的零状态响应为

$$y_f(t)=f(t)*h(t) \tag{2-53}$$

由式(2-53)可以看出，LTI 连续系统在一般信号 $f(t)$ 激励下系统的零状态响应就是激励 $f(t)$ 与冲激响应 $h(t)$ 的卷积积分。

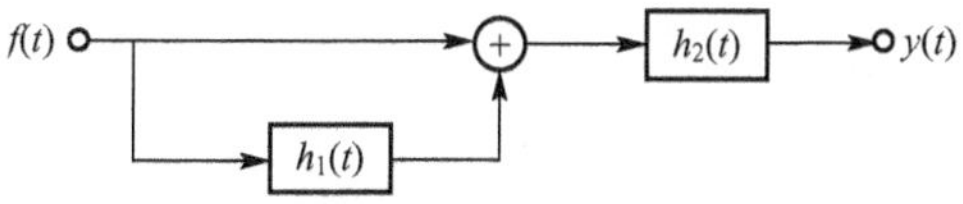

图 2.16 例 2-11 图

例 2-11 如图 2.16 所示，已知两个子系统的冲激响应分别为 $h_1(t)=\delta(t-1)$，$h_2(t)=\varepsilon(t)$。试求整个系统的冲激响应 $h(t)$。

解： 根据单位冲激响应定义有

$$h(t)=y_f(t)\big|_{f(t)=\delta(t)}=[f(t)+f(t)*h_1(t)]*h_2(t)\big|_{f(t)=\delta(t)}$$

$$=[\delta(t)+\delta(t)*h_1(t)]*h_2(t)=[\delta(t)+h_1(t)]*h_2(t)$$

$$=[\delta(t)+\delta(t-1)]*\varepsilon(t)=\varepsilon(t)+\varepsilon(t-1)$$

2.4.4 阶跃响应

一个 LTI 连续系统，在基本信号 $\varepsilon(t)$激励下产生的零状态响应称为系统的阶跃响应，通常记为 $g(t)$。下面讨论阶跃响应 $g(t)$与冲激响应 $h(t)$的关系。

因为 $\varepsilon(t)$和 $\delta(t)$的关系为 $\delta(t)=\dfrac{\mathrm{d}\varepsilon(t)}{\mathrm{d}t}$，有 $\varepsilon(t)=\int_{-\infty}^{t}\delta(\tau)\mathrm{d}\tau$。对 LTI 连续系统而言，由微积分特性必然有

$$h(t)=\frac{\mathrm{d}g(t)}{\mathrm{d}t}$$

则

$$g(t)=\int_{-\infty}^{t}h(\tau)\mathrm{d}\tau$$

也就是说，对于 LTI 连续系统，冲激响应等于阶跃响应的导数，阶跃响应等于冲激响应的积分。这种关系不仅适用于一阶系统，也适用于高阶系统。

由以上分析可以得出，LTI 连续系统在一般信号 $f(t)$激励下系统的零状态响应的另一个公式为

$$y_f(t)=f'(t)*g(t)=f(t)*g'(t) \tag{2-54}$$

例 2-12 已知系统微分方程为 $y''(t)+3y'(t)+2y(t)=f'(t)+3f(t)$，初始条件 $y(0^-)=1$，$y'(0^-)=2$，试求

(1) 系统的零输入响应 $y_x(t)$。

(2) 输入 $f(t)=\varepsilon(t)$时，系统的零状态响应和完全响应。

(3) 输入 $f(t)=\mathrm{e}^{-3t}\varepsilon(t)$时，系统的零状态响应和完全响应。

解：(1) 首先通过微分方程求解系统的传输算子。

$$H(p)=\frac{B(p)}{A(p)}=\frac{p+3}{p^2+3p+2}$$

求零输入响应。因特征方程为

$$A(p)=p^2+3p+2=0$$

特征根为

$$p_1=-1,\quad p_2=-2$$

则有

$$y_x(t)=c_1\mathrm{e}^{-t}+c_2\mathrm{e}^{-2t}$$

(2) 当 $f(t)=\varepsilon(t)$时，有零状态响应为

$$\begin{aligned}y_{f1}(t)&=\varepsilon(t)*h(t)=\varepsilon(t)*(2\mathrm{e}^{-t}-\mathrm{e}^{-2t})\\&=1.5-2\mathrm{e}^{-t}+0.5\mathrm{e}^{-2t}\quad t\geqslant 0\end{aligned}$$

完全响应为

$$\begin{aligned}y_1(t)&=y_x(t)+y_{f1}(t)=(4\mathrm{e}^{-t}-3\mathrm{e}^{-2t})+(1.5-2\mathrm{e}^{-t}+0.5\mathrm{e}^{-2t})\\&=1.5+2\mathrm{e}^{-t}-2.5\mathrm{e}^{-2t}\quad t\geqslant 0\end{aligned}$$

(3) 当 $f(t)=\mathrm{e}^{-3t}\varepsilon(t)$时，有零状态响应为

$$\begin{aligned}y_{f2}(t)&=\mathrm{e}^{-3t}\varepsilon(t)*h(t)=\mathrm{e}^{-3t}\varepsilon(t)*(2\mathrm{e}^{-t}-\mathrm{e}^{-2t})\varepsilon(t)\\&=\mathrm{e}^{-t}-\mathrm{e}^{-2t}\quad t\geqslant 0\end{aligned}$$

完全响应为

$$y_2(t)=y_x(t)+y_{f2}(t)=(e^{-t}-e^{-2t})$$
$$=5e^{-t}-4e^{-2t}\quad t\geqslant 0$$

例 2-13　如图 2.17 所示电路，各电源在 $t=0$ 时刻接入，已知 $u_c(0^-)=1V$，求输出电流 $i(t)$ 的零输入响应、零状态响应和完全响应。

解：采用诺顿等效把电路图 2.17 中 10V 电源和 1Ω 电阻等效成 10A 电流源、1Ω 电阻的并联电路，合并两个电流源，画出算子电路模型如图 2.18 所示。

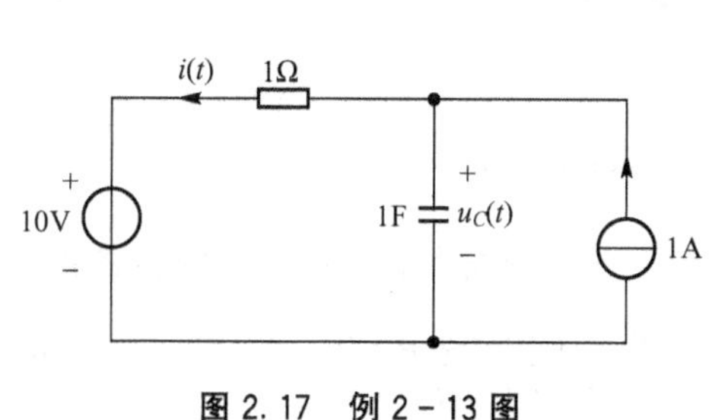

图 2.17　例 2-13 图

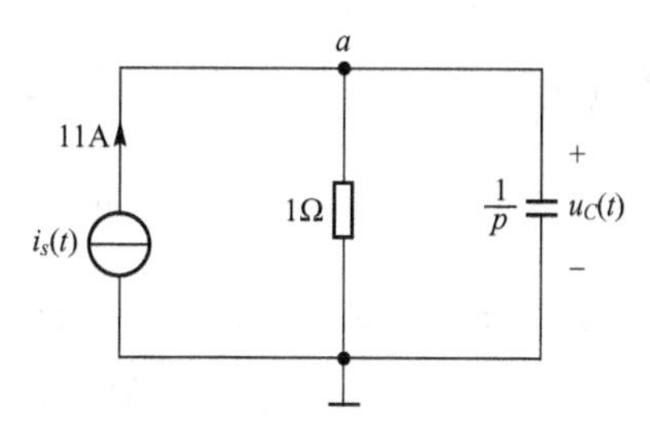

图 2.18　诺顿等效电路

要计算流过电阻的电流，可以先计算电容上电压 $U_c(t)$。列出节点 a 的节点方程如下。

$$(p+1)u_C(t)=i_s(t)$$

传输算子为

$$H(p)=\frac{1}{p+1}$$

由特征方程 $A(p)=p+1=0$，求得特征根 $P=-1$，故有

$$u_{Cx}(t)=c_0e^{-t},\quad t\geqslant 0$$

依据初始条件 $u_{Cx}(0^-)=u_C(0^-)=1$，确定 $c_0=1$，代入式 $u_{Cx}(t)=c_0e^{-t}$ 得

$$u_{Cx}(t)=e^{-t},\quad t\geqslant 0$$

由 $H(p)$ 求得冲激响应为

$$h(t)=e^{-t}\varepsilon(t)$$

计算零状态响应

$$u_{Cf}(t)=f(t)*h(t)=11\varepsilon(t)*e^{-t}\varepsilon(t)=11(1-e^{-t}),\quad t\geqslant 0$$

完全响应为

$$u_C(t)=u_{Cx}(t)+u_{Cf}(t)=11-10e^{-t},\quad t\geqslant 0$$

最后，结合题图 2.18，求得 $i(t)$ 的零输入、零状态和完全响应分别为

$$i_x(t)=\frac{u_{Cx}(t)}{R}=e^{-t},\quad t\geqslant 0$$

$$i_f(t)=\frac{u_{Cf}(t)-10}{R}=1-11e^{-t},\quad t\geqslant 0$$

$$i(t)=i_x(t)+i_f(t)=1-10e^{-t},\quad t\geqslant 0$$

2.5　连续系统微分方程经典分析法

本节介绍微分方程经典解法来分析系统的方法，即经典分析法。

2.5.1　齐次解和特解

设LTI连续系统的输入输出微分算子方程为

$$A(p)y(t)=B(p)f(t) \tag{2-55}$$

或者

$$y(t)=\frac{B(p)}{A(p)}f(t)=H(p)f(t) \tag{2-56}$$

式(2-55)和式(2-56)中，$f(t)$和$y(t)$分别为系统的输入和输出，系统传输算子为

$$H(p)=\frac{B(p)}{A(p)}=\frac{b_m p^m+b_{m-1}p^{m-1}+\cdots+b_1 p+b_0}{p^n+a_{n-1}p^{n-1}+\cdots+a_1 p+a_0} \tag{2-57}$$

按照微分方程的经典解法，其完全解$y(t)$由齐次解$y_h(t)$和特解$y_p(t)$两部分组成，即

$$y(t)=y_h(t)+y_p(t) \tag{2-58}$$

1. 齐次解

齐次解$y_h(t)$是下面齐次微分算子方程

$$A(p)y_h(t)=0 \tag{2-59}$$

满足0^+初始条件$y^{(j)}(0^+)(j=0, 1, \cdots, n-1)$的解。

显然，式(2-59)在形式上是与零输入响应求解方程式一样的。所以，齐次解的求解方法及解的函数形式也与零输入响应解相同。

将$A(p)$因式分解为

$$A(p)=\prod_{i=1}^{l}(p-\lambda_i)^{r_i}$$

式中：λ_i为特征方程$A(p)=0$的第i个根，r_i是重根的阶数。

分别求解算子方程。

$$(p-\lambda_i)^{r_i}y_{hi}(t)=0 \quad i=1, 2, \cdots, l$$

得到齐次解的第i个分量，即

$$y_{hi}(t)=[c_{i0}+c_{i1}t+\cdots+c_{i(r_i-1)}t^{r_i-1}]e^{\lambda_i t} \quad i=1, 2, \cdots, l \tag{2-60}$$

将各分量相加，求得齐次解

$$y_h(t)=\sum_{i=1}^{l}y_{hi}(t) \tag{2-61}$$

表2-5列出了典型特征根形式对应的齐次解表达式。表中，A、B、c_i、φ_i等为待定系数，在求得完全解后，代入0^+初始条件即可确定。

表 2-5　特征根及其对应的齐次解

$A(p)$	特征根	齐次解 $y_h(t)$
$(p-\lambda_i)$	实单根 λ_i	$c_i e^{\lambda_i t}$
$(p-\lambda_i)^r$	r 重实根 λ_i	$(c_0+c_1 t+\cdots+c_{r-1}t^{r-1})e^{\lambda_i t}$
$[p^2-2\alpha p+(\alpha^2+\beta^2)]$	共轭复根 $\lambda_{1,2}=\alpha\pm j\beta$	$e^{\alpha t}[A\cos(\beta t)+B\sin(\beta t)]$ 或者 $Ce^{\alpha t}\cos(\beta t+\varphi)$
$[p^2-2\alpha p+(\alpha^2+\beta^2)]^r$	r 重共轭复根	$[c_0\cos(\beta t+\varphi_0)+c_1 t\cos(\beta t+\varphi_1)+\cdots$ $+c_{r-1}t^{r-1}\cos(\beta t+\varphi_{r-1})]\ e^{\alpha t}$

2. 特解

特解 $y_p(t)$的函数形式与输入函数形式有关。将输入函数代入方程式(2-56)的右端，代入后右端的函数式称为“自由项”。根据不同类型的自由项，选择相应的特解函数，代入原微分方程，通过比较同类项系数求出特解函数式中的待定系数，即可得到方程的特解。表 2-6 列出几种典型自由项函数对应的特解函数，供求解微分方程时选用。表中，Q、P、A、φ 是待定系数。

表 2-6　几种典型自由项函数对应的特解

自由项函数	特解函数式
E(常数)	Q
t^r	$Q_0+Q_1 t+\cdots+Q_r t^r$
$e^{\alpha t}$	$Q_0 e^{\alpha t}$ (α 不等于特征值) $(Q_0+Q_1 t)e^{\alpha t}$ (α 等于特征值) $(Q_0+Q_1 t+\cdots+Q_r t^r)e^{\alpha t}$ (α 等于 r 重特征值)
$\cos(\omega t)$或 $\sin(\omega t)$	$Q_1\cos(\omega t)+Q_2\sin(\omega t)$或 $A\cos(\omega t+\varphi)$
$t^r e^{\alpha t}\cos(\omega t)$ 或 $t^r e^{\alpha t}\sin(\omega t)$	$(Q_0+Q_1 t+\cdots+Q_r t^r)e^{\alpha t}\cos(\omega t)+(P_0+P_1 t+\cdots+P_r t^r)e^{\alpha t}\sin(\omega t)$

2.5.2　完全解

将微分方程的齐次解和特解相加就得到系统响应的完全解，即

$$
\begin{aligned}
y(t) &= y_h(t)+y_p(t)\\
&= \sum_{i=1}^{l}[c_{i0}+c_{i1}t+\cdots+c_{i(r_i-1)}t^{r_i-1}]e^{\lambda_i t}+y_p(t)
\end{aligned}
\tag{2-62}
$$

对于 n 阶系统，需要通过 n 个 0^+ 初始条件来确定完全解中的待定系数。

例 2-14　给定某 LTI 系统的微分方程为 $y''(t)+5y'(t)+6y(t)=f(t)$，如果已知

(1) $f(t)=e^{-t}$，$t\geqslant 0$ 及 $y(0)=3.5$，$y'(0)=-8.5$。

(2) $f(t)=10\sin t$，$t\geqslant 0$ 及 $y(0)=-2$，$y'(0)=5$。

分别求上面两种情况下系统响应 $y(t)$ 的完全解。

解：算子方程为

$$(p^2+5p+6)y(t)=f(t)$$

有

$$A(p)=p^2+5p+6=(p+2)(p+3)$$

求得特征根 $\lambda_1=-2$，$\lambda_2=-3$，则微分方程的齐次解为

$$y_h(t)=c_{10}\mathrm{e}^{-2t}+c_{20}\mathrm{e}^{-3t}$$

(1) 当输入 $f(t)=\mathrm{e}^{-t}$ 时，由表 2-6 可设微分方程特解为

$$y_p(t)=Q\mathrm{e}^{-t}$$

将 $y_p(t)$、$y_p'(t)$、$y_p''(t)$ 和 $f(t)$ 代入式 $y''(t)+5y'(t)+6y(t)=f(t)$，整理得

$$2Q\mathrm{e}^{-t}=\mathrm{e}^{-t}$$

解得 $Q=0.5$，于是有

$$y_p(t)=0.5\mathrm{e}^{-t}$$

微分方程完全解为

$$y(t)=y_h(t)+y_p(t)=c_{10}\mathrm{e}^{-2t}+c_{20}\mathrm{e}^{-3t}+0.5\mathrm{e}^{-t}$$

一阶导数为

$$y'(t)=-2c_{10}\mathrm{e}^{-2t}-3c_{20}\mathrm{e}^{-3t}-0.5\mathrm{e}^{-t}$$

在上面两式中，令 $t=0$，并考虑已知初始条件，得

$$y(0)=c_{10}+c_{20}+0.5=3.5$$

$$y'(0)=-2c_{10}-3c_{20}-0.5=-8.5$$

解得 $c_{10}=1$，$c_{20}=2$，代入完全响应 $y(t)$。

$$y(t)=\underbrace{\mathrm{e}^{-2t}+2\mathrm{e}^{-3t}}_{\substack{\text{齐次解}\\(\text{自由响应})}}+\underbrace{0.5\mathrm{e}^{-t}}_{\substack{\text{特解}\\(\text{强迫响应})}}\quad t\geqslant 0$$

(2) 当输入 $f(t)=10\sin t$，$t\geqslant 0$ 时，由表 2-6 知，其特解可表示为

$$y_p(t)=Q_1\cos t+Q_2\sin t$$

将 $y_p(t)$、$y_p'(t)$、$y_p''(t)$ 和 $f(t)$ 代入 $y''(t)+5y'(t)+6y(t)=f(t)$，整理后得

$$5(Q_1+Q_2)\cos t-5(Q_1-Q_2)\sin t=10\sin t$$

比较方程两边同类项的系数，求得 $Q_1=-1$，$Q_2=1$，故有

$$y_p(t)=-\cos t+\sin t=\sqrt{2}\sin\left(t-\frac{\pi}{4}\right)$$

微分方程完全解为

$$y(t)=y_h(t)+y_p(t)=c_{10}\mathrm{e}^{-2t}+c_{20}\mathrm{e}^{-3t}+\sqrt{2}\sin\left(t-\frac{\pi}{4}\right)$$

一阶导数为

$$y'(t)=-2c_{10}\mathrm{e}^{-2t}-3c_{20}\mathrm{e}^{-3t}+\sqrt{2}\cos\left(t-\frac{\pi}{4}\right)$$

令上面两式中的 $t=0$，结合初始条件，得到

$$y(0)=c_{10}+c_{20}-1=-2$$

$$y'(0)=-2c_{10}-3c_{20}+1=5$$

联立求解得 $c_{10}=1$，$c_{20}=2$，故系统响应的完全解为

$$y(t)=\underbrace{e^{-2t}-2e^{-3t}}_{\substack{\text{自由响应}\\ \text{(暂态响应)}}}+\underbrace{\sqrt{2}\sin\left(t-\frac{\pi}{4}\right)}_{\substack{\text{强迫响应}\\ \text{(稳态响应)}}}\quad t\geqslant 0$$

到此为止，一个连续系统的完全响应，可以根据引起响应的不同原因，将它分解成零输入响应和零状态响应两部分。也可以按照数学上对系统微分方程的求解过程，将完全响应分解为齐次解和特解两部分。其中，齐次解的函数形式仅取决于系统本身的特性，与输入信号的函数形式无关，称为系统的自由响应或固有响应。特解的形式由微分方程的自由项或输入信号决定，故称为系统的强迫响应。例 2-14 中，自由响应$(e^{-2t}-2e^{-3t})\varepsilon(t)$由于随时间 t 的增加而逐渐减小，当 $t\to 0$ 时，$(e^{-2t}-2e^{-3t})\varepsilon(t)\to 0$，因此，自由响应又称为暂态响应。强迫响应$\sqrt{2}\sin\left(t-\frac{\pi}{4}\right)\varepsilon(t)$随时间 t 增加，始终呈现无衰减的正弦震荡，因此又称为稳态响应。

需要指出的是，虽然零输入响应和自由响应都是系统齐次微分方程的解，其函数形式也相同，但两者的系数是不一样的。前者采用 0^- 条件确定，系数值仅取决于系统的初始状态，结果代表零输入响应；后者采用 0^+ 条件确定，系数值由初始条件和输入信号共同确定，结果中除包含零输入响应外，还包括零状态响应的一部分。

对于实际系统，一般 0^- 初始条件是容易求得的。但在应用经典方法求解系统微分方程时，要用 0^+ 初始条件来确定解中的待定系数。这样，就需要解决如何从 0^- 条件求得 0^+ 条件的问题。一般采用微分方程两边奇异函数平衡方法来解决。下面以二阶系统为例给出具体说明。

例 2-15　某连续系统的输入输出方程为

$$y''(t)+5y'(t)+6y(t)=f'(t)-2f(t)\tag{2-63}$$

已知 $f(t)=\varepsilon(t)$，$y(0^-)=1$，$y'(0^-)=2$，试计算 $y(0^+)$和 $y'(0^+)$值。

解：由于输入 $f(t)=\varepsilon(t)$时，微分方程式(2-63)右端因有 $f'(t)$而含有 $\delta(t)$项，故方程左端 $y''(t)$项也应含有 $\delta(t)$项。这样 $y'(t)$应含有 $\varepsilon(t)$项(即 $y'(t)$在 $t=0$ 处具有幅度为 1 的跃变)，而 $y(t)$含有 $t\varepsilon(t)$项，在 $t=0$ 处连续。故有

$$y'(0^+)-y'(0^-)=1\tag{2-64}$$

$$y(0^+)-y(0^-)=0\tag{2-65}$$

将 $y(0^-)$和 $y'(0^-)$值代入式(2-64)和式(2-65)，得

$$y'(0^+)=1+y'(0^-)=1+2=3$$

$$y(0^+)=y(0^-)=1$$

不难想象，对于高阶方程，特别是微分方程右端含有 $\delta(t)$的各阶导数时，响应及各阶导数在 $t=0$ 处的跳变值的计算是相当麻烦的。在实际应用中，如果已知 0^- 初始条件，一般不用经典分析法求解，而直接采用系统分析法，可方便地求得系统的零输入响应、零状态响应或完全响应。

本章小结

连续系统的时域分析，主要研究的是系统的时间特性。本章首先介绍卷积积分和微分算子两个概念。然后以卷积积分为基础，用微分算子得到系统的算子模型，深入讨论了零

输入响应与零状态响应的解析方法，并介绍了系统完全响应的基本概念。最后利用经典分析法对系统的齐次解和特解做出了简单的阐述，并分析了系统解法和经典解法的区别，给出了从 0^- 到 0^+ 初始条件的相互转换。

习 题 二

2.1 各信号波形如题图 2.1 所示，计算下列卷积，并画出其波形。

(1) $f_1(t)*f_2(t)$ (2) $f_1(t)*f_3(t)$ (3) $f_4(t)*f_3(t)$ (4) $f_4(t)*f_5(t)$

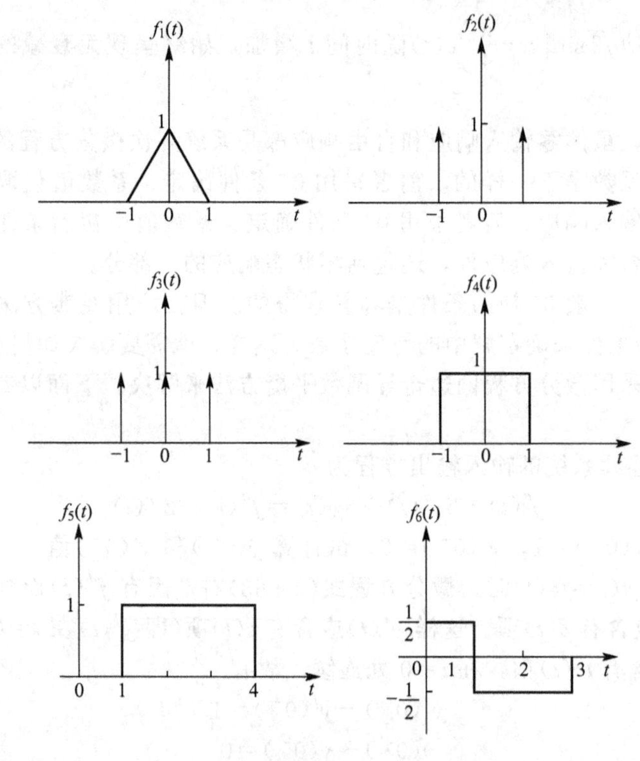

题图 2.1

2.2 计算卷积积分 $f_1(t)*f_2(t)$。

(1) $f_1(t)=f_2(t)=\varepsilon(t)$

(2) $f_1(t)=\varepsilon(t)$，$f_2(t)=\mathrm{e}^{-t}\varepsilon(t)$

(3) $f_1(t)=\mathrm{e}^{-t}\varepsilon(t)$，$f_2(t)=\mathrm{e}^{-2t}\varepsilon(t)$

(4) $f_1(t)=\varepsilon(t)$，$f_2(t)=t\varepsilon(t)$

(5) $f_1(t)=\mathrm{e}^{-t}\varepsilon(t)$，$f_2(t)=t\varepsilon(t)$

(6) $f_1(t)=\mathrm{e}^{-2t}\varepsilon(t)$，$f_2(t)=\mathrm{e}^{-t}$

(7) $f_1(t)=\mathrm{e}^{-t}\varepsilon(t)$，$f_2(t)=t\varepsilon(t)$

(8) $f_1(t)=\varepsilon(t-1)$，$f_2(t)=\mathrm{e}^{t}\varepsilon(2-t)$

(9) $f_1(t)=\mathrm{e}^{-2t}\varepsilon(t-1)$，$f_2(t)=\mathrm{e}^{-3t}\varepsilon(t+3)$

(10) $f_1(t)=t\varepsilon(t)$，$f_2(t)=\varepsilon(t)-\varepsilon(t-2)$

2.3　已知 $f(t)$ 如题图 2.3(a)所示。试用 $f(t)$, $\delta_T(t)=\sum_{n=-\infty}^{\infty}\delta(t-nT)$, $g_\tau(t)$ 进行两种运算(相乘和卷积)，构成题图 2.3(b)、题图 2.3(c)所示的 $f_1(t)$ 和 $f_2(t)$。

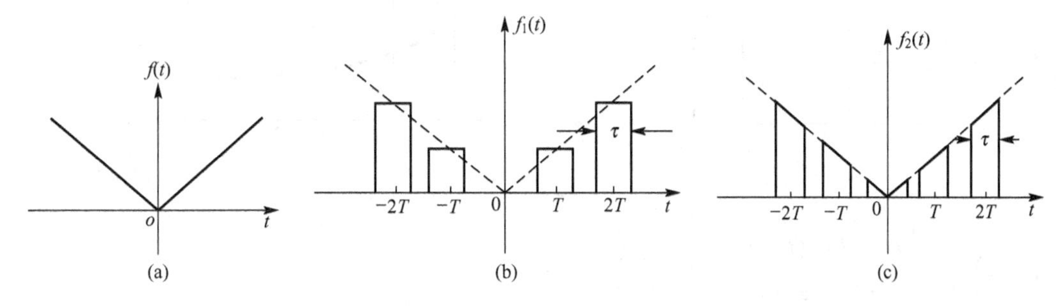

题图 2.3

2.4　$f_1(t)$ 和 $f_2(t)$ 如题图 2.4(a)、题图 2.4(b)所示，试用图解法求卷积积分 $f_1(t)*f_2(t)$，并画出其波形。

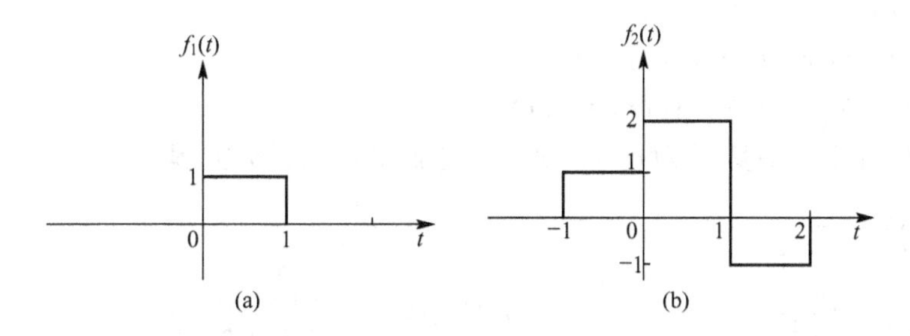

题图 2.4

2.5　试计算下列卷积。

(1) $2*t[\varepsilon(t+2)-\varepsilon(t-1)]$　　(2) $\varepsilon(t)*t^n\varepsilon(t)$

(3) $e^{-t}\varepsilon(t)*\delta'(t)*\varepsilon(t)$　　(4) $e^{-2t}\varepsilon(t)*\delta''(t)*t\varepsilon(t)$

2.6　已知 $f_1(t)$ 和 $f_2(t)$ 如题图 2.6 所示。设 $f(t)=f_1(t)*f_2(t)$，试求 $f(-1)$、$f(0)$ 和 $f(1)$ 的值。

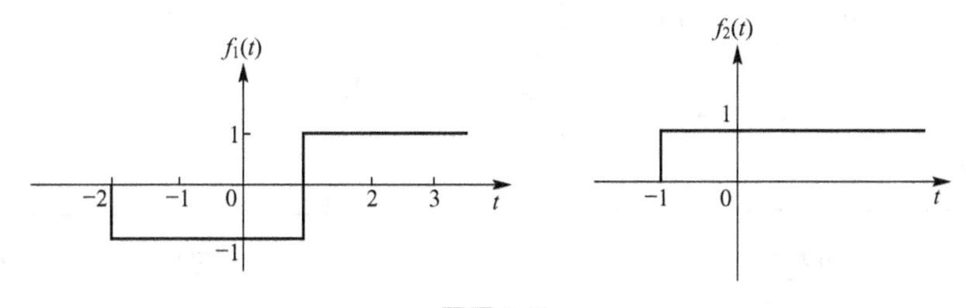

题图 2.6

2.7　已知信号 $f_1(t)$ 和 $f_2(t)$ 波形如题图 2.7 所示，试计算 $f_1(t)*f_2(t)$。

2.8　给出如下联立微分方程，试求出只含一个变量的微分方程。(提示：写出算子方程，应用克莱姆法则求解)

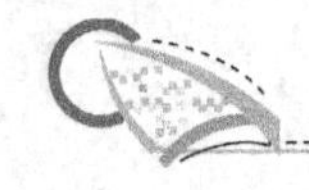

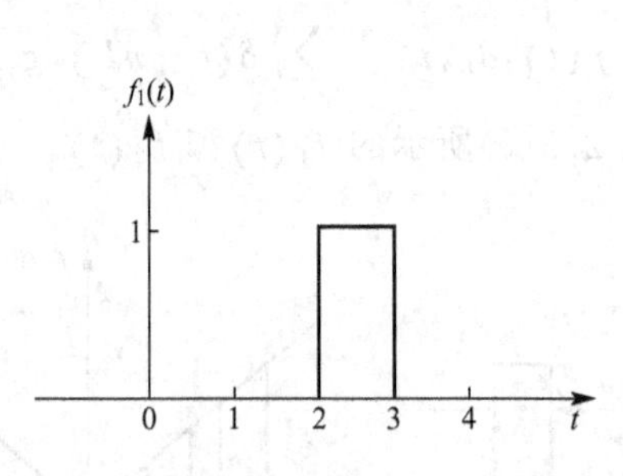

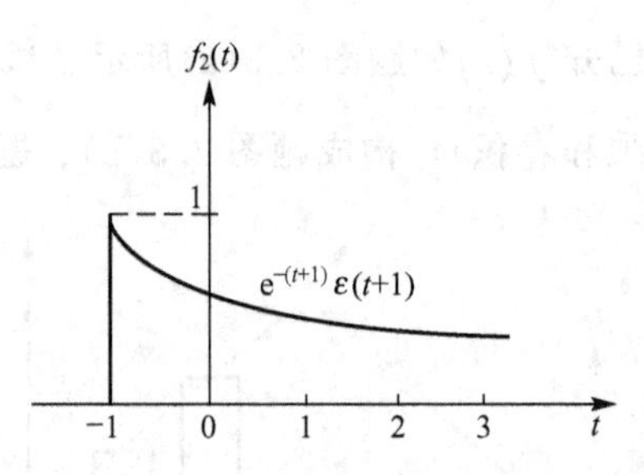

题图 2.7

(1) $\begin{cases} x_1'(t)+2x_1(t)-x_2(t)=f(t) \\ -x_1'(t)+x_2'(t)+2x_2(t)=0 \end{cases}$

(2) $\begin{cases} x_1'(t)+2x_1(t)-x_2'(t)-x_2(t)=0 \\ -x_1'(t)-x_1(t)+2x_2'(t)+x_2(t)=f(t) \end{cases}$

(3) $\begin{cases} x_1'(t)-3x_1(t)-6x_2(t)=f'(t)+f(t) \\ x_1'(t)+x_2'(t)-3x_2(t)=0 \end{cases}$

(4) $\begin{cases} x_1'(t)+3x_2'(t)+x_2(t)=0 \\ -x_1(t)+x_2'(t)-x_2(t)=f(t) \end{cases}$

2.9　给定如下传输算子 $H(p)$，试写出它们对应的微分方程。

(1) $H(p)=\dfrac{p}{p+2}$　　(2) $H(p)=\dfrac{p+1}{p+1}$

(3) $H(p)=\dfrac{p+1}{2p+3}$　　(4) $H(p)=\dfrac{p(p+3)}{(p+1)(p+2)}$

2.10　在如题图 2.10 所示电路中，试分别求出响应 $i_1(t)$、$i_2(t)$、$i_3(t)$ 对激励 $f(t)$ 的传输算子 $H_1(p)$、$H_2(p)$、$H_3(p)$。

2.11　求题图 2.11 所示电路中 $u_0(t)$ 对 $f(t)$ 的传输算子 $H(p)$。

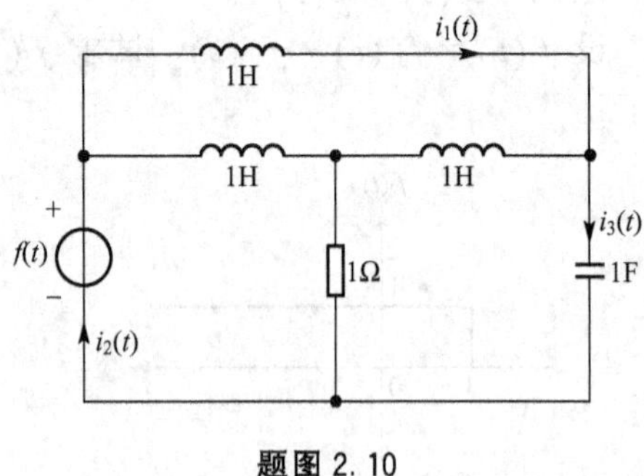

题图 2.10

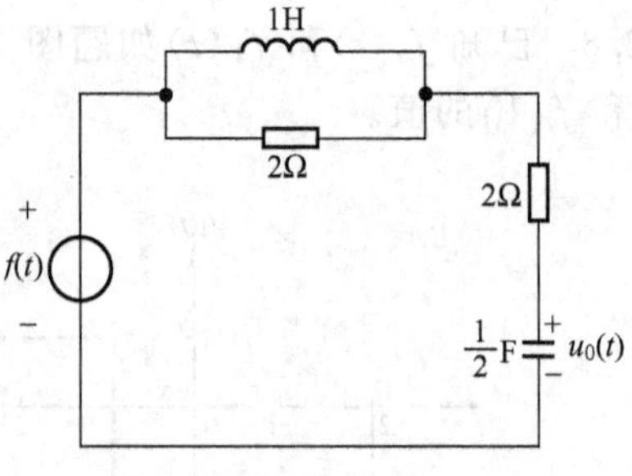

题图 2.11

2.12　描述 LTI 连续系统的微分方程如下。

(1) $y''(t)+5y'(t)+6y(t)=f''(t)+f'(t)+f(t)$

$$y_x(0^-)=1,\quad y_x'(0^-)=1$$

(2) $y''(t)+4y'(t)+4y(t)=f'(t)+f(t)$

$$y_x(0^+)=1,\quad y_x'(0^+)=1$$

试求系统的零输入响应 $y_x(t)$。

2.13　已知连续系统的输入输出算子方程及初始条件如下。

(1) $y(t)=\dfrac{p(p+5)}{p(p^2+3p+2)}f(t)$　$y_x(0^-)=0$，$y_x'(0^-)=1$，$y_x''(0^-)=0$

(2) $y(t)=\dfrac{-(2p+1)}{p(p^2+4p+8)}f(t)$　$y_x(0^+)=0$，$y_x'(0^+)=1$，$y_x''(0^+)=0$

(3) $y(t)=\dfrac{(3p+1)(p+2)}{p(p+2)^2}f(t)$　$y(0^-)=y'(0^-)=0$，$y''(0^-)=4$

试求系统的零输入响应。

2.14　已知连续系统的传输算子 $H(p)$ 如下。

(1) $H(p)=\dfrac{p^3+3p^2-p-5}{p^2+5p+6}$

(2) $H(p)=\dfrac{3p^2+10p+26}{p(p^2+4p+13)}$

试求系统的单位冲激响应 $h(t)$。

2.15　求下列系统的单位阶跃响应。

(1) $H(p)=\dfrac{p+4}{p(p^2+3p+2)}$

(2) $H(p)=\dfrac{3p+1}{p(p+1)^2}$

2.16　如题图 2.16 所示电路，$t<0$ 时已处稳态。$t=0$ 时，开关 S 由位置 a 打至 b。求输出电压 $u(t)$ 的零输入响应、零状态响应和完全响应。

2.17　已知 LTI 连续系统冲激响应 $h(t)=e^{-t}\varepsilon(t)$，输入信号 $f(t)=\varepsilon(t+1)-\varepsilon(t-1)$。试分别求初始观察时刻 $t_0=0$，-1 和 1 时系统的零输入响应 $y_x(t)$、零状态响应 $y_f(t)$ 和完全响应 $y(t)$。

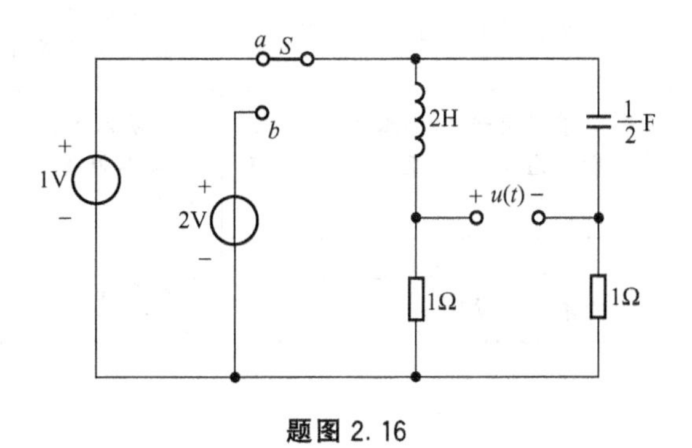

题图 2.16

第3章
离散信号与系统的时域分析

本章学习目标

★ 掌握卷积和的定义、性质和求解方法；
★ 掌握离散系统的差分算子方程的建立；
★ 了解离散系统的零输入响应、零状态响应和完全响应；
★ 离散系统经典分析法的求解。

本章教学要点

知识要点	能力要求	相关知识
卷积积分	了解卷积和的定义和求解方法	卷积和的图解机理、性质和运算
差分算子方程	掌握差分算子方程的建立	超前算子、滞后算子、差分算子、传输函数以及差分算子方程的建立
离散系统的零输入响应、零状态响应和完全响应	掌握离散系统零输入响应、零状态响应和完全响应的求解过程	零输入响应、零状态响应和完全响应的基本概念，冲激响应和阶跃响应的定义
离散系统的经典分析法	掌握离散系统经典分析法的求解方法	离散系统的齐次解、特解和完全解

导入案例

在数字信号处理领域，离散时间系统的输出响应，可以直接由输入信号与系统单位冲激响应的离散卷积得到。离散卷积在电子通信领域应用广泛，是工程应用的基础。通过对卷积和的算法基本原理的了解，用硬件方法(如 ASIC、DSP 和 FPGA)去实现快速傅里叶变换(FFT)，提升离散时间系统数据处理实时性，满足时效性强的工程应用，如图 1 所示。

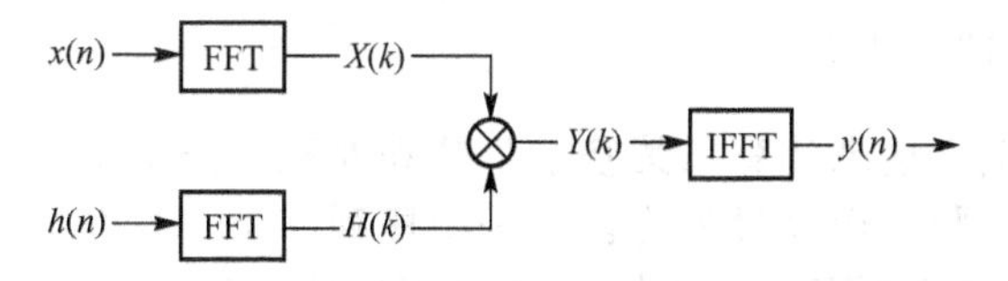

图 1　基于快速傅里叶变换的卷积和的计算流程

引言

按处理的信号是连续时间信号还是离散时间信号，系统分为连续时间系统和离散时间系统。近年来，由于大规模集成技术的发展和运用，及各种傅里叶快速变换算法的出现，加快了数字电路的发展，其基本原因之一就是离散信号与系统的发展和运用。离散系统在精密度、可靠度、可集成化等方面，比连续系统更优越，所以掌握离散系统的分析方法非常重要。

离散信号和系统的分析方法与连续信号和系统的分析方法类似。离散信号也具有分解性和叠加性，离散系统在时域中用差分方程描述，差分方程与连续系统中的微分方程类似，求解方法也相似。

3.1　卷　积　和

3.1.1　卷积和的定义

在连续系统中卷积积分的定义是 $f_1(t)*f_2(t)=\int_{-\infty}^{\infty}f_1(\tau)f_2(t-\tau)\mathrm{d}\tau$，类似地，定义两个离散时间信号 $f_1(k)$ 和 $f_2(k)$，它们的卷积和为

$$f(k)=f_1(k)*f_2(k)=\sum_{i=-\infty}^{\infty}f_1(i)f_2(k-i) \tag{3-1}$$

$f(k)$ 就是离散时间信号 $f_1(k)$ 和 $f_2(k)$ 的卷积和，也称离散卷积，简称卷积和。卷积和运算也用符号“*”表示，i 为虚设求和变量，卷积和运算结果为一个新的序列。卷积和运算和连续系统卷积的运算规律相似，满足交换律、结合律和分配律。同时，卷积和的代数运算规则在离散系统分析中的物理含义也与连续系统类似。

如果 $f_1(k)$ 为因果序列，由于 $k<0$ 时，$f_1(k)=0$，所以式(3-1)下限可改写为

$$f(k)=f_1(k)*f_2(k)=\sum_{i=0}^{\infty}f_1(i)f_2(k-i) \tag{3-2}$$

如果 $f_2(k)$ 为因果序列，而 $f_1(k)$ 不受限制，那么当 $(k-i)<0$，即 $i>k$ 时，$f_2(k-i)=0$，因而式(3-1)上限可改写为

$$f(k)=f_1(k)*f_2(k)=\sum_{i=-\infty}^{k}f_1(i)f_2(k-i) \tag{3-3}$$

如果 $f_1(k)$ 和 $f_2(k)$ 都是因果序列，则有

$$f(k)=f_1(k)*f_2(k)=\sum_{i=0}^{k}f_1(i)f_2(k-i) \tag{3-4}$$

3.1.2 卷积和的图解机理

卷积和可以通过图解法来计算，其基本步骤和卷积积分运算一样，包括翻转、平移、相乘和求和4个基本步骤。运算过程为：将一个序列 $f_1(i)$ 不动，另一个序列 $f_2(i)$ 翻转180°后得到 $f_2(-i)$，再随时间 k 沿 i 轴左移($k<0$)或右移($k>0$)，将 $f_1(i)$ 和 $f_2(k-i)$ 对应点相乘，再把 $f_1(i)f_2(k-i)$ 乘积的各点值累加，得到 k 时刻的 $f(k)$，此时 $f(k)=f_1(k)*f_2(k)=\sum_{i=-\infty}^{\infty}f_1(i)f_2(k-i)$，即为两个离散信号的卷积和。

例3-1 已知序列 $x(k)$ 和 $y(k)$ 分别为

$$x(k)=\begin{cases}1 & 0\leqslant k\leqslant 4\\ 0 & \text{其余 } k \text{ 值}\end{cases}$$

$$y(k)=\begin{cases}2^k & 0\leqslant k\leqslant 6\\ 0 & \text{其余 } k \text{ 值}\end{cases}$$

求卷积和 $x(k)*y(k)$。

解：记卷积和结果为 $f(k)$，由式(3-1)可得

$$f(k)=x(k)*y(k)=\sum_{-\infty}^{\infty}y(i)*x(k-i) \tag{3-5}$$

下面采用图解法计算。

(1) 根据 $x(k)$ 和 $y(k)$ 的表达式，画出离散信号 $x(k)$ 和 $y(k)$ 的波形，并将其改画成 $x(i)$ 和 $y(i)$，如图3.1(a)、图3.1(b)所示。

(2) 将 $x(i)$ 图形绕纵坐标轴翻转180°，得到 $x(-i)$，如图3.1(c)所示。

(3) 将 $x(-i)$ 图形沿 i 轴左移($k<0$)或右移($k>0$) $|k|$ 个时间单位，得到 $x(k-i)$。

(4) 对任一给定值 k，按式(3-5)进行相乘、求和运算，得到序号为 k 的卷积和序列值 $f(k)$。若令 k 由 $-\infty$ 至 ∞ 变化，$x(k-i)$ 的波形将从 $-\infty$ 处开始沿 i 轴自左向右移动，并由式(3-5)计算可求得卷积和序列 $f(k)$。

计算过程如下。

$k<0$ 时，由于 $x(k-i)$ 与 $y(i)$ 均为零，得 $f(k)=x(k)*y(k)=0$

$0\leqslant k\leqslant 4$ 时，$f(k)=2^k\varepsilon(k)*\varepsilon(k)=2^{k+1}-1$

$4<k\leqslant 6$ 时，$f(k)=(2^{k+1}-1)-(2^{k-4}-1)=2^{k+1}-2^{k-4}$

$6<k\leqslant 10$ 时，$f(k)=2^7-2^{k-4}$

$k>10$ 时，$f(k)=x(k)*y(k)=0$

由上述结果可知

$$f(k)=\{\underset{\uparrow}{1}\quad 3\quad 7\quad 15\quad 31\quad 62\quad 124\quad 120\quad 112\quad 96\} \tag{3-6}$$

或

$$f(k)=\{1\quad 3\quad 7\quad 15\quad 31\quad 62\quad 124\quad 120\quad 112\quad 96\}\quad k=0,1,\cdots,9 \tag{3-7}$$

表示序列时，可以使用函数表达式，也可以采用式(3-6)的形式，其中↑表示 $k=0$ 时刻序列 $f(k)$ 的信号值 $f(0)$；或者采用式(3-7)的形式，在序列后面加上 k 的取值。

3.1.3 卷积和的性质

性质1 序列的卷积和满足交换律、结合律和分配律

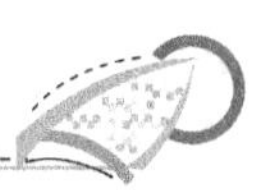

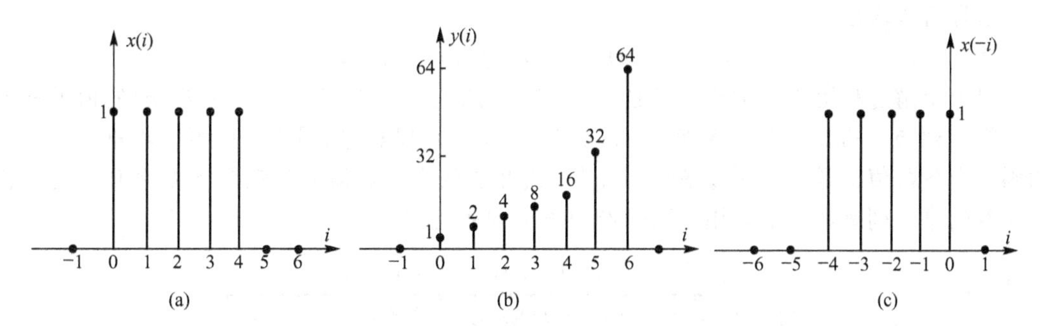

图 3.1　卷积和的图解表示

$$f_1(k) * f_2(k) = f_2(k) * f_1(k) \tag{3-8}$$

$$f_1(k) * [f_2(k) * f_3(k)] = [f_1(k) * f_2(k)] * f_3(k) \tag{3-9}$$

$$f_1(k) * [f_2(k) + f_3(k)] = f_1(k) * f_2(k) + f_1(k) * f_3(k) \tag{3-10}$$

性质 2　$f(k)$与单位脉冲序列$\delta(k)$的卷积和等于序列$f(k)$本身，即

$$f(k) * \delta(k) = \delta(k) * f(k) = f(k) \tag{3-11}$$

性质 3　卷积和的位移特性

若 $f(k) = f_1(k) * f_2(k)$，则

$$f_1(k) * f_2(k-k_0) = f_1(k-k_0) * f_2(k) = f(k-k_0)$$

$$f_1(k-k_1) * f_2(k-k_2) = f_1(k-k_2) * f_2(k-k_1) = f(k-k_1-k_2)$$

式中：k_0、k_1、k_2均为整数。

例 3-2　计算 $f(k) * \delta(k-k_0)$，k_0为整数。

解：由卷积和的位移特性可得

$$f(k) * \delta(k-k_0) = f(k-k_0) * \delta(k)$$

由卷积和的性质 2 可得

$$f(k-k_0) * \delta(k) = f(k-k_0)$$

所以有

$$f(k) * \delta(k-k_0) = f(k-k_0) \tag{3-12}$$

式(3-12)表明，任意序列$f(k)$与位移单位脉冲序列$\delta(k-k_0)$的卷积和，其结果就是序列$f(k)$本身的位移。

3.1.4　列表法和竖式乘法计算卷积和

两序列的卷积和除了根据定义和性质求解外，还可以通过列表法得到。设 $f_1(k)$和$f_2(k)$都是因果序列，则由式(3-4)有

$$f(k) = f_1(k) * f_2(k) = \sum_{i=0}^{k} f_1(i) f_2(k-i)$$

当 $k=0$ 时，$f(0) = f_1(0) f_2(0)$

当 $k=1$ 时，$f(1) = f_1(0) f_2(1) + f_1(1) f_2(0)$

当 $k=2$ 时，$f(2) = f_1(0) f_2(2) + f_1(1) f_2(1) + f_1(2) f_2(0)$

当 $k=3$ 时，$f(3) = f_1(0) f_2(3) + f_1(1) f_2(2) + f_1(2) f_2(1) + f_1(3) f_2(0)$

⋮

这样可以求出

$$f(k)=\{f(0),\ f(1),\ f(2),\ f(3),\ \cdots\}$$

以上求解过程可以归纳成列表法：将 $f_1(k)$的值顺序排成一列，将 $f_2(k)$的值顺序排成一行，列与行的交叉点记入相应 $f_1(k)$与 $f_2(k)$的乘积，如图 3.2 所示。不难看出，对角斜线上各数值就是 $f_1(i)f_2(k-i)$的值，对角斜线上各数值的和就是 $f(k)$各项的值。值得注意的是，列表法只适合用于两个有限长序列的卷积。

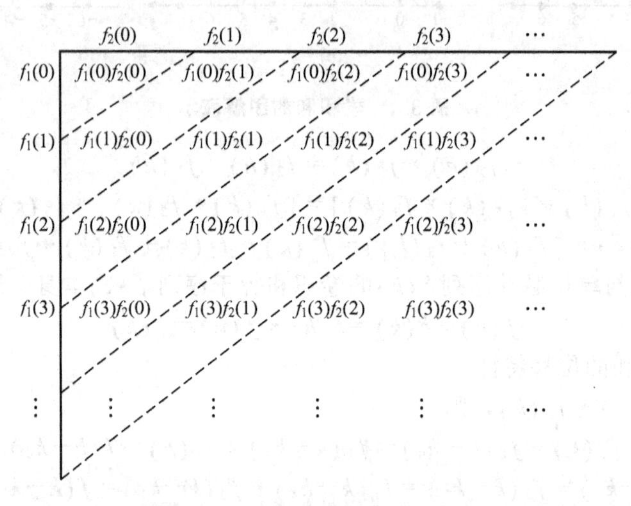

图 3.2　列表法计算序列卷积和

上述列表法虽是由因果序列的卷积推出的，但对于非因果序列的卷积同样适用。

例 3-3　计算 $f_1(k)=\varepsilon(k+2)-\varepsilon(k-3)$与 $f_2(k)=\{1\ \ \underset{\uparrow}{4}\ \ 2\ \ 3\}$ 的卷积和。

解：将序列 $f_1(k)$列表表示为 $f_1(k)=\varepsilon(k+2)-\varepsilon(k-3)=\{1\ \ 1\ \ \underset{\uparrow}{1}\ \ 1\ \ 1\}$，由于 $f_1(k)$和 $f_2(k)$均为有限长序列，故可以采用列表法可简便迅速地求出结果。根据图 3.2 所示的列表规律，列表如图 3.3 所示，由此可以计算出

$$f(k)=\{1\ \ 5\ \ 7\ \ \underset{\uparrow}{10}\ \ 10\ \ 9\ \ 5\ \ 3\}$$

从上面的分析可以看出，卷积和可以利用图形法、列表法，以及卷积和的性质进行计算。图形法概念清楚，有助于卷积和运算过程的解释。列表法简单易算，但只适用于有限长序列的卷积。

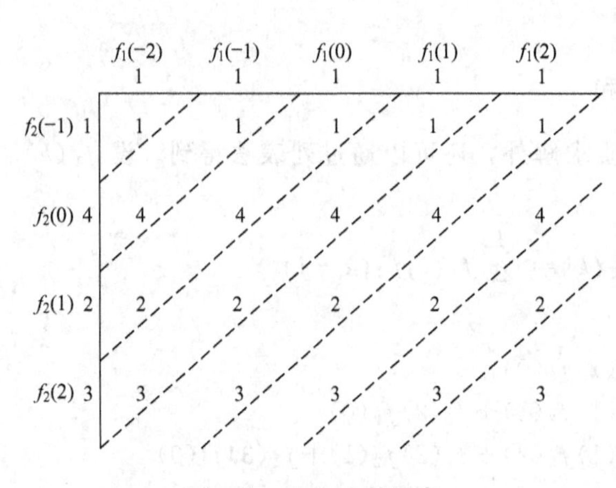

图 3.3　例 3-3 的列表

对于有限长序列的卷积和计算还可以采用更为简便使用的竖式乘法的方法进行计算，这种方法只需要把两个序列排成两行，按普通乘法运算进行相乘，但中间结果不进位，最后将位于同一列的中间结果相加得到卷积和序列。竖式乘法的原理和列表法完全相同。

下面以例 3-3 的两个序列做竖式乘法求解其卷积和。

$$
\begin{array}{rcccccccc}
 & & & & [1 & 1 & 1 & 1 & 1]_{-2} \\
\times & & & & & [1 & 4 & 2 & 3]_{-1} \\
\hline
 & & & & 3 & 3 & 3 & 3 & 3 \\
 & & & 2 & 2 & 2 & 2 & 2 & \\
 & & 3 & 3 & 3 & 3 & 3 & & \\
+ & 1 & 1 & 1 & 1 & 1 & & & \\
\hline
 & [1 & 5 & 7 & 10 & 10 & 9 & 5 & 3]_{-3}
\end{array}
$$

由此，可以得到与列表法相同的结果。

$$f(k)=\{1\quad 5\quad 7\quad \underset{\uparrow}{10}\quad 10\quad 9\quad 5\quad 3\}$$

运用竖式乘法进行卷积计算需要注意两点：①各点要分别乘、分别加，且不跨点进位；②卷积和结果的起始序列号等于两序列的起始序列号之和。

本例中 $k=0$、1 时，其信号值都为 10，但是不进位。由于两列的起始时刻是 $k=-2$ 和 $k=-1$，因此卷积和的起始时刻是 $k=-3$。

3.1.5　常用序列的卷积和公式

因果序列的卷积和公式见表 3-1，以供查阅。

表 3-1　常用序列的卷积和公式

序号	$f_1(k)\ k\geqslant 0$	$f_2(k)\ k\geqslant 0$	$f_1(k)*f_2(k)\ k\geqslant 0$
1	$\delta(k)$	$f(k)$	$f(k)$
2	a^k	$\varepsilon(k)$	$\dfrac{1-a^{k+1}}{1-a}$，$a\neq 1$
3	$\varepsilon(k)$	$\varepsilon(k)$	$(k+1)$
4	$e^{\lambda k}$	$\varepsilon(k)$	$\dfrac{1-e^{\lambda(k+1)}}{1-e^{\lambda}}$
5	a_1^k	a_2^k	$\dfrac{a_1^{k+1}-a_2^{k+1}}{a_1-a_2}$，$a_1\neq a_2$
6	a^k	a^k	$(k+1)a^k$
7	$e^{\lambda_1 k}$	$e^{\lambda_2 k}$	$\dfrac{e^{\lambda_1(k+1)}-e^{\lambda_2(k+1)}}{e^{\lambda_1}-e^{\lambda_2}}$，$\lambda_1\neq\lambda_2$
8	$e^{\lambda k}$	$e^{\lambda k}$	$(k+1)e^{\lambda k}$
9	a^k	k	$\dfrac{k}{1-a}+\dfrac{a(a^k-1)}{(1-a)^2}$
10	k	k	$\dfrac{1}{6}(k-1)k(k+1)$
11	k	$\varepsilon(k)$	$\dfrac{k(k+1)}{2}$

3.2 离散系统的差分算子方程

在连续系统分析中，用微分算子 p 和积分算子 p^{-1} 分别表示信号的微分和积分运算。与此类似，在离散系统分析中引入 E 算子，称为超前算子，表示将序列提前一个时间单位的运算；E^{-1} 算子，称为滞后算子，表示将序列延后一个时间单位的运算，即

$$Ef(k)=f(k+1), \quad E^{n}f(k)=f(k+n)$$

$$E^{-1}f(k)=f(k-1), \quad E^{-n}f(k)=f(k-n)$$

将 E 和 E^{-1} 统称为差分算子，利用差分算子可以将差分方程

$$\begin{aligned}&y(k)+a_{n-1}y(k-1)+\cdots+a_0y(k-n)\\&=b_mf(k)+b_{m-1}f(k-1)+\cdots+b_0f(k-m)\end{aligned}$$

写成如下形式：

$$\begin{aligned}&y(k)+a_{n-1}E^{-1}y(k)+\cdots+a_0E^{-n}y(k)\\&=b_mf(k)+b_{m-1}E^{-1}f(k)+\cdots+b_0E^{-m}f(k)\end{aligned} \tag{3-13}$$

或者写成

$$\begin{aligned}&(1+a_{n-1}E^{-1}+\cdots+a_0E^{-n})y(k)\\&=(b_m+b_{m-1}E^{-1}+\cdots+b_0E^{-m})f(k)\end{aligned}$$

从而推出

$$y(k)=\frac{b_m+b_{m-1}E^{-1}+\cdots+b_0E^{-m}}{1+a_{n-1}E^{-1}+\cdots+a_0E^{-n}}f(k)=\frac{B(E)}{A(E)}f(k) \tag{3-14}$$

式中：

$$A(E)=1+a_{n-1}E^{-1}+\cdots+a_0E^{-n}$$

$$B(E)=b_m+b_{m-1}E^{-1}+\cdots+b_0E^{-m}$$

若令 $H(E)=\dfrac{B(E)}{A(E)}$，则式(3-14)可以表示 $y(k)=H(E)f(k)$，此式称为离散时间系统的算子方程。式中的 $H(E)$ 称为离散系统的传输算子。$H(E)$ 在离散系统分析中的作用与 $H(p)$ 在连续系统分析中的作用相同，它完整地描述了离散系统的输入输出关系，或者说集中反映了系统对输入序列的传输特性。

图 3.4 给出了用传输算子 $H(E)$ 表示的离散系统的输入输出模型。

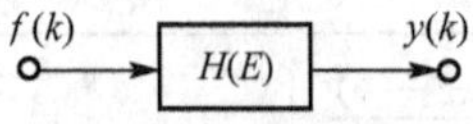

$f(k)$ → $H(E)$ → $y(k)$

图 3.4 用传输算子 $H(E)$ 表示的离散系统

根据差分算子的定义，容易得出下面结论。

$$E\left[\frac{1}{E}f(k)\right]=\frac{1}{E}[Ef(k)]=f(k)$$

$$E^{n}\left[\frac{1}{E^{m}}f(k)\right]=\frac{1}{E^{m}}[E^{n}f(k)]=f(k+n-m)$$

可见，对于同一序列来讲，超前算子与滞后算子的作用是可以相互抵消的。同样，差分方程两边的公共因子也允许消去，这与微分算子和积分算子的抵消方法是有区别的。

例 3-4　设描述某离散时间系统的差分方程为

$$y(k)+ay(k-1)+by(k-2)=f(k)$$

求其传输算子 $H(E)$，并画出该系统的模拟框图和信号流图。

解：写出系统的算子方程为

$$(1+aE^{-1}+bE^{-2})y(k)=f(k)$$

则系统的传输算子为

$$H(E)=\frac{1}{1+aE^{-1}+bE^{-2}}$$

再将算子方程改写成

$$y(k)=f(k)-aE^{-1}y(k)-bE^{-2}y(k)$$

该离散系统的方框图和信号流图如图 3.5 所示，E^{-1}表示延迟器。

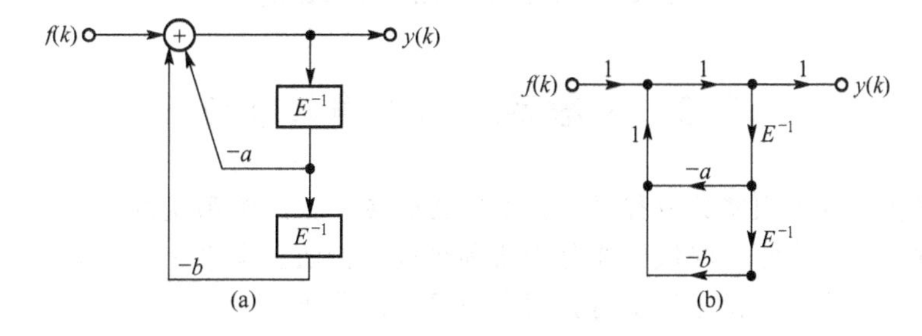

图 3.5　系统的方框图和信号流图

一般情况下，假设有

$$A(E)=1+a_1E^{-1}+a_0E^{-2}\quad B(E)=b_2+b_1E^{-1}+b_0E^{-2}$$

$$H(E)=\frac{y(k)}{f(k)}=\frac{B(E)}{A(E)}$$

要画出系统的模拟框图和信号流图，如同连续系统那样，选择中间变量 $x(k)$，对 $H(E)$分子分母同时乘以 $x(k)$。

$$H(E)=\frac{y(k)}{f(k)}=\frac{B(E)x(k)}{A(E)x(k)}=\frac{(b_2+b_1E^{-1}+b_0E^{-2})x(k)}{(1+a_1E^{-1}+a_0E^{-2})x(k)}$$

并假设

$$f(k)=A(E)x(k)=(1+a_1E^{-1}+a_0E^{-2})x(k)$$

$$y(k)=B(E)x(k)=(b_2+b_1E^{-1}+b_0E^{-2})x(k)$$

则有

$$x(k)=f(k)-a_1E^{-1}x(k)-a_0E^{-2}x(k) \tag{3-15}$$

$$y(k)=b_2x(k)+b_1E^{-1}x(k)+b_0E^{-2}x(k) \tag{3-16}$$

根据式(3-15)和式(3-16)可以很方便地画出方框图和信号流图，如图 3.6 所示。

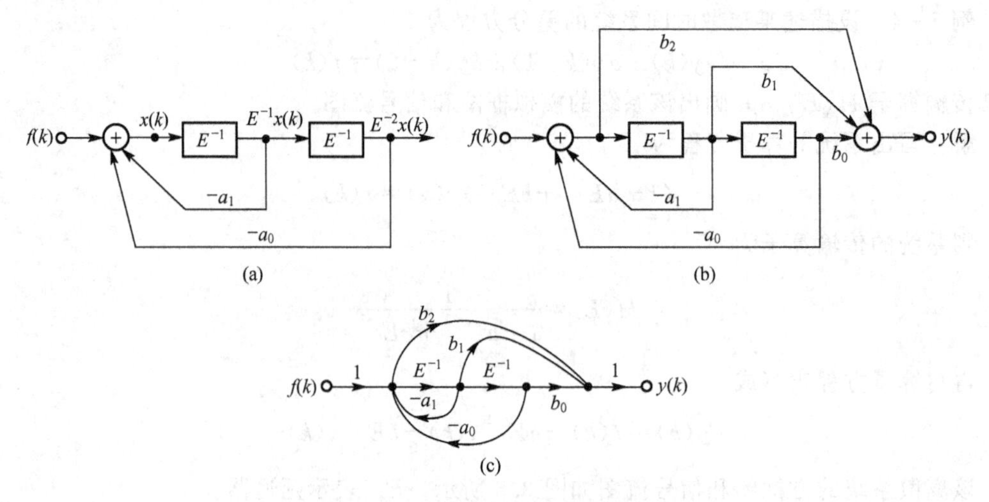

图 3.6　系统的方框图和信号流图

3.3　离散系统的零输入响应

离散系统在时域中用差分方程描述，所以在时域中求离散系统的响应就是对差分方程求解，一般方法有迭代法、时域经典分析法和系统分析法。本书中主要运用的方法就是系统分析法，这种方法物理概念很清楚，适合对系统的分析。

在线性离散系统中，和连续系统的时域分析一样，系统的完全响应由零输入响应和零状态响应两部分组成，分别得到这两部分响应，然后把它们叠加起来就得到系统的完全响应。不同的是，在离散系统分析中，出发点是描述系统的差分方程或传输算子 $H(E)$。此外，求解系统零状态响应时，与连续系统的卷积积分相对应，需要进行离散信号的卷积和运算。本节先讨论离散系统零输入响应的时域求解方法。

如前所述，一个描述 n 阶线性时不变离散系统的差分方程，若用差分算子 E 则可表述为

$$\begin{aligned}&(1+a_{n-1}E^{-1}+\cdots+a_0E^{-n})y(k)\\&=(b_m+b_{m-1}E^{-1}+\cdots+b_0E^{-m})f(k)\end{aligned}\tag{3-17}$$

可得到

$$y(k)=\frac{b_m+b_{m-1}E^{-1}+\cdots+b_0E^{-m}}{1+a_{n-1}E^{-1}+\cdots+a_0E^{-n}}f(k)=\frac{B(E)}{A(E)}f(k)\tag{3-18}$$

$$y(k)=H(E)f(k)\tag{3-19}$$

式(3-18)中：

$$B(E)=b_m+b_{m-1}E^{-1}+\cdots+b_0E^{-m}$$

$$A(E)=1+a_{n-1}E^{-1}+\cdots+a_0E^{-n}$$

$A(E)$称为差分方程的特征多项式，特征多项式 $A(E)=0$ 的解是系统的特征根。

根据系统零输入响应的定义，在系统差分方程中，只需要令输入信号 $f(k)$为零，就可以得到零输入响应 $y_x(k)$的方程，如果假定初始观察时刻 $k_0=0$，那么，离散系统的零

输入响应就是输入 $f(k)$ 为零时，仅由系统的初始状态引起的响应，常记为 $y_x(k)$，其一般形式为

$$(1+a_{n-1}E^{-1}+\cdots+a_0E^{-n})y_x(k)=0 \tag{3-20}$$

简写为

$$A(E)y_x(k)=0 \quad k\geqslant 0 \tag{3-21}$$

离散系统的零输入响应就是齐次差分方程满足给定初始条件 $y_x(k_0)$，$y_x(k_0+1)$，$y_x(k_0+2)$，…，$y_x(k_0+n-1)$ 时的解。对于 LTI 因果系统，$y_x(k)$ 的初始条件也可由 $y(-1)$，$y(-2)$，…，$y(-n)$ 给出。

3.3.1　简单系统的零输入响应

在离散系统中的一阶齐次差分方程，传输算子 $H(E)$ 仅含有单极点 r，这时式(3-21)可表示为

$$(E-r)y_x(k)=0 \qquad k\geqslant 0 \tag{3-22}$$

E 是超前算子，得

$$y_x(k+1)-ry_x(k)=0$$

$$r=\frac{y_x(k+1)}{y_x(k)} \tag{3-23}$$

式(3-23)表明，序列 $y_x(k)$ 是一个以 r 为公比的几何级数，它具有以下形式：

$$y_x(k)=c_1r^k \quad k\geqslant 0 \tag{3-24}$$

式中：c_1 是常数，由系统零输入响应的初始条件确定。

上述结果与一阶齐次微分方程解 $c_1e^{\lambda t}$ 的形式类似，因为当 $t=kT$ 变化时，其解可改写成 $c_1e^{\lambda t}=c_1e^{\lambda kT}=c_1(e^{\lambda T})^k$，令 $e^{\lambda T}=r$ 时，就是差分方程式(3-22)的解。

故得出如下结论：

$$H(E)=\frac{B(E)}{E-r}\rightarrow y_x(k)=c_1r^k \quad k\geqslant 0 \tag{3-25}$$

如果系统传输算子仅含有 g 个单极点 r_1，r_2，…，r_g，则相应的齐次差分方程可写成

$$(E-r_1)(E-r_2)\cdots(E-r_g)y_x(k)=0 \quad k\geqslant 0 \tag{3-26}$$

显然满足以下方程：

$$(E-r_i)y_x(k)=0 \quad i=1,\ 2,\ \cdots,\ g$$

的解，必定也满足式(3-26)的解。仿照微分方程解的结构定理的证明，可以导出式(3-26)的解的表达式为

$$y_x(k)=c_1r_1^k+c_2r_2^k+\cdots+c_gr_g^k \quad k\geqslant 0 \tag{3-27}$$

式中：待定系数 c_1，c_2，…，c_g 由系统零输入响应的初始条件确定。

于是有结论如下：

$$H(E)=\frac{B(E)}{(E-r_1)(E-r_2)\cdots(E-r_g)}\rightarrow y_x(k)=\sum_{i=1}^{g}c_ir_i^k \quad k\geqslant 0 \tag{3-28}$$

为了考察 $H(E)$ 含有重极点的情况，假定对于一极小量 ε，其系统齐次差分方程为

$$(E-r)(E-r-\varepsilon)y_x(k)=0 \tag{3-29}$$

初始条件为 $y_x(0)=\alpha$，$y_x(1)=\beta$，根据式(3-27)，可以将式(3-28)的解 $y_x(k)$ 表示为

$$y_x(k)=c_1r^k+c_2(r+\varepsilon)^k \tag{3-30}$$

代入初始条件，有

$$\alpha=c_1+c_2$$
$$\beta=c_1r+c_2(r+\varepsilon)$$

解得

$$c_1=\alpha+\frac{\alpha r-\beta}{\varepsilon},\quad c_2=-\frac{\alpha r-\beta}{\varepsilon}$$

将 c_1、c_2 代入式(3-30)可得

$$y_x(k)=\left(\alpha+\frac{\alpha r-\beta}{\varepsilon}\right)r^k-\left(\frac{\alpha r-\beta}{\varepsilon}\right)(r+\varepsilon)^k$$

整理得

$$y_x(k)=r^k\left\{\alpha-(\alpha-\beta r^{-1})k-\frac{\alpha r-\beta}{\varepsilon}[c_k^2(r^{-1}\varepsilon)^2+c_k^3(r^{-1}\varepsilon)^3+\cdots]\right\}$$

令 $\varepsilon\to 0$ 取极限，使得 $H(E)$ 的两个极点相重合，于是有

$$\lim_{\varepsilon\to 0}y_x(k)=[\alpha-(\alpha-\beta r^{-1})k]r^k$$

或者写为

$$y_x(k)=(c_{10}+c_{11}k)r^k \tag{3-31}$$

式中：

$$c_{10}=\alpha,\quad c_{11}=-(\alpha-\beta r^{-1})。$$

同理，如果传输算子 $H(E)$ 仅含有 r 的 d 阶重极点，这时系统的齐次差分方程为

$$(E-r)^d y_x(k)=0$$

其零输入响应可以表示为

$$y_x(k)=(c_0+c_1k+c_2k^2+\cdots+c_{d-1}k^{d-1})r^k \tag{3-32}$$

式中：常数 c_0，c_1，…，c_{d-1} 由系统零输入响应的初始条件确定。因此有

$$H(E)=\frac{B(E)}{(E-r)^d}\rightarrow y_x(k)=\left(\sum_{j=0}^{d-1}c_jk^j\right)r^k\quad k\geqslant 0 \tag{3-33}$$

3.3.2 一般系统的零输入响应

设 n 阶离散时间系统的齐次差分方程的传输算子是 $H(E)$，$H(E)$ 含有 l 个相异极点 r_1，r_2，…，r_l，对应极点的阶数分别是 d_1，d_2，…，d_l，此时系统的齐次方程可以表示为

$$(1+a_{n-1}E^{-1}+\cdots+a_0E^{-n})y_x(k)=0 \tag{3-34}$$

若 $d_i(i=1,2,\cdots,l)$ 为1时，表示对应的极点 r_i 是单极点。此时式(3-34)可以表示为

$$(E-r_1)^{d_1}(E-r_2)^{d_2}\cdots(E-r_l)^{d_l}y_x(k)=0 \tag{3-35}$$

根据式(3-33)和式(3-28)，可得到满足上面差分方程的解 $y_x(k)$，即 n 阶 LTI 离散系统的零输入响应为

$$y_x(k)=\sum_{i=1}^{l}y_{xi}(k)\quad k\geqslant 0 \tag{3-36}$$

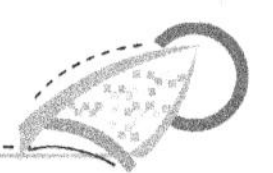

$$y_{xi}(k)=\sum_{j=0}^{d_i-1}c_{ij}k^j r_i^k \quad i=1,2,\cdots,l \tag{3-37}$$

式中：各待定系数由系统零输入响应 $y_x(k)$ 的初始条件确定。

综上所述，由 LTI 离散系统传输算子 $H(E)$ 求零输入响应 $y_x(k)$ 的具体步骤归纳如下。

(1) 求解方程 $A(E)=0$，得到 $H(E)$ 的相异极点 r_1，r_2，…，r_l 以及相应的重数 d_1，d_2，…，d_l。将系统齐次差方程表示为

$$\left[\prod_{i=1}^{l}(E-r_i)^{d_i}\right]y_x(k)=0 \tag{3-38}$$

(2) 求解方程。

$$(E-r_i)^{d_i}y_{xi}(k)=0 \quad i=1,2,\cdots,l \tag{3-39}$$

得到各极点相应的零输入响应分量为

$$y_{xi}(k)=\sum_{j=0}^{d_i-1}c_{ij}k^j r_i^k \quad i=1,2,\cdots,l \tag{3-40}$$

(3) 写出系统的零输入响应。

$$y_x(k)=\sum_{i=1}^{l}y_{xi}(k)=\sum_{i=1}^{l}\sum_{j=0}^{d_i-1}c_{ij}k^j r_i^k \quad k\geqslant 0 \tag{3-41}$$

(4) 由零输入响应初始条件确定式(3-41)的各个待定系数 c_{ij}，并最后求出系统的零输入响应 $y_x(k)$。

离散系统零输入响应 $y_x(k)$ 与传输算子 $H(E)$ 中 $A(E)$ 的对应关系见表 3-2。

表 3-2　$y_x(k)$ 与 $A(E)$ 对应关系

序号	特征根类型	算子多项式 $A(E)$	零输入响应 $y_x(k)$，$k\geqslant 0$
1	相异单极点	$\prod_{i=1}^{n}(E-r_i)$	$\sum_{i=1}^{n}c_i r_i^k$
2	d 阶重极点	$(E-r)^d$	$(c_0+c_1k+c_2k^2+\cdots+c_{d-1}k^{d-1})r^k$
3	共轭复极点	$(E-\rho e^{j\Omega})(E-\rho e^{-j\Omega})$	$\rho^k[c_1\cos(\Omega k)+c_2\sin(\Omega k)]=$ $A\rho^k\cos(\Omega k+\varphi)$
4	一般情况	$\prod_{i=1}^{l}(E-r_i)^{d_i}$	$\sum_{i=1}^{l}(c_{i0}+c_{i1}k+\cdots+c_{i(d_i-1)}k^{d_i-1})r_i^k$

例 3-5　求下列离散系统的零输入响应。

(1) $H(E)=\dfrac{E+1}{E^2+2E+2}$，$y_x(0)=0$，$y_x(1)=2$

(2) $H(E)=\dfrac{E+2}{E^2+4E+4}$，$y_x(0)=1$，$y_x(1)=2$

解：(1) 传输算子极点为

$$r_{1,2}=-1\pm j1=\sqrt{2}e^{\pm j\frac{3\pi}{4}}$$

得到零输入响应表达式为

$$y_x(k)=\sqrt{2}^k\left[c_1\cos\left(\frac{3\pi}{4}k\right)+c_2\sin\left(\frac{3\pi}{4}k\right)\right] \tag{3-42}$$

已知初始条件 $y_x(0)=0$，$y_x(1)=2$，代入式(3-42)解得 $c_1=0$，$c_2=2$。

因此，该系统的零输入响应为

$$y_x(k)=2\cdot\sqrt{2}^k\sin\left(\frac{3\pi}{4}k\right)\varepsilon(k)$$

(2) 极点为 $r=-2$(二阶重极点)。零输入响应表达式为

$$y_x(k)=(c_0+c_1k)r^k=(c_0+c_1k)(-2)^k\varepsilon(k) \tag{3-43}$$

初始条件 $y_x(0)=1$，$y_x(1)=2$，代入式(3-43)解得 $c_0=1$，$c_1=-2$。因此，该系统的零输入响应为

$$y_x(k)=(1-2k)(-2)^k\varepsilon(k)$$

3.4 离散系统的零状态响应

当离散系统只有输入信号 $f(k)$，初始状态为零时，系统的响应为零状态响应，常记为 $y_f(k)$，如图 3.7 所示。

3.4.1 离散系统的单位响应

在连续系统的时域分析中，冲激响应 $h(t)$起着重要作用：一方面，系统的零状态响应要通过它和输入信号卷积获得；另一方面，它也表征了系统的固有特性。例如，若满足 $\int_0^\infty |h(t)|\,\mathrm{d}t\leqslant M$，$M$ 为有限正数，那么系统是稳定的。同样，在离散系统的时域分析中，单位脉冲响应 $h(k)$也是非常重要的。

如图 3.8 所示，当离散系统的初始状态为零，仅由输入的单位脉冲序列 $\delta(k)$所引起的响应，称为单位脉冲响应，简称为单位响应，记作 $h(k)$。这里简称单位响应主要是为了和连续系统中冲激响应进行区分。

$f(k)$ → 初始状态为零的系统 → $y_f(k)$

图 3.7 离散系统的零状态响应

$\delta(k)$ → 初始状态为零的系统 → $h(k)$

图 3.8 单位响应

LTI 离散系统的单位响应可由系统的传输算子 $H(E)$求出。下面通过几个具体例子来研究单位响应 $h(k)$的求解方法。

例 3-6 单极点情况。若系统传输算子为

$$H(E)=\frac{E}{E-r} \tag{3-44}$$

具有单极点 $E=r$，求系统的单位响应 $h(k)$。

解：写出系统的差分方程为

$$(E-r)y_f(k)=Ef(k)$$

令 $f(k)=\delta(k)$时，此时系统的零状态响应即为单位响应 $h(k)$，即 $y_f(k)=h(k)$，则有

$$(E-r)h(k)=E\delta(k) \tag{3-45}$$

即

$$h(k+1)-rh(k)=\delta(k+1)$$

或者写成

$$h(k+1)=rh(k)+\delta(k+1) \tag{3-46}$$

根据系统因果性，当 $k<0$ 时，有 $h(k)=0$。以此为初始条件，对式(3-46)进行递推运算得出

$$h(0)=rh(-1)+\delta(0)=1$$
$$h(1)=rh(0)+\delta(1)=r$$
$$h(2)=rh(1)+\delta(2)=r^2$$
$$\vdots$$
$$h(k)=rh(k-1)+\delta(k)=r^k$$

得出如下结论：

$$H(E)=\frac{E}{E-r}\rightarrow h(k)=r^k\varepsilon(k) \tag{3-47}$$

例 3-7 重极点情况。若系统传输算子为

$$H(E)=\frac{E}{(E-r)^2} \tag{3-48}$$

在 $E=r$ 处有二阶重极点，求系统的单位响应 $h(k)$。

解：写出系统的差分方程为

$$(E-r)^2y(k)=Ef(k)$$

同样，令 $f(k)=\delta(k)$，则有

$$(E-r)^2h(k)=E\delta(k)$$

将上述方程改写为

$$(E-r)[(E-r)h(k)]=E\delta(k)$$

根据式(3-47)的求解结果，有

$$(E-r)h(k)=r^k\varepsilon(k)$$

或者写成

$$h(k+1)=rh(k)+r^k\varepsilon(k)$$

采用例 3-6 类似的递推方法，可得系统的单位响应为

$$h(k)=kr^{k-1}\varepsilon(k)$$

得出结论如下：

$$H(E)=\frac{E}{(E-r)^2}\rightarrow h(k)=kr^{k-1}\varepsilon(k) \tag{3-49}$$

由此可以推广到 d 阶重极点对应的单位响应为

$$H(E)=\frac{E}{(E-r)^d}\rightarrow h(k)=\frac{1}{(d-1)!}k(k-1)\cdots(k-d+2)r^{k-d+1}\varepsilon(k) \tag{3-50}$$

由例 3-6、例 3-7 可以总结出由系统传输算子 $H(E)$ 求解单位响应 $h(k)$ 的一般方法。设 LTI 离散系统的传输算子为

$$\begin{aligned}H(E)&=\frac{b_m+b_{m-1}E^{-1}+\cdots+b_0E^{-m}}{1+a_{n-1}E^{-1}+\cdots+a_1E^{-n}}\\&=\frac{E^{n-m}(b_mE^m+b_{m-1}E^{m-1}+\cdots+b_1E^{-1}+b_0)}{E^n+a_{n-1}E^{n-1}+\cdots+a_1E^{-1}+a_0}\end{aligned} \tag{3-51}$$

求单位响应 $h(k)$ 的具体步骤如下。

(1) 将系统传输算子 $H(E)$ 除以 E 得到 $\frac{H(E)}{E}$。

(2) 将 $\frac{H(E)}{E}$ 展开成部分分式和的形式。

(3) 将上面得到的部分分式展开式两边乘以 E，得到 $H(E)$ 的部分分式展开式为

$$H(E)=\sum_{i=1}^{l}H_i(E)=\sum_{i=1}^{l}\frac{K_iE}{(E-r_i)^{d_i}} \tag{3-52}$$

式中：l 为 $\frac{H(E)}{E}$ 的相异极点数，r_i 为第 i 个极点，d_i 为该极点的阶数，K_i 为相应部分分式项系数，各极点的阶数之和等于 n，即 $d_1+d_2+\cdots+d_l=n$。

(4) 由式(3-50)求得各个 $H_i(E)$ 对应的单位响应分量 $h_i(k)\varepsilon(k)$。

(5) 求出系统的单位响应为

$$h(k)=\sum_{i=1}^{l}h_i(k)\varepsilon(k) \tag{3-53}$$

最后，将传输算子 $H(E)$ 进行部分分式展开后得到的简单分式与单位响应分量的对应关系列于表 3-3 中，以供查阅使用。

表 3-3　传输算子 $H(E)$ 分式与 $h_i(k)$ 的对应关系

序号	$H(E)$ 分式	单位响应分量 $h_i(k)$
1	$\frac{E}{E-r}$	$r^k\varepsilon(k)$
2	$\frac{E}{(E-r)^2}$	$kr^{k-1}\varepsilon(k)$
3	$\frac{E}{(E-r)^{n+1}}$	$\frac{1}{n!}k(k-1)\cdots(k-n+1)r^{k-n}\varepsilon(k)$
4	$\frac{E}{E-e^{\lambda}}$	$e^{\lambda k}\varepsilon(k)$
5	$\frac{E}{(E-e^{\lambda})^2}$	$ke^{\lambda(k-1)}\varepsilon(k)$
6	$\frac{E}{(E-e^{\lambda})^{n+1}}$	$\frac{1}{n!}k(k-1)\cdots(k-n+1)e^{\lambda(k-n)}\varepsilon(k)$
7	$C\frac{E}{E-r}+C^*\frac{E}{E-r^*}$ $C=\rho e^{j\varphi}$，$r=e^{(\alpha+j\beta)}$	$2\rho e^{\alpha k}\cos(\beta k+\varphi)$
8	$\frac{1}{E-r}$	$r^{k-1}\varepsilon(k-1)$
9	$\frac{1}{E-e^{\lambda}}$	$e^{\lambda(k-1)}\varepsilon(k-1)$

例 3-8　已知离散系统的差分方程如下，试求各系统的单位响应。

(1) $y(k+2)-5y(k+1)+6y(k)=f(k)$

(2) $y(k)-2y(k-1)-5y(k-2)+6y(k-3)=f(k)$

解：(1) 系统传输算子为

$$H(E)=\frac{1}{E^2-5E+6}$$

将$\frac{H(E)}{E}$展开成部分分式，得

$$\frac{H(E)}{E}=\frac{1}{E(E-2)(E-3)}=\frac{1}{6E}-\frac{1}{2(E-2)}+\frac{1}{3(E-3)}$$

则有

$$H(E)=\frac{1}{6}-\frac{1}{2}\cdot\frac{E}{E-2}+\frac{1}{3}\cdot\frac{E}{E-3}$$

由于

$$\frac{1}{6}\rightarrow h_1(k)=\frac{1}{6}\delta(k)$$

$$\frac{1}{2}\cdot\frac{E}{E-2}\rightarrow h_2(k)=\frac{1}{2}(2)^k\varepsilon(k)$$

$$\frac{1}{3}\cdot\frac{E}{E-3}\rightarrow h_3(k)=\frac{1}{3}(3)^k\varepsilon(k)$$

故系统的单位响应为

$$h(k)=h_1(k)-h_2(k)+h_3(k)=\frac{1}{6}\delta(k)-\frac{1}{2}(2)^k\varepsilon(k)+\frac{1}{3}(3)^k\varepsilon(k)$$

(2) 系统传输算子为

$$H(E)=\frac{E^3}{E^3-2E^2-5E+6}=E\cdot\frac{E^2}{(E-1)(E-3)(E+2)}$$

将 $H_1(E)=\frac{E^2}{(E-1)(E-3)(E+2)}$进行部分分式展开为

$$H_1(E)=\frac{4}{15(E+2)}-\frac{1}{6(E-1)}+\frac{9}{10(E-3)}$$

$H(E)$可写为

$$H(E)=EH_1(E)=\frac{4E}{15(E+2)}-\frac{E}{6(E-1)}+\frac{9E}{10(E-3)}$$

故系统的单位响应为

$$h(k)=\left[\frac{4}{15}(-2)^k-\frac{1}{6}+\frac{9}{10}(3)^k\right]\varepsilon(k)$$

3.4.2　一般序列 $f(k)$激励下的零状态响应

和连续系统一样，根据信号的分解特性和LTI系统的线性时不变特性，可以导出系统零状态响应的计算公式。具体做法包括以下几种

(1) 将一般序列分解为众多基本序列的线性组合。

(2) 求出基本序列激励下系统的零状态响应。

(3) 导出一般序列激励下系统零状态响应的计算公式。

根据卷积和的性质，显然有

$$f(k) = f(k) * \delta(k) = \sum_{m=-\infty}^{\infty} f(m)\delta(k-m) \tag{3-54}$$

展开得到

$$\begin{aligned} f(k) = &\cdots f(-2)\delta(k+2) + f(-1)\delta(k+1) + f(0)\delta(k) \\ &+ f(1)\delta(k-1) + f(2)\delta(k-2) + \cdots \end{aligned} \tag{3-55}$$

从式(3-54)和式(3-55)可以看出，一般序列 $f(k)$可分解为众多基本信号单元 $\delta(k)$的线性组合。

在3.4.1节的学习中，得到了系统单位响应 $h(k)$的计算方法。当 $h(k)$求得以后，对于任意序列 $f(k)$的零状态响应便可容易确定。

对于LTI离散系统，当输入为 $\delta(k)$时，零状态响应为 $h(k)$，即

$$\delta(k) \rightarrow h(k) \qquad \text{[单位脉冲响应定义]}$$

$$\delta(k-n) \rightarrow h(k-n) \qquad \text{[时不变特性]}$$

$$f(n)\delta(k-n) \rightarrow f(n)h(k-n) \qquad \text{[齐次性]}$$

$$\sum_{n=-\infty}^{\infty} f(n)\delta(k-n) \rightarrow \sum_{n=-\infty}^{\infty} f(n)h(k-n) \qquad \text{[叠加性]}$$

$$f(k) \rightarrow f(k) * h(k) \qquad \text{[卷积和定义]}$$

即可得到任意序列 $f(k)$的零状态响应为

$$y_f(k) = f(k) * h(k) = \sum_{i=-\infty}^{\infty} f(i)h(k-i) \tag{3-56}$$

式(3-56)说明，LTI离散系统的零状态响应等于输入序列 $f(k)$与单位响应 $h(k)$的卷积和。

若 $f(k)$和 $h(k)$均为因果序列，即 $k<0$ 时，$f(k)=0$ 和 $h(k)=0$，则式(3-56)可变为

$$y_f(k) = f(k) * h(k) = \sum_{i=0}^{k} f(i)h(k-i) \tag{3-57}$$

综合式(3-41)和式(3-56)，可得LTI离散系统的完全响应为

$$y(k) = y_x(k) + y_f(k) = \sum_{i=1}^{l}\sum_{j=0}^{d_i-1} c_{ij}k^j r_i^k + f(k) * h(k) \tag{3-58}$$

单位阶跃序列的响应也是一种零状态响应，即 $f(k)=\varepsilon(k)$时，其响应记为 $g(k)$，称为阶跃响应，如图3.9所示。

$\varepsilon(k)$ → 初始状态为零的系统 → $g(k)$

图3.9 阶跃响应 $g(k)$

由于

$$\delta(k) = \varepsilon(k) - \varepsilon(k-1)$$

$$\varepsilon(k) = \sum_{n=0}^{\infty} \delta(k-n)$$

且有

$$\delta(k) \rightarrow h(k), \quad \varepsilon(k) \rightarrow g(k)$$

则单位响应 $h(k)$与阶跃响应 $g(k)$有如下重要关系。

$$h(k) = g(k) - g(k-1) \tag{3-59}$$

$$g(k)=\sum_{i=0}^{\infty}h(k-i) \tag{3-60}$$

一般情况下，系统的阶跃响应为

$$g(k)=\varepsilon(k)*h(k)=\sum_{i=-\infty}^{\infty}\varepsilon(i)h(k-i)=\sum_{i=0}^{\infty}h(k-i) \tag{3-61}$$

例 3-9　离散系统的模拟框图如图 3.10 所示，求该系统的单位响应与阶跃响应。

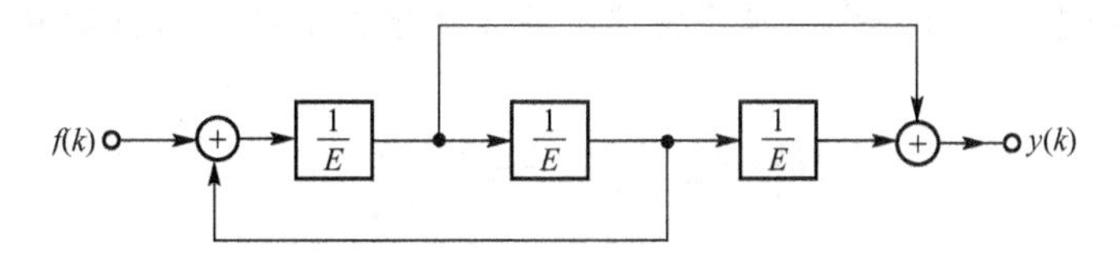

图 3.10　例 3-9 系统的模拟框图

解：写出系统传输算子为

$$H(E)=\frac{E^{-1}+E^{-3}}{1-E^{2}}=\frac{E^{2}+1}{E(E^{2}-1)}$$

将$\frac{H(E)}{E}$展开成部分分式，得

$$\frac{H(E)}{E}=\frac{E^{2}+1}{E^{2}(E^{2}-1)}=\frac{1}{E-1}-\frac{1}{E+1}-E^{-2}$$

或者写成

$$H(E)=\frac{E}{E-1}-\frac{E}{E+1}-E^{-1}$$

单位响应为

$$h(k)=[1-(-1)^{k}]\ \varepsilon(k)-\delta(k-1)$$

阶跃响应为

$$\begin{aligned}g(k)&=\varepsilon(k)*h(k)\\&=\frac{1}{2}[2k-(-1)^{k}-1]\ \varepsilon(k)+\delta(k)\end{aligned}$$

例 3-10　描述某离散系统的差分方程为

$$y(k)-0.7y(k-1)+0.12y(k-2)=2f(k)-f(k-1)$$

已知系统输入 $f(k)=(0.2)^{k}\varepsilon(k)$，初始条件为 $y_x(0)=8$，$y_x(1)=3$。求该系统的零输入响应 $y_x(k)$、零状态响应 $y_f(k)$和完全响应 $y(k)$。

解：写出算子方程为

$$(1-0.7E^{-1}+0.12E^{-2})y(k)=(2-E^{-1})f(k)$$

传输算子为

$$\begin{aligned}H(E)&=\frac{2-E^{-1}}{1-0.7E^{-1}+0.12E^{-2}}=\frac{E(2E-1)}{E^{2}-0.7E+0.12}\\&=\frac{E(2E-1)}{(E-0.3)(E-0.4)}\end{aligned}$$

(1) 零输入响应 $y_x(k)$。

$$y_x(k)=[c_1(0.3)^k+c_2(0.4)^k]\varepsilon(k) \tag{3-62}$$

将初始条件代入式(3-62)，有

$$c_1+c_2=8$$
$$0.3c_1+0.4c_2=3$$

解得 $c_1=2$，$c_2=6$。故系统的零输入响应为

$$y_x(k)=[2(0.3)^k+6(0.4)^k]\varepsilon(k)$$

(2) 零状态响应 $y_f(k)$。此时需要先求出系统的单位响应，将传输算子两边同时除以 E，得到

$$\frac{H(E)}{E}=\frac{2E-1}{(E-0.3)(E-0.4)}$$
$$=\frac{4}{E-0.3}-\frac{2}{E-0.4}$$

即

$$H(E)=\frac{4E}{E-0.3}-\frac{2E}{E-0.4}$$

单位响应为

$$h(k)=[4(0.3)^k-2(0.4)^k]\varepsilon(k)$$

计算零状态响应为

$$\begin{aligned}y_f(k)&=f(k)*h(k)\\&=(0.2)^k\varepsilon(k)*[4(0.3)^k\varepsilon(k)-(0.2)^k\varepsilon(k)*2(0.4)^k\varepsilon(k)]\\&=4\cdot\frac{(0.2)^{k+1}-(0.3)^{k+1}}{-0.1}\varepsilon(k)-2\cdot\frac{(0.2)^{k+1}-(0.4)^{k+1}}{-0.2}\varepsilon(k)\\&=[40(0.3)^{k+1}-10(0.4)^{k+1}-30(0.2)^{k+1}]\varepsilon(k)\\&=[12(0.3)^k-4(0.4)^k-6(0.2)^k]\varepsilon(k)\end{aligned}$$

将零输入响应 $y_x(k)$和零状态响应 $y_f(k)$相加，得到系统的完全响应为

$$\begin{aligned}y(k)&=y_x(k)+y_f(k)\\&=[2(0.3)^k+6(0.4)^k]\varepsilon(k)+[12(0.3)^k-4(0.4)^k-6(0.2)^k]\varepsilon(k)\\&=2[7(0.3)^k+(0.4)^k-3(0.2^k)]\varepsilon(k)\end{aligned}$$

例 3-11 已知 LTI 离散系统的传输算子为

$$H(E)=\frac{E^2+E}{E^2+3E+2}$$

已知系统输入 $f(k)=(-2)^k\varepsilon(k)$，输出 $y(k)$的初始值 $y(0)=y(1)=0$，求该系统的零输入响应 $y_x(k)$、零状态响应 $y_f(k)$和完全响应 $y(k)$。

解：(1) 单位响应 $h(k)$的求取。传输算子 $H(E)$为

$$H(E)=\frac{E^2+E}{E^2+3E+2}=E\frac{E+1}{(E+1)(E+2)} \tag{3-63}$$

考虑到计算单位响应时，系统属于零状态系统，传输算子分子、分母中的公共因子可约去，故单位响应为

$$h(k)=(-2)^k\varepsilon(k)$$

(2) 零输入响应 $y_x(k)$的求取。由式(3-63)可得 $H(E)$极点为

$$r_1=-1,\quad r_2=-2$$

零输入响应为

$$y_x(k)=c_1 r_1^k+c_2 r_2^k=c_1(-1)^k+c_2(-2)^k \quad k\geqslant 0 \tag{3-64}$$

式中：c_1、c_2为待定参数，由系统的初始条件确定。

(3) 零状态响应 $y_f(k)$的求取。

$$y_f(k)=f(k)*h(k)=(-2)^k\varepsilon(k)*(-2)^k\varepsilon(k)=(1+k)(-2)^k\varepsilon(k)$$

(4) 完全响应 $y(k)$的求取。

$$\begin{aligned} y(k)&=y_x(k)+y_f(k)\\ &=c_1(-1)^k+(c_2+1+k)(-2)^k \quad k\geqslant 0 \end{aligned} \tag{3-65}$$

已知初始条件为 $y(0)=y(1)=0$，代入式(3-65)可得 $c_1=2$，$c_2=-3$。分别将 c_1、c_2的值代入式(3-64)和式(3-65)，求得系统的零输入响应为

$$y_x(k)=[2(-1)^k-3(-2)^k]\varepsilon(k)$$

系统的完全响应为

$$y(k)=[2(-1)^k+(k-2)(-2)^k]\varepsilon(k)$$

从例 3-10 和例 3-11 可以看出，给出的初始条件不同，则待定系数的计算方法也不同。例 3-10 给出的是零输入响应在 $k=0$ 和 $k=1$ 的初始条件 $y_x(0)=8$，$y_x(1)=3$，求得零输入响应 $y_x(k)$的表达式之后，根据初始条件即可得到待定系数。例 3-11 给出的初始条件是 $y(0)=y(1)=0$，即完全响应在 $k=0$ 和 $k=1$ 的状态值，这就需要根据完全响应的表达式来计算待定系数。

3.5 离散系统差分方程经典分析法

与连续系统响应的经典解法类似，对于 LTI 离散系统也可以应用经典解法，分别求出离散系统差分方程的齐次解和特解，然后将它们相加得到系统的完全响应。

1. 齐次解

设 n 阶 LTI 离散系统的传输算子 $H(E)$为

$$H(E)=\frac{E^{n-m}(b_m E^m+b_{m-1}E^{m-1}+\cdots+b_1 E+b_0)}{E^n+a_{n-1}E^{n-1}+\cdots+a_1 E+a_0}$$

系统的输入输出方程可用后向差分方程表示为

$$\begin{aligned} &y(k)+a_{n-1}y(k-1)+\cdots+a_1 y(k-n+1)+a_0 y(k-n)\\ &\quad=b_m f(k)+b_{m-1}f(k-1)+\cdots+b_1 f(k-m+1)+b_0 f(k-m) \end{aligned} \tag{3-66}$$

式中：$a_i(i=0，1，\cdots，n-1)$，$b_j(j=0，1，\cdots，m)$均为实常数。

当式(3-66)中的 $f(k)$及其各移位项均为零时，齐次方程为

$$y(k)+a_{n-1}y(k-1)+\cdots+a_1 y(k-n+1)+a_0 y(k-n)=0 \tag{3-67}$$

的解称为齐次解，记为 $y_h(k)$。

通常，齐次解由形式为 $c\lambda^k$的序列组合而成，将 $c\lambda^k$代入式(3-67)，得到

$$c\lambda^k+a_{n-1}c\lambda^{k-1}+\cdots+a_1 c\lambda^{k-n+1}+a_0 c\lambda^{k-n}=0$$

消去常数 c，并同乘 λ^{n-k}，得

$$\lambda^n+a_{n-1}\lambda^{n-1}+\cdots+a_1\lambda+a_0=0 \tag{3-68}$$

式(3-68)称为差分方程(3-66)或(3-67)的特征方程，一般有 n 个不等于零的根 $\lambda_i(i=1,2,\cdots,n)$，称为方程的特征根。由于特征方程(3-68)左端与传输算子 $H(E)$ 的分母式具有相同的形式，差分方程的特征根就是传输算子 $H(E)$ 的极点。

根据特征根(或传输算子极点)的不同取值，差分方程齐次解的函数式见表 3-4。表中，A、B、c_i、φ_i 等为待定常数，一般由初始条件 $y(0)$，$y(1)$，…，$y(n-1)$ 确定。

表 3-4　特征根及其对应的齐次解

特征根 λ	齐次解 $y_h(k)$
互异单实根 $\lambda_i(i=1,2,\cdots,n)$	$\sum_{i=1}^{n}c_i\lambda_i^k$
r 重实根 λ	$(c_0+c_1k+\cdots+c_{r-1}k^{r-1})\lambda^k$
共轭复根 $\lambda_{1,2}=\rho e^{\pm j\Omega}$	$(A\cos\Omega k+B\sin\Omega k)\rho^k$　或　$c\rho^k\cos(\Omega k+\varphi)$
r 重共轭复根	$\rho^k[c_0\cos(\Omega k+\varphi_0)+c_1k\cos(\Omega k+\varphi_1)+\cdots+c_{r-1}k^{r-1}\cos(\Omega k+\varphi_{r-1})]$

2. 特解

特解用 $y_p(k)$ 表示，它的函数形式与输入的函数形式有关。将输入 $f(k)$ 代入差分方程式(3-66)的右端，所得结果称为“自由项”。表 3-5 中列出了几种典型自由项函数形式对应的特解函数。将相应的特解函数代入原差分方程，按照方程两边对应项系数相等的方法，确定待定常数 P_i、Q 等，即可得到方程的特解 $y_p(k)$。

表 3-5　自由项及其对应的特解

自由项函数	特解函数 $y_p(k)$
k^m	$P_0+P_1k+\cdots+P_{m-1}k^{m-1}+P_mk^m$
α^k	$P_0\alpha^k$(α 不等于特征根) $(P_0+P_1k)\alpha^k$(α 等于单特征根) $(P_0+P_1k+\cdots+P_{r-1}k^{r-1}+P_rk^r)\alpha^k$($\alpha$ 等于 r 重特征根)
$\cos(\Omega k)$或 $\sin(\Omega k)$	$P\cos(\Omega k)+Q\sin(\Omega k)$或 $A\cos(\Omega k+\varphi)$
$\alpha^k\cos(\Omega k)$或 $\alpha^k\sin(\Omega k)$	$\alpha^k[P\cos(\Omega k)+Q\sin(\Omega k)]$

将式(3-66)的齐次解和特解相加就是该差分方程的完全解。对于一个 n 阶差分方程，其特征根 λ_1 为 r 重根，其余特征根均为单根，那么该差分方程的完全解可表示为

$$\begin{aligned} y(k) &= y_h(k)+y_p(k) \\ &= \left(\sum_{i=0}^{r-1}c_ik^i\lambda_1^k+\sum_{j=r+1}^{n}c_j\lambda_j^k\right)+y_p(k) \end{aligned} \tag{3-69}$$

式中：各系数 c_i、c_j 由差分方程的初始条件，即 n 个独立的 $y(k)$ 值确定。

例 3-12 某离散系统的输入输出方程为

$$6y(k)-y(k-1)-y(k-2)=12f(k)$$

已知系统输入 $f(k)=\cos(k\pi)\varepsilon(k)$，初始条件 $y(0)=15$，$y(2)=4$。试求 $k\geqslant 0$ 时系统的完全响应 $y(k)$。

解：系统特征方程为

$$6\lambda^2-\lambda-1=0$$

求得特征值 $\lambda_1=1/2$，$\lambda_2=-1/3$，故差分方程的齐次解为

$$y_h(k)=c_1\left(\frac{1}{2}\right)^k+c_2\left(-\frac{1}{3}\right)^k$$

因输入序列为

$$f(k)=\cos(k\pi)\varepsilon(k)$$

由表 3-5 可设特解为

$$y_p(k)=P\cos(k\pi)+Q\sin(k\pi)=P\cos(k\pi)$$

相应右移序列为

$$y_p(k-1)=P\cos[(k-1)\pi]=-P\cos(k\pi)$$

$$y_p(k-2)=P\cos[(k-2)\pi]=P\cos(k\pi)$$

代入原差分方程，得

$$6P\cos(k\pi)=12\cos(k\pi)$$

比较方程两边系数，求得 $P=2$，于是有

$$y_p(k)=2\cos(k\pi)\quad k\geqslant 0$$

方程的完全解为

$$y(k)=y_h(k)+y_p(k)=\left[c_1\left(\frac{1}{2}\right)^k+c_2\left(-\frac{1}{3}\right)^k\right]+2\cos(k\pi) \tag{3-70}$$

将初始条件代入式(3-70)，可得

$$y(0)=c_1+c_2+2=15$$

$$y(2)=\frac{1}{4}c_1+\frac{1}{9}c_2+2=4$$

解得 $c_1=4$，$c_2=9$。

最后得到系统的完全响应为

$$y(k)=\underbrace{4\left(\frac{1}{2}\right)^k+9\left(-\frac{1}{3}\right)^k}_{\substack{\text{自由响应}\\ \text{(暂态响应)}}}\underbrace{+2\cos(k\pi)}_{\substack{\text{强迫响应}\\ \text{(稳态响应)}}}\quad k\geqslant 0$$

与连续系统响应类似，也称差分方程的齐次解为系统的自由响应，称其特解为强迫响应。本例中，特征根 $|\lambda_{1,2}|<1$，其自由响应随 k 的增大而逐渐衰减为零，故为系统的暂态响应。而强迫响应为有始正弦序列，是系统的稳态响应。

本 章 小 结

关于离散信号和离散系统的分析，在许多方面与连续信号和连续系统的分析相类似，两者之间存在一定的并行关系。本章首先给出了卷积和的定义和计算方法，根据卷积和定

义，把一般序列分解成一系列单位脉冲序列的线性组合。对于离散系统的响应，按照系统解法，完全响应分成零输入响应和零状态响应两个部分。和连续系统的分析一样，在得到简单系统的零输入响应和单位响应之后，根据系统的线性、时不变特性以及卷积和的定义，可以得到一般系统的零输入响应和零状态响应。最后给出了差分方程的经典解法。值得注意的是，离散系统的初始条件比连续系统要简单得多，只需要根据初始条件就可得到待定系数。

习 题 三

3.1 画出下列各序列的图形。

(1) $f(k)=\left(\frac{1}{2}\right)^k\varepsilon(k)$　　(2) $f(k)=2\delta(k+1)+3\delta(k-2)-\delta(k-3)$

(3) $f(k)=\varepsilon(k+2)-\varepsilon(k-4)$　　(4) $f(k)=\left(\frac{1}{2}\right)^{-k}\varepsilon(-k-1)$

3.2 画出下列各序列的图形。

(1) $f(k)=k\varepsilon(k)$　　(2) $f(k)=-k\varepsilon(k)$

(3) $f(k)=k\varepsilon(k-4)$　　(4) $f(k)=(k-4)\varepsilon(k-4)$

(5) $f(k)=(k-4)\varepsilon(k+4)$　　(6) $f(k)=(k+4)\varepsilon(k+4)$。

3.3 写出题图 3.3 所示各序列的表达式。

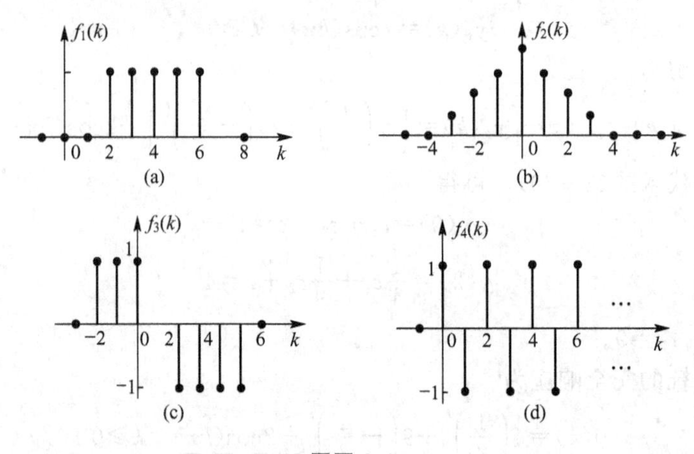

题图 3.3

3.4 计算下列卷积和 $f(k)=f_1(k)*f_2(k)$。

(1) $f_1(k)=\alpha^k\varepsilon(k)$，$f_2(k)=\beta^k\varepsilon(k)$；$0<\alpha<1$，$0<\beta<1$，$\alpha\neq\beta$

(2) $f_1(k)=(0.5)^k\varepsilon(k)$，$f_2(k)=\varepsilon(k)$

(3) $f_1(k)=(0.5)^k\varepsilon(k)$，$f_2(k)=\varepsilon(-k+1)$

(4) $f_1(k)=\varepsilon(k)$，$f_2(k)=2^k\varepsilon(-k)$

(5) $f_1(k)=\left(\frac{1}{2}\right)^k\varepsilon(k)$，$f_2(k)=\left[2\left(\frac{1}{2}\right)^k-\left(\frac{1}{4}\right)^k\right]\varepsilon(k)$

(6) $f_1(k)=\left(\frac{1}{3}\right)^k\varepsilon(k)$，$f_2(k)=2\cos(\pi k)\varepsilon(k)$

3.5　已知序列 $x(k)$、$y(k)$为

$$x(k)=\begin{cases}1 & 0\leqslant k\leqslant 4\\ 0 & \text{其余 }k\text{ 值}\end{cases}\quad y(k)=\begin{cases}2^k & 0\leqslant k\leqslant 6\\ 0 & \text{其余 }k\text{ 值}\end{cases}$$

试用图解法求 $g(k)=x(k)*y(k)$。

3.6　下列系统方程中，$f(k)$和 $y(k)$分别表示系统的输入和输出，试写出各离散系统的传输算子 $H(E)$。

(1) $y(k+2)=ay(k+1)+by(k)+cf(k+1)+df(k)$

(2) $y(k)=2y(k-2)+f(k)+f(k-1)$

(3) $y(k+1)+5y(k)+6y(k-1)=f(k)+2f(k-1)$

(4) $y(k)+4y(k-1)+5y(k-3)=f(k-1)+3f(k-2)$

3.7　列出题图 3.7 所示离散时间系统的输入输出差分方程。

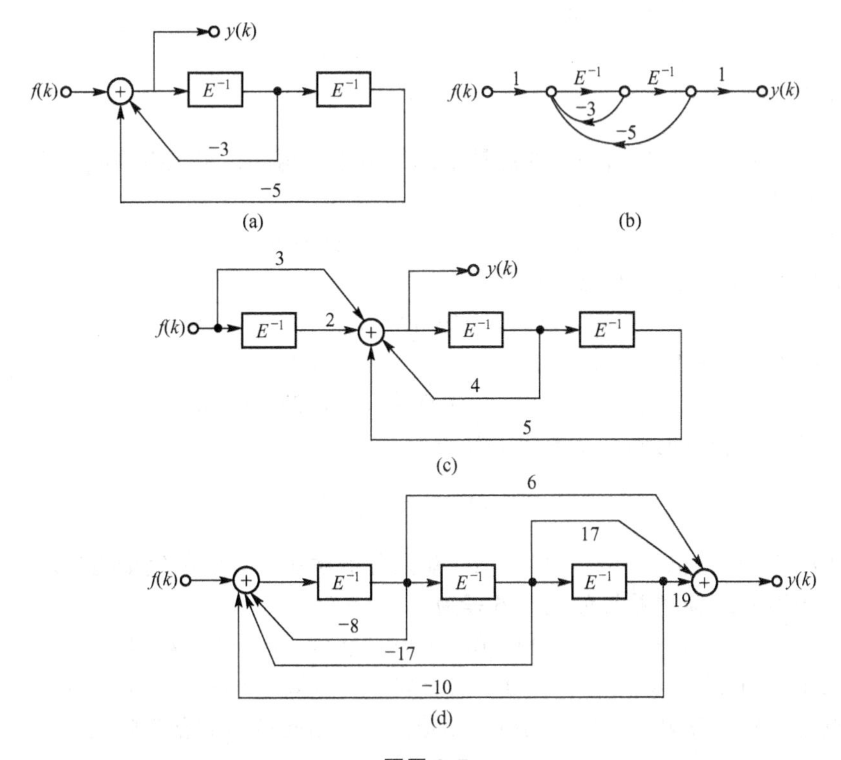

题图 3.7

3.8　试求由下列差分方程描述的离散时间系统的零输入响应。设初始观察时刻 $k_0=0$。

(1) $y(k)+2y(k-1)=f(k)$

$$y_x(0)=1$$

(2) $y(k)-3y(k-1)+2y(k-2)=f(k)+3f(k-1)$

$$y_x(0)=0,\quad y_x(1)=1$$

(3) $y(k)+3y(k-1)+2y(k-2)=2f(k)+5f(k-2)$

$$y_x(0)=0,\quad y_x(1)=1$$

(4) $y(k)+0.8y(k-1)-0.2y(k-2)=2f(k)+f(k-1)$

$$y_x(0)=1,\quad y_x(1)=1$$

(5) $y(k)+2y(k-1)+4y(k-2)=f(k)$

$$y_x(0)=1,\quad y_x(1)=2$$

(6) $y(k)+2y(k-1)+y(k-2)=f(k)$

$$y(-1)=3,\quad y(-2)=-5$$

3.9 已知离散系统的差分方程(或传输算子)如下，试求各系统的单位响应。

(1) $y(k+2)-5y(k+1)+6y(k)=f(k)$

(2) $y(k)-2y(k-1)-5y(k-2)+6y(k-3)=f(k)$

(3) $H(E)=\dfrac{1}{E^2-E+0.25}$

(4) $H(E)=\dfrac{2-E^3}{E^3-\frac{1}{2}E^2+\frac{1}{18}E}$

(5) $H(E)=\dfrac{E^2}{E^2+0.5}$

3.10 求下列差分方程所描述的离散系统的零输入响应、零状态响应和完全响应。

(1) $y(k+1)+2y(k)=f(k)$

$$f(k)=\mathrm{e}^{-k}\varepsilon(k),\quad y_x(0)=0$$

(2) $y(k)+3y(k-1)+2y(k-1)=f(k)$

$$f(k)=\varepsilon(k),\quad y(-1)=1,\quad y(-2)=0$$

(3) $y(k)+5y(k-1)+6y(k-2)=f(k)-f(k-1)$

$$f(k)=\varepsilon(k),\quad y(0)=1,\quad y(2)=-16$$

3.11 某 LTI 离散时间系统的传输算子为

$$H(E)=\frac{E(2E+1)}{E^2+5E+6}$$

且已知 $f(k)=k\varepsilon(k)$，$y(0)=2$，$y(1)=1$，试用经典解法求系统的完全响应。

3.12 描述 LTI 离散系统的差分方程为

$$y(k)-0.7y(k-1)+0.1y(k-2)=7f(k)-2f(k-1)$$

已知系统在 $k=0$ 时的输入 $f(k)=\varepsilon(k)$，完全响应初始值 $y(0)=14$，$y(1)=13.1$。求系统的零输入响应、零状态响应、自由响应、强迫响应、暂态响应和稳态响应。

第4章

连续信号与系统的频域分析

本章学习目标

★ 了解傅里叶级数的定义和计算；
★ 掌握傅里叶变换的定义和计算；
★ 了解周期信号的傅里叶变换；
★ 掌握傅里叶变换的应用；
★ 了解连续信号与系统的频域分析。

本章教学要点

知识要点	能力要求	相关知识
傅里叶级数	了解周期信号的傅里叶级数定义和计算	信号的正交、周期信号的正交分解、周期信号频谱特点、带宽的定义
傅里叶变换	掌握非周期信号的傅里叶变换的定义和计算	非周期信号的傅里叶变换、逆傅里叶变换、常见信号的傅里叶变换、傅里叶变换的性质
周期信号的傅里叶变换	了解周期信号的傅里叶变换的方法	引入广义函数可以把周期信号表示为傅里叶变换的形式
傅里叶的应用	掌握傅里叶变换的三大应用	滤波、采样与恢复、调制解调
连续信号与系统频域分析	了解连续信号与系统频域分析	利用时域卷积定理，分析信号通过系统的频域响应

导入案例

将信号在时间域和频率域之间相互转换，目的是从看似复杂的数据中找出一些直观信息，再对它进行分析，由于信号往往具有在频域有比时域更加简单和直观的特性。如图1所示，音乐是时域、频域分析的例子，乐谱就是音乐在频域的信号分布，而音乐就是将乐谱变换到时域之后的函数。从音乐到乐谱，是一次傅里叶变换；从乐谱到音乐，是一次傅里叶逆变换。

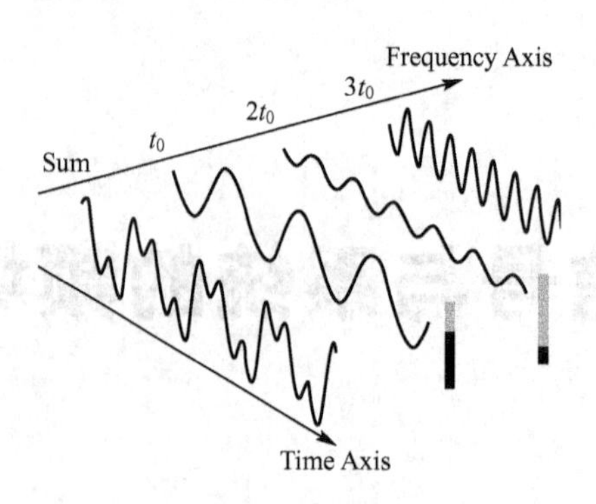

图 1　音乐在时域和频域中的对应关系

引言

本章主要介绍连续信号与连续系统的频域分析方法，即连续时间信号分解为一系列的正交信号的线性组合，各正交信号属于一个完备的正交信号集。正弦信号(sinwt、coswt)和虚指数信号(e^{jwt})都是正交信号。本章首先介绍信号如何分解为正交信号的线性组合，然后着重讨论信号的傅里叶分析，研究信号的频率特性，最后介绍连续系统的频域响应。

4.1　信号的正交分解

信号的正交分解与矢量的正交分解相似，即首先找到一组完备的正交信号集，然后根据平方误差最小的原理确定每个信号分量的系数，从而实现信号的正交分解。

4.1.1　正交信号

设 $f_1(t)$和 $f_2(t)$为定义在区间［t_1，t_2］上的两个信号，现在用与 $f_2(t)$成比例的一个信号 $c_{12}f_2(t)$近似地表示 $f_1(t)$，即

$$f_1(t)\approx c_{12}f_2(t)$$

则这种表示的误差为

$$f_e(t)=f_1(t)-c_{12}f_2(t)$$

为避免产生负数，用平方误差来描述这种表示的误差大小。平方误差的定义为

$$E_e=\int_{t_1}^{t_2}[f_e(t)]^2\mathrm{d}t \tag{4-1}$$

如果使平方误差 E_e最小的系数 c_{12}为 0，则信号 $f_1(t)$和信号 $f_2(t)$在区间［t_1，t_2］上正交；否则，它们不正交。

下面根据平方误差的定义导出正交的判别条件，将式(4－1)展开，得

$$E_e=\int_{t_1}^{t_2}[f_e(t)]^2\mathrm{d}t=\int_{t_1}^{t_2}[f_1(t)-c_{12}f_2(t)]^2\mathrm{d}t$$

$$= \int_{t_1}^{t_2} [f_1^2(t) - 2c_{12} f_1(t) f_2(t) + c_{12}^2 f_2^2(t)] \mathrm{d}t$$

$$= \int_{t_1}^{t_2} f_1^2(t) \mathrm{d}t - 2c_{12} \int_{t_1}^{t_2} f_1(t) f_2(t) \mathrm{d}t + c_{12}^2 \int_{t_1}^{t_2} f_2^2(t) \mathrm{d}t \tag{4-2}$$

系数 c_{12} 满足怎样的条件使平方误差 E_e 最小，这是数学上求极值的问题。使 $\frac{\mathrm{d}E_e}{\mathrm{d}c_{12}}=0$，得到的系数 c_{12} 为 $c_{12} f_2(t)$ 近似表示 $f_1(t)$ 的最佳系数。下面对式(4-2)求微分，找到使平方误差最小的系数 c_{12}。

$$\frac{\mathrm{d}E_e}{\mathrm{d}c_{12}} = -2\int_{t_1}^{t_2} f_1(t) f_2(t) \mathrm{d}t + 2c_{12}\int_{t_1}^{t_2} f_2^2(t) \mathrm{d}t = 0$$

则

$$c_{12} = \frac{\int_{t_1}^{t_2} f_1(t) f_2(t) \mathrm{d}t}{\int_{t_1}^{t_2} f_2^2(t) \mathrm{d}t} \tag{4-3}$$

为了得到更一般的结论，假设 $f_1(t)$ 和 $f_2(t)$ 都是复信号(如电压和电流，既有幅值，也有相位，都可以用复信号来描述)，此时，系数 c_{12} 也可能是复数。那么 c_{12} 的表达式可以改写为

$$c_{12} = \frac{\int_{t_1}^{t_2} f_1(t) f_2^*(t) \mathrm{d}t}{\int_{t_1}^{t_2} |f_2(t)|^2 \mathrm{d}t} \tag{4-4}$$

式中：“*”表示共轭复数。

把式(4-4)代入式(4-2)，则得到的平方误差为

$$E_e = \int_{t_1}^{t_2} |f_1(t)|^2 \mathrm{d}t - c_{12}^2 \int_{t_1}^{t_2} |f_2(t)|^2 \mathrm{d}t \tag{4-5}$$

式(4-5)说明，只要按照式(4-4)选择最佳系数，平方误差为 $f_1(t)$ 的能量 $\int_{t_1}^{t_2} |f_1(t)|^2 \mathrm{d}t$ 与 $c_{12} f_2(t)$ 的能量 $c_{12}^2 \int_{t_1}^{t_2} |f_2(t)|^2 \mathrm{d}t$ 之差，而与 $f_1(t)$ 和 $f_2(t)$ 的乘积项无关。

按照信号正交的定义，若 $f_1(t)$ 和 $f_2(t)$ 正交，应有 $c_{12}=0$，由式(4-4)可知，信号 $f_1(t)$ 和信号 $f_2(t)$ 在区间 $[t_1, t_2]$ 上正交的条件为

$$\int_{t_1}^{t_2} f_1(t) f_2^*(t) \mathrm{d}t = 0 \tag{4-6}$$

4.1.2 信号的正交分解

将信号进行正交分解，首先必须建立一个完备的正交信号集。假设有信号集 $\{g_1(t), g_2(t), \cdots, g_N(t)\}$，它们定义在区间 $[t_1, t_2]$ 上，如果对于所有的 i、j($i=1, \cdots, N$, $j=1, \cdots, N$)都满足以下条件。

$$\int_{t_1}^{t_2} g_i(t) g_j^*(t) \mathrm{d}t = \begin{cases} 0 & i \neq j \\ k_i & i = j \end{cases} \tag{4-7}$$

则信号集 $\{g_1(t), g_2(t), \cdots, g_N(t)\}$ 在区间 $[t_1, t_2]$ 上称为正交信号集。如果 $k_i=1$，即

$$\int_{t_1}^{t_2} g_i(t) g_j^*(t) \mathrm{d}t = \begin{cases} 0 & i \neq j \\ 1 & i = j \end{cases} \tag{4-8}$$

则信号集 $\{g_1(t), g_2(t), \cdots, g_N(t)\}$ 在区间 $[t_1, t_2]$ 上称为归一化正交信号集。

用一个在区间 $[t_1, t_2]$ 上的正交信号集 $\{g_1(t), g_2(t), \cdots, g_N(t)\}$ 中各分量的线性组合就可以逼近一个定义在区间 $[t_1, t_2]$ 上的信号 $f(t)$，即

$$f(t) \approx c_1 g_1(t) + c_2 g_2(t) + \cdots + c_r g_r(t) + \cdots + c_N g_N(t) = \sum_{i=1}^{N} c_i g_i(t) \tag{4-9}$$

式(4-9)这种近似表示的平方误差为

$$E_e = \int_{t_1}^{t_2} \left| f(t) - \sum_{i=1}^{N} c_i g_i(t) \right|^2 \mathrm{d}t \tag{4-10}$$

根据前面的讨论，同样可以得到使平方误差最小的系数 c_i。

$$c_i = \frac{\int_{t_1}^{t_2} f(t) g_i^*(t) \mathrm{d}t}{\int_{t_1}^{t_2} |g_i(t)|^2 \mathrm{d}t} \tag{4-11}$$

把式(4-11)代入式(4-10)，按照式(4-5)的结论，其平方误差为信号与各分量的能量之差，平方误差表示为

$$E_e \triangleq \int_{t_1}^{t_2} |f(t)|^2 \mathrm{d}t - \sum_{i=1}^{N} \int_{t_1}^{t_2} |c_i g_i(t)|^2 \mathrm{d}t \tag{4-12}$$

用一个正交信号集中各信号的线性组合去表示任一信号，这个信号集必须是一个完备的正交信号集。

如果对于某一类信号 $f(t)$，所选择的正交信号集 $\{g_1(t), g_2(t), \cdots, g_N(t)\}$ 能使式(4-12)中的平方误差 $E_e=0$，则称该正交信号集 $\{g_1(t), g_2(t), \cdots, g_N(t)\}$ 为完备的正交信号集，一个完备的正交信号集通常包括无穷多个信号，即 N 趋于无穷大。

如果信号集 $\{g_i(t)\}$ 在区间 $[t_1, t_2]$ 上是关于某一类信号 $f(t)$ 的完备的正交信号集，则这类信号中的任一信号 $f(t)$ 都可以精确地表示为 $\{g_i(t)\}$ 的线性组合，即

$$f(t) = \sum_{i} c_i g_i(t) \quad t \in (t_1, t_2) \tag{4-13}$$

式中：c_i 为加权系数，且

$$c_i = \frac{\int_{t_1}^{t_2} f(t) g_i^*(t) \mathrm{d}t}{\int_{t_1}^{t_2} |g_i(t)|^2 \mathrm{d}t} \tag{4-14}$$

式(4-13)称为信号 $f(t)$ 的正交展开式，有时也称为广义傅里叶级数，c_i 称为傅里叶系数。

在式(4-13)和式(4-14)的条件下，平方误差 $E_e=0$，即

$$\int_{t_1}^{t_2} |f(t)|^2 \mathrm{d}t = \sum_{i=1}^{N} \int_{t_1}^{t_2} |c_i g_i(t)|^2 \mathrm{d}t \tag{4-15}$$

式(4-15)可以理解为：信号 $f(t)$ 的能量等于各个分量的能量之和，即能量守恒。式(4-15)也称为帕塞瓦尔(Parseval)能量定理。

4.2　周期信号的傅里叶级数

当正交信号集 $\{g_i(t)\}$ 中的每一个信号 $g_i(t)$ 都是周期为 T 的周期信号时，则式(4-13)可以看成是 $[-\infty, +\infty]$ 区间上任何一个周期信号 $f(t)$(周期为 T)的级数展开式，而这些展开式中最常用的是傅里叶级数展开式，周期信号的傅里叶级数有三角和指数两种形式。

4.2.1　三角形式的傅里叶级数

三角信号集 $\{\cos n\Omega t, \sin n\Omega t|_{n=0,1,2\cdots}\}$ 是一个正交信号集，正交区间为 $[t_0, t_0+T]$，其中，$\Omega=2\pi/T$ 为基波频率，T 为 $\cos n\Omega t$、$\sin n\Omega t$ 的周期。t_0 可以任意选择，视计算方便选取。三角信号集的正交性可证明如下。

$$\int_{t_0}^{t_0+T}\cos n\Omega t\cdot\cos m\Omega t\,\mathrm{d}t=\begin{cases}0 & n\neq m\\ \dfrac{T}{2} & n=m\end{cases}$$

$$\int_{t_0}^{t_0+T}\sin n\Omega t\cdot\sin m\Omega t\,\mathrm{d}t=\begin{cases}0 & n\neq m\\ \dfrac{T}{2} & n=m\end{cases}$$

$$\int_{t_0}^{t_0+T}\cos n\Omega t\cdot\sin m\Omega t\,\mathrm{d}t=0$$

上述等式说明 $\{\cos n\Omega t, \sin n\Omega t|_{n=0,1,2\cdots}\}$ 是正交信号集。当 $n=0$，$\cos 0=1$，$\sin 0=0$，而 0 不应该进入正交信号集中，因此一个三角正交信号集具体可以写为

$$\{1, \cos\Omega t, \cos 2\Omega t, \cdots, \sin\Omega t, \sin 2\Omega t, \cdots\} \tag{4-16}$$

式(4-16)包含了无穷多项，可以证明它是一个完备的正交信号集。这样就可以把以 T 为周期的周期信号 $f(t)$ 分解为这个正交信号集中各正交信号的线性组合。

特别需要指出的是，傅里叶在提出傅里叶级数时坚持认为，任何一个周期信号都可以展开成傅里叶级数，虽然这个结论在当时引起许多争议，但持异议者却不能给出有力的不同论据。直到 20 年后(1829 年)狄里赫利(Dirichlet)才对这个问题做出了令人信服的回答，狄里赫利认为，只有在满足一定条件时，周期信号才能展开成傅里叶级数。这个条件被称为狄里赫利条件，其内容为：①信号在任意区间连续，或只有有限个第一类间断点；②在一个周期内，信号有有限个极大值或极小值。而电子技术中的周期信号大都能满足上述条件。

周期信号 $f(t)$ 的三角形式的傅里叶级数可以表示为

$$f(t)=\frac{a_0}{2}+\sum_{n=1}^{\infty}(a_n\cos n\Omega t+b_n\sin n\Omega t) \tag{4-17}$$

根据式(4-14)，加权系数 a_n、b_n 应为

$$\begin{cases}a_n=\dfrac{\int_{t_0}^{t_0+T}f(t)\cos n\Omega t\,\mathrm{d}t}{\int_{t_0}^{t_0+T}\cos^2 n\Omega t\,\mathrm{d}t}=\dfrac{2}{T}\int_{t_0}^{t_0+T}f(t)\cos n\Omega t\,\mathrm{d}t\\ b_n=\dfrac{\int_{t_0}^{t_0+T}f(t)\sin n\Omega t\,\mathrm{d}t}{\int_{t_0}^{t_0+T}\sin^2 n\Omega t\,\mathrm{d}t}=\dfrac{2}{T}\int_{t_0}^{t_0+T}f(t)\sin n\Omega t\,\mathrm{d}t\end{cases} \tag{4-18}$$

当 $n=0$，$a_0=\frac{2}{T}\int_{t_0}^{t_0+T}f(t)\mathrm{d}t$，而周期信号 $f(t)$ 的直流分量为

$$\overline{f(t)}=\frac{1}{T}\int_{t_0}^{t_0+T}f(t)\mathrm{d}t=\frac{a_0}{2}$$

为了使式(4-17)表示的周期信号 $f(t)$ 可分解为直流分量、基波分量和各次谐波分量的线性组合，将式中第一项 a_0 除以 2，表示 $f(t)$ 的直流分量。

根据三角信号的运算规则，$a_n\cos n\Omega t+b_n\sin n\Omega t$ 可以合并为一个余弦信号，即

$$a_n\cos n\Omega t+b_n\sin n\Omega t=A_n\cos(n\Omega t+\varphi_n)$$

则式(4-17)可以改写为

$$f(t)=\frac{A_0}{2}+\sum_{n=1}^{\infty}A_n\cos(n\Omega t+\varphi_n) \tag{4-19}$$

式(4-19)表明，任一周期信号 $f(t)$ 可以表示为直流分量和一系列余弦分量的线性组合。其中，$A_0/2$ 表示直流分量，A_n 为 n 次谐波分量的振幅，φ_n 为 n 次谐波分量的相位。振幅 A_n、相位 φ_n 和系数 a_n、b_n 的关系为

$$\begin{cases}A_n=\sqrt{a_n^2+b_n^2}\\ \varphi_n=-\arctan\dfrac{b_n}{a_n}\end{cases}$$

或

$$\begin{cases}a_n=A_n\cos\varphi_n\\ b_n=-A_n\sin\varphi_n\end{cases}$$

在周期信号 $f(t)$ 的三角形式傅里叶级数展开的过程中，可以根据 $f(t)$ 及振幅 A_n、相位 φ_n 和系数 a_n、b_n 的奇偶性来简化积分计算。选择恰当的 t_0，可以产生对称区间，奇信号在对称区间积分为 0，偶信号在对称区间积分为半区间的 2 倍。根据振幅 A_n、相位 φ_n 和系数 a_n、b_n 的定义，可以判定它们的奇偶性。

$$\begin{cases}A_n=A_{-n}\\ \varphi_n=-\varphi_{-n}\\ a_n=a_{-n}\\ b_n=-b_{-n}\end{cases}$$

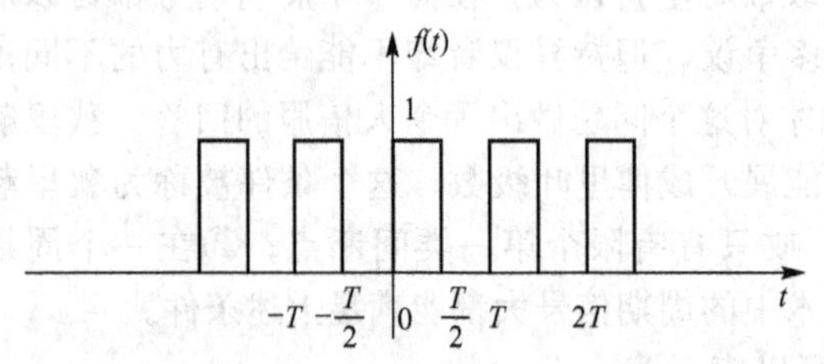

图 4.1　例 4-1 周期信号 $f(t)$ 波形图

例 4-1　已知一周期信号 $f(t)$ 的波形如图 4.1 所示，求解 $f(t)$ 的三角形式的傅里叶级数展开式。

解：取 $t_0=0$，则有

$$a_0=\frac{2}{T}\int_0^{\frac{T}{2}}1\mathrm{d}t=1$$

这表明信号 $f(t)$ 的直流分量 $a_0/2=1/2$。直流分量就是信号的平均值，从图 4.1 可以清楚地观察到信号 $f(t)$ 的平均值为 1/2。

$$\begin{aligned}a_n&=\frac{2}{T}\int_0^T f(t)\cos n\Omega t\,\mathrm{d}t\\&=\frac{2}{T}\int_0^{\frac{T}{2}}\cos n\Omega t\,\mathrm{d}t\end{aligned}$$

$$= \frac{2}{T}\frac{\sin n\Omega t}{n\Omega}\Big|_0^{\frac{T}{2}} = 0$$

由于$\Omega=2\pi/T$，上限$t=T/2$代入积分之后的原函数，得到$\sin n\Omega t\Big|\frac{T}{2}=\sin n\pi=0$。同样可以求得

$$\begin{aligned} b_n &= \frac{2}{T}\int_0^T f(t)\sin n\Omega t\,\mathrm{d}t = \frac{2}{T}\int_0^{\frac{T}{2}}\sin n\Omega t\,\mathrm{d}t \\ &= \frac{2}{T}\frac{-\cos n\Omega t}{n\Omega}\Big|_0^{\frac{T}{2}} \\ &= \frac{1}{n\pi}(1-\cos n\pi) \\ &= \begin{cases} \dfrac{2}{n\pi} & n=1,3,5\cdots \\ 0 & n=2,4,6\cdots \end{cases} \end{aligned}$$

将系数a_n、b_n代入三角形式傅里叶级数展开式得

$$\begin{aligned} f(t) &= \frac{1}{2}+\sum_{n=1}^{\infty}\frac{2}{n\pi}\sin n\Omega t \quad n=1,3,5,\cdots \\ &= \frac{1}{2}+\frac{2}{\pi}\left(\sin\Omega t+\frac{1}{3}\sin 3\Omega t+\frac{1}{5}\sin 5\Omega t+\cdots\right) \end{aligned} \tag{4-20}$$

由式(4-20)可以看出，该周期信号$f(t)$含有直流分量和$\sin n\Omega t$分量，不含有$\cos n\Omega t$分量；同时，它只含有奇次谐波分量而没有偶次谐波分量。当然$f(t)$还可以展开成式(4-19)的形式。

$$A_0=a_0=1$$

$$A_n=\sqrt{a_n^2+b_n^2}=\frac{2}{n\pi} \quad n=1,3,5\cdots$$

$$\varphi_n=-\arctan\frac{b_n}{a_n}=-\frac{\pi}{2}$$

则周期信号$f(t)$可以按式(4-19)展开为

$$\begin{aligned} f(t) &= \frac{1}{2}+\sum_{n=1}^{\infty}\frac{2}{n\pi}\cos\left(n\Omega t-\frac{\pi}{2}\right) \quad n=1,3,5,\cdots \\ &= \frac{1}{2}+\frac{2}{\pi}\left(\cos\left(\Omega t-\frac{\pi}{2}\right)+\frac{1}{3}\cos\left(3\Omega t-\frac{\pi}{2}\right)+\frac{1}{5}\cos\left(5\Omega t-\frac{\pi}{2}\right)+\cdots\right) \end{aligned}$$

可以看出，两种形式的傅里叶级数在实质上是一样的。如果在上面的计算过程中，取$t_0=-\dfrac{T}{2}$，同样可以计算系数a_n、b_n，并且其结果和上述计算结果相同。

例4-2　如图4.2所示的周期矩形波，试求其傅里叶级数。

解：由于$f(t)$是奇函数，故有

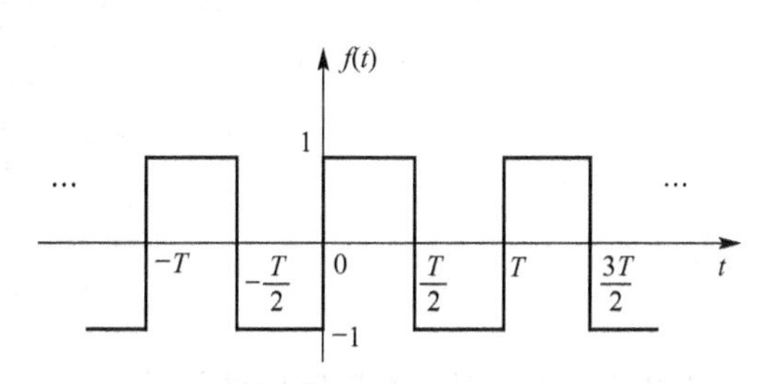

图4.2　例4-2周期信号$f(t)$波形图

$$a_0 = \frac{1}{T}\int_0^T f(t)\mathrm{d}t = 0$$

$$a_n = \frac{2}{T}\int_{-\frac{T}{2}}^{\frac{T}{2}} f(t)\cos n\Omega t\,\mathrm{d}t = 0$$

$$b_n = \frac{2}{T}\int_{-\frac{T}{2}}^{\frac{T}{2}} f(t)\sin n\Omega t\,\mathrm{d}t = \frac{4}{T}\int_0^{\frac{T}{2}} \sin n\Omega t\,\mathrm{d}t$$

$$= \frac{4}{T}\cdot\frac{-\cos n\Omega t}{n\Omega}\Bigg|_0^{\frac{T}{2}} = \begin{cases}\dfrac{4}{n\pi} & n=1,3,5,\cdots\\ 0 & n=2,4,6,\cdots\end{cases}$$

$f(t)$的傅里叶级数为

$$f(t)=\frac{4}{\pi}\left(\sin\Omega t+\frac{1}{3}\sin 3\Omega t+\frac{1}{5}\sin 5\Omega t+\cdots+\frac{1}{n}\sin n\Omega t+\cdots\right)$$

$$n=1,\ 3,\ 5,\ \cdots$$

可以看出，如果周期信号 $f(t)$是奇信号或偶信号，适当地选择 t_0，一般选择 $t_0=-\frac{T}{2}$，这样，a_n、b_n 的积分区间就变成$\left[-\frac{T}{2},\ +\frac{T}{2}\right]$的对称区间，其积分就可以得到简化。

4.2.2 指数形式的傅里叶级数

对周期信号 $f(t)$来讲，除了可以展开为三角形式的傅里叶级数之外，还可以展开为指数形式的傅里叶级数。指数信号集｛$e^{jn\Omega t}$，n 为整数｝为正交信号集，可以证明

$$\int_{t_0}^{t_0+T}(e^{jn\Omega t})\cdot(e^{jn\Omega t})^*\mathrm{d}t = \begin{cases}0 & m\neq n\\ T & m=n\end{cases}$$

这说明指数信号集｛$e^{jn\Omega t}$，n 为整数｝满足正交信号集的条件，因此该指数信号集在区间［t_0，t_0+T］上为正交信号集，当 n 取$-\infty$到$+\infty$的所有整数时，则指数信号集｛$e^{jn\Omega t}$，n 为整数｝为一完备的正交信号集。

周期为 T 的周期信号 $f(t)$可以表示为

$$f(t) = F_0 + F_1 e^{j\Omega t} + F_2 e^{j2\Omega t} + \cdots + F_{-1}e^{-j\Omega t} + F_{-2}e^{-j2\Omega t} + \cdots$$

$$= \sum_{n=-\infty}^{+\infty} F_n e^{jn\Omega t} \tag{4-21}$$

式(4-21)中，系数 F_n 可以按照式(4-14)得到。

$$F_n = \frac{\displaystyle\int_{t_0}^{t_0+T} f(t)(e^{jn\Omega t})^*\mathrm{d}t}{\displaystyle\int_{t_0}^{t_0+T}(e^{jn\Omega t})(e^{jn\Omega t})^*\mathrm{d}t}$$

$$= \frac{1}{T}\int_{t_0}^{t_0+T} f(t)e^{-jn\Omega t}\mathrm{d}t \tag{4-22}$$

4.2.3 两种形式傅里叶级数的关系

欧拉(Euler)公式将三角信号的定义域扩展到复数，建立了三角信号和指数信号之间

的关系。欧拉公式如下：

$$\begin{cases} e^{j\theta}=\cos\theta+j\sin\theta \\ e^{-j\theta}=\cos\theta-j\sin\theta \end{cases} \tag{4-23}$$

或

$$\begin{cases} \cos\theta=\dfrac{e^{j\theta}+e^{-j\theta}}{2} \\ \sin\theta=\dfrac{e^{j\theta}-e^{-j\theta}}{2j} \end{cases} \tag{4-24}$$

由式(4-23)和式(4-24)可知，指数信号和三角信号可以相互表示，故指数形式傅里叶级数和三角形式傅里叶级数也可相互表示。

下面从三角形式的傅里叶级数推导出指数形式的傅里叶级数，由于 A_n 为关于 n 的偶函数，φ_n 为关于 n 的奇函数，推导过程如下。

$$\begin{aligned} f(t) &= \frac{A_0}{2}+\sum_{n=1}^{\infty}A_n\cos(n\Omega t+\varphi_n) \\ &= \frac{A_0}{2}+\frac{1}{2}\sum_{n=1}^{\infty}A_n\left[e^{j(n\Omega t+\varphi_n)}+e^{-j(n\Omega t+\varphi_n)}\right] \\ &= \frac{A_0}{2}+\frac{1}{2}\sum_{n=1}^{\infty}A_n e^{j(n\Omega t+\varphi_n)}+\frac{1}{2}\sum_{n=1}^{\infty}A_n e^{-j(n\Omega t+\varphi_n)} \\ &= \frac{A_0}{2}+\frac{1}{2}\sum_{n=1}^{\infty}A_n e^{j(n\Omega t+\varphi_n)}+\frac{1}{2}\sum_{n=-1}^{-\infty}A_n e^{j(n\Omega t+\varphi_n)} \\ &= \frac{1}{2}\sum_{n=-\infty}^{\infty}A_n e^{j(n\Omega t+\varphi_n)}=\frac{1}{2}\sum_{n=-\infty}^{\infty}\dot{A}_n e^{jn\Omega t} \end{aligned} \tag{4-25}$$

式中：$\dot{A}_n=A_n e^{j\varphi_n}=A_n\cos\varphi_n+jA_n\sin\varphi_n=a_n-jb_n$。

将式(4-25)与式(4-21)对比，可知

$$F_n=\frac{1}{2}\dot{A}_n=\frac{1}{2}A_n e^{j\varphi_n}=|F_n|e^{j\varphi_n} \tag{4-26}$$

同样，指数形式的傅里叶级数也可以推导出三角形式的傅里叶级数，即

$$f(t)=\sum_{n=-\infty}^{+\infty}F_n e^{jn\Omega t}=\sum_{n=-\infty}^{+\infty}|F_n|e^{j(n\Omega t+\varphi_n)}=F_0+\sum_{n=1}^{+\infty}2|F_n|\cos(n\Omega t+\varphi_n) \tag{4-27}$$

由此可见，三角形式傅里叶级数和指数形式傅里叶级数虽然表现形式不同，但实质上它们都是同一性质的级数，即都是将一周期信号分解为直流分量和各次谐波分量的线性组合。

在指数形式傅里叶级数中，当 n 取负数时，出现了负数形式的频率 $n\Omega$，这并不意味着自然界存在真正的负频率，而是在利用欧拉公式时将 n 次正弦分量写成了两个指数项之后出现的一种数学形式而已。从式(4-26)可以看出，$F_n=\frac{1}{2}\dot{A}_n$，如果用三角形式傅里叶级数表示，$n\Omega$ 谐波分量的幅值为 A_n；如果用指数形式傅里叶级数表示，就会出现 $\pm n\Omega$，其谐波分量的幅值变为 A_n 的 $\frac{1}{2}$ 倍。

4.2.4　周期信号的频谱

如前所述，周期为 T 的周期信号 $f(t)$ 可以展开成三角形式或指数形式的傅里叶级

数，即

$$f(t)=\frac{A_0}{2}+\sum_{n=1}^{\infty}A_n\cos(n\Omega t+\varphi_n)$$

或

$$f(t)=\sum_{n=-\infty}^{+\infty}F_n\mathrm{e}^{\mathrm{j}n\Omega t}$$

A_n、φ_n、F_n 都是关于$n\Omega$ 的函数，A_n 表示 n 次谐波分量的振幅；φ_n 表示 n 次谐波分量的相位；F_n 是复数，$F_n=|F_n|\mathrm{e}^{\mathrm{j}\varphi_n}$。其中$|F_n|$表示 n 次谐波分量的幅值(振幅的一半)。为了清晰地表示一个周期信号含有哪些频率分量，各分量所占的比重怎样，可以绘制振幅A_n 或$|F_n|$，相位 φ_n 随频率$n\Omega$ 变化的曲线，从而得到一种谱线图，通常称为频谱。A_n 或$|F_n|$随频率$n\Omega$ 变化的曲线称为幅度谱；φ_n 随频率$n\Omega$ 变化的曲线称为相位谱。

A_n、φ_n 为三角形式傅里叶级数的振幅和相位，由于频率 $n\Omega$ 中n 只能取正整数，因此得到频谱总是在频率大于 0 的半个平面上，称其为单边频谱；$|F_n|$、φ_n 为指数形式傅里叶级数的幅值和相位，由于频率 $n\Omega$ 中n 可以取全部整数，因此得到的频谱包含整个频率轴，称为双边频谱。

例 4-3 绘制 $f(t)$的幅度谱和相位谱。

$f(t)=1+3\cos(\pi t+10^\circ)+2\cos(2\pi t+20^\circ)+0.4\cos(3\pi t+45^\circ)+0.8\cos(6\pi t+30^\circ)$

解：$f(t)$为周期信号，其表达式已经表示成了三角形式傅里叶级数。根据定义可知

$$f(t)=\frac{A_0}{2}+\sum_{n=1}^{\infty}A_n\cos(n\Omega t+\varphi_n)$$

可知，$f(t)$直流分量为 1，基波频率为 π，$\omega=2\pi$、3π、6π，即含有二次、三次、六次谐波分量，其余谐波分量为 0。

$$A_0=2\quad \varphi_0=0^\circ$$
$$A_1=3\quad \varphi_1=10^\circ$$
$$A_2=2\quad \varphi_2=20^\circ$$
$$A_3=0.4\quad \varphi_3=45^\circ$$
$$A_6=0.8\quad \varphi_6=30^\circ$$

按照上面的数据绘制幅度谱和相位谱，如图 4.3(a)和图 4.3(b)所示。

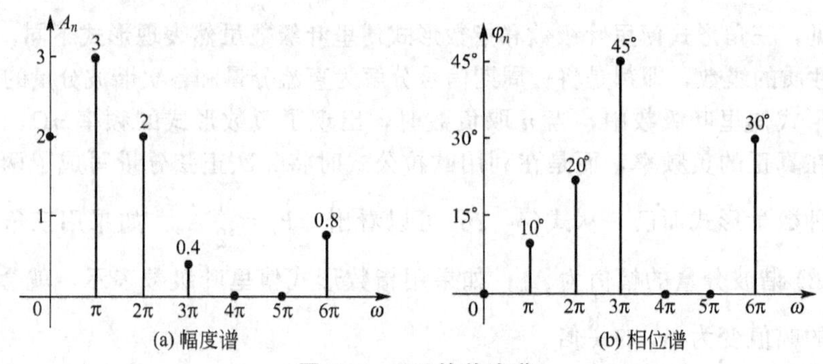

图 4.3 $f(t)$的单边谱

在双边谱上出现负频率，当然，负频率只是一种数学形式，根据欧拉公式，一个$-n\Omega$指数分量和一个$+n\Omega$ 指数分量组合起来才构成一个正弦分量。所以绘制双边谱时，

双边谱幅值减为单边谱幅值的一半，频率为 0 处的直流分量幅值不变；由于相位谱 φ_n 是奇函数，故把单边谱的相位谱扩展为奇对称即可。周期信号 $f(t)$的双边谱如图 4.4 所示。

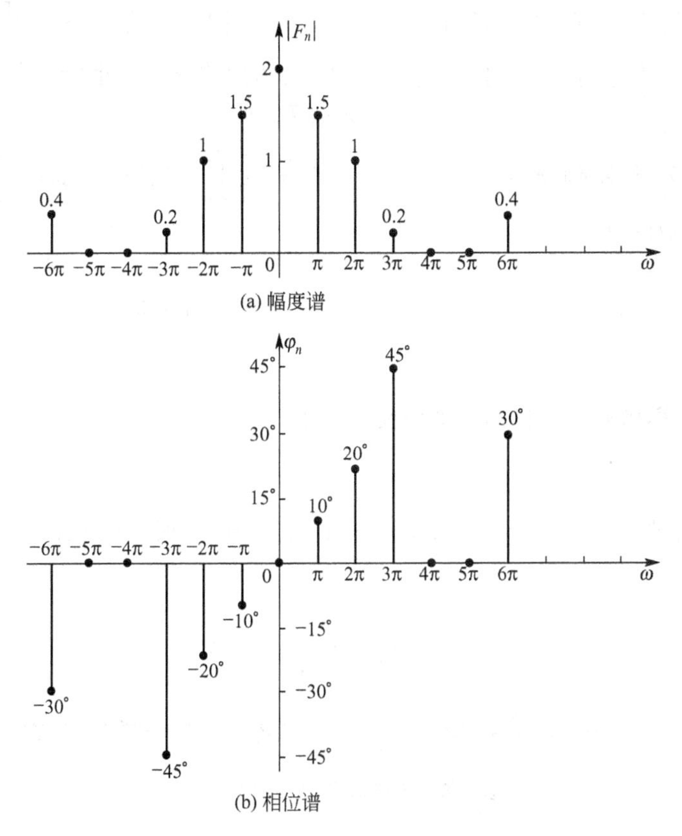

(a) 幅度谱

(b) 相位谱

图 4.4　$f(t)$的双边谱

假设 $F_n=R+\mathrm{j}X$，R 为复频谱实部，X 为复频谱虚部。对 F_n 进行模运算得到幅度谱$|F_n|$。

$$|F_n|=\sqrt{R^2+X^2}$$

对 F_n 进行相位计算得到相位谱 φ_n。

$$\varphi_n=\arctan\frac{X}{R}$$

从上面的分析可以看出，利用指数形式傅里叶级数，只需要计算复频谱 F_n，而如果采用三角形式傅里叶级数则需要计算 a_n、b_n。可见，指数形式傅里叶级数只需要一次积分运算，计算量比三角形式傅里叶级数小。因此，周期信号的傅里叶级数变换通常采用指数形式傅里叶级数。

4.2.5　周期信号频谱的特点

周期矩形信号是一个典型的周期信号，下面以它为例讨论周期信号频谱的特点。如图 4.5 所示的周期矩形信号，其幅值为 E，矩形宽度为 τ，周期为 T。

可以写出该信号在第一个周期内$\left[-\frac{T}{2},+\frac{T}{2}\right]$的表达式为

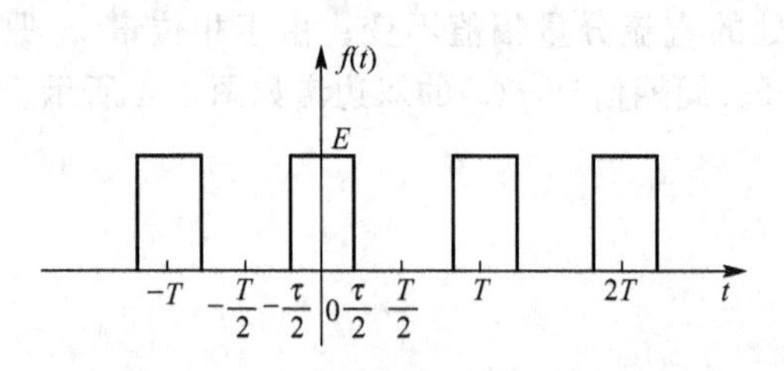

图 4.5 周期矩形信号

$$f(t)=\begin{cases}E & |t|<\dfrac{\tau}{2}\\ 0 & -\dfrac{T}{2}<t<-\dfrac{\tau}{2},\ \dfrac{\tau}{2}<t<\dfrac{T}{2}\end{cases}$$

利用指数形式傅里叶级数进行分解，得到频谱 F_n 为

$$F_n=\frac{1}{T}\int_{-\frac{T}{2}}^{\frac{T}{2}}f(t)\mathrm{e}^{-\mathrm{j}n\Omega t}\mathrm{d}t=\frac{1}{T}\int_{-\frac{\tau}{2}}^{\frac{\tau}{2}}E\mathrm{e}^{-\mathrm{j}n\Omega t}\mathrm{d}t$$

$$=\frac{2E}{T}\frac{\sin(n\Omega\tau/2)}{n\Omega}$$

$$=\frac{E\tau}{T}Sa\left(\frac{n\Omega\tau}{2}\right)\quad n=0,\pm1,\pm2,\cdots\tag{4-28}$$

式中：$Sa(t)$为采样信号。采样函数的定义式如下：

$$Sa(x)=\frac{\sin x}{x}\tag{4-29}$$

$Sa(x)$是一个偶信号，当 $x\to0$，$Sa(x)\to1$，且 $x=k\pi$ 时，$Sa(k\pi)=0$，$Sa(x)$的波形如图 4.6 所示。

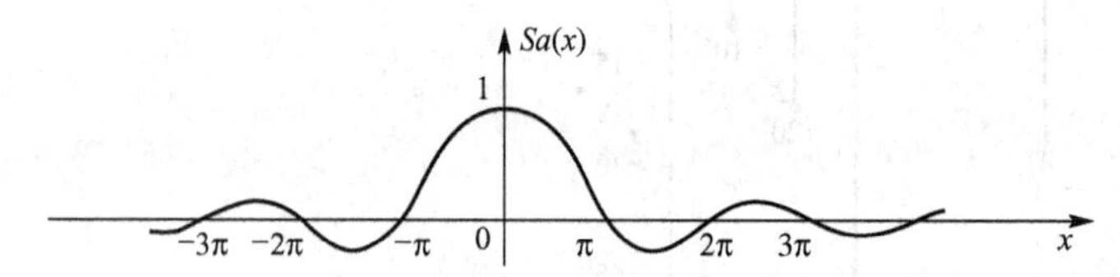

图 4.6 采样信号 $Sa(x)$的波形

若令 $T=4\tau$，则有

$$F_n=\frac{1}{4}Sa\left(\frac{n\frac{2\pi}{T}\tau}{2}\right)=\frac{1}{4}Sa\left(\frac{n\pi}{4}\right)\tag{4-30}$$

根据式(4－30)，可以画出该信号的频谱，如图 4.7 所示。

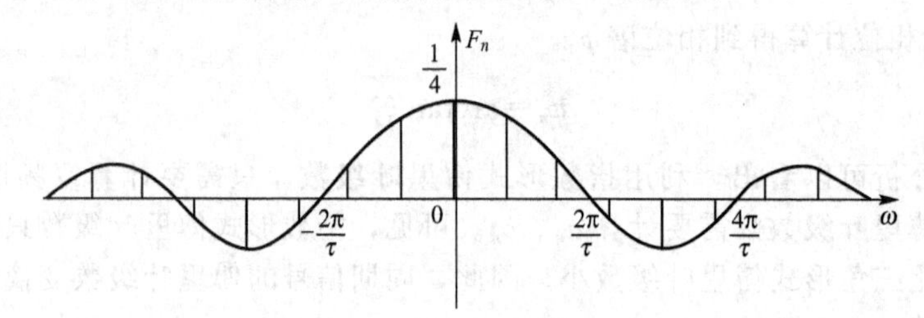

图 4.7 周期矩形信号的频谱

则幅度谱为

$$|F_n|=\frac{1}{4}\left|Sa\left(\frac{n\pi}{4}\right)\right|$$

由于幅度谱$|F_n|$为偶函数，则

$$|F_{-n}|=|F_n|$$

由于周期矩形信号的频谱 F_n 是实函数，只有实部，虚部为 0，根据 $\varphi_n=\arctan\dfrac{X}{R}$，当 $R>0$ 时，$\varphi_n=0$，当 $R<0$ 时，$\varphi_n=\pi$(反正切函数的周期为 π)，则相位谱 φ_n 为

$$\varphi_n=\begin{cases}0\\ \pi\end{cases}\quad(\text{rad})$$

由于相位谱是奇函数，则

$$\varphi_{-n}=-\varphi_n=\begin{cases}0\\ -\pi\end{cases}\quad(\text{rad})$$

从图 4.7 可以看出该信号频谱的一些特点。

(1) 离散性。该频谱由一些离散的谱线组成，对于幅度谱，每一条谱线代表一个正弦分量，谱线的横坐标代表正弦分量的频率，谱线的纵坐标的 2 倍代表正弦分量的幅值；对于相位谱，每一条谱线也代表一个正弦分量，谱线的横坐标代表正弦分量的频率，谱线的纵坐标代表正弦分量的相位。

(2) 谐波性。该频谱的谱线只能分布在 $\omega=n\Omega$ 处，$\Omega=2\pi/T$ 为周期信号的基波频率，$n\Omega$ 为信号的 n 次谐波频率。

(3) 收敛性。该频谱的各次谐波分量的幅值虽然出现震荡，但是幅值随频率增大而逐渐减小，当 $n\Omega\to\infty$，$|F_n|\to 0$。

(4) 带宽。从图 4.7 可以看出，周期矩形信号的能量主要集中在第一个过零点之内，通常将 $\omega=0\sim 2\pi/\tau$ 这段频率范围称为矩形脉冲信号的频带宽度，简称带宽，记作 B_ω或 B_f。其计算如下。

$$B_\omega=\frac{2\pi}{\tau}\quad(\text{rad/s})$$

或

$$B_f=\frac{1}{\tau}\quad(\text{Hz})$$

从图 4.7 可知，随着周期 T 逐渐增大，$\Omega=2\pi/T$ 将逐渐减小，谱线的间隔逐渐减小。当 $T\to\infty$时，$\Omega\to 0$，$n\Omega\to\omega$，即 $T\to\infty$，周期信号变为非周期信号，其频谱由离散频率 $n\Omega$ 变为连续频率 ω。这是时域和频域的一个对应关系：时域周期，频域离散；时域离散，频域周期(时域离散，频域周期将在离散信号的频域分析中介绍)。

从图 4.7 还可以看出，若 T 保持不变而周期矩形信号的时间宽度 τ 增加，则第一个过零点的频率 $\omega=2\pi/\tau$ 将减小，说明信号带宽减小；相反，若 τ 减小，带宽增加。这是时域和频域的又一个对应关系：时域扩展，频域压缩；时域压缩，频域扩展。这说明信号的持续时间和带宽是反比关系，在通信中，想要获得传输的快速性，信号所占用的带宽就大，反之亦然。

上述关于周期矩形信号的特点是基于特定信号分析得到的，但它具有普遍意义，其他的周期信号也具有这些特点。

4.2.6　周期信号的功率

周期信号不是能量信号，它的能量是无限的，但其平均功率是有限的，因而周期信号是功率信号。为了方便，假设周期信号 $f(t)$为电流或电压，将其加在单位电阻($R=1\Omega$)上

消耗的平均功率定义为周期信号的功率，则该周期信号 $f(t)$ 的功率为

$$P=\frac{1}{T}\int_{-\frac{T}{2}}^{+\frac{T}{2}}|f(t)|^2\mathrm{d}t$$

另外，周期信号 $f(t)$ 的傅里叶级数可表示为

$$f(t)=\sum_{n=-\infty}^{+\infty}F_n\mathrm{e}^{\mathrm{j}n\Omega t}$$

由于指数信号相互正交，有

$$\begin{aligned}P&=\frac{1}{T}\int_{-\frac{T}{2}}^{+\frac{T}{2}}|f(t)|^2\mathrm{d}t=\frac{1}{T}\sum_{n=-\infty}^{\infty}\int_{-\frac{T}{2}}^{+\frac{T}{2}}|F_n\mathrm{e}^{\mathrm{j}n\Omega t}|^2\mathrm{d}t\\&=\frac{1}{T}\sum_{n=-\infty}^{\infty}|F_n|^2\int_{-\frac{T}{2}}^{+\frac{T}{2}}|\mathrm{e}^{\mathrm{j}(n\Omega t+\varphi_n)}|^2\mathrm{d}t\\&=\frac{1}{T}\sum_{n=-\infty}^{\infty}|F_n|^2\int_{-\frac{T}{2}}^{+\frac{T}{2}}1\mathrm{d}t=\sum_{n=-\infty}^{\infty}|F_n|^2\end{aligned}$$

考虑到周期信号的幅度谱为偶函数，且 $|F_n|=A_n/2$，则功率可以改写为

$$P=\sum_{n=-\infty}^{\infty}|F_n|^2=|F_0|^2+2\sum_{n=1}^{\infty}|F_n|^2=\left(\frac{A_0}{2}\right)^2+\frac{1}{2}\sum_{n=1}^{\infty}A_n^2\qquad(4-31)$$

式(4－31)称为帕塞瓦尔功率定理，根据该定理，周期信号的功率表示为直流分量和各次谐波分量的功率之和。

由于 A_n 为余弦分量的幅值，那么其有效值为 $A_n/\sqrt{2}$，可见，式(4－31)中 $\left(\frac{A_0}{2}\right)^2$ 表示直流分量的功率，$\left(\frac{A_n}{\sqrt{2}}\right)^2$ 表示 n 次谐波分量的功率。

4.3　非周期信号的傅里叶变换

从 4.2 节的讨论可知，周期矩形信号的傅里叶级数为离散的谱线，其外包络线为采样函数。当周期 $T\to\infty$ 时，周期信号变为非周期信号，其频谱由离散频率 $n\Omega$ 变为连续频率 ω。同时，$F_n\to0\left(F_n=\frac{E\tau}{T}Sa\left(\frac{n\Omega\tau}{2}\right)\right)$。显然非周期信号如果继续采用傅里叶级数来表示其频率特性将是不现实的。为了表示非周期信号的频率特性，下面引入傅里叶变换。

4.3.1　傅里叶变换

对于非周期信号，傅里叶级数频谱将无法表示信号的频率特性，这里引入一个新的概念——傅里叶变换。

对于周期信号有

$$f(t)=\sum_{n=-\infty}^{+\infty}F_n\mathrm{e}^{\mathrm{j}n\Omega t}$$

$$F_n=\frac{1}{T}\int_{-\frac{T}{2}}^{+\frac{T}{2}}f(t)\mathrm{e}^{-\mathrm{j}n\Omega t}\mathrm{d}t$$

当 $T\to\infty$ 时，$F_n\to0$，那么 TF_n 可能趋近于一个有限值。

$$TF_n = \int_{-\frac{T}{2}}^{+\frac{T}{2}} f(t)\mathrm{e}^{-\mathrm{j}n\Omega t}\mathrm{d}t$$

对于非周期信号，$T\to\infty$，则有 $\Omega=\frac{2\pi}{T}\to \mathrm{d}w$，$n\Omega\to w$，$TF_n$ 如果存在，这是一个关于频率 w 的连续函数。

$$F(\mathrm{j}w) = \lim_{T\to\infty} TF_n = \lim_{T\to\infty}\frac{2\pi F_n}{\Omega} = \int_{-\frac{T}{2}}^{+\frac{T}{2}} f(t)\mathrm{e}^{-\mathrm{j}n\Omega t}\mathrm{d}t$$

从而得到

$$F(\mathrm{j}w) = \int_{-\infty}^{+\infty} f(t)\mathrm{e}^{-\mathrm{j}wt}\mathrm{d}t$$

因为 F_n 为幅度谱，$F(\mathrm{j}w) = \lim\limits_{T\to\infty}\frac{2\pi F_n}{\Omega}$，$F_n$ 除以基波频率 Ω，即得到频谱密度 $F(\mathrm{j}w)$，因此称 $F(\mathrm{j}w)$为频谱密度函数。

同样，可以通过傅里叶逆变换得到非周期信号。

$$f(t) = \sum_{n=-\infty}^{+\infty} F_n \mathrm{e}^{\mathrm{j}n\Omega t} = \sum_{n=-\infty}^{+\infty}\frac{F_n}{\Omega}\mathrm{e}^{\mathrm{j}n\Omega t}\Omega$$

由于 $T\to\infty$，$\Omega=\frac{2\pi}{T}\to \mathrm{d}w$，$\frac{F_n}{\Omega}\to\frac{F(\mathrm{j}w)}{2\pi}$，而且求和在极限形式下变为积分，则有

$$f(t) = \lim_{T\to\infty}\sum_{n=-\infty}^{+\infty}\frac{F_n}{\Omega}\mathrm{e}^{\mathrm{j}n\Omega t}\Omega = \frac{1}{2\pi}\int_{-\infty}^{+\infty} F(\mathrm{j}w)\mathrm{e}^{\mathrm{j}wt}\mathrm{d}w$$

可见，非周期信号是周期信号在 $T\to\infty$时的极限形式，傅里叶变换是傅里叶级数频谱对时间 T 的平均值，即 $F(\mathrm{j}w)$为频谱密度函数。非周期信号的傅里叶变换和傅里叶逆变换可以表示为

$$\begin{cases} F(\mathrm{j}w) = \int_{-\infty}^{+\infty} f(t)\mathrm{e}^{-\mathrm{j}wt}\mathrm{d}t \\ f(t) = \frac{1}{2\pi}\int_{-\infty}^{+\infty} F(\mathrm{j}w)\mathrm{e}^{\mathrm{j}wt}\mathrm{d}w \end{cases} \tag{4-32}$$

需要指出的是，当 $T\to\infty$时，$F_n\to 0$，TF_n 只可能趋近于一个有限值，所以并不是所有的非周期信号都存在傅里叶变换。非周期信号应满足一定的条件才能进行傅里叶变换。一般来说，傅里叶变换的充分条件是 $f(t)$必须是绝对可积的，即

$$\int_{-\infty}^{+\infty} |f(t)|^2 \mathrm{d}t < \infty \tag{4-33}$$

这并不是必要条件，在后面的讨论中可以看到，引入广义函数之后，许多并不满足绝对可积的信号，如阶跃信号、直流信号等都存在傅里叶变换。

傅里叶级数和傅里叶变换的区别见表 4-1。

表 4-1 傅里叶级数和傅里叶变换对比表

	傅里叶级数	傅里叶变换
对象	周期信号	非周期信号
定义域	离散频率，基波频率的整数倍	连续频率，整个频率轴
意义	频率分量的振幅	频谱密度值

4.3.2 非周期信号的频谱函数

非周期信号的频谱可以通过傅里叶变换得到。

$$F(\mathrm{j}w)=\int_{-\infty}^{+\infty}f(t)\mathrm{e}^{-\mathrm{j}wt}\mathrm{d}t$$

频谱 $F(\mathrm{j}w)$是一个关于 w 的复函数，$F(w)=|F(\mathrm{j}w)|$称为幅度谱(其实质是频谱密度，而不是幅值)，$\varphi(w)$称为相位谱。

如果 $f(t)$为是实信号，可以导出

$$\begin{aligned}F(\mathrm{j}w)&=\int_{-\infty}^{+\infty}f(t)\mathrm{e}^{-\mathrm{j}wt}\mathrm{d}t\\&=\int_{-\infty}^{+\infty}f(t)\cos wt\,\mathrm{d}t-\mathrm{j}\int_{-\infty}^{+\infty}f(t)\sin wt\,\mathrm{d}t\\&=R(w)+\mathrm{j}X(w)\end{aligned}$$

其中

$$\begin{cases}R(w)=\int_{-\infty}^{+\infty}f(t)\cos wt\,\mathrm{d}t\\X(w)=-\int_{-\infty}^{+\infty}f(t)\sin wt\,\mathrm{d}t\end{cases}\tag{4-34}$$

从而有

$$F(\mathrm{j}w)=F(w)\mathrm{e}^{\mathrm{j}\varphi(w)}=R(w)+\mathrm{j}X(w)$$

与傅里叶级数频谱相类似，$F(w)$、$\varphi(w)$、$R(w)$、$X(w)$的关系式如下：

$$\begin{cases}F(w)=\sqrt{R^2(w)+X^2(w)}\\\varphi(w)=\arctan\dfrac{X(w)}{R(w)}\end{cases}\tag{4-35}$$

$$\begin{cases}R(w)=F(w)\cos\varphi(w)\\X(w)=F(w)\sin\varphi(w)\end{cases}\tag{4-36}$$

从式(4-35)和式(4-36)不难看出 $F(w)$、$\varphi(w)$、$R(w)$、$X(w)$的奇偶性，即

$$\begin{cases}F(w)=F(-w)\\\varphi(w)=-\varphi(-w)\end{cases}$$

$$\begin{cases}R(w)=R(-w)\\X(w)=-X(-w)\end{cases}$$

由上述关系式不难得到以下结论。

(1) 若 $f(t)$为 t 的偶函数，即 $f(t)=f(-t)$，则 $f(t)$的频谱函数 $F(\mathrm{j}w)$为 w 的实函数，且为 w 的偶函数。

(2) 若 $f(t)$为 t 的奇函数，即 $f(t)=-f(-t)$，则 $f(t)$的频谱函数 $F(\mathrm{j}w)$为 w 的虚函数，且为 w 的奇函数。

由傅里叶逆变换的定义为

$$f(t)=\frac{1}{2\pi}\int_{-\infty}^{+\infty}F(\mathrm{j}w)\mathrm{e}^{\mathrm{j}wt}\mathrm{d}w$$

傅里叶逆变换的物理意义：非周期信号 $f(t)$可以表示为指数信号 $\mathrm{e}^{\mathrm{j}wt}$ 的线性组合。如果利用欧拉公式把指数信号 $\mathrm{e}^{\mathrm{j}wt}$ 表示为 $\sin wt$ 和 $\cos wt$ 的和，则非周期信号 $f(t)$也可以表

示为 $\sin wt$（或 $\cos wt$）的线性组合。

4.3.3　常见信号的傅里叶变换

本节主要讨论常见信号的傅里叶变换。

例 4-4　图 4.8 所示的矩形脉冲信号一般称为门信号。其宽度为 τ，高度为 1，通常用符号 $g_\tau(t)$来表示。试求其频谱函数。

解：门信号 $g_\tau(t)$可表示为

$$g_\tau(t)=\begin{cases}1 & |t|\leqslant\dfrac{\tau}{2}\\ 0 & |t|>\dfrac{\tau}{2}\end{cases}$$

根据傅里叶变换的定义，可得

$$\begin{aligned}F(\mathrm{j}w)&=\int_{-\infty}^{+\infty}f(t)\mathrm{e}^{-\mathrm{j}wt}\mathrm{d}t=\int_{-\frac{\tau}{2}}^{+\frac{\tau}{2}}1\cdot\mathrm{e}^{-\mathrm{j}wt}\mathrm{d}t\\&=\frac{\mathrm{e}^{-\mathrm{j}w\tau/2}-\mathrm{e}^{\mathrm{j}w\tau/2}}{-\mathrm{j}w}=\frac{2\sin(w\tau/2)}{w}=\tau sa\left(\frac{w\tau}{2}\right)\end{aligned}$$

由于门信号为偶函数，可见其频谱为实函数，且为偶函数。一般来说，频谱一般由幅度谱 $F(w)\sim w$ 和相位谱 $\varphi(w)\sim w$ 才能完全表示。幅度谱 $F(w)\sim w$ 为 $F(\mathrm{j}w)$的模，为偶函数；相位谱 $\varphi(w)$为 $F(\mathrm{j}w)$的相位，为奇函数。门信号及其频谱如图 4.8 所示。

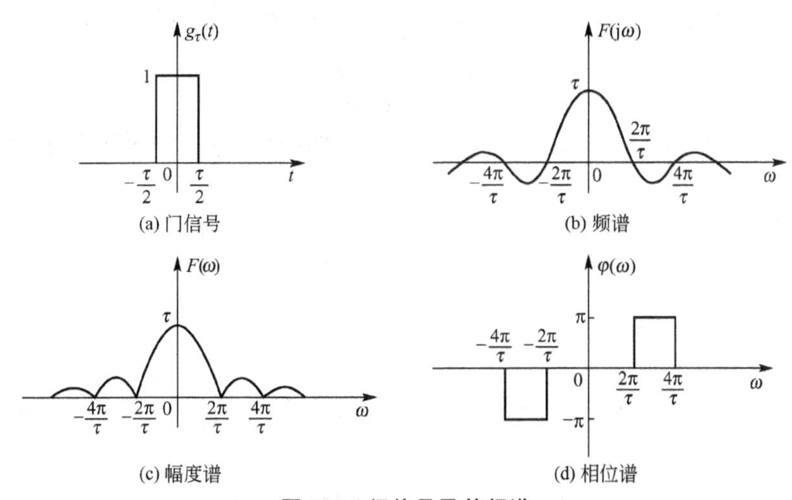

图 4.8　门信号及其频谱

例 4-5　单边指数信号 $f(t)$的频谱函数为

$$f(t)=\begin{cases}\mathrm{e}^{-\alpha t} & t\geqslant0\\ 0 & t<0\end{cases}\quad(\alpha>0)$$

解：根据傅里叶变换的定义，可得

$$\begin{aligned}F(\mathrm{j}\omega)&=\int_{-\infty}^{\infty}f(t)\mathrm{e}^{-\mathrm{j}\omega t}\mathrm{d}t=\int_{0}^{\infty}\mathrm{e}^{-\alpha t}\mathrm{e}^{-\mathrm{j}\omega t}\mathrm{d}t\\&=\frac{\mathrm{e}^{-(\alpha+\mathrm{j}\omega)t}}{-(\alpha+\mathrm{j}\omega)}\bigg|_0^{\infty}=\frac{1}{\alpha+\mathrm{j}\omega}=\frac{1}{\sqrt{\alpha^2+\omega^2}}\mathrm{e}^{-\mathrm{j}\arctan\frac{\omega}{\alpha}}\end{aligned}$$

幅度谱及相位频谱分别为

$$F(\omega)=\frac{1}{\sqrt{\alpha^2+\omega^2}}$$

$$\varphi(\omega)=-\arctan\frac{\omega}{\alpha}$$

单边指数信号及其幅度谱如图 4.9 所示，其相位谱可以根据 $\varphi(w)\sim w$ 自行绘制。

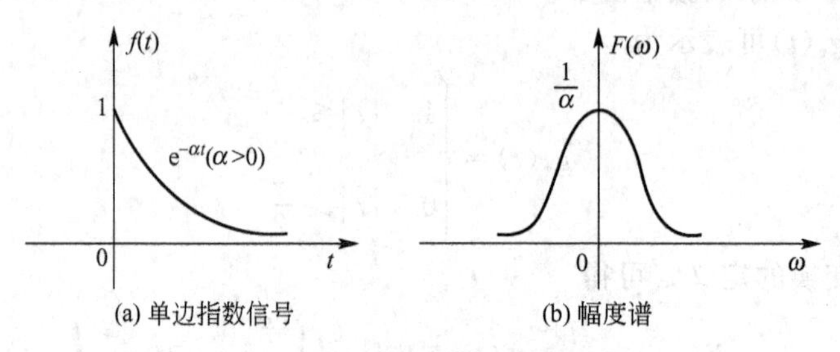

图 4.9　单边指数信号及其频谱

例 4-6　偶双边指数信号的频谱函数为

$$f(t)=\begin{cases}e^{-\alpha t} & t\geqslant 0\\ e^{\alpha t} & t<0\end{cases}\quad \alpha>0$$

解： 根据傅里叶变换的定义，可得

$$F(\mathrm{j}\omega)=\int_{-\infty}^{\infty}f(t)e^{-\mathrm{j}\omega t}\mathrm{d}t=\int_{0}^{+\infty}e^{-\alpha t}e^{-\mathrm{j}\omega t}\mathrm{d}t+\int_{-\infty}^{0}e^{\alpha t}e^{-\mathrm{j}\omega t}\mathrm{d}t$$

$$=\frac{1}{\alpha+\mathrm{j}\omega}+\frac{1}{\alpha-\mathrm{j}\omega}=\frac{2\alpha}{\alpha^2+w^2}$$

由于 $f(t)$为偶函数，$F(\mathrm{j}w)$为 w 的实函数且为偶函数。$f(t)$的信号波形及其幅度谱如图 4.10 所示。

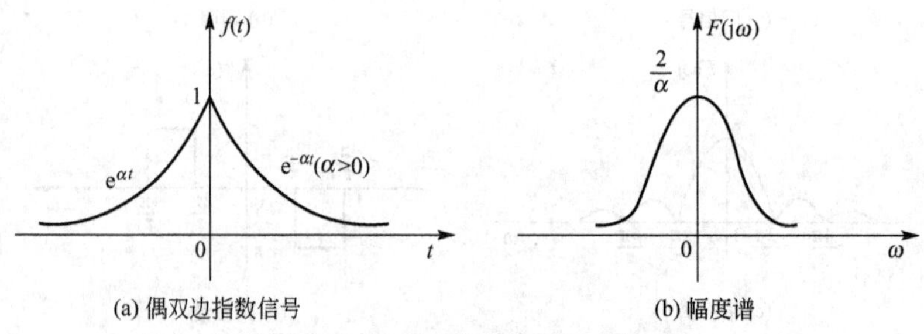

图 4.10　偶双边指数信号及其频谱

例 4-7　奇双边信号 $f(t)$的频谱函数为

$$f(t)=\begin{cases}e^{-\alpha t} & t>0\\ -e^{\alpha t} & t<0\end{cases}\quad \alpha>0$$

解： 根据傅里叶变换的定义，可得

$$F(\mathrm{j}\omega)=\int_{-\infty}^{0}-e^{\alpha t}e^{-\mathrm{j}\omega t}\mathrm{d}t+\int_{0}^{\infty}e^{-\alpha t}e^{-\mathrm{j}\omega t}\mathrm{d}t$$

$$=-\frac{1}{\alpha-\mathrm{j}\omega}+\frac{1}{\alpha+\mathrm{j}\omega}=\mathrm{j}\,\frac{-2\omega}{\alpha^2+\omega^2}$$

由于 $f(t)$ 为奇函数，$F(\mathrm{j}w)$ 为 w 的虚函数且为奇函数。$f(t)$ 的信号波形及其幅度谱如图 4.11 所示。

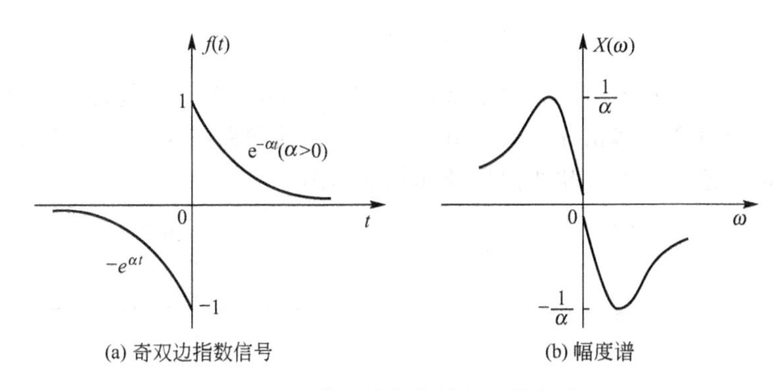

图 4.11　奇双边指数信号及其频谱

例 4－8　符号函数 $\mathrm{Sgn}(t)$ 的频谱函数为

$$\mathrm{Sgn}(t)=\begin{cases}1 & t>0\\ -1 & t<0\end{cases}$$

符号函数 $\mathrm{Sgn}(t)$ 的波形如图 4.12 所示，其中虚线所示的信号 $f(t)$ 为奇双边指数信号。

解：符号函数 $\mathrm{Sgn}(t)$ 不满足绝对可积的条件，因此，采用傅里叶变换的定义不能得到其频谱函数。但是符号函数可以看成是 $\lim\limits_{\alpha\to 0}f(t)=\mathrm{Sgn}(t)$，根据傅里叶变换的唯一性(即信号与其傅里叶变换之间一一对应)，那么 $\lim\limits_{\alpha\to 0}F(\mathrm{j}w)=SGN(\mathrm{j}w)$，其中 $SGN(\mathrm{j}w)$ 表示符号函数 $\mathrm{Sgn}(t)$ 的频谱函数。

由例 4－7 可知，奇双边指数信号的频谱为

$$F(\mathrm{j}\omega)=\frac{-\mathrm{j}2\omega}{\alpha^2+\omega^2}$$

显然有

$$SGN(\mathrm{j}\omega)=\lim_{\alpha\to 0}F(\mathrm{j}\omega)=\lim_{\alpha\to 0}\frac{-\mathrm{j}2\omega}{\alpha^2+\omega^2}=\frac{2}{\mathrm{j}\omega}$$

可见，符号函数的频谱是一个虚数，当 $w>0$ 时，其相位为 $-90°$，即相位滞后 $90°$；根据相位谱为奇函数的特点，当 $w<0$ 时，其相位为 $90°$，即相位超前 $90°$。因此符号函数又称移相器，移相器在雷达、导弹姿态控制、加速器、通信、仪器仪表甚至于音乐等领域都有着广泛的应用。符号函数 $\mathrm{Sgn}(t)$ 的相位谱如图 4.13 所示。

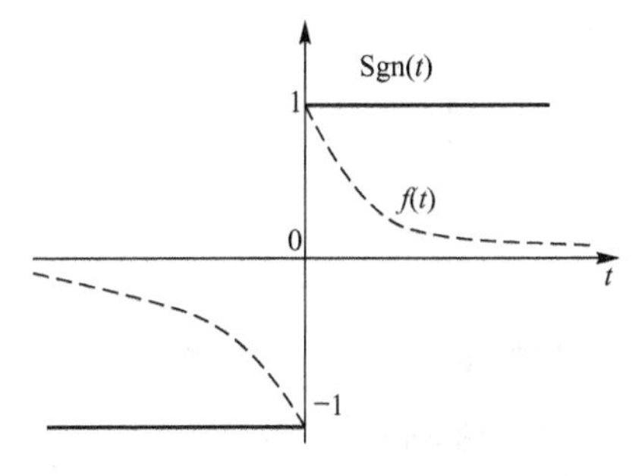

图 4.12　符号函数

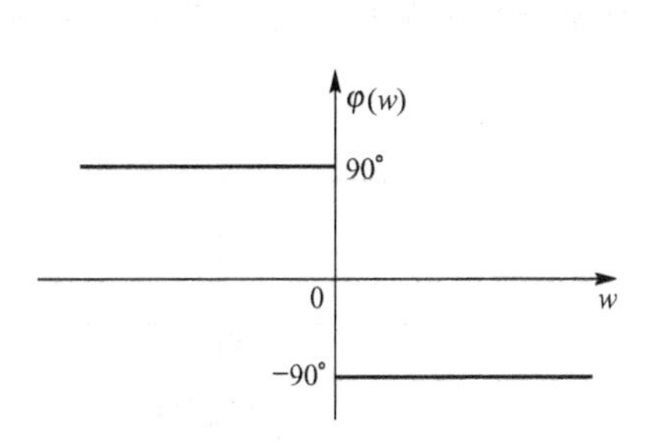

图 4.13　符号函数的相位谱

例 4-9　单位冲激信号 $\delta(t)$ 的频谱函数。

解：根据傅里叶变换的定义，可得

$$F(\mathrm{j}\omega)=\int_{-\infty}^{\infty}\delta(t)\mathrm{e}^{-\mathrm{j}\omega t}\,\mathrm{d}t=1$$

可见，单位冲激信号 $\delta(t)$ 的频谱是常数 1。也就是说，$\delta(t)$ 中包含了所有的频率分量，而各频率分量的频谱密度都相等。由于单位冲激的频谱和白噪声的频谱相似，因此，单位冲激的频谱又称白色谱，单位脉冲信号及其频谱如图 4.14 所示。

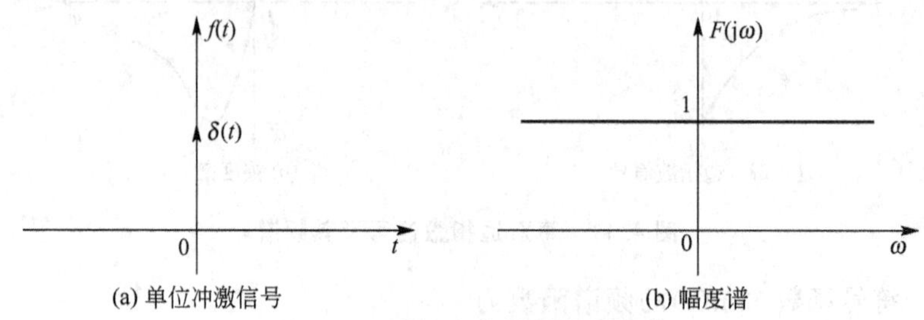

(a) 单位冲激信号　　(b) 幅度谱

图 4.14　单位冲激信号及其频谱

根据傅里叶变换的唯一性，$\delta(t)$ 的傅里叶变换为 1，那么 1 的傅里叶逆变换应该是 $\delta(t)$，即

$$\delta(t)=\frac{1}{2\pi}\int_{-\infty}^{\infty}1\mathrm{e}^{\mathrm{j}\omega t}\,\mathrm{d}\omega \tag{4-37}$$

式(4-37)可以通过广义函数的性质得到证明。

例 4-10　直流信号 1 的频谱函数。

解：直流信号 1 可表示为

$$f(t)=1\quad -\infty<t<+\infty$$

显然，直流信号 1 不满足绝对可积的条件，按照傅里叶变换的定义不能求解其频谱。但是可以根据式(4-37)得到其频谱。

$$\delta(t)=\frac{1}{2\pi}\int_{-\infty}^{\infty}1\mathrm{e}^{\mathrm{j}\omega t}\,\mathrm{d}\omega$$

把 w 换成 t，t 换成 $-w$，等式的两端同时乘以 2π，则有

$$2\pi\delta(-w)=\int_{-\infty}^{\infty}1\mathrm{e}^{-\mathrm{j}\omega t}\,\mathrm{d}t \tag{4-38}$$

式(4-38)的右侧正好是直流信号 1 的傅里叶变换，由于冲激信号为偶函数，故

$$F(\mathrm{j}w)=2\pi\delta(w)$$

直流信号 1 及其频谱如图 4.15 所示。

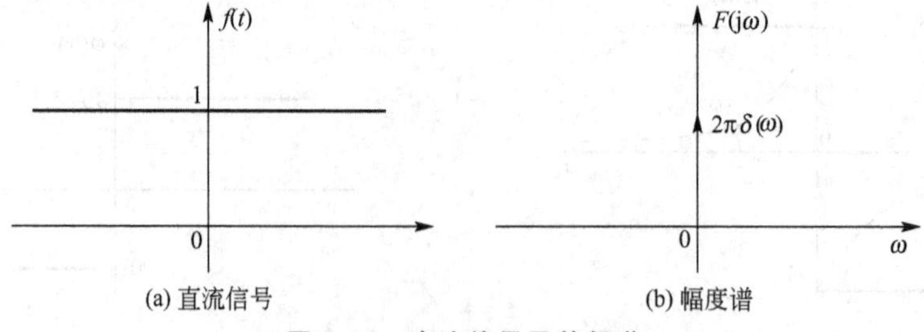

(a) 直流信号　　(b) 幅度谱

图 4.15　直流信号及其频谱

例 4-11　阶跃信号 $\varepsilon(t)$的频谱函数。

解： 阶跃信号 $\varepsilon(t)$同样不满足绝对可积的条件，这里可以利用傅里叶变换的线性性质（在下一节将有详细分析）。阶跃信号可以表示成直流信号和符号函数之和。

$$\varepsilon(t)=\frac{1}{2}+\frac{1}{2}\mathrm{Sgn}(t)$$

那么根据线性性质，阶跃信号的频谱可以表示为直流信号和符号函数频谱之和，即

$$F(\mathrm{j}w)=\pi\delta(w)+\frac{1}{\mathrm{j}w}$$

常见信号及其频谱见表 4-2。

表 4-2　常见信号及其频谱

序号	信号 $f(t)$	频谱 $F(\mathrm{j}w)$
1	$\delta(t)$	1
2	1	$2\pi\delta(w)$
3	$\mathrm{Sgn}(t)$	$\frac{2}{\mathrm{j}w}$
4	$\frac{1}{\pi t}$	$-\mathrm{j}\mathrm{Sgn}(w)$
5	$\varepsilon(t)$	$\pi\delta(w)+\frac{1}{\mathrm{j}w}$
6	$\mathrm{e}^{-at}\varepsilon(t)$，$a>0$	$\frac{1}{a+\mathrm{j}w}$
7	$t\mathrm{e}^{-at}\varepsilon(t)$，$a>0$	$\left(\frac{1}{a+\mathrm{j}w}\right)^2$
8	$\mathrm{e}^{-a\lvert t\rvert}$，$a>0$	$\frac{2a}{a^2+w^2}$
9	$\sin(w_0t)$	$\mathrm{j}\pi[\delta(w+w_0)-\delta(w-w_0)]$
10	$\cos(w_0t)$	$\pi[\delta(w+w_0)+\delta(w-w_0)]$
11	$g_\tau(t)$	$\tau sa\left(\frac{w\tau}{2}\right)$
12	$Sa(t)$	$\pi g_2(t)$
13	$\frac{\sin(w_0t)}{\pi t}$	$g_{2w_0}(t)$
14	$\delta_T(t)$	$\Omega\delta_\Omega(w)$

4.4　傅里叶变换的性质

根据傅里叶变换的定义，一个非周期信号可以表示为一系列不同频率的指数信号的线

性组合，即

$$f(t)=\frac{1}{2\pi}\int_{-\infty}^{+\infty}F(\mathrm{j}w)\mathrm{e}^{\mathrm{j}wt}\mathrm{d}w$$

其中，$F(\mathrm{j}w)$为信号 $f(t)$傅里叶变换的频谱函数。

$$F(\mathrm{j}w)=\int_{-\infty}^{+\infty}f(t)\mathrm{e}^{-\mathrm{j}wt}\mathrm{d}t$$

信号 $f(t)$和傅里叶变换之间满足唯一性，即一一对应。它们之间的变换可以记为

$$f(t)\leftrightarrow F(\mathrm{j}w)$$

或

$$\begin{cases}F[f(t)]=F(\mathrm{j}w)\\F^{-1}[F(\mathrm{j}w)]=f(t)\end{cases}$$

下面探讨傅里叶变换的性质。

1. 线性性质

若 $f_1(t)\leftrightarrow F_1(\mathrm{j}\omega)$，$f_2(t)\leftrightarrow F_2(\mathrm{j}\omega)$，则有

$$a_1f_1(t)+a_2f_2(t)\leftrightarrow a_1F_1(\mathrm{j}\omega)+a_2F_2(\mathrm{j}\omega)\tag{4-39}$$

该性质的证明很简单，但很重要，它是信号频域分析的基础。该性质表明傅里叶变换是一种线性运算，它包含两种意义。

(1) 齐次性：时域信号数乘 a，频谱函数也数乘 a。

(2) 可加性：几个信号之和的频谱函数等于各信号频谱函数之和。

2. 时移性质

若 $f(t)\leftrightarrow F(\mathrm{j}\omega)$，则有

$$f(t\pm t_0)\leftrightarrow F(\mathrm{j}\omega)\mathrm{e}^{\pm\mathrm{j}\omega t_0}=F(\omega)\mathrm{e}^{\mathrm{j}[\varphi(\omega)\pm\omega t_0]}\tag{4-40}$$

证明：

$$F[f(t-t_0)]=\int_{-\infty}^{\infty}f(t-t_0)\mathrm{e}^{-\mathrm{j}\omega t}\mathrm{d}t\quad\underset{\mathrm{d}t=\mathrm{d}x}{\overset{t-t_0=x,t=x+t_0}{}}$$

$$=\int_{-\infty}^{\infty}f(x)\mathrm{e}^{-\mathrm{j}\omega(x+t_0)}\mathrm{d}x=\int_{-\infty}^{\infty}f(x)\mathrm{e}^{-\mathrm{j}\omega x}\mathrm{d}x\cdot\mathrm{e}^{-\mathrm{j}\omega t_0}=F(\mathrm{j}\omega)\mathrm{e}^{-\mathrm{j}\omega t_0}$$

同理

$$f(t+t_0)\leftrightarrow F(\mathrm{j}\omega)\mathrm{e}^{\mathrm{j}\omega t_0}$$

可见，信号 $f(t)$右移 t_0，即信号在时间上延迟 t_0，其幅度谱 $F(w)$不变，相位滞后 wt_0；反之亦然。

例 4-12 求信号 $g_\tau(t-\tau/2)$的傅里叶变换。

解： $g_\tau(t-\tau/2)$是门信号 $g_\tau(t)$延迟 $\tau/2$ 得到的信号。

由于 $g_\tau(t)\leftrightarrow\tau Sa\left(\frac{\omega\tau}{2}\right)$，根据傅里叶变换的时移性质，有

$$g_\tau\left(t-\frac{\tau}{2}\right)\leftrightarrow\tau\cdot Sa\left(\frac{\omega\tau}{2}\right)\mathrm{e}^{-\mathrm{j}\omega\frac{\tau}{2}}$$

信号 $g_\tau(t-\tau/2)$及其相位谱如图 4.16 所示。

3. 频移性质

若 $f(t)\leftrightarrow F(\mathrm{j}\omega)$，且 ω_0 为实常数，则有

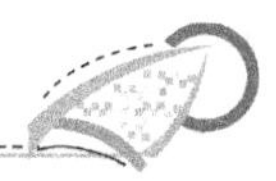

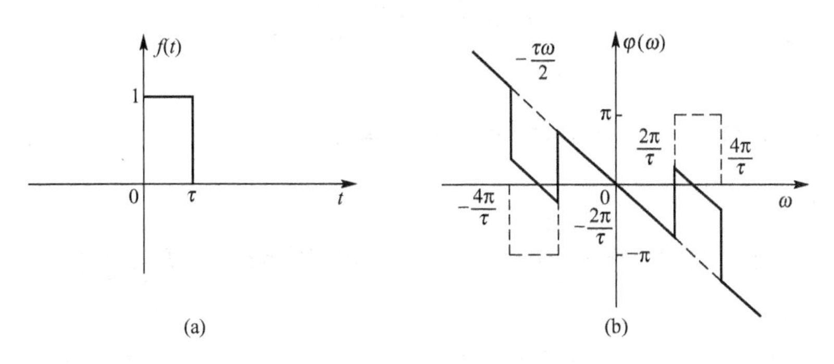

图 4.16　信号 $g_\tau(t-\tau/2)$及其相位谱

$$f(t)e^{\pm j\omega_0 t}\leftrightarrow F[j(\omega\mp\omega_0)] \tag{4-41}$$

证明：

$$F[f(t)e^{j\omega_0 t}]=\int_{-\infty}^{\infty}f(t)e^{j\omega_0 t}e^{j\omega t}dt=\int_{-\infty}^{\infty}f(t)e^{-j(\omega-\omega_0)t}dt=F[j(\omega-\omega_0)]$$

同理

$$f(t)e^{-j\omega_0 t}\leftrightarrow F[j(\omega+\omega_0)]$$

可见，信号 $f(t)$乘以一个频率为 ω_0 的指数信号，信号的频谱形状不变，只是将其频谱搬移到 ω_0 处。

例 4-13　求高频脉冲信号 $f(t)$的频谱。

解：从图 4.17(a)可知，高频脉冲信号 $f(t)$可以表示为

$$f(t)=g_\tau(t)\cos\omega_0 t=\frac{1}{2}g_\tau(t)\cdot(e^{j\omega_0 t}+e^{-j\omega_0 t})$$

由于 $g_\tau(t)\leftrightarrow\tau Sa\left(\frac{\omega\tau}{2}\right)$，根据频移性质有

$$F[f(t)]=\frac{\tau}{2}\left\{Sa\left[\frac{1}{2}(\omega-\omega_0)\tau\right]+Sa\left[\frac{1}{2}(\omega+\omega_0)\tau\right]\right\}$$

其频谱如图 4.17(b)所示。

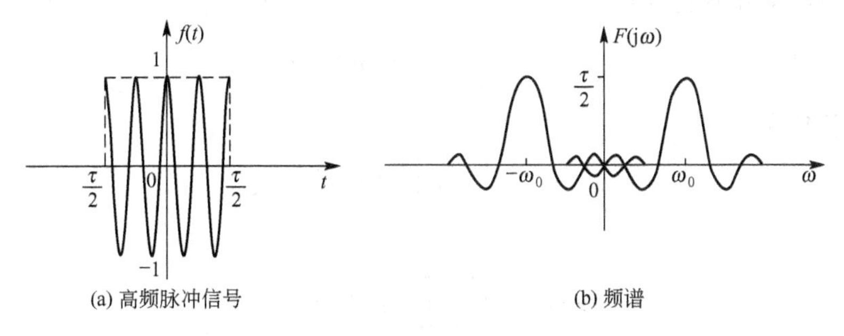

(a) 高频脉冲信号　　(b) 频谱

图 4.17　高频脉冲信号 $f(t)$及其频谱

4. *尺度变换性质*

若 $f(t)\leftrightarrow F(j\omega)$，且 a 为常实数(a 不等于零)，则

$$f(at) \leftrightarrow \frac{1}{|a|}F\left(\mathrm{j}\,\frac{\omega}{a}\right) \tag{4-42}$$

证明：

$$F[f(at)] = \int_{-\infty}^{\infty} f(at)\mathrm{e}^{-\mathrm{j}\omega t}\mathrm{d}t \quad 令\ x = at，\quad t = \frac{1}{a}x，\quad \mathrm{d}t = \frac{1}{a}\mathrm{d}x$$

当 $a>0$，有

$$\int_{-\infty}^{\infty} f(x)\mathrm{e}^{-\mathrm{j}\omega\frac{x}{a}} \cdot \frac{1}{a}\mathrm{d}x = \frac{1}{a}\int_{-\infty}^{\infty} f(x)\mathrm{e}^{-\mathrm{j}\omega\frac{x}{a}}\mathrm{d}x = \frac{1}{a}F\left(\mathrm{j}\,\frac{\omega}{a}\right)$$

当 $a<0$，有

$$\int_{\infty}^{-\infty} f(x)\mathrm{e}^{-\mathrm{j}\omega\frac{x}{a}} \cdot \frac{1}{a}\mathrm{d}x = \frac{1}{-a}\int_{-\infty}^{\infty} f(x)\mathrm{e}^{-\mathrm{j}\omega\frac{x}{a}}\mathrm{d}x = \frac{1}{-a}F\left(\mathrm{j}\,\frac{\omega}{a}\right)$$

综上所述，有

$$f(at) \leftrightarrow \frac{1}{|a|}F\left(\mathrm{j}\,\frac{\omega}{a}\right)$$

尺度变换性质表明：将信号 $f(t)$ 波形沿时间轴扩展或压缩（$|a|<1$，扩展；$|a|>1$，压缩）$1/a$ 倍，其频谱在频率轴上压缩或扩展 a 倍。这是时域和频域的一个对应关系：时域压缩，频域扩展；时域扩展，频域压缩。在实际使用中，为了加快信号传输，对信号进行时域压缩，将以增加带宽为代价。

在信号尺度变换中，如果 $a=-1$，则有

$$f(-t) \leftrightarrow F(-\mathrm{j}\omega) \tag{4-43}$$

式(4-43)称为时间倒置定理，即将信号倒置，其频谱也倒置。

如果信号尺度变换的同时增加时移，则有

$$f(at \pm b) \leftrightarrow \frac{1}{|a|}F\left(\mathrm{j}\,\frac{\omega}{a}\right)\mathrm{e}^{\pm \mathrm{j}\omega\frac{b}{a}} \tag{4-44}$$

5. 对称性质

若 $f(t) \leftrightarrow F(\mathrm{j}\omega)$，则有

$$F(\mathrm{j}t) \leftrightarrow 2\pi f(-\omega) \tag{4-45}$$

证明：由傅里叶逆变换有

$$f(t) = \frac{1}{2\pi}\int_{-\infty}^{\infty} F(\mathrm{j}\omega)\mathrm{e}^{\mathrm{j}\omega t}\mathrm{d}\omega$$

做变量替换为

$$2\pi f(t) = \int_{-\infty}^{\infty} F(\mathrm{j}\omega)\mathrm{e}^{\mathrm{j}\omega t}\mathrm{d}\omega \quad \underset{\omega \to t}{\overset{t \to -\omega}{\rightleftarrows}}$$

则有

$$2\pi f(-\omega) = \int_{-\infty}^{\infty} F(\mathrm{j}t)\mathrm{e}^{-\mathrm{j}\omega t}\mathrm{d}t$$

等式的右端正好是信号 $F(\mathrm{j}t)$ 傅里叶变换的定义，故对称性质成立。

对称性质表明，信号的时域和频域存在某种对称关系。

例 4-14 求 $Sa(\pi t)$ 的傅里叶变换。

解：由前面的分析可知

$$g_\tau(t)\leftrightarrow\tau Sa\left(\frac{\omega\tau}{2}\right)$$

根据对称性质和门信号为偶函数的性质，有

$$\tau Sa\left(\frac{t\tau}{2}\right)\leftrightarrow 2\pi g_\tau(\omega)$$

令 $\tau=2\pi$，有

$$Sa(\pi t)\leftrightarrow g_{2\pi}(\omega)$$

采样信号、门信号及其频谱如图 4.18 所示。

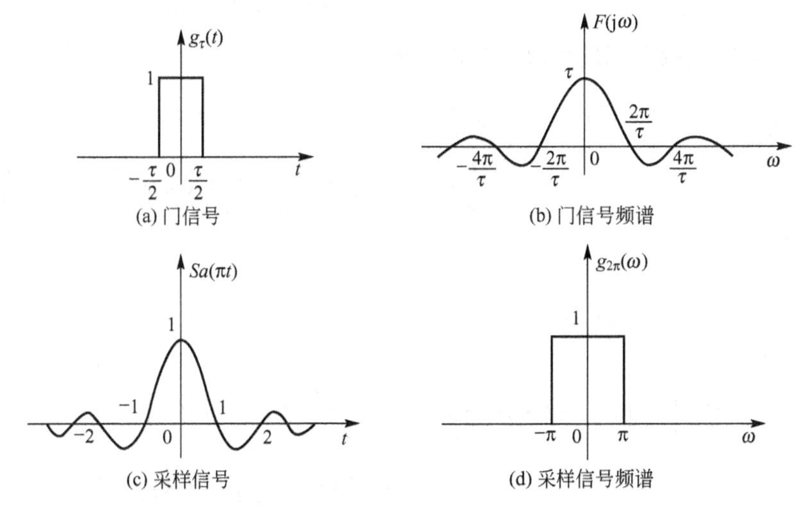

图 4.18 采样信号、门信号及其频谱

利用对称性质和常见信号的傅里叶变换，可以很方便地求解一些无法采用定义求解的傅里叶变换。

如 $\delta(t)\leftrightarrow 1$，根据对称性质和冲激信号的奇偶性，可以很方便地得到直流信号的傅里叶变换为

$$1\leftrightarrow 2\pi\delta(-\omega)=2\pi\delta(\omega)$$

再如，要求信号 $f(t)=\dfrac{1}{t}$的傅里叶变换，由于 $\mathrm{Sgn}(t)\leftrightarrow\dfrac{2}{\mathrm{j}\omega}$，根据对称性质，有

$$\frac{2}{\mathrm{j}t}\leftrightarrow 2\pi\mathrm{Sgn}(-\omega)$$

故有

$$f(t)=\frac{1}{t}\leftrightarrow \mathrm{j}\pi\mathrm{Sgn}(-\omega)=-\mathrm{j}\pi\mathrm{Sgn}(\omega)$$

6. 卷积定理

若 $f_1(t)\leftrightarrow F_1(\mathrm{j}\omega)$，$f_2(t)\leftrightarrow F_2(\mathrm{j}\omega)$，有

$$\begin{cases} f_1(t)*f_2(t)\leftrightarrow F_1(\mathrm{j}\omega)\cdot F_2(\mathrm{j}\omega) \\ f_1(t)\cdot f_2(t)\leftrightarrow \dfrac{1}{2\pi}[F_1(\mathrm{j}\omega)*F_2(\mathrm{j}\omega)] \end{cases}\tag{4-46}$$

证明：根据卷积定义，时域卷积证明如下。

$$F[f_1(t)*f_2(t)]=\int_{-\infty}^{\infty}\left[\int_{-\infty}^{+\infty}f_1(\tau)f_2(t-\tau)\mathrm{d}\tau\right]\mathrm{e}^{-\mathrm{j}\omega t}\mathrm{d}t$$
$$=\int_{-\infty}^{\infty}f_1(t)\left[\int_{-\infty}^{\infty}f_2(t-\tau)\mathrm{e}^{-\mathrm{j}\omega t}\mathrm{d}t\right]\mathrm{d}\tau$$
$$=\int_{-\infty}^{\infty}f_1(\tau)F_2(\mathrm{j}\omega)\mathrm{e}^{-\mathrm{j}\omega\tau}\mathrm{d}\tau$$
$$=F_1(\mathrm{j}\omega)\cdot F_2(\mathrm{j}\omega)$$

根据卷积定义，频域卷积证明如下。

$$\frac{1}{2\pi}[F_1(\mathrm{j}\omega)*F_2(\mathrm{j}\omega)]=\int_{-\infty}^{+\infty}F_1(\mathrm{j}\eta)F_2(\mathrm{j}(w-\eta))\mathrm{d}\eta$$

对式(4-46)中频域卷积进行傅里叶逆变换，有

$$F^{-1}\left\{\frac{1}{2\pi}[F_1(\mathrm{j}\omega)*F_2(\mathrm{j}\omega)]\right\}=\frac{1}{2\pi}\int_{-\infty}^{+\infty}\left[\frac{1}{2\pi}\int_{-\infty}^{+\infty}F_1(\mathrm{j}\eta)F_2(\mathrm{j}(w-\eta))\mathrm{d}\eta\right]\mathrm{e}^{\mathrm{j}wt}\mathrm{d}w$$
$$=\frac{1}{2\pi}\int_{-\infty}^{+\infty}F_1(\mathrm{j}\eta)\left[\frac{1}{2\pi}\int_{-\infty}^{+\infty}F_2(\mathrm{j}(w-\eta))\mathrm{e}^{\mathrm{j}wt}\mathrm{d}w\right]\mathrm{d}\eta$$

运用频移性质，有

$$\frac{1}{2\pi}\int_{-\infty}^{+\infty}F_2(\mathrm{j}(w-\eta))\mathrm{e}^{\mathrm{j}wt}\mathrm{d}w=f_2(t)\mathrm{e}^{\mathrm{j}\eta t}$$

故有

$$F^{-1}\left\{\frac{1}{2\pi}[F_1(\mathrm{j}\omega)*F_2(\mathrm{j}\omega)]\right\}=\frac{1}{2\pi}\int_{-\infty}^{+\infty}F_1(\mathrm{j}\eta)f_2(t)\mathrm{e}^{\mathrm{j}\eta t}\mathrm{d}\eta$$
$$=f_2(t)\cdot\frac{1}{2\pi}\int_{-\infty}^{+\infty}F_1(\mathrm{j}\eta)\mathrm{e}^{\mathrm{j}\eta t}\mathrm{d}\eta$$
$$=f_2(t)\cdot f_1(t)$$

卷积定理表明时域与频域的另一对应关系，即时域乘积，频域卷积；时域卷积，频域乘积。卷积定理可以求解系统的频域响应，这在本章中将有详细介绍。

例 4-15 求三角信号 $f(t)$ 的傅里叶变换。

$$f(t)=\begin{cases}t+\tau & t\in(-\tau,\ 0)\\ -(t-\tau) & t\in(0,\ \tau)\\ 0 & |t|>\tau\end{cases}$$

解：由第 2 章 2.1 节的内容可知

$$f(t)=g_\tau(t)*g_\tau(t)$$

已知 $g_\tau(t)\leftrightarrow\tau Sa\left(\frac{\omega\tau}{2}\right)$，则有

$$f(t)\leftrightarrow\tau^2Sa^2\left(\frac{\omega\tau}{2}\right)$$

7. 时域微分、积分性质

若 $f(t)\leftrightarrow F(\mathrm{j}\omega)$，则有

时域微分性质

$$f'(t)\leftrightarrow\mathrm{j}\omega F(\mathrm{j}\omega)$$
$$f^{(n)}(t)\leftrightarrow(\mathrm{j}\omega)^nF(\mathrm{j}\omega)\tag{4-47}$$

时域积分性质

$$f^{(-1)}(t)=\int_{-\infty}^{t}f(x)\mathrm{d}x\leftrightarrow\frac{F(\mathrm{j}\omega)}{\mathrm{j}\omega}+\pi F(0)\delta(\omega)\tag{4-48}$$

如果 $F(0)=0$，则有

$$f^{(-1)}(t)=\int_{-\infty}^{t}f(x)\mathrm{d}x\leftrightarrow\frac{F(\mathrm{j}\omega)}{\mathrm{j}\omega}$$

证明：时域微分性质证明如下。

$$f(t)=\frac{1}{2\pi}\int_{-\infty}^{+\infty}F(\mathrm{j}w)\mathrm{e}^{\mathrm{j}wt}\mathrm{d}w$$

等式两边对 t 微分，有

$$f'(t)=\frac{1}{2\pi}\int_{-\infty}^{+\infty}\mathrm{j}wF(\mathrm{j}w)\mathrm{e}^{\mathrm{j}wt}\mathrm{d}w$$

$$f^{(n)}(t)=\frac{1}{2\pi}\int_{-\infty}^{+\infty}(\mathrm{j}w)^nF(\mathrm{j}w)\mathrm{e}^{\mathrm{j}wt}\mathrm{d}w\tag{4-49}$$

式(4-49)中，$\mathrm{j}wF(\mathrm{j}w)$的傅里叶逆变换为 $f'(t)$，$(\mathrm{j}w)^nF(\mathrm{j}w)$的傅里叶逆变换为 $f^{(n)}(t)$,可见，微分性质成立。

时域积分性质证明如下。

由卷积的性质可知 $f^{(-1)}(t)=f(t)*\varepsilon(t)$，已知

$$\varepsilon(t)\leftrightarrow\pi\delta(w)+\frac{1}{\mathrm{j}w}$$

根据傅里叶变换的卷积定理，有

$$f^{(-1)}(t)=f(t)*\varepsilon(t)\leftrightarrow F(\mathrm{j}w)\cdot\left[\pi\delta(w)+\frac{1}{\mathrm{j}w}\right]=\pi F(0)\delta(w)+\frac{F(\mathrm{j}w)}{\mathrm{j}w}$$

时域积分性质多用于 $F(0)=0$ 的情况。

$$F(0)=F(\mathrm{j}\omega)\big|_{\omega=0}=\int_{-\infty}^{+\infty}f(t)\mathrm{e}^{-\mathrm{j}\omega t}\mathrm{d}t\big|_{\omega=0}=\int_{-\infty}^{+\infty}f(t)\mathrm{d}t$$

$F(0)$表示信号与时间轴围的面积。如果信号是交流信号，则 $F(0)=0$，如果信号含有直流分量，则 $F(0)\neq0$。

例 4-16　求图 4.19(a)所示梯形信号 $f(t)$的傅里叶变换。

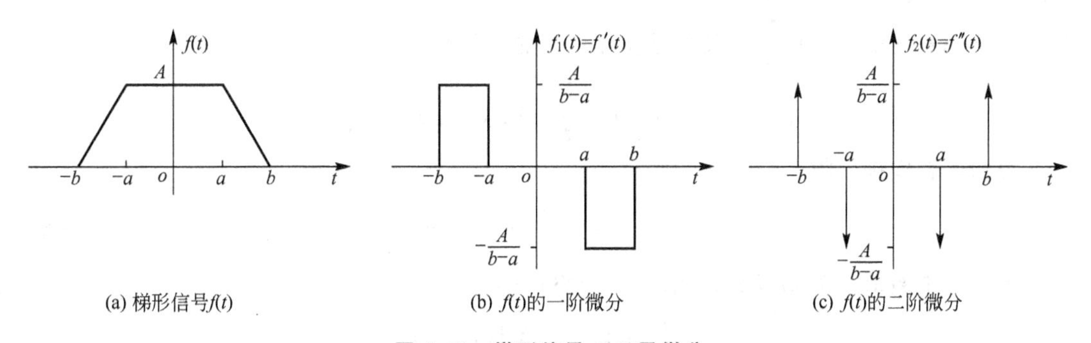

图 4.19　梯形信号 $f(t)$及微分

解：若直接按定义求图示信号的频谱，会遇到形如 $t\mathrm{e}^{-\mathrm{j}\omega t}$ 的复杂积分问题。利用时域积分性质，则很容易求解。

将 $f(t)$求微分，得到 $f_1(t)$，再求微分，得到 $f_2(t)$，$f_2(t)$可以表示为

$$\begin{aligned}f_2(t)&=f_1'(t)=f''(t)\\&=\frac{A}{b-a}[\delta(t+b)-\delta(t+a)-\delta(t-a)+\delta(t-b)]\end{aligned}$$

$f_2(t)$的傅里叶变换可以根据时移性质得到。

$$\begin{aligned}f_2(t)\leftrightarrow F_2(\mathrm{j}w)&=\frac{A}{b-a}[\mathrm{e}^{\mathrm{j}wb}-\mathrm{e}^{\mathrm{j}wa}-\mathrm{e}^{-\mathrm{j}wa}+\mathrm{e}^{-\mathrm{j}wb}]\\&=\frac{2A}{b-a}[\cos wb-\cos wa]\end{aligned}$$

由于 $f_2(t)$与时间轴围的面积为 0，即不含有直流分量，故 $F_2(0)=0$，利用积分性质

$$f_1(t)\leftrightarrow F_1(\mathrm{j}w)=\frac{F_2(\mathrm{j}w)}{\mathrm{j}w}=\frac{2A}{\mathrm{j}w(b-a)}[\cos wb-\cos wa]$$

同理，$F_1(0)=0$，有

$$f(t)\leftrightarrow F(\mathrm{j}w)=\frac{F_1(\mathrm{j}w)}{\mathrm{j}w}=\frac{2A}{-w^2(b-a)}[\cos wb-\cos wa]$$

8. 频域微分、积分

若 $f(t)\leftrightarrow F(\mathrm{j}\omega)$，有

频域微分性质

$$(-\mathrm{j}t)^n f(t)\leftrightarrow F^{(n)}(\mathrm{j}\omega) \tag{4-50}$$

频域积分性质

$$\pi f(0)\delta(t)+\frac{f(t)}{-\mathrm{j}t}\leftrightarrow\int_{-\infty}^{\omega}F(\mathrm{j}\phi)\mathrm{d}\phi \tag{4-51}$$

证明：频域微分性质证明如下。

在傅里叶变换 $F(\mathrm{j}w)=\int_{-\infty}^{+\infty}f(t)\mathrm{e}^{-\mathrm{j}wt}\mathrm{d}t$ 两端对 w 进行 n 阶微分，有

$$F^{(n)}(\mathrm{j}w)=\int_{-\infty}^{+\infty}(-\mathrm{j}t)^n f(t)\mathrm{e}^{-\mathrm{j}wt}\mathrm{d}t \tag{4-52}$$

由式(4-52)可知，$(-\mathrm{j}t)^n f(t)$的傅里叶变换为 $F^{(n)}(\mathrm{j}w)$，故频域微分性质成立。

频域积分性质证明如下。

由于 $\varepsilon(t)\leftrightarrow\pi\delta(w)+\frac{1}{\mathrm{j}w}$，根据傅里叶变换的对称性质

$$\pi\delta(t)+\frac{1}{\mathrm{j}t}\leftrightarrow 2\pi\varepsilon(-w)$$

根据倒置定理，有

$$\pi\delta(-t)+\frac{1}{-\mathrm{j}t}\leftrightarrow 2\pi\varepsilon(w) \tag{4-53}$$

由于冲击激信号为偶函数，式(4-53)整理得

$$\frac{1}{2\pi}\left[\pi\delta(t)-\frac{1}{\mathrm{j}t}\right]\leftrightarrow\varepsilon(w)$$

由卷积运算的性质可知

$$\int_{-\infty}^{\omega}F(\mathrm{j}\phi)\mathrm{d}\phi=F(\mathrm{j}w)*\varepsilon(w)$$

由傅里叶变换的卷积定理可知

$$\int_{-\infty}^{\omega} F(\mathrm{j}\phi)\mathrm{d}\phi = F(\mathrm{j}w) * \varepsilon(w) \leftrightarrow 2\pi f(t) \cdot \left\{\frac{1}{2\pi}\left[\pi\delta(t) - \frac{1}{\mathrm{j}t}\right]\right\}$$

从而得到

$$\int_{-\infty}^{\omega} F(\mathrm{j}\phi)\mathrm{d}\phi \leftrightarrow 2\pi f(t) \cdot \varepsilon(t) = \pi f(0)\delta(t) + \frac{f(t)}{-\mathrm{j}t}$$

例 4－17　求单位斜变信号 $t\varepsilon(t)$的傅里叶变换。

解： 已知 $\varepsilon(t) \leftrightarrow \pi\delta(\omega) + \frac{1}{\mathrm{j}\omega}$，对阶跃信号 $\varepsilon(t)$的频谱微分一次，根据频域微分性质，有

$$-\mathrm{j}t\varepsilon(t) \leftrightarrow \pi\delta'(\omega) - \frac{1}{\mathrm{j}\omega^2}$$

等式两端同时乘以 j，有

$$t\varepsilon(t) \leftrightarrow \mathrm{j}\pi\delta'(\omega) - \frac{1}{\omega^2}$$

9. 帕塞瓦尔能量定理

若 $f(t) \leftrightarrow F(\mathrm{j}\omega)$，有

$$W = \int_{-\infty}^{\infty} f^2(t)\mathrm{d}t = \frac{1}{2\pi}\int_{-\infty}^{\infty} |F(\mathrm{j}\omega)|^2 \mathrm{d}\omega \tag{4－54}$$

证明：

$$\begin{aligned}
W &= \int_{-\infty}^{\infty} f^2(t)\mathrm{d}t \\
&= \int_{-\infty}^{\infty} f(t)\left[\frac{1}{2\pi}\int_{-\infty}^{\infty} F(\mathrm{j}\omega)\mathrm{e}^{\mathrm{j}\omega t}\mathrm{d}\omega\right]\mathrm{d}t \\
&= \frac{1}{2\pi}\int_{-\infty}^{\infty} F(\mathrm{j}\omega)\left[\int_{-\infty}^{\infty} f(t)\mathrm{e}^{\mathrm{j}\omega t}\mathrm{d}t\right]\mathrm{d}\omega \\
&= \frac{1}{2\pi}\int_{-\infty}^{\infty} F(\mathrm{j}\omega)F(-\mathrm{j}\omega)\mathrm{d}\omega = \frac{1}{2\pi}\int_{-\infty}^{\infty} |F(\mathrm{j}\omega)|^2 \mathrm{d}\omega
\end{aligned}$$

非周期信号的总能量 W 表示为

$$W = \int_{-\infty}^{\infty} f^2(t)\mathrm{d}t$$

非周期信号的帕塞瓦尔能量定理表明，对非周期信号，在时域中求得的信号能量与频域中求得的信号能量相等。

由于$|F(\mathrm{j}\omega)| = F(w)$，$F(w)$为偶函数，则有

$$W = \int_{-\infty}^{\infty} f^2(t)\mathrm{d}t = \frac{1}{2\pi}\int_{-\infty}^{\infty} |F(\mathrm{j}\omega)|^2 \mathrm{d}\omega = \frac{1}{\pi}\int_{0}^{\infty} F^2(w)\mathrm{d}\omega$$

这里引入 $G(w)$为

$$G(w) = \frac{F^2(w)}{\pi} \tag{4－55}$$

通常，$G(w)$称为能量密度频谱函数，简称能量谱。$G(w)$表示各频率点上单位频带中的信号能量，故信号在整个频率范围的全部能量为

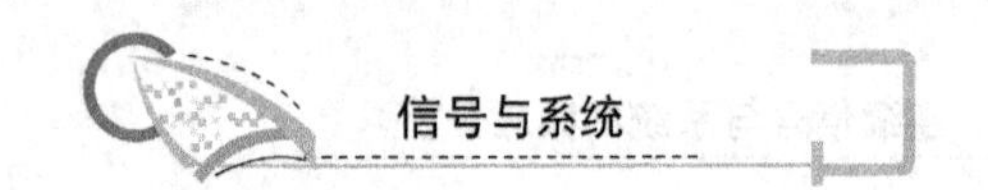

$$W=\int_0^{\infty}G(w)\mathrm{d}\omega$$

傅里叶变换的性质见表 4 - 3。

表 4 - 3　傅里叶变换的性质

性质	时域	频域
线性性质	$a_1f_1(t)+a_2f_2(t)$	$a_1F_1(\mathrm{j}\omega)+a_2F_2(\mathrm{j}\omega)$
时移性质	$f(t\pm t_0)$	$F(\mathrm{j}\omega)\mathrm{e}^{\pm\mathrm{j}\omega t_0}$
频移性质	$f(t)\mathrm{e}^{\pm\mathrm{j}\omega_0 t}$	$F[\mathrm{j}(\omega\mp\omega_0)]$
尺度变换性质	$f(at\pm b)$	$\frac{1}{\lvert a\rvert}F\left(\mathrm{j}\frac{\omega}{a}\right)\mathrm{e}^{\pm\mathrm{j}\omega\frac{b}{a}}$
对称性质	$F(\mathrm{j}t)$	$2\pi f(-\omega)$
时域卷积性质	$f_1(t)*f_2(t)$	$F_1(\mathrm{j}\omega)\cdot F_2(\mathrm{j}\omega)$
频域卷积性质	$f_1(t)\cdot f_2(t)$	$\frac{1}{2\pi}[F_1(\mathrm{j}\omega)*F_2(\mathrm{j}\omega)]$
时域微分性质	$f^{(n)}(t)$	$(\mathrm{j}\omega)^nF(\mathrm{j}\omega)$
时域积分性质	$f^{(-1)}(t)=\int_{-\infty}^{t}f(x)\mathrm{d}x$	$\frac{F(\mathrm{j}\omega)}{\mathrm{j}\omega}+\pi F(0)\delta(\omega)$
频域微分性质	$(-\mathrm{j}t)^nf(t)$	$F^{(n)}(\mathrm{j}\omega)$
频域积分性质	$\pi f(0)\delta(t)+\frac{f(t)}{-\mathrm{j}t}$	$\int_{-\infty}^{\omega}F(\mathrm{j}\phi)\mathrm{d}\phi$
帕塞瓦尔能量定理	$W=\int_{-\infty}^{\infty}f^2(t)\mathrm{d}t$	$W=\frac{1}{2\pi}\int_{-\infty}^{\infty}\lvert F(\mathrm{j}\omega)\rvert^2\mathrm{d}\omega$

4.5　周期信号的傅里叶变换

通过前面的讨论可知，周期信号通过傅里叶级数，非周期信号通过傅里叶变换，都可以得到其频谱函数，从而分析其频率特性。但是，由于周期信号和非周期信号采用不同的变换方法，这给信号的频域分析带来了不便，容易让人产生混淆。而且由于傅里叶变换具有的多个性质，使得采用傅里叶变换进行信号频域分析变得更加容易。因此本节讨论周期信号的傅里叶变换，将周期信号和非周期信号都统一采用傅里叶变换来进行频域分析。

周期信号显然不满足绝对可积的条件，因此利用傅里叶变换的定义是不能得到其频谱函数的。下面介绍 3 种方法求解周期信号的傅里叶变换。

4.5.1　利用傅里叶变换的性质

由周期信号的傅里叶级数定义可知

$$\begin{cases} f_T(t) = \sum_{n=-\infty}^{\infty} F_n \mathrm{e}^{\mathrm{j}n\Omega t} \\ F_n = \frac{1}{T}\int_{-\frac{T}{2}}^{\frac{T}{2}} f(t)\mathrm{e}^{-\mathrm{j}n\Omega t}\mathrm{d}t \end{cases}$$

其中，$f_T(t)$是周期为 T 的周期信号，F_n 是傅里叶级数，$\Omega=\frac{2\pi}{T}$为基波频率。

根据傅里叶变换的线性性质，只需要求解 $\mathrm{e}^{\mathrm{j}n\Omega t}$ 的傅里叶变换，就能得到周期信号 $f_T(t)$的傅里叶变换。已知

$$1\leftrightarrow 2\pi\delta(w)$$

根据频移性质

$$1\cdot \mathrm{e}^{\mathrm{j}n\Omega t}\leftrightarrow 2\pi\delta(w-n\Omega)$$

根据线性性质，则有

$$f_T(t) = \sum_{n=-\infty}^{\infty} F_n \mathrm{e}^{\mathrm{j}n\Omega t} \leftrightarrow \sum_{n=-\infty}^{\infty} F_n \cdot F(\mathrm{e}^{\mathrm{j}n\Omega t}) = 2\pi\sum_{n=-\infty}^{\infty} F_n \cdot \delta(\omega - n\Omega) \tag{4-56}$$

从式(4-56)可知，欲求周期信号 $f_T(t)$的傅里叶变换，先要得到周期信号的傅里叶级数频谱 F_n，然后把 F_n 代入式(4-56)得到周期信号的傅里叶变换。而且，周期信号傅里叶变换的频谱函数 $F(\mathrm{j}w)$是离散的，只有在 $w=n\Omega$ 处有取值。

例 4-18　求图 4.20(a)所示周期矩形脉冲 $f(t)$的频谱函数 $F(\mathrm{j}w)$。

解：根据傅里叶级数的定义有

$$\begin{aligned} F_n &= \frac{1}{T}\int_{-\frac{T}{2}}^{\frac{T}{2}} f(t)\mathrm{e}^{-\mathrm{j}n\Omega t}\mathrm{d}t = \frac{1}{T}\int_{-\frac{\tau}{2}}^{\frac{\tau}{2}} \mathrm{e}^{-\mathrm{j}n\Omega t}\mathrm{d}t \\ &= \frac{2}{T}\,\frac{\sin(n\Omega\tau/2)}{n\Omega} = \frac{\tau}{T}Sa\left(\frac{n\Omega\tau}{2}\right) \quad n=0,\pm 1,\pm 2,\cdots \end{aligned}$$

从而得到

$$\begin{aligned} F(\mathrm{j}w) &= 2\pi\sum_{n=-\infty}^{n=+\infty} F_n\delta(w-n\Omega) \\ &= \frac{2\pi\tau}{T}\sum_{n=-\infty}^{n=+\infty} Sa\left(\frac{n\Omega\tau}{2}\right)\delta(w-n\Omega) \quad n=0,\pm 1,\pm 2,\cdots \end{aligned}$$

周期矩形脉冲信号及其频谱如图 4.20(c)所示。

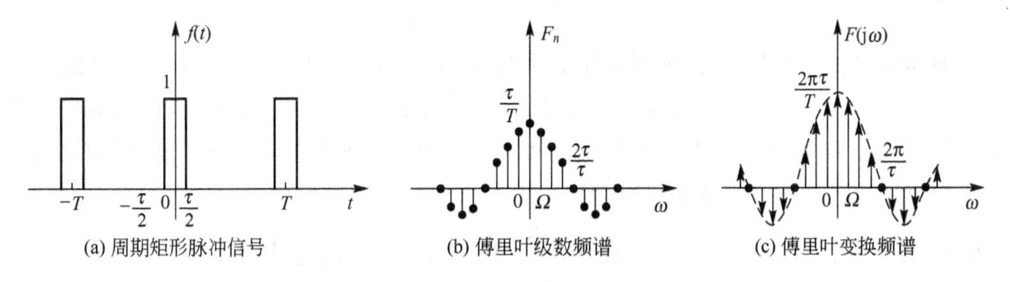

图 4.20　周期矩形脉冲信号及其频谱

例 4-19　求周期脉冲信号 $\delta_T(t) = \sum_{m=-\infty}^{\infty}\delta(t-mT)$ 的傅里叶变换。

解：周期脉冲信号 $\delta_T(t)=\sum\limits_{m=-\infty}^{\infty}\delta(t-mT)$ 的波形如图 4.21(a)所示，其傅里叶级数 F_n 为

$$F_n=\frac{1}{T}\int_{-\frac{T}{2}}^{\frac{T}{2}}f(t)\mathrm{e}^{-\mathrm{j}n\Omega t}\mathrm{d}t=\frac{1}{T}\int_{-\frac{T}{2}}^{\frac{T}{2}}\delta(t)\mathrm{e}^{-\mathrm{j}n\Omega t}\mathrm{d}t=\frac{1}{T}$$

从而得到

$$\begin{aligned}F(\mathrm{j}w)&=2\pi\sum_{n=-\infty}^{n=+\infty}F_n\delta(w-n\Omega)\\&=\frac{2\pi}{T}\sum_{n=-\infty}^{n=+\infty}\delta(w-n\Omega)=\Omega\sum_{n=-\infty}^{n=+\infty}\delta(w-n\Omega)\end{aligned}$$

周期脉冲信号及其频谱如图 4.21(b)所示。

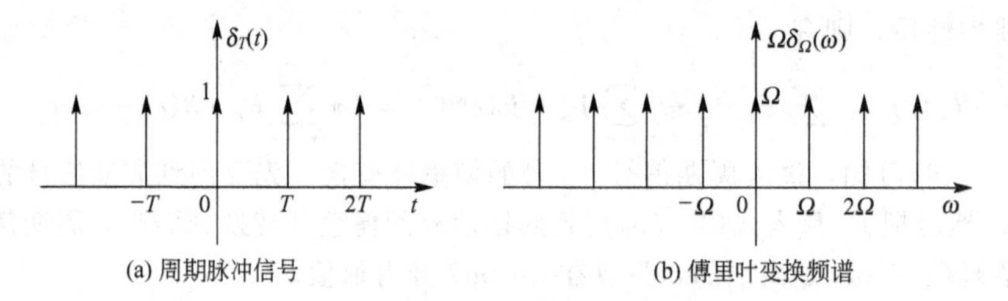

(a) 周期脉冲信号　　(b) 傅里叶变换频谱

图 4.21　周期脉冲信号及其频谱

4.5.2　利用两种频谱函数之间关系

本节将讨论一种求解周期信号傅里叶级数和傅里叶变换的简便方法。从图 4.22(a)可知，如果 $f(t)$是周期信号，取 $f(t)$第一个周期内的信号，假设为$\overline{f(t)}$，如图 4.22(d)所示，显然$\overline{f(t)}$是一个非周期信号。很容易就能得到周期信号 $f(t)$的傅里叶级数频谱 F_n，如图 4.22(b)所示，以及非周期信号$\overline{f(t)}$的傅里叶变换频谱$\overline{F(\mathrm{j}w)}$，如图 4.22(e)所示，从图 4.22 很容易看出 F_n 的外包络线为$\overline{F(\mathrm{j}w)}$，$F_n$ 的幅值为$\overline{F(\mathrm{j}w)}$的 $1/T$，并且是离散的频谱，只在 $w=n\Omega$ 有取值，故有

$$F_n=\left.\frac{\overline{F(\mathrm{j}w)}}{T}\right|_{w=n\Omega}\tag{4-57}$$

非周期信号$\overline{f(t)}$如果以 T 为周期拓展为周期信号 $f(t)$，那么 $f(t)$的傅里叶级数可以通过式(4-57)得到，再利用式(4-56)得到周期信号的傅里叶变换。而非周期信号的傅里叶变换可以通过常见信号的傅里叶变换或傅里叶变换的性质得到，这就为求解周期信号的傅里叶变换提供了一种更加简捷的方法。

例 4-20　求周期脉冲信号 $\delta_T(t)=\sum\limits_{m=-\infty}^{\infty}\delta(t-mT)$ 的傅里叶变换。

解：由图 4.21 可知，$\delta_T(t)$在第一个周期内的信号为$\overline{f(t)}=\delta(t)$，其傅里叶变换为

$$\overline{f(t)}=\delta(t)\leftrightarrow F(\mathrm{j}w)=1$$

其对应的周期信号的傅里叶级数为

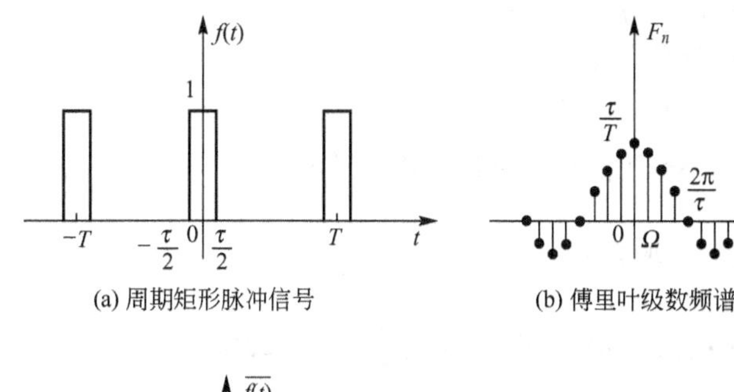

(a) 周期矩形脉冲信号　(b) 傅里叶级数频谱

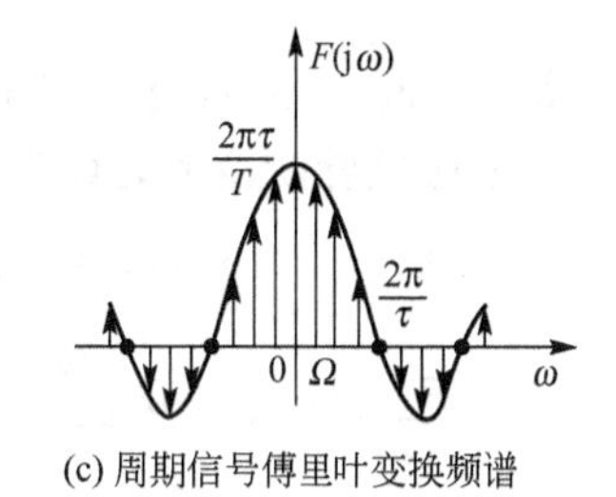

(c) 周期信号傅里叶变换频谱

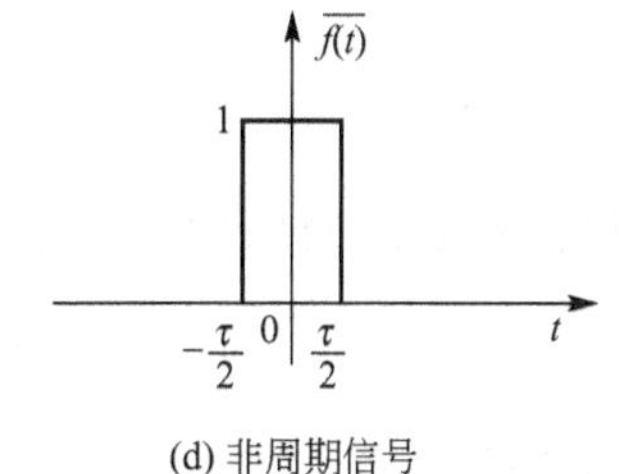

(d) 非周期信号

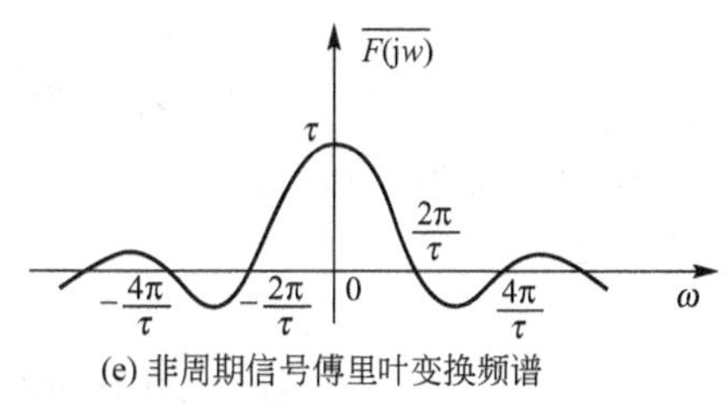

(e) 非周期信号傅里叶变换频谱

图 4.22　周期信号和非周期信号及其频谱

$$F_n=\frac{1}{T}$$

那么周期脉冲信号 $\delta_T(t)=\sum\limits_{m=-\infty}^{\infty}\delta(t-mT)$ 的傅里叶变换为

$$F(\mathrm{j}w)=2\pi\sum_{n=-\infty}^{n=+\infty}F_n\delta(w-n\Omega)=\frac{2\pi}{T}\sum_{n=-\infty}^{n=+\infty}\delta(w-n\Omega)=\Omega\sum_{n=-\infty}^{n=+\infty}\delta(w-n\Omega)$$

这与例 4－19 得到的结论相同。但是这种方法避免了求解 F_n 时遇到的繁复的积分运算。

例 4－21　求图 4.20(a)所示周期矩形脉冲 $f(t)$的频谱函数 $F(\mathrm{j}w)$。

解：由图 4.20(a)可知，周期矩形脉冲 $f(t)$的第一个周期内的信号为$\overline{f(t)}=g_\tau(t)$，其傅里叶变换为

$$\overline{f(t)}=g_\tau(t)\leftrightarrow\overline{F(\mathrm{j}w)}=\tau sa\left(\frac{w\tau}{2}\right)$$

那么

$$F_n=\frac{\overline{F(\mathrm{j}w)}}{T}\bigg|_{w=n\Omega}=\frac{\tau}{T}sa\left(\frac{n\Omega\tau}{2}\right)$$

则傅里叶变换为

$$\begin{aligned}F(\mathrm{j}w)&=2\pi\sum_{n=-\infty}^{n=+\infty}F_n\delta(w-n\Omega)\\&=\frac{2\pi\tau}{T}\sum_{n=-\infty}^{n=+\infty}Sa\left(\frac{n\Omega\tau}{2}\right)\delta(w-n\Omega)\end{aligned}$$

这与例 4－18 所得到的结论一致。

4.5.3　利用周期信号与非周期信号之间关系

假设 $f(t)$为非周期信号，$f_T(t)$是 $f(t)$以周期 T 拓展后的信号。根据卷积定义，有

$$f_T(t)=f(t)*\delta_T(t)$$

其中，$\delta_T(t)$是周期为 T 的周期脉冲信号。

根据傅里叶变换的时域卷积性质，有

$$f_T(t)=f(t)*\delta_T(t)\leftrightarrow F[f_T(t)]=F(\mathrm{j}w)\cdot F[\delta_T(t)]$$

已知 $F[\delta_T(t)]=\Omega\sum_{n=-\infty}^{n=+\infty}\delta(w-n\Omega)$，那么有

$$F[f_T(t)]=F(\mathrm{j}\omega)\cdot\Omega\delta_\Omega(\omega)=\Omega F(\mathrm{j}\omega)\sum_{n=-\infty}^{\infty}\delta(\omega-n\Omega)$$

$$=\Omega\sum_{n=-\infty}^{\infty}F(\mathrm{j}n\Omega)\delta(\omega-n\Omega) \tag{4-58}$$

式中：$\Omega=2\pi/T$。可到看到，式(4-58)的结论和前面两种方法求解的周期信号傅里叶变换的结论是一致的。

4.6 傅里叶变换的三大应用

傅里叶变换是信号与系统分析的有力工具之一，它的应用主要体现在信号的滤波、采样与恢复、调制与解调 3 个方面。

4.6.1 滤波

滤波是将信号中特定波段频率滤除的操作，是抑制和防止干扰的一项重要措施。滤波器分为低通、高通、带通、带阻 4 种。

1. 系统无失真传输条件

如果信号通过系统时，其输出波形发生畸变，失去了信号原有的样子，就称为失真。反之，若信号通过系统只引起时间延迟和幅度增减，而形状不变，则称不失真，如图 4.23 所示。

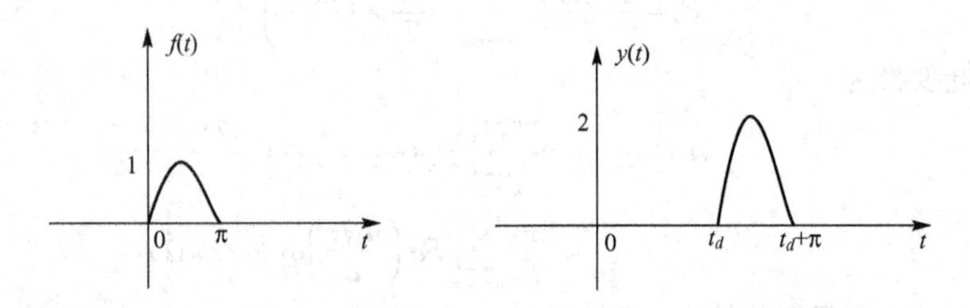

图 4.23 不失真传输

从图 4.23 可知，要求信号 $f(t)$不失真传输，在时域上 $y(t)$和 $f(t)$之间应该满足

$$y(t)=kf(t-t_d) \tag{4-59}$$

式中：k 是增益，t_d是延迟时间，均为常数。式(4－59)称为不失真传输的时域条件。

如果对式(4－59)两端进行傅里叶变换，可以得到不失真传输的频域条件。

由 $Y(\mathrm{j}w)=kF(\mathrm{j}w)\mathrm{e}^{-\mathrm{j}wt_d}$，则有

$$H(\mathrm{j}w)=\frac{Y(\mathrm{j}w)}{F(\mathrm{j}w)}=k\mathrm{e}^{-\mathrm{j}wt_d} \tag{4-60}$$

从式(4－60)可以推导出不失真传输的幅频、相频条件为

$$\begin{cases}H(w)=k\\ \varphi(w)=-wt_d\end{cases} \tag{4-61}$$

式(4－61)表明，要使信号通过线性系统不失真，应使系统函数的幅度谱为一常数，相位谱为通过原点的直线，如图 4.24 所示。

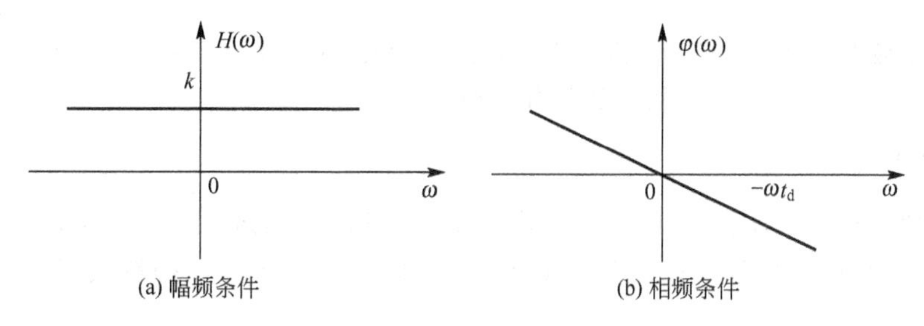

图 4.24　不失真传输的频率条件

通常把失真分为两大类：一类为线性失真，另一类为非线性失真。

信号通过线性系统所产生的失真称为线性失真，其特点是在响应 $y(t)$中不会产生新频率。也就是说，组成响应 $y(t)$的各频率分量在激励信号 $f(t)$中都含有，只不过各频率分量的幅度、相位不同而已。

在图 4.25 中，电路系统实际上是一个一阶低通滤波器，$f(t)$是矩形信号，在 $t=0$ 和 $t=t_0$ 处含有丰富的高频分量，通过系统后，$y(t)$在 $t=0$ 和 $t=t_0$ 处的幅值都变化缓慢，说明高频分量得到抑制。同时，由于 $y(t)$相对 $f(t)$形状发生改变，频率分量减少，故为线性失真。

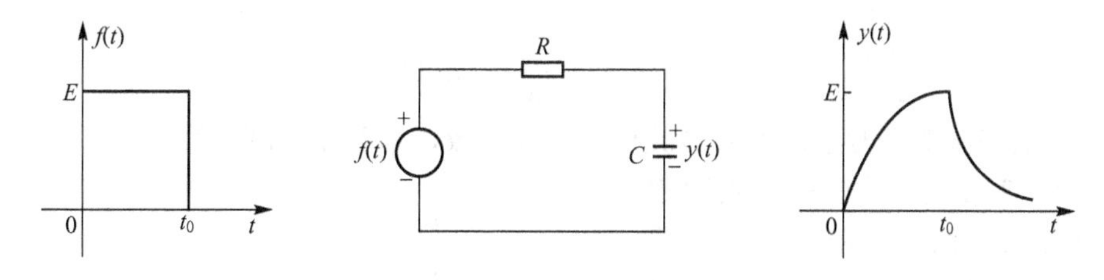

图 4.25　线性失真

如果 $y(t)$产生了新的频率分量，而这些频率分量在 $f(t)$不存在，则该失真为非线性失真，如图 4.26 所示。

图 4.26 所示的系统实际是一个半波整流电路，电路中二极管是非线性器件，正弦信号通过该系统正半周保留，负半周被抑制。由于正弦信号是单频信号，只有一个频率分量 Ω，而输出信号 $y(t)$是一个正弦半波的周期信号，可以通过傅里叶级数变换得到其

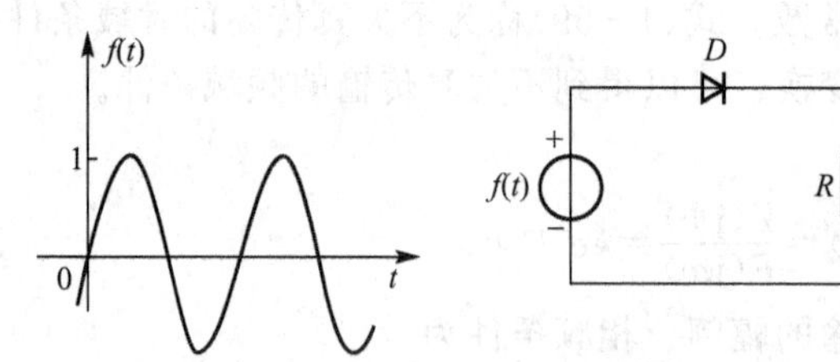

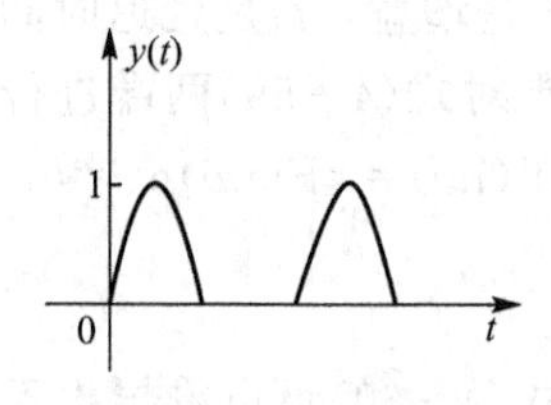

图 4.26　非线性失真

频谱。

$$y(t)=\frac{2}{\pi}\left[\frac{1}{2}+\frac{\pi}{4}\sin(\Omega t)-\frac{1}{3}\cos(\Omega t)-\frac{1}{15}\cos(4\Omega t)+\cdots\right]$$

可见，正弦半波即包含有直流分量、基波分量 Ω 和谐波分量 $n\Omega$，直流分量和各次谐波分量都是原正弦信号中没有的，故为非线性失真。

2. 理想滤波器

一个系统，如果对不同频率成分的正弦信号，有的能通过，有的被抑制，该系统称为滤波器。所谓理想滤波器，就是指允许通过的信号全部通过，抑制的信号百分之百被滤除。

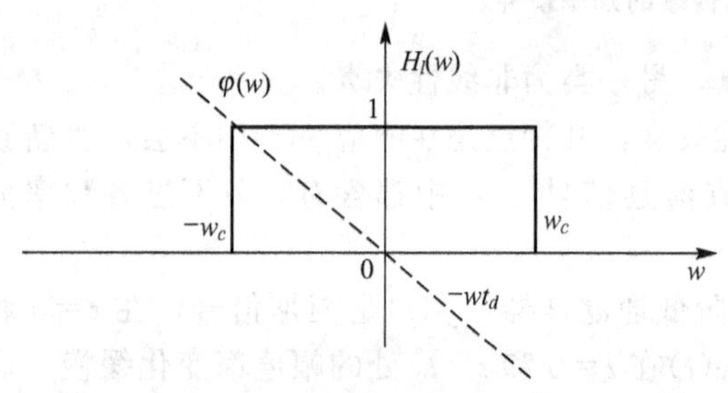

图 4.27　理想低通滤波器幅频、相频特性

(1) 理想低通滤波器。理想低通滤波器的频率特性如图 4.27 所示。

其系统频谱函数可以表示为

$$H_l(\mathrm{j}w)=\begin{cases}1\cdot \mathrm{e}^{-\mathrm{j}wt_d} & |w|\leqslant w_c\\ 0 & |w|>w_c\end{cases} \tag{4-62}$$

w_c 为截止角频率，t_d 为延迟时间。

理想低通滤波器的时域函数为

$$\begin{aligned}h_l(t)&=\frac{1}{2\pi}\int_{-\infty}^{+\infty}H(\mathrm{j}w)\mathrm{e}^{\mathrm{j}wt}\mathrm{d}w\\&=\frac{1}{2\pi}\int_{-w_c}^{+w_c}1\cdot \mathrm{e}^{-\mathrm{j}wt_d}\,\mathrm{e}^{\mathrm{j}wt}\mathrm{d}w=\frac{w_c}{\pi}sa(w_c(t-t_d))\end{aligned} \tag{4-63}$$

理想低通滤波器冲激响应的时域波形为采样函数，如图 4.28 所示。

由图 4.28 可知，冲激响应是冲激信号通过低通滤波器的响应。冲激信号是在 $t=0$ 时刻输入低通滤波器，但是其响应 $h_l(t)$ 在整个时间轴上都有。按照因果系统的定义，理想低通滤波器显然不属于因果系统，故理想低通滤波器是无法实现的。

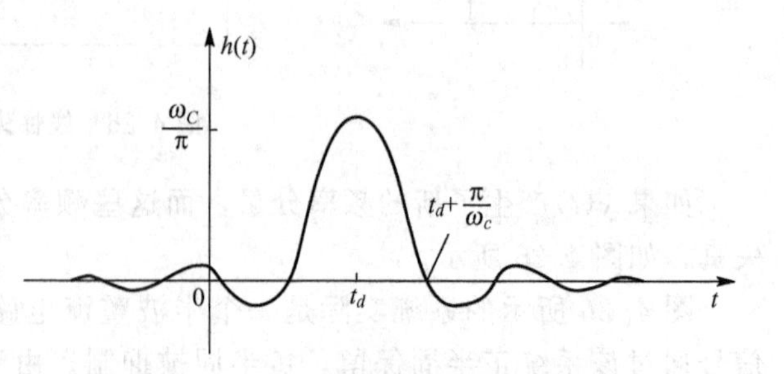

图 4.28　理想低通滤波器的冲激响应

(2) 理想高通滤波器。理想高通滤波器把频率大于截止频率 w_c 的频率分

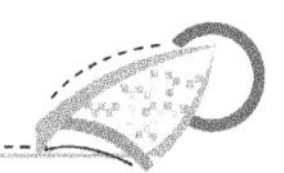

量全部通过，频率低于 w_c 的频率分量全部抑制，如图 4.29 所示。

理想高通滤波器的频谱可以表示为

$$H_h(w)=1-H_l(w) \tag{4-64}$$

其对应冲激响应为

$$h_h(t)=\delta(t)-\frac{w_c}{\pi}sa(w_c(t-t_d)) \tag{4-65}$$

(3) 理想带通滤波器。理想带通滤波器在 w_0 附近 $2w_c$ 频带范围内让信号全部通过，在此频带外让信号抑制，如图 4.30 所示。

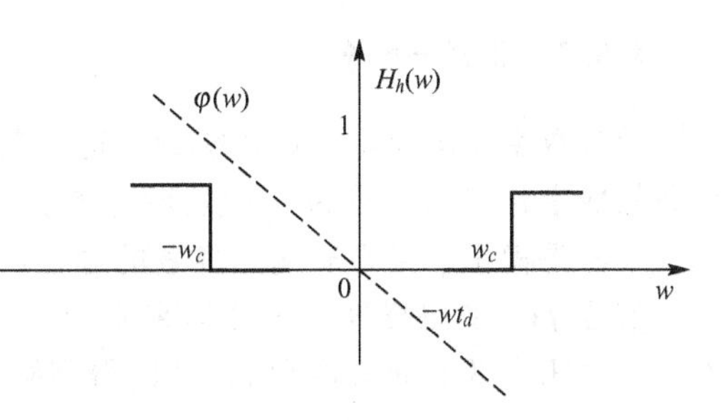

图 4.29 理想高通滤波器

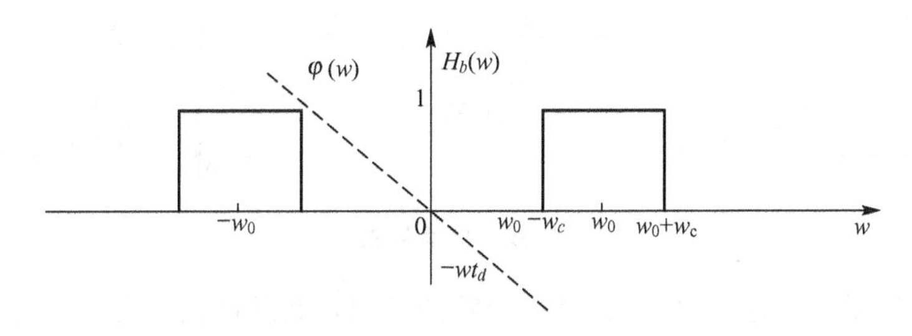

图 4.30 理想带通滤波器

理想带通滤波器可以表示为

$$\begin{aligned}H_b(w)&=H_l(w)*[\delta(w-w_0)+\delta(w+w_0)]\\&=H_l(w-w_0)+H_l(w+w_0)\end{aligned} \tag{4-66}$$

理想带通滤波器的冲激响应为

$$h_b(t)=\frac{2w_c}{\pi}sa(w_c(t-t_d))\cos w_0 t=2h_l\cos w_0 t \tag{4-67}$$

(4) 理想带阻滤波器。理想带阻滤波器在 w_0 附近 $2w_c$ 频带范围内让信号全部抑制，在此频带外让信号全部通过，如图 4.31 所示。

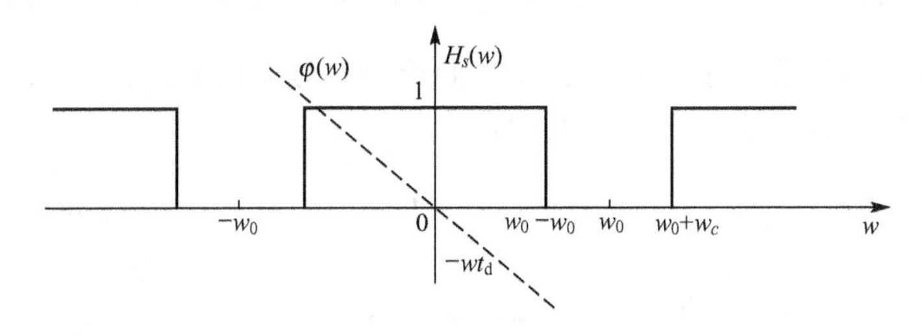

图 4.31 理想带阻滤波器

理想带阻滤波器可表示为

$$H_s(w)=1-H_b(w) \tag{4-68}$$

其冲激响应为

$$h_s(t)=\delta(t)-\frac{2w_c}{\pi}Sa(w_c(t-t_d))\cos w_0 t$$

$$=\delta(t)-2h_l\cos w_0 t \qquad (4-69)$$

4.6.2 采样与恢复

随着数字技术及电子计算机的迅速发展，数字信号处理得到越来越广泛的应用，电子设备的数字化也已经成为一种发展方向。模拟信号数字化要经过两个过程，即采样和编码。采样是模拟信号在时间上离散的过程，编码是在幅值上离散的过程。

信号 $f(t)$的采样通过采样器来实现。采样器相当于一个定时开关，每间隔 T_s闭合一次，每次闭合的时间假设为 τ，从而得到样值信号 $f_s(t)$。采样过程如图 4.32 所示。

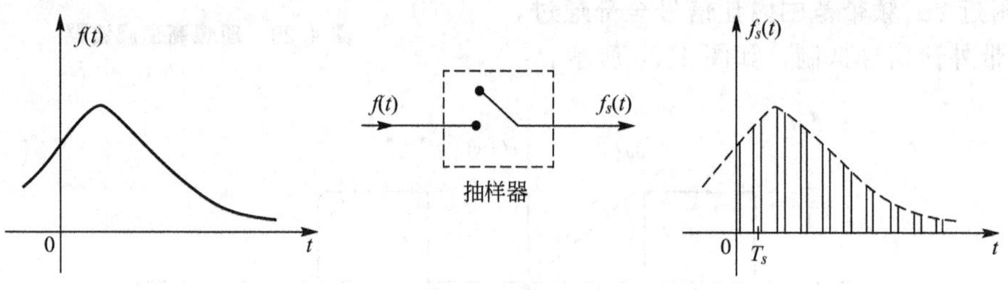

图 4.32 信号的采样

如图 4.32 所示，样值信号 $f_s(t)$是一个脉冲序列，其脉冲幅度为该时刻 $f(t)$的值，这种每间隔 T_s采样一次的采样方式又称为均匀采样。T_s称为采样周期，$f_s=1/T_s$称为采样频率，$w_s=2\pi f_s$称为采样角频率。

采样过程可以用如图 4.33 所示的模型来表示。

模拟信号$f(t)$ → ⊗ → 样值信号$f_s(t)$

开关序列信号$s(t)$

图 4.33 采样过程数学模型

从图 4.33 可知

$$f_s(t)=f(t)\cdot s(t) \qquad (4-70)$$

采样脉冲序列 $s(t)$多种多样，这里主要介绍两种：理想脉冲采样和矩形脉冲采样。

1. 理想脉冲采样

假设 $f(t)$为带限信号，$s(t)=\delta_{T_s}(t)=\sum_{n=-\infty}^{\infty}\delta(t-nT_s)$ 为理想脉冲序列。带限信号是指信号 $f(t)$的带宽是有限的，如图 4.34 所示，假设 $f(t)$最大频率为 w_m。自然界的信号一般都是带限信号，如人的声音为 300～3400Hz。

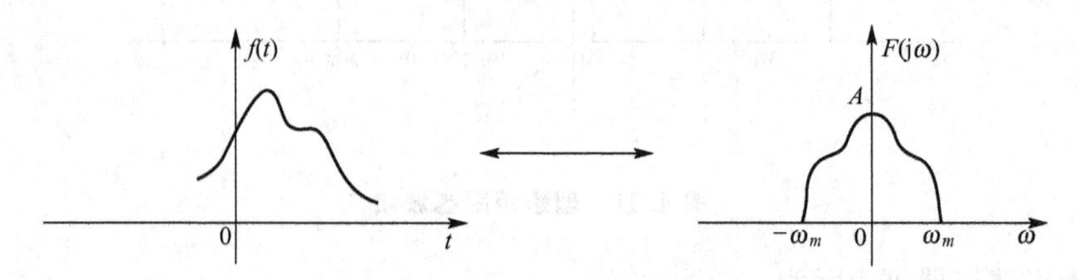

图 4.34 带限信号及其频谱

根据采样过程的数学模型，有

$$f_s(t)=f(t)\cdot\delta_{T_s}(t)=f(t)\sum_{n=-\infty}^{\infty}\delta(t-nT_s)$$

对 $f_s(t)$ 进行傅里叶变换，得到其频谱 $F_s(\mathrm{j}w)$ 为

$$F_s(\mathrm{j}\omega)=\frac{1}{2\pi}[F(\mathrm{j}\omega)*\Omega\delta_\Omega(\omega)]=\frac{\Omega}{2\pi}\left[F(\mathrm{j}\omega)*\sum_{n=-\infty}^{\infty}\delta(\omega-n\Omega)\right]$$

$$=\frac{1}{T_s}\sum_{n=-\infty}^{\infty}F[\mathrm{j}(\omega-n\Omega)]\text{，其中 }\Omega=\omega_s=\frac{2\pi}{T_s} \tag{4-71}$$

信号的采样及其频谱如图4.35所示。采样就是信号 $f(t)$ 在时域中进行离散，得到采样信号 $f_s(t)$，同时其频谱 $F(\mathrm{j}w)$ 被搬移到 $n\Omega$ 处，$F_s(\mathrm{j}w)$ 是频谱 $F(\mathrm{j}w)$ 以 Ω 为周期进行拓展得到的周期化频谱。这是时域和频域的又一个对应关系：时域离散化，频域周期化；时域周期化，频谱离散化。

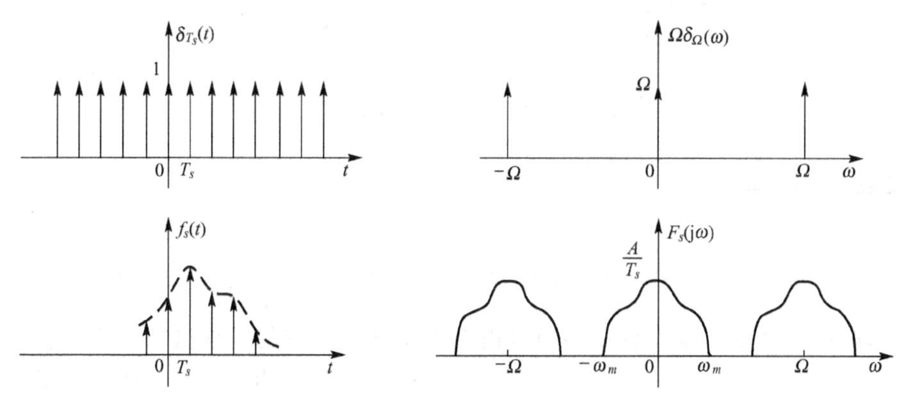

图4.35　信号的采样及其频谱

可见，当 $\Omega\geqslant2\omega_m$ 时，即 $f_s\geqslant2f_m$ 或 $T_s\leqslant\frac{1}{2f_m}$，采样信号 $f_s(t)$ 的频谱 $F_s(\mathrm{j}w)$ 以 $F(\mathrm{j}w)$ 为周期拓展的周期函数就不会发生频谱混叠，即 $F_s(\mathrm{j}w)$ 包含了信号 $f(t)$ 的完整频谱信息。由于信号和其频谱一一对应，可见，只要使用理想低通滤波器，就可以从 $F_s(\mathrm{j}w)$ 中完整截取 $F(\mathrm{j}w)$，从而无失真地恢复出原信号 $f(t)$。否则，$\Omega<2\omega_m$，频谱将发生混叠，信号 $f(t)$ 将无法恢复。

2. 信号的恢复

从图4.36可以看出，要恢复出信号 $f(t)$，从频域来看，只需要一个理想低通滤波器即可。理想低通滤波器的截止频率为 w_m，增益为 T_s，如图4.36所示。

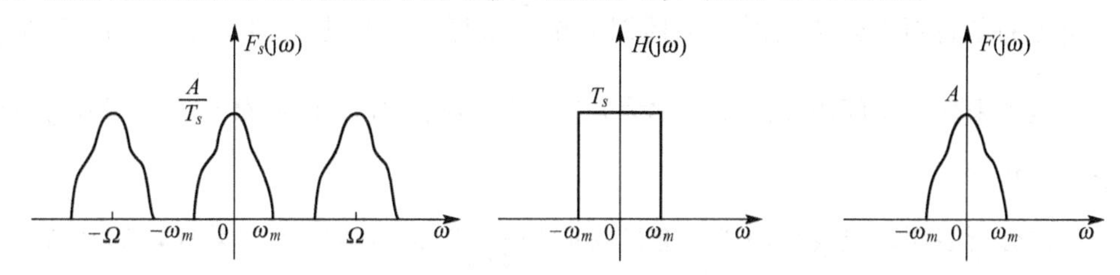

图4.36　信号的恢复原理

理想低通滤波器的频谱为

$$H(\mathrm{j}w)=\begin{cases}T_s & |w|\leqslant w_m\\ 0 & |w|>w_m\end{cases} \tag{4-72}$$

那么

$$F(\mathrm{j}w)=F_s(\mathrm{j}w)\cdot H(\mathrm{j}w) \tag{4-73}$$

这样，从频域中得到了 $F(\mathrm{j}w)$，根据信号和频谱的对应关系，从时域来看，就相当于恢复了连续的模拟信号 $f(t)$。

以上用频域分析的方法讨论了信号的恢复，下面在时域对信号 $f(t)$ 的恢复进一步讨论。对式(4－73)两端做傅里叶逆变换，利用傅里叶变换卷积定理，有

$$\begin{aligned}f(t)&=f_s(t)*h(t)=\Big[\sum_{n=-\infty}^{\infty}f(nT_s)\delta(t-nT_s)\Big]*\frac{T_s\omega_m}{\pi}Sa(\omega_m t)\\&=\sum_{n=-\infty}^{\infty}\frac{T_s\omega_m}{\pi}f(nT_s)\cdot[\delta(n-T_s)*Sa(\omega_m t)]\\&=\sum_{n=-\infty}^{\infty}\frac{T_s\omega_m}{\pi}f(nT_s)Sa[\omega_m(t-nT_s)]\end{aligned}$$

如果取 $T_s=\dfrac{1}{2f_m}$，有

$$f(t)=\sum_{n=-\infty}^{\infty}f(nT_s)\cdot Sa[\omega_m(t-nT_s)] \tag{4-74}$$

从式(4－74)可见，连续信号 $f(t)$ 可由多个位于采样点的采样函数组成，各采样函数的幅值为该点的采样值 $f(nT_s)$。依据式(4－73)，$f(t)$ 可由各抽样值恢复，信号 $f(t)$ 的恢复如图 4.37 所示。

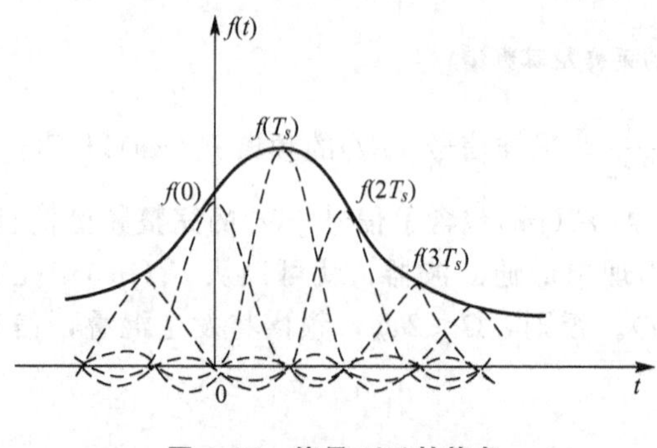

图 4.37　信号 $f(t)$ 的恢复

3. 采样定理

连续时间信号 $f(t)$ 的时域采样定理可以表示为：在频率 f_m(Hz)以上没有频谱分量的带限信号，由它在均匀时间间隔上的采样值唯一决定，只要其采样时间间隔 T_s 小于或等于 $\dfrac{1}{2f_m}$。

这里特别强调，采样频率必须大于或等于信号频谱中最高频率 f_m 的两倍，或者说，必须在信号的最高频率分量处的一个周期内至少采样两次以上，即 $f_s\geqslant 2f_m$ 或 $T_s\leqslant\dfrac{1}{2f_m}$。把允许的最大采样时间间隔 $T_s=\dfrac{1}{2f_m}$ 称为奈奎斯特间隔，把允许的最小采样频率 $f_s=2f_m$ 称为奈奎斯特频率。

上面的分析表明，只要以小于奈奎斯特间隔 $\dfrac{1}{2f_m}$ 对信号进行均匀采样，那么得到的采样信号 $f_s(t)$ 的频谱函数就是 $F(\mathrm{j}w)$ 的周期性复制品，因而采样函数 $f_s(t)$ 就包含了 $f(t)$ 的完整信息。

4. 矩形脉冲采样

理想脉冲采样在理论上是成立的，但在实际应用中却无法实现，因为理想脉冲序列

$\delta_{T_s}(t)$无法得到。在实际工作中，一般把采样器的数学模型看成矩形脉冲序列，假设采样开关闭合时间为τ，矩形脉冲序列如图4.38所示。

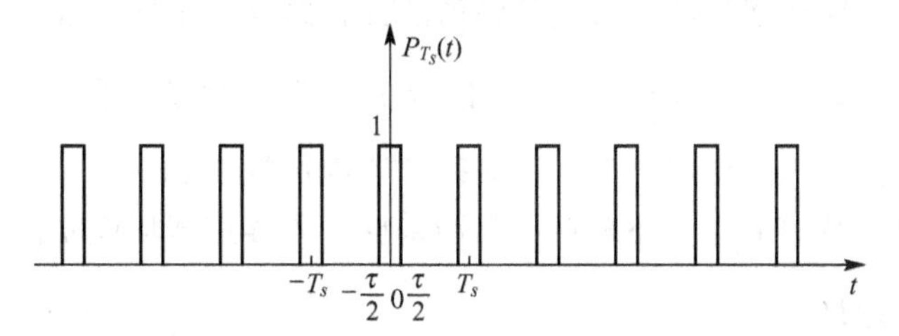

图4.38　矩形脉冲序列

那么，采样信号为

$$f_s(t)=f(t)\cdot P_{T_s}(t)=f(t)\cdot\sum_{n=-\infty}^{\infty}g_\tau(t-nT_s) \tag{4-75}$$

下面讨论采样信号的频谱。

$$P_{T_s}(t)=\sum_{n=-\infty}^{\infty}g_\tau(t-nT_s)\leftrightarrow\frac{2\pi\tau}{T_s}\sum_{n=-\infty}^{\infty}Sa\left(\frac{n\Omega\tau}{2}\right)\delta(\omega-n\Omega)$$

则有

$$\begin{aligned}F[f_s(t)]&=\frac{1}{2\pi}\left[F(\mathrm{j}\omega)*\sum_{n=-\infty}^{\infty}\frac{2\pi\tau}{T_s}Sa\left(\frac{n\Omega\tau}{2}\right)\delta(\omega-n\Omega)\right]\\&=\frac{\tau}{T}\sum_{n=-\infty}^{\infty}Sa\left(\frac{n\Omega\tau}{2}\right)F[\mathrm{j}(\omega-n\Omega)]\end{aligned} \tag{4-76}$$

矩形脉冲采样的原理如图4.39所示。

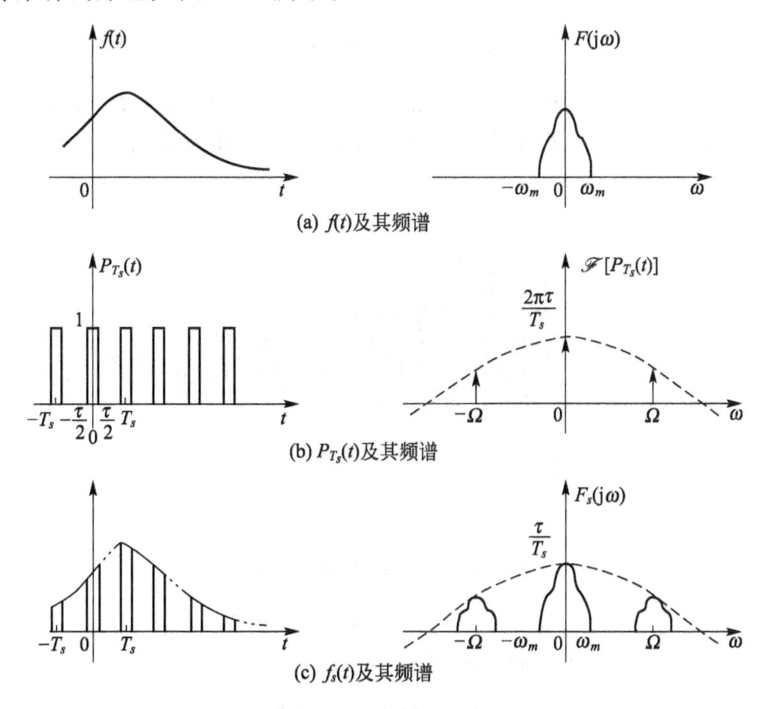

图4.39　矩形脉冲采样

从图 4.39 可知，只要满足 $f_s \geqslant 2f_m$ 或 $T_s \leqslant \frac{1}{2f_m}$ 的条件，得到的采样信号 $f_s(t)$ 的频谱函数仍是 $F(\mathrm{j}w)$ 的周期性复制品，只是其幅值的外包络线为采样函数。

所以，是要 $f_s \geqslant 2f_m$ 或 $T_s \leqslant \frac{1}{2f_m}$，采样信号 $f_s(t)$ 的频谱就不会发生混叠，同样可以通过理想低通滤波器把 $F(\mathrm{j}w)$ 截取出来，从而得到连续信号 $f(t)$。

可见不管是理想脉冲采样，还是矩形脉冲采样，采样定理均成立。

4.6.3 调制与解调

调制就是将基带信号的频谱搬移到信道通带中或者其中的某个频段上的过程，而解调是将信道中来的频带信号恢复为基带信号的反过程。

调制的目的是把要传输的模拟信号或数字信号变换成适合信道传输的信号，这就意味着把基带信号(信源)转变为一个相对基带频率而言频率非常高的带通信号。

假设基带信号为 $f(t)$，又称为调制信号；$c(t)$ 为载波信号，一般采用余弦信号。

$$c(t)=A\cos(w_0 t+\varphi_0)$$

根据所控制的信号参量的不同，调制可分为：调幅(AM)—是用 $f(t)$ 控制 $c(t)$ 的振幅；调频(FM)—是用 $f(t)$ 控制 $c(t)$ 的频率；调相(PM)—是用 $f(t)$ 控制 $c(t)$ 的相位。

下面以余弦调幅为例，介绍调制和解调的原理，如图 4.40 所示。

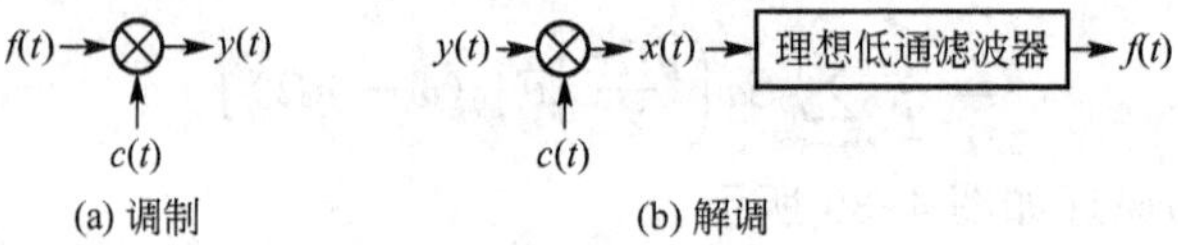

f(t) → ⊗ → y(t)
c(t)
(a) 调制

y(t) → ⊗ → x(t) → 理想低通滤波器 → f(t)
c(t)
(b) 解调

图 4.40 调制解调原理

假设 $c(t)=\cos w_0 t$，调幅就是把调制信号 $f(t)$ 与载波信号 $c(t)$ 相乘，那么载波信号 $c(t)$ 的幅值就随调制信号 $f(t)$ 的幅值大小而变化，所以被称为调幅，如图 4.41 所示。

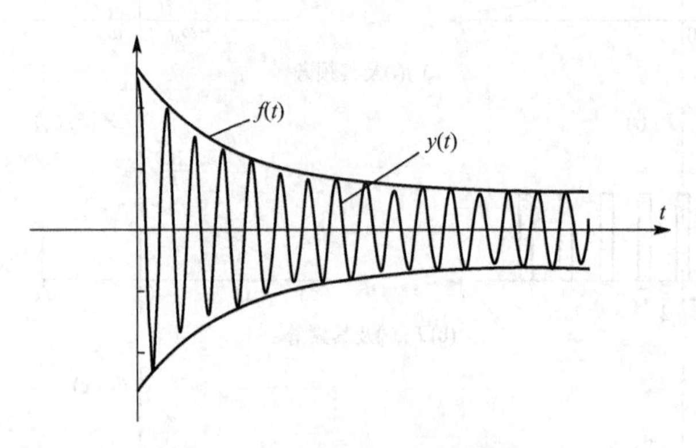

图 4.41 信号调幅的时域波形

由于

$$C(\mathrm{j}\omega)=\pi[\delta(\omega-\omega_0)+\delta(\omega+\omega_0)]$$

$$y(t)=f(t)\cdot c(t)\rightarrow Y(\mathrm{j}w)=\frac{1}{2\pi}F(\mathrm{j}w)*C(\mathrm{j}w)$$

则有

$$Y(\mathrm{j}w)=\frac{1}{2}[F(\mathrm{j}(w-w_0))+F(\mathrm{j}(w+w_0))] \tag{4-77}$$

从式(4－77)可以看出，通过余弦调幅，输出信号 $y(t)$的频谱是把调制信号 $f(t)$的频谱搬移到载波信号的频率处，由于搬移到 $\pm w_0$，所以频谱的幅值变为原来的一半，如图 4.42所示。

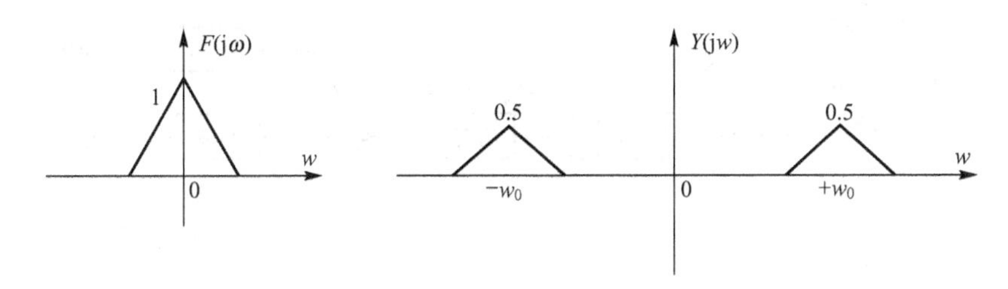

图 4.42　信号调幅的频谱

解调是将信道中来的频带信号恢复为基带信号的反过程。从图 4.42 可以看出，要得到 $f(t)$的频谱 $F(\mathrm{j}w)$，可以先把 $Y(\mathrm{j}w)$搬移到基带附近，再通过理想低通滤波器把基带附近的 $F(\mathrm{j}w)$截取出来。

从图 4.40 可知

$$x(t)=y(t)\cdot c(t)=f(t)\cos^2\omega_0 t=\frac{1}{2}[f(t)+f(t)\cos 2\omega_0 t]$$

其频谱为

$$X(\mathrm{j}\omega)=\frac{1}{2}F(\mathrm{j}\omega)+\frac{1}{4}F(\mathrm{j}(\omega+2\omega_0))+\frac{1}{4}F(\mathrm{j}(\omega-2\omega_0))$$

解调之后的信号 $x(t)$的频谱如图 4.43 所示。

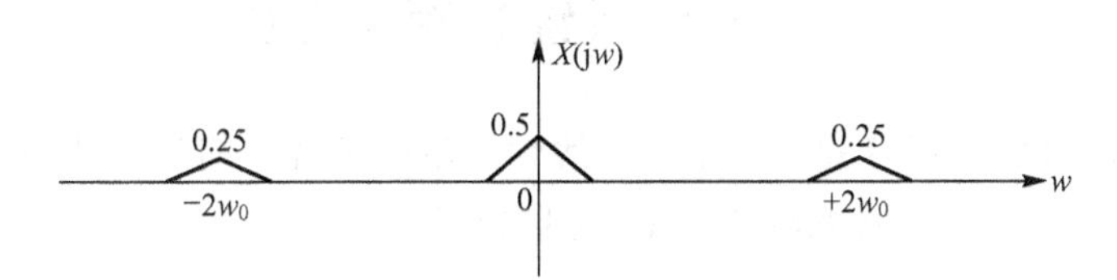

图 4.43　信号 $x(t)$的频谱

由图 4.43 可知，解调之后的信号 $x(t)$包含有完整的 $f(t)$的频谱信息，同时还产生了 $2w_0$ 的高频分量。要恢复信号 $f(t)$，需要采用理想低通滤波器，如图 4.44 所示。

理想低通滤波器的增益为 2，即把基带信号的幅值放大 2 倍；截止频率为 w_0，w_0 为调制信号 $f(t)$的最高频率。

$$H(\mathrm{j}w)=\begin{cases}2 & |w|\leqslant w_0\\ 0 & |w|>w_0\end{cases}$$

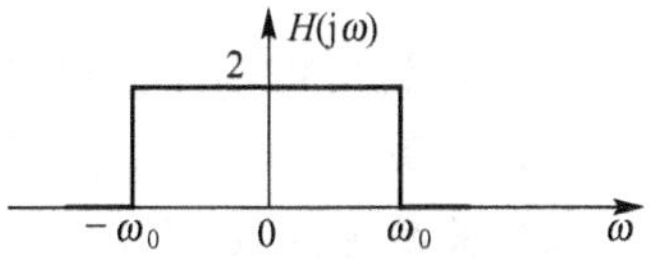

图 4.44　理想低通滤波器

显然有

$$X(\mathrm{j}w)\cdot H(\mathrm{j}w)=F(\mathrm{j}w)$$

从而解调出原信号 $f(t)$。

在调制过程中，通常把若干带限信号 $f_n(t)$分别乘以不同频率的预定义载频信号，把频谱搬移到不同的频率范围(频道)内，从而使得同一信道同时传输多个不同信号且互不影响。在解调过程中，乘以相同的载频信号并通过一个低通滤波器，就可以恢复相应频道的原始信号，这种多个信号同时使用一个信道的技术称为频分复用。频分复用的原理如图 4.45 所示。

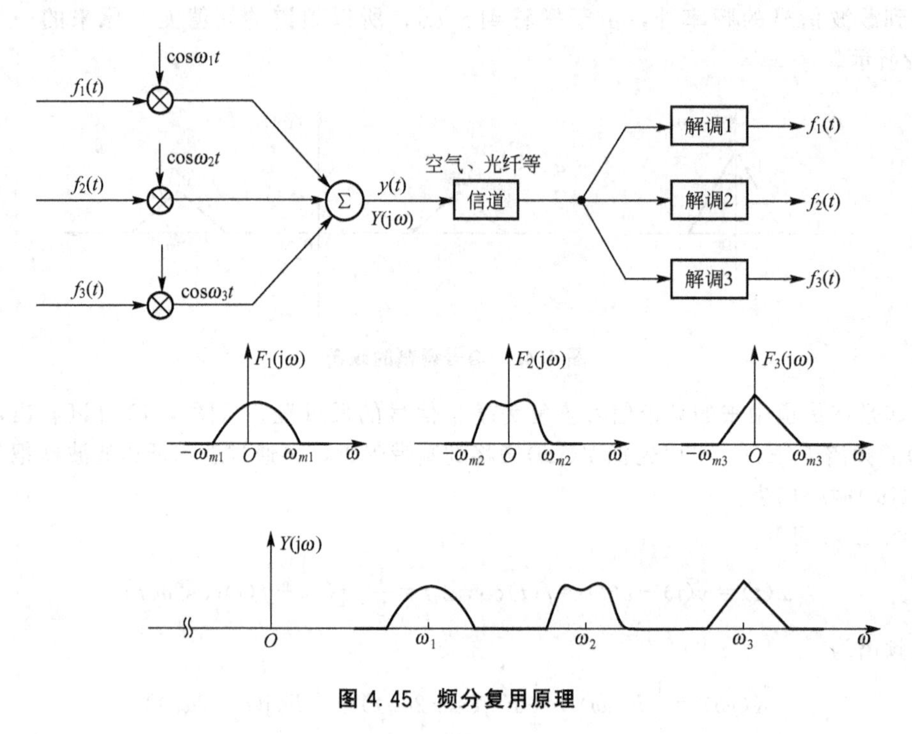

图 4.45 频分复用原理

4.7 连续系统的频域分析

由连续系统的时域分析可知，对于一个线性时不变系统，假设其冲激响应为 $h(t)$，激励信号 $f(t)$，那么产生的零状态响应 $y_f(t)$可以表示为

$$y_f(t)=f(t)*h(t)$$

根据傅里叶变换的卷积定理有

$$Y_f(\mathrm{j}w)=F(\mathrm{j}w)*H(\mathrm{j}w)$$

由傅里叶逆变换可知

$$y_f(t)=F^{-1}(Y_f(\mathrm{j}w))=F^{-1}[F(\mathrm{j}w)*H(\mathrm{j}w)] \tag{4-78}$$

可见，利用频域分析法求解系统的零状态响应，可分为以下步骤。

(1) 对激励信号 $f(t)$进行傅里叶变换得到 $F(\mathrm{j}w)$。

(2) 求系统函数 $H(\mathrm{j}w)$。

(3) 求系统的零状态响应 $y_f(t)$的傅里叶变换 $Y_f(\mathrm{j}w)=F(\mathrm{j}w)*H(\mathrm{j}w)$。

(4) 求 $Y_f(\mathrm{j}w)$的傅里叶逆变换得到 $y_f(t)$。

对于 RLC 电路，电器元件的频域算子模型和时域算子模型的推导相似。

对于电阻，$u(t)=Ri(t)$，两端进行傅里叶变换，有 $U(\mathrm{j}w)=RI(\mathrm{j}w)$，故

$$H_R(\mathrm{j}\omega)=\frac{U(\mathrm{j}\omega)}{I(\mathrm{j}\omega)}=R \qquad (4-79)$$

对于电容，$u(t)=\dfrac{1}{C}\displaystyle\int_{-\infty}^{t} i(\tau)\mathrm{d}\tau$，两端进行傅里叶变换，有 $U(\mathrm{j}\omega)=\dfrac{1}{\mathrm{j}\omega C}I(\mathrm{j}\omega)$，故

$$H_C(\mathrm{j}\omega)=\frac{U(\mathrm{j}\omega)}{I(\mathrm{j}\omega)}=\frac{1}{\mathrm{j}\omega C} \qquad (4-80)$$

对于电感，$u(t)=L\dfrac{\mathrm{d}i(t)}{\mathrm{d}t}$，两端进行傅里叶变换，有 $U(\mathrm{j}\omega)=\mathrm{j}\omega L I(\mathrm{j}\omega)$，故

$$H_L(\mathrm{j}\omega)=\frac{U(\mathrm{j}\omega)}{I(\mathrm{j}\omega)}=\mathrm{j}\omega L \qquad (4-81)$$

例 4-22　已知激励信号 $f(t)=(3\mathrm{e}^{-2t}-2)\varepsilon(t)$，试求图 4.46 所示电路中电容电压的零状态响应 $u_{cf}(t)$。

解：对激励信号 $f(t)=(3\mathrm{e}^{-2t}-2)\varepsilon(t)$ 进行傅里叶变换得到 $F(\mathrm{j}\omega)$ 为

$$F(\mathrm{j}\omega)=\frac{3}{2+\mathrm{j}\omega}-2\left[\pi\delta(\omega)+\frac{1}{\mathrm{j}\omega}\right]$$

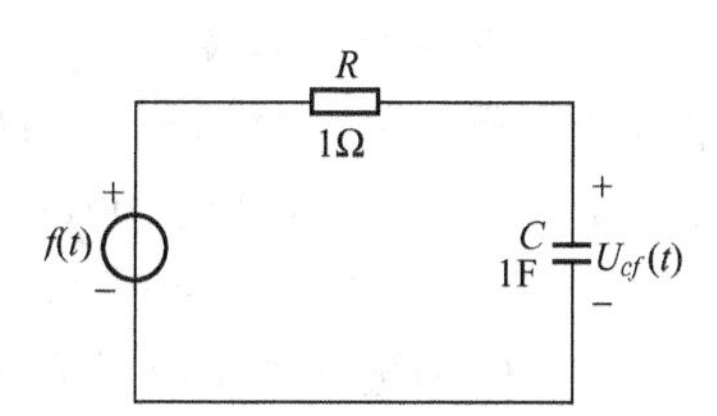

图 4.46　电路图

求系统函数 $H(\mathrm{j}\omega)$。

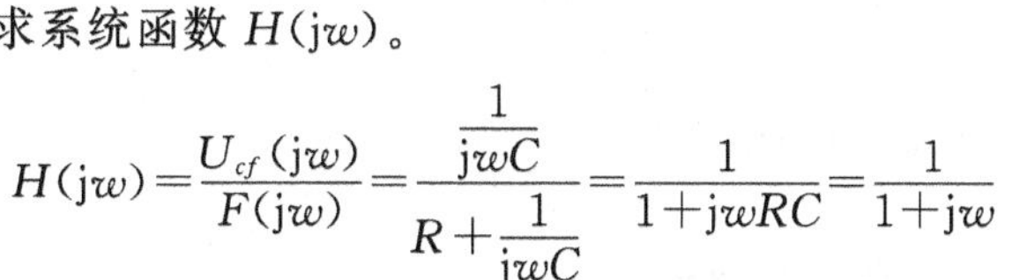

$$H(\mathrm{j}\omega)=\frac{U_{cf}(\mathrm{j}\omega)}{F(\mathrm{j}\omega)}=\frac{\dfrac{1}{\mathrm{j}\omega C}}{R+\dfrac{1}{\mathrm{j}\omega C}}=\frac{1}{1+\mathrm{j}\omega RC}=\frac{1}{1+\mathrm{j}\omega}$$

系统的零状态响应 $y_f(t)$ 的傅里叶变换 $Y_f(\mathrm{j}\omega)=F(\mathrm{j}\omega)*H(\mathrm{j}\omega)$ 得

$$U_{Cf}(\mathrm{j}\omega)=F(\mathrm{j}\omega)*H(\mathrm{j}\omega)=\frac{3}{(2+\mathrm{j}\omega)(1+\mathrm{j}\omega)}-\frac{2}{1+\mathrm{j}\omega}\left(\pi\delta(\omega)+\frac{1}{\mathrm{j}\omega}\right)$$

利用部分因式展开为

$$\begin{aligned}U_{Cf}(\mathrm{j}\omega)&=\frac{3}{(2+\mathrm{j}\omega)(1+\mathrm{j}\omega)}-2\pi\delta(\omega)-\frac{2}{\mathrm{j}\omega(1+\mathrm{j}\omega)}\\&=\frac{3}{1+\mathrm{j}\omega}-\frac{3}{2+\mathrm{j}\omega}-2\pi\delta(\omega)-\left(\frac{-2}{1+\mathrm{j}\omega}+\frac{2}{\mathrm{j}\omega}\right)\\&=\frac{5}{1+\mathrm{j}\omega}-\frac{3}{2+\mathrm{j}\omega}-2\left[\pi\delta(\omega)+\frac{1}{\mathrm{j}\omega}\right]\end{aligned}$$

$U_{Cf}(\mathrm{j}\omega)$ 的傅里叶逆变换得到 $u_{Cf}(t)$ 为

$$u_{Cf}(t)=(5\mathrm{e}^{-t}-3\mathrm{e}^{-2t}-2)\varepsilon(t)$$

例 4-23　已知系统如图 4.47 所示，其中，$f(t)=8\cos(100t)\cos(500t)$，$s(t)=\cos(500t)$，理想低通滤波器的系统函数 $H(\mathrm{j}\omega)=\varepsilon(\omega+120)-\varepsilon(\omega-120)$，求系统响应 $y(t)$。

解：$f(t)$ 是调制信号，$s(t)$ 是载波信号，因此 $x(t)=f(t)\cdot s(t)$ 是信号调制过程。$H(\mathrm{j}\omega)$ 是理想低通滤波器。

图 4.47　系统框图

由 $f(t)=8\cos100t\cos500t$，其傅里叶变换为

$$\cos100t\xrightarrow{FT}\pi[\delta(\omega-100)+\delta(\omega+100)]$$

$$\cos500t\xrightarrow{FT}\pi[\delta(\omega-500)+\delta(\omega+500)]$$

则有

$$F(\mathrm{j}w)=8\,\frac{1}{2\pi}\pi^2[\delta(w-100)+\delta(w+100)]*[\delta(w-500)+\delta(w+500)]$$
$$=4\pi[\delta(w-600)+\delta(w-400)+\delta(w+400)+\delta(w+600)]$$

$s(t)$的傅里叶变换为

$$s(t)=\cos 500t \xrightarrow{FT} S(\mathrm{j}w)=\pi[\delta(w-500)+\delta(w+500)]$$

$x(t)$的傅里叶变换为

$$X(\mathrm{j}w)=F[f(t)s(t)]=\frac{1}{2\pi}F(\mathrm{j}w)*S(\mathrm{j}w)$$
$$=2\pi[\delta(w-1100)+\delta(w-900)+\delta(w+900)$$
$$+\delta(w+1100)]+4\pi[\delta(w-100)+\delta(w+100)]$$

由于理想低通滤波器 $H(\mathrm{j}w)=\varepsilon(w+120)-\varepsilon(w-120)$，对 $X(\mathrm{j}w)$中大于 120Hz 的频率分量全部抑制，对小于 120Hz 的频率分量全部通过。可见，$X(\mathrm{j}w)$中 100Hz 的频率分量能全部通过，900 和 1100Hz 的频率分量全部被抑制。

$$Y(\mathrm{j}w)=F[f(t)s(t)]H(\mathrm{j}w)=4\pi[\delta(w-100)+\delta(w+100)]$$

对 $Y(\mathrm{j}w)$进行傅里叶逆变换得

$$y(t)=4\cos 100t$$

本 章 小 结

本章从信号的正交分解推导出周期信号的三角形式和指数形式傅里叶级数，并讨论了周期信号傅里叶级数频谱的特点。从周期信号与非周期信号的关系推导出非周期信号的傅里叶变换，给出了常见信号的傅里叶变换对，并详细介绍了傅里叶变换的性质。由于傅里叶变换的便捷性，利用两者频谱之间的关系，推导了周期信号的傅里叶变换，把周期信号与非周期信号都统一用傅里叶变换分析其频谱特性，这给信号的频域分析带来了极大的方便。最后详细介绍了傅里叶变换的三大应用和连续系统的频域分析。

习 题 四

4.1　求题图 4.1 所示信号的傅里叶级数展开式。

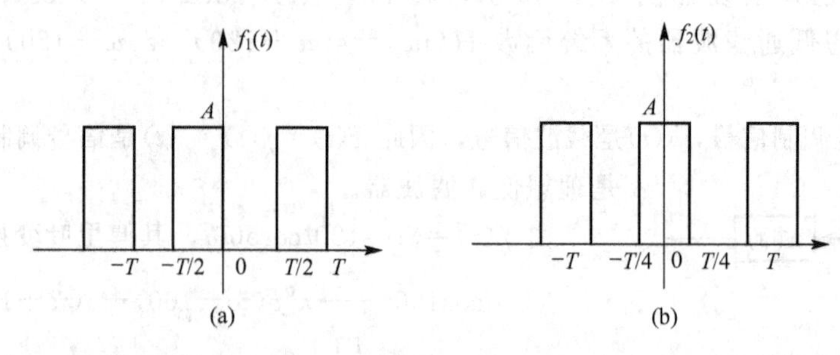

题图 4.1

4.2 求题图 4.2 所示信号的傅里叶变换。

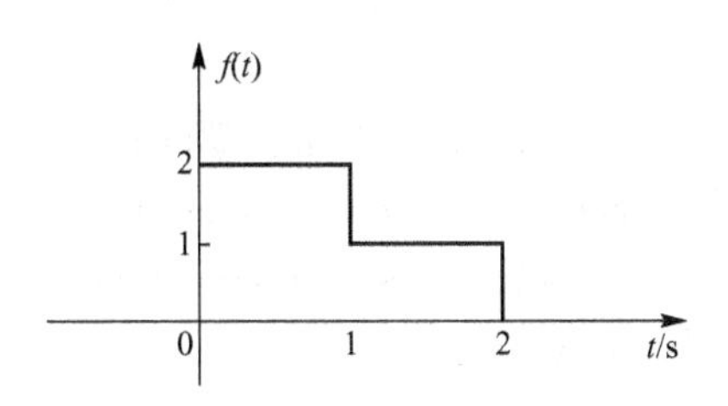

题图 4.2

4.3 试用 $f(t)$的傅里叶变换 $F(\mathrm{j}\omega)$，表示如下函数的傅里叶变换。

(1) $tf(2t)$　　(2) $(t-2)f(t)$

(3) $(t-2)f(-2t)$　　(4) $t\dfrac{\mathrm{d}f(t)}{\mathrm{d}t}$

(5) $(1-t)f(1-t)$

4.4 求下列信号的频谱函数。

(1) $\dfrac{\sin t}{t}$　　(2) $\dfrac{\sin t\cdot\sin 2t}{t^2}$

(3) $\dfrac{\sin^2 2t}{t^2}$　　(4) $\dfrac{\sin^2 2t}{\pi^2 t^2}\cos 2t$

(5) $\dfrac{\pi t\cos\pi t-\sin\pi t}{\pi^2 t^2}$　　(6) $\dfrac{5\pi t\cos 5\pi t-\sin 5\pi t}{5\pi^2 t^2}\cos t$

4.5 求积分。

(1) $\displaystyle\int_{-\infty}^{+\infty}\frac{\sin^2 2t}{t^2}\mathrm{d}t$　　(2) $\displaystyle\int_{-\infty}^{+\infty}\frac{\sin^2 2t}{\pi^2 t^2}\cos 2t\mathrm{d}t$

(3) $\displaystyle\int_{-\infty}^{+\infty}\frac{\pi t\cos\pi t-\sin\pi t}{\pi^2 t^2}\mathrm{d}t$　　(4) $\displaystyle\frac{1}{\pi}\int_{-\infty}^{+\infty}Sa(\omega)\mathrm{d}\omega$

4.6 已知信号 $f(t)\rightarrow F(\mathrm{j}w)$，求 $y(t)$的傅里叶变换。

(1) $y(t)=f\left(\dfrac{t}{2}+3\right)$　　(2) $y(t)=f\left(\dfrac{t}{a}+b\right)$，$a$、$b$ 不为 0

4.7 有限频带信号 $f_1(t)$的最高频率 $\omega_1(f_{m1})$，$f_2(t)$的最高频率 $\omega_2(f_{m2})$，对下列信号进行时域抽样，试求使频谱不发生混叠的 Nyquist 频率 f_s和 Nyquist 间隔 T_s。

(1) $f_1(4t)$　　(2) $f_2^2(t)$　　(3) $f_1(4t)+f_2^2(t)$

4.8 已知 $f(t)=2\cos 995t\cdot\dfrac{\sin 5t}{\pi t}$；$h(t)=2\cos 1000t\cdot\dfrac{\sin 4t}{\pi t}$，试用傅里叶变换法求 $f(t)*h(t)$。

4.9 已知如题图 4.9 所示系统，其中 $h_1(t)=\dfrac{\sin 2t}{\pi t}$，$h_2(t)=2\pi\cdot\dfrac{\sin t}{\pi t}\cdot\dfrac{\sin 2t}{\pi t}$，求整个系统的冲激响应 $h(t)$。

$f(t)\rightarrow$ [$h_1(t)$] $\rightarrow$ [$h_2(t)$] $\rightarrow y_f(t)$

题图 4.9

4.10　已知如题图 4.9 所示系统，其中 $h_1(t)=\dfrac{\sin 2t}{\pi t}$，$h_2(t)=\dfrac{\sin t}{\pi t}\cdot\cos 2t$，求整个系统的冲激响应 $h(t)$。

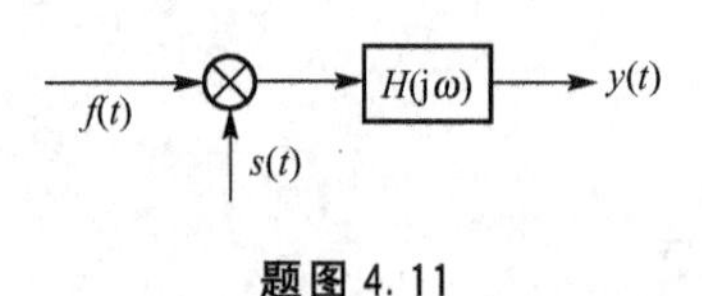

题图 4.11

4.11　已知如题图 4.11 所示系统，其中 $f(t)=2\cos 100t\cdot\cos 500t$，$s(t)=\cos 500t$。理想低通滤波器的系统函数 $H(\mathrm{j}\omega)=\varepsilon(\omega+120)-\varepsilon(\omega-120)$，求系统的输出响应 $y(t)$。

4.12　假定输入信号 $f(t)=\cos 2t+\sin 6t$ 通过一个具有冲激响应为 $h(t)=\dfrac{\sin 4\pi t}{\pi t}$ 的 LTI 系统，求系统的输出响应 $y(t)$。

4.13　假定输入信号 $f(t)=\cos 2t+\sin 4t+\cos 6t+\sin 8t$ 通过一个具有冲激响应为 $h(t)=\dfrac{\sin 5\pi t}{\pi t}$ 的 LTI 系统，求系统的输出响应 $y(t)$。

4.14　某 LTI 系统的 $|H(\mathrm{j}\omega)|$ 和 $\varphi(\omega)$ 如题图 4.14 所示，若输入信号为 $f(t)=1+4\sin 4t+8\cos 8t+16\sin 16t$，求系统的输出响应 $y(t)$。

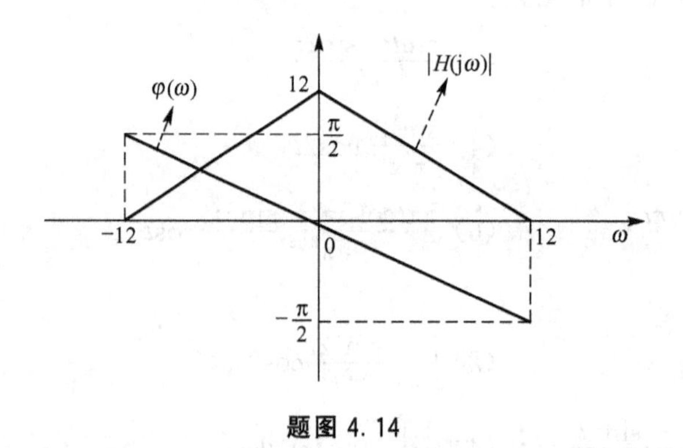

题图 4.14

4.15　如题图 4.15(a)所示为二次载波振幅调制系统。已知输入信号 $f(t)=\dfrac{\sin t}{\pi t}$，$-\infty<t<\infty$，调制信号 $s(t)=\cos 500t$，$-\infty<t<\infty$，低通滤波器的传递函数如题图 4.15(b)所示，其相位特性为 $\varphi(w)=0$，求系统的输出响应 $y(t)$。

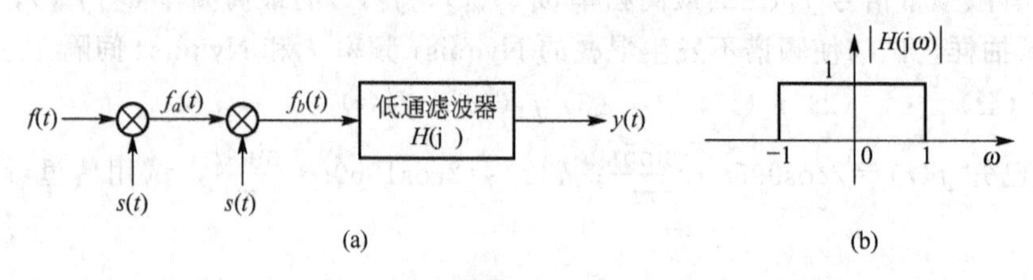

题图 4.15

4.16　已知系统的传递函数如题图 4.16 所示，若输入 $f(t)=\sum\limits_{n=0}^{\infty}\cos nt$，求系统的输出响应 $y_f(t)$。

4.17　已知某 LTI 时不变系统的频率响应如下所示，若输入 $f(t)=\dfrac{\sin 4t}{t}\cos 6t$，求系

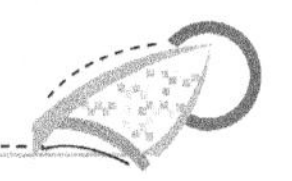

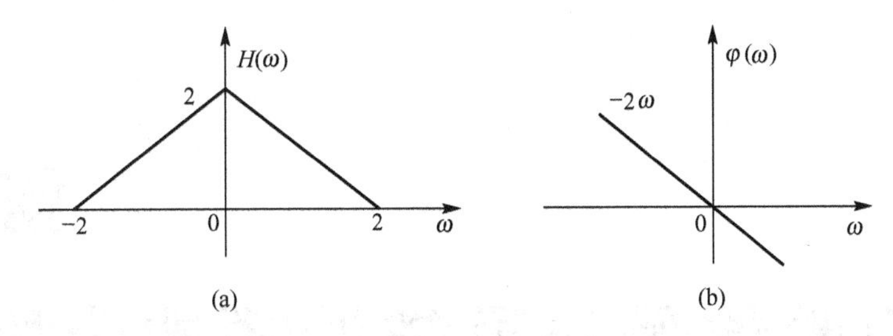

题图 4.16

统的输出响应 $y(t)$。

$$H(\mathrm{j}\omega)=\begin{cases}\mathrm{e}^{-\mathrm{j}3\omega}, & |\omega|\leqslant 6\mathrm{rad/s}\\ 0, & |\omega|>6\mathrm{rad/s}\end{cases}$$

4.18　某系统的微分方程为 $y'(t)+2y(t)=f(t)$，用频域分析法求 $f(t)=\mathrm{e}^{-t}\varepsilon(t)$时系统的输出响应 $y(t)$。

第5章

离散信号与系统的频域分析

本章学习目标

★ 了解周期序列的离散时间傅里叶级数的定义和计算；
★ 了解非周期序列的离散时间傅里叶变换的定义和计算；
★ 了解周期序列的离散时间傅里叶变换；
★ 了解离散傅里叶变换的快速算法；
★ 了解离散信号与系统的频域分析。

本章教学要点

知识要点	能力要求	相关知识
离散时间傅里叶级数	了解周期序列的离散时间傅里叶级数定义和计算	周期序列的离散时间傅里叶级数、周期序列频谱特点
非周期序列的离散时间傅里叶变换	了解非周期信号的傅里叶变换的定义和计算	非周期序列离散时间傅里叶变换、逆变换、常见序列傅里叶变换、傅里叶变换的性质
周期序列的离散时间傅里叶变换	了解周期序列的离散时间傅里叶变换的方法	周期序列和非周期序列统一用离散傅里叶变换表示
傅里叶变换快速算法	了解 FFT 的算法	时间抽取的基 2 算法
离散信号与系统频域分析	了解离散信号与系统频域分析	利用时域卷积和定理，分析序列通过系统的频域响应

导入案例

离散傅里叶变换在信号处理、故障诊断、模式识别、数字滤波等方向都有广泛的应用。特别是离散傅里叶变换的快速算法 FFT 诞生以后，利用计算机对各种信号进行快速傅里叶变换，可以方便地进行信

号和系统的频域分析。如图 1 所示，压气机发生喘振时会伴随特有的噪声，但是这种噪声很可能被压气机本身的噪声所淹没。可以利用声音传感器测量压气机声音信息，然后对其快速傅里叶变换，根据声音频谱就能诊断压气机的喘振故障。

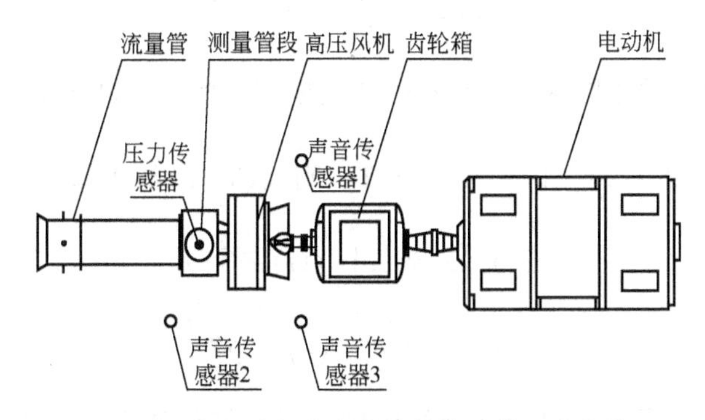

图 1 压气机喘振声音信号的快速傅里叶变换

引言

本章主要介绍离散序列与系统的频域分析方法，本章的分析方法与连续时间信号与系统对应的频域分析方法在思路上一脉相承。先给出周期序列的离散时间傅里叶级数，利用周期序列和非周期序列的关系，推导出非周期序列的离散时间傅里叶变换。然后，把周期序列和非周期序列都统一用离散时间傅里叶变换来表示。由于离散时间傅里叶变换的频谱是连续的，这使得利用计算机分析离散序列的频率特性非常不便，从而引入离散傅里叶变换。虽然离散傅里叶变换的频谱是离散的，但是其计算量相当大，因此需要对离散傅里叶变换进行改进，从而产生快速傅里叶变换，这给计算机分析离散序列的频率特性带来极大方便。最后，给出离散序列的频率响应。

5.1 周期序列的离散时间傅里叶级数

如果序列 $f(k)$满足

$$f(k)=f(k+N)$$

则称 $f(k)$为周期序列，其周期为 N(N 为正整数)。而复序列 $e^{j\frac{2\pi}{N}k}$ 就是一个以 N 为周期的周期序列。若将所有以 N 为周期的序列组成一个序列集，即

$$\Phi_n(k)=\{e^{jn\frac{2\pi}{N}k}\} \quad n=0,\ \pm1,\ \pm2,\ \cdots \tag{5-1}$$

N 为序列集的基波周期，基波频率为$\frac{2\pi}{N}$。在序列集中，任何序列的频率为基波频率的整数倍，因此它们之间成谐波关系。

与连续信号的傅里叶级数表示相似，用序列集 $\Phi_n(k)$中独立的 N 个复指数序列的线性组合来表示一个周期序列，这种表示就称为离散时间傅里叶级数(DFS)。

5.1.1 离散时间傅里叶级数(DFS)

周期为 T 的连续信号 $f(t)$，如果满足狄里赫利条件，则有

$$F(n\Omega)=\frac{1}{T}\int_{-\frac{T}{2}}^{\frac{T}{2}}f(t)\mathrm{e}^{-\mathrm{j}n\Omega t}\mathrm{d}t \tag{5-2}$$

$$f(t)=\sum_{n=-\infty}^{\infty}F(n\Omega)\mathrm{e}^{\mathrm{j}n\Omega t} \tag{5-3}$$

其中，$\Omega=\frac{2\pi}{T}$为基波角频率，这就是连续周期信号的傅里叶级数。若设其基波频率为$f_1=\frac{1}{T}$，将积分区间由$-\frac{T}{2}\sim+\frac{T}{2}$移到$0\sim T$，则式(5-2)与式(5-3)可写为

$$F(nf_1)=\frac{1}{T}\int_0^T f(t)\mathrm{e}^{-\mathrm{j}n\frac{2\pi}{T}t}\mathrm{d}t \tag{5-4}$$

$$f(t)=\sum_{n=-\infty}^{\infty}F(nf_1)\mathrm{e}^{\mathrm{j}n\frac{2\pi}{T}t} \tag{5-5}$$

DFS的输入是一个序列，而不是连续时间信号。序列通常是以周期T_N秒等间隔、周期地对连续信号采样而产生的。如果在周期信号$f(t)$的一个周期中采集N个样点，则有$T=NT_N$(T_N为采样间隔)。这样就得到一个数据序列$f(kT_N)$，可以简记为$f(k)$。数据的顺序k确定了采样时刻，而采样间隔T_N隐含在$f(k)$中。为了计算数据序列$f(k)$的傅里叶级数系数，对式(5-4)做如下的变化：$T=NT_N$，$t\to kT_N$，$dt\to T_N$，$\int_0^T\to\sum_{k=0}^{N-1}$，于是可得

$$F_n=\frac{1}{NT_N}\sum_{k=0}^{N-1}f(k)\mathrm{e}^{-\mathrm{j}n\frac{2\pi}{NT_N}k\cdot T_N}\cdot T_N=\frac{1}{N}\sum_{k=0}^{N-1}f(k)\mathrm{e}^{-\mathrm{j}\frac{2\pi}{N}kn} \tag{5-6}$$

由式(5-6)可知，周期序列$f(k)$的傅里叶级数仍为一数据序列F_n，其基波频率f_1仍隐藏在序列数n中，即$F_n=F(nf_1)$。由于F_n是周期为N的周期序列，因此式(5-6)可以写成

$$F_n=\frac{1}{N}\sum_{k=\langle N\rangle}f(k)\mathrm{e}^{-\mathrm{j}\frac{2\pi}{N}kn} \tag{5-7}$$

式中：$k=\langle N\rangle$，表示k只要从一整数开始，连续取N个整数即可，一般情况下k取$0\sim N-1$，这和周期序列的傅里叶级数相似。

对式(5-5)做如下变化，$T=NT_N$，$t\to kT_N$，$\Omega=\frac{2\pi}{T}=\frac{2\pi}{NT_N}$，可得

$$f(k)=\sum_{n=\langle N\rangle}F_n\mathrm{e}^{\mathrm{j}\frac{2\pi}{N}kn} \tag{5-8}$$

式(5-7)和式(5-8)分别构成了周期序列的离散时间傅里叶级数DFS正变换和逆变换。与周期序列傅里叶级数的情况一样，F_n称为离散傅里叶级数的系数，也称为$f(k)$的频谱系数。

5.1.2 周期序列的频谱

由于有

$$F_n=\frac{1}{N}\sum_{k=0}^{N-1}f(k)\mathrm{e}^{-\mathrm{j}\frac{2\pi}{N}kn} \tag{5-9}$$

可知，周期序列$f(k)$的频谱F_n是一个离散的且周期为N的序列，这与时域和频域的对应关系是相符的，即时域离散，频域周期；时域周期，频域离散。$f(k)$是离散的周期序

列，F_n 是周期的离散序列，其周期为 N，通常将 F_n 中的 n 从 $0\sim N-1$ 取值的周期称为 $f(k)$频谱的主值周期，或简称主周期。和周期序列的傅里叶级数相似，周期序列的离散时间傅里叶级数 DFS 的谱线只分布在基波频率$\frac{2\pi}{N}$的整数倍处，即 $w=n\frac{2\pi}{N}$。可见当 n 当从 $0\sim N-1$ 变化为一个周期，其数字上变化 N，连续频率变化 2π，故离散时间傅里叶级数频谱数字周期为 N，模拟周期为 2π，即其频谱以 2π 为周期，每一个 2π 长度的频率轴上间隔均匀地取 N 个点，每一个点上的谱线为该谐波分量的振幅。

通常，F_n 是一个关于 n 的复函数。采用与连续时间傅里叶级数同样的方法，可以证明当 $f(k)$是实周期序列时，其离散傅里叶级数的系数满足

$$F_n^* = F_{-n} \tag{5-10}$$

以周期矩形脉冲序列讨论离散时间傅里叶级数频谱。

例 5-1　计算如图 5.1 所示周期矩形脉冲序列 $f(k)$的离散时间傅里叶级数频谱。

$$f(k)=\begin{cases}1 & |k|\leqslant N_1\\ 0 & N_1<|k|<\frac{N}{2}\end{cases}$$

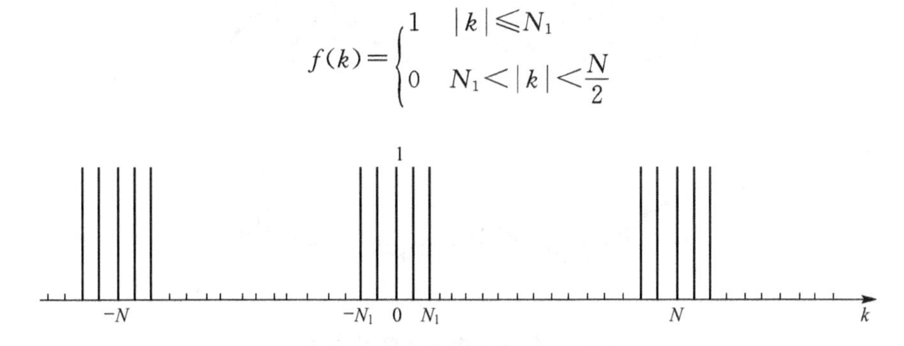

图 5.1　周期矩形脉冲序列

解：计算 $f(k)$的离散时间傅里叶级数如果从第一个周期 $0\sim N-1$ 计算，则不方便。这里考虑到序列是关于 $k=0$ 对称的，因此选择对称区间求和可以使计算更加简单。

$$F_n=\frac{1}{N}\sum_{k=-N_1}^{N_1}\mathrm{e}^{-\mathrm{j}n\frac{2\pi}{N}k}=\frac{1}{N}\cdot\frac{\mathrm{e}^{\mathrm{j}\left(\frac{2\pi}{N}\right)nN_1}-\mathrm{e}^{-\mathrm{j}\left(\frac{2\pi}{N}\right)n(N_1+1)}}{1-\mathrm{e}^{-\mathrm{j}\frac{2\pi}{N}n}}$$

$$=\begin{cases}\dfrac{1}{N}\dfrac{\sin\left[\frac{2\pi}{N}\left(N_1+\frac{1}{2}\right)n\right]}{\sin\left(\frac{\pi}{N}\right)n} & n\neq 0,\pm N,\pm 2N,\cdots\\[2ex] \dfrac{2N_1+1}{N} & n=0,\pm N,\pm 2N,\cdots\end{cases} \tag{5-11}$$

频谱图的绘制比较困难。先分析 F_n 的包络，为此，将式(5-11)中的$\left(\frac{2\pi}{N}n\right)$用连续变量 ω 来替换，即有

$$F_n=\frac{1}{N}\frac{\sin(2N_1+1)\omega/2}{\sin\omega/2}\bigg|_{\omega=\frac{2\pi}{N}n}\quad n\neq0,\ \pm N,\ \pm 2N,\ \cdots \tag{5-12}$$

根据式(5-11)绘制其包络线，将此包络线在频率上按$\frac{2\pi}{N}$为间隔取离散样值即可。当 $N_1=2$，N 分别取 10、20、40 时，其频谱如图 5.2 所示。

从图 5.2 可以看出，周期序列的频谱是离散的，而且是以数字 N(或者对 ω 而言是

2π)为周期的。当脉冲宽度 N_1 不变时，频谱包络线的形状不变，只是随着 N 的增大，谱线的幅度减小，且谱线的间隔减小，即频谱分量增加了。周期 N 增大，相当于时域扩展，根据时域与频域的对应关系，时域扩展，频域压缩。即随着 N 增大，频域谱线变得更多，间隔更小。

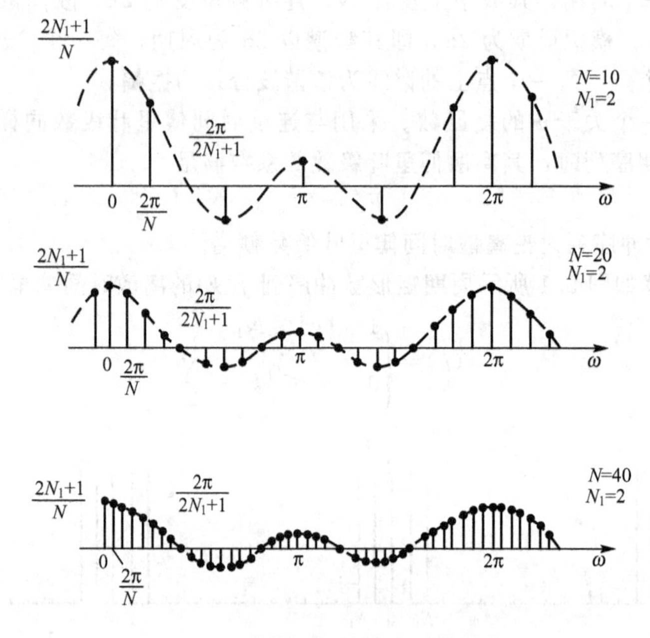

图 5.2　周期矩形脉冲序列的频谱

当周期 N 不变，脉冲宽度 N_1 改变，则包络线的形状就要发生变化。假设 $N_1=1$，$N=10$，则其频谱如图 5.3 所示。

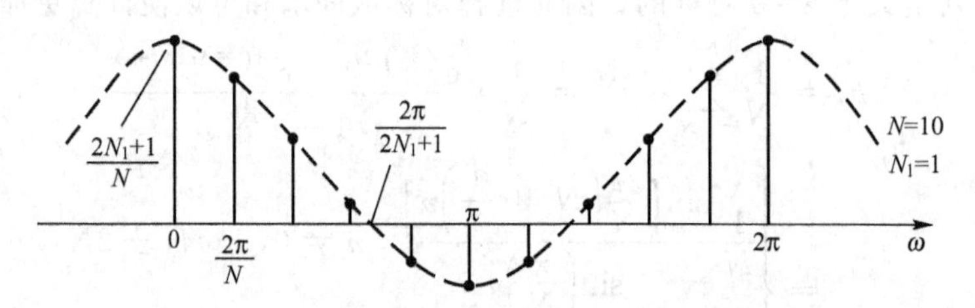

图 5.3　$N_1=1$，$N=10$ 时矩形脉冲序列频谱

对照图 5.2 和图 5.3 可知，脉冲宽度 N_1 越小，其频谱的主瓣宽度越宽，即序列持续时间越短，其带宽越大。这和连续信号的脉冲宽度与带宽的关系一致。

5.2　非周期序列的离散时间傅里叶变换

从 5.1 节的讨论可知，当 N_1 不变，N 增大时，周期序列频谱的谱线间隔随之减小，当周期 N 趋于无穷大时，周期序列变为非周期序列，其频谱从离散变为连续，且谱线的幅度也会变为 0。因此，采用傅里叶级数无法表示非周期序列的频谱特性。为此，需要建立非周期序列的傅里叶表示，即离散时间傅里叶变换(DTFT)。在这里，需要区分几个概

念，即离散时间傅里叶变换(DTFT)、离散傅里叶变换(DFT)、快速傅里叶变换(FFT)。由于离散时间傅里叶变换(DTFT)的频谱是连续的，无法用计算分析其频谱特性，因此，需要把 DTFT 的频谱进行离散化，即得到离散傅里叶变换(DFT)，而求解 DFT 的计算量特别大，因此对 DFT 进行简化运算，即为快速傅里叶变换(FFT)。

5.2.1　离散时间傅里叶变换(DTFT)

第 4 章中讨论连续非周期信号傅里叶变换时，首先分析了周期信号的傅里叶级数，接着令周期信号的周期趋于无穷大，从而引出了非周期信号的傅里叶变换。下面采用同样方式来讨论非周期序列的离散时间傅里叶变换。

图 5.4(a)表示某周期序列 $f_N(k)$，当其周期 N 趋于无穷大时，周期序列 $f_N(k)$就演变为非周期序列 $f(k)$，如图 5.4(b)所示。

$$f(k)=\begin{cases} f_N(k) & |k|\leqslant N_1 \\ 0 & |k|>N_1 \end{cases} \tag{5-13}$$

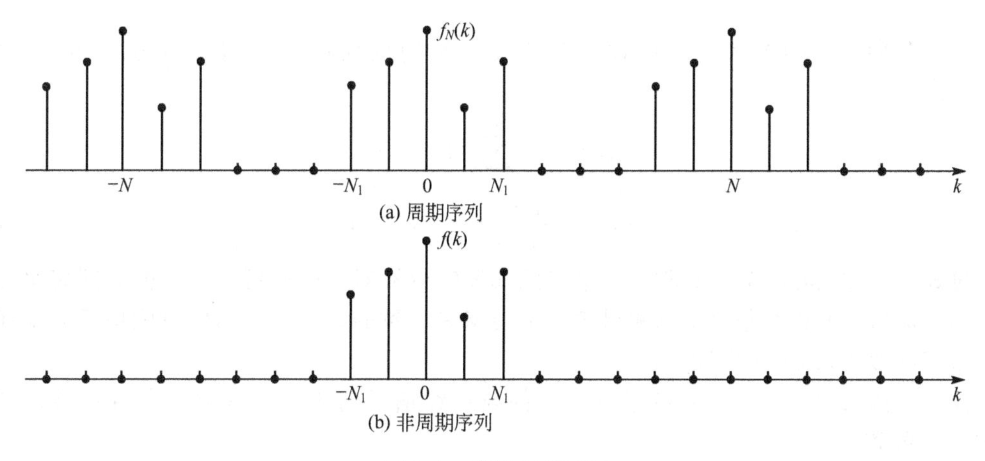

图 5.4　离散时间序列

根据 DFS 的定义，图 5.4(a)所示周期序列的离散时间傅里叶级数可以表示为

$$f_N(k)=\sum_{n=<N>}F_n \mathrm{e}^{\mathrm{j}\left(\frac{2\pi}{N}\right)nk} \tag{5-14}$$

$$F_n=\frac{1}{N}\sum_{k=<N>}f_N(k)\mathrm{e}^{-\mathrm{j}\left(\frac{2\pi}{N}\right)kn} \tag{5-15}$$

由图 5.4(a)可知，当 $N_1<|k|\leqslant\frac{N}{2}$时，$f_N(k)=0$，式(5-15)可改写为

$$F_n=\frac{1}{N}\sum_{k=-N_1}^{N_1}f_N(k)\mathrm{e}^{-\mathrm{j}\left(\frac{2\pi}{N}\right)kn} \tag{5-16}$$

当$|k|<N_1$ 时，$f_N(k)=f(k)$，式(5-16)又可写为

$$F_n=\frac{1}{N}\sum_{k=-N_1}^{N_1}f(k)\mathrm{e}^{-\mathrm{j}\left(\frac{2\pi}{N}\right)kn} \tag{5-17}$$

当 $N\rightarrow\infty$时，其频谱谱线间隔$\frac{2\pi}{N}$趋于 $\mathrm{d}w$，而$\frac{2\pi}{N}n$ 则趋于连续频率 w，NF_n 的极限为

w 的函数，假设用 $F(e^{jw})$来表示 NF_n，则有

$$F(e^{j\omega}) = \sum_{k=-\infty}^{\infty} f(k) e^{-j\omega k} \tag{5-18}$$

式中：$F(e^{j\omega})$为非周期序列 $f(k)$的频谱密度函数，它是 w 的函数且其周期为 2π。

非周期序列 $f(k)$的频谱密度函数 $F(e^{j\omega})$与其对应的周期序列 $f_N(k)$的离散时间傅里叶级数 F_n 之间的关系可以通过式(5－18)和式(5－17)对比得到。

$$F_n = \frac{1}{N} F(e^{jw}) \bigg|_{w=\frac{2\pi}{N}n} \tag{5-19}$$

将式(5－19)代入式(5－14)，有

$$f_N(k) = \frac{1}{N} \sum_{k=<N>} F(e^{j\omega}) e^{j\frac{2\pi}{N}nk} \tag{5-20}$$

由于 $N\to\infty$时，$\frac{1}{N}\to\frac{d\omega}{2\pi}$，$\frac{2\pi}{N}n\to\omega$，求和趋于积分，则式(5－20)可以写成

$$f(k) = \frac{1}{2\pi} \int_{2\pi} F(e^{j\omega}) e^{j\omega k} d\omega \tag{5-21}$$

因此非周期序列的离散时间傅里叶正变换和逆变换可以分别表示为式(5－22)和式(5－23)。

$$F(e^{j\omega}) = \sum_{k=-\infty}^{\infty} f(k) e^{-j\omega k} \tag{5-22}$$

$$f(k) = \frac{1}{2\pi} \int_{2\pi} F(e^{j\omega}) e^{j\omega k} d\omega \tag{5-23}$$

将式(5－22)和式(5－23)称为离散时间傅里叶变换对。由此可知，离散时间傅里叶变换与第 4 章讨论的连续信号的傅里叶变换的定义是一致的，只是，离散时间傅里叶变换的频谱密度函数是以 2π 为周期的。

同样，离散时间傅里叶变换存在的条件与连续信号傅里叶变换存在条件一致，如果 $f(k)$绝对可和，即

$$\sum_{k=-\infty}^{+\infty} |f(k)| < \infty \tag{5-24}$$

则式(5－22)一定收敛，而且收敛于一个关于 w 的连续函数 $F(e^{j\omega})$。

一般情况下，$F(e^{j\omega})$是一个复函数，即

$$F(e^{j\omega}) = |F(e^{j\omega})| e^{j\theta(w)} \tag{5-25}$$

式中：$|F(e^{j\omega})|$是 $F(e^{j\omega})$的模，$\theta(w)$是 $F(e^{j\omega})$的相位。$|F(e^{j\omega})|$和 $\theta(w)$关于 w 的曲线分别称为幅度谱和相位谱。同理，$|F(e^{j\omega})|$是偶函数，$\theta(w)$是奇函数。

5.2.2 常见序列的离散时间傅里叶变换

为了进一步理解离散序列的离散时间傅里叶变换，下面讨论几个常见序列的离散时间傅里叶变换。

例 5－2 如图 5.5 所示的指数序列 $f(k)=a^k\varepsilon(k)$，$0<a<1$ 的离散时间傅里叶变换。

解： 根据离散时间傅里叶变换的定义，有

$$F(e^{j\omega}) = \sum_{k=-\infty}^{\infty} a^k \varepsilon(k) e^{-j\omega k} = \sum_{k=-\infty}^{\infty} (a e^{-j\omega})^k = \frac{1}{1 - a e^{-j\omega}}$$

其幅度谱和相位谱如图 5.6 所示。

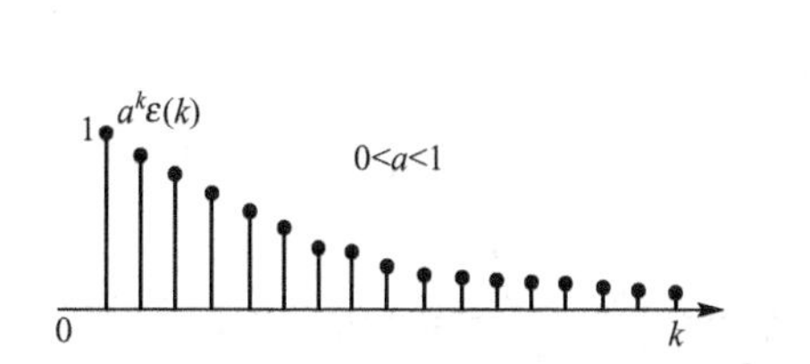

图 5.5　指数序列 $f(k)=a^k\varepsilon(k)$，$0<a<1$

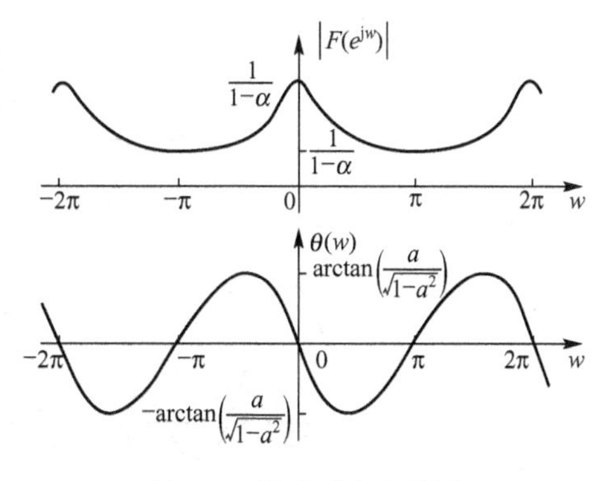

图 5.6　幅度谱和相位谱

从图 5.6 可知，非周期序列的幅度谱和相位谱都是以 2π 为周期的周期函数，因此一般只需要画出 $0\sim2\pi$ 或者 $-\pi\sim+\pi$ 的谱线即可。

例 5-3　双边指数序列 $f(k)$的离散时间傅里叶变换。

$$f(k)=\begin{cases}a^k, & k>0\\ 0, & k=0 \quad 0<a<1\\ -a^{-k}, & k<0\end{cases}$$

解：此序列为双边指数序列，并且是 k 的奇函数。

$$F(e^{j\omega})=\sum_{k=-\infty}^{-1}(-a^{-k})\cdot e^{-j\omega k}+\sum_{k=1}^{\infty}a^k\cdot e^{-j\omega k}=-\sum_{k=1}^{\infty}(ae^{j\omega})^k+\sum_{k=1}^{\infty}(ae^{-j\omega})^k$$

$$=-\frac{ae^{j\omega}}{1-ae^{j\omega}}+\frac{ae^{-j\omega}}{1-ae^{-j\omega}}=\frac{-2ja\sin\omega}{1-2a\cos\omega+a^2}$$

例 5-4　矩形脉冲序列 $f(k)$的离散时间傅里叶变换。

$$f(k)=\begin{cases}1 & |k|\leqslant N_1\\ 0 & |k|>N_1\end{cases}$$

解：根据离散时间傅里叶变换的定义可知

$$F(e^{j\omega})=\sum_{k=-N_1}^{N_1}1\cdot e^{-j\omega k}$$

$$=\frac{\sin\left(N_1+\frac{1}{2}\right)\omega}{\sin\left(\frac{\omega}{2}\right)}$$

矩形脉冲序列的波形及其频谱如图 5.7 所示。

例 5-5　单位脉冲序列 $\delta(k)$的离散时间傅里叶变换。

解：根据离散时间傅里叶变换的定义可知

$$F(e^{j\omega})=\sum_{k=-\infty}^{\infty}\delta(k)e^{-j\omega k}=1$$

单位脉冲序列 $\delta(k)$及其频谱如图 5.8 所示。

例 5-6　直流序列 $f(k)=1$ 的离散时间傅里叶变换。

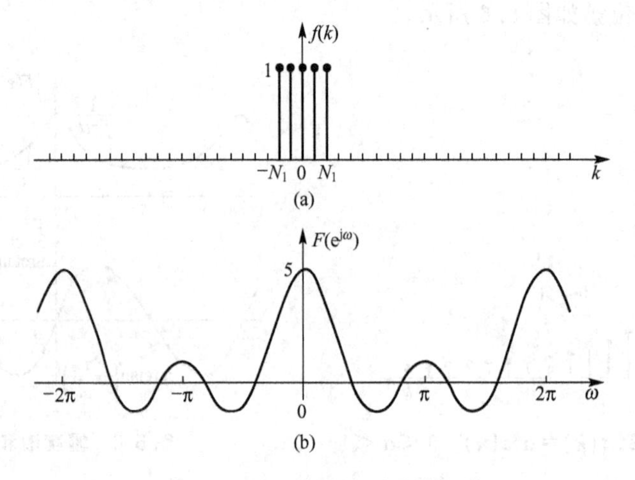

图 5.7　矩形脉冲序列及其频谱

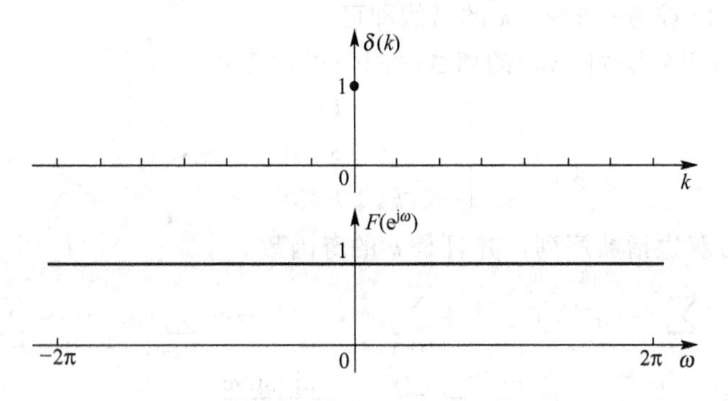

图 5.8　单位脉冲序列 $\delta(k)$及其频谱

解：根据离散时间傅里叶逆变换的定义可知

$$\frac{1}{2\pi}\int_{2\pi}\left[\sum_{n=-\infty}^{\infty}\delta(\omega-2n\pi)\right]\mathrm{e}^{\mathrm{j}\omega k}\,\mathrm{d}\omega=\frac{1}{2\pi}\int_{-\pi}^{\pi}\delta(\omega)\mathrm{e}^{\mathrm{j}\omega k}\,\mathrm{d}\omega=\frac{1}{2\pi}$$

由此可见，$\frac{1}{2\pi}$对应的离散时间傅里叶变换为 $\sum\limits_{n=-\infty}^{\infty}\delta(\omega-2n\pi)$，因此可得 $f(k)=1$ 的频谱为 $2\pi\sum\limits_{n=-\infty}^{\infty}\delta(\omega-2n\pi)$，即

$$F[1]=2\pi\sum_{n=-\infty}^{\infty}\delta(\omega-2\pi n)$$

直流序列 $f(k)=1$ 及其频谱如图 5.9 所示。

例 5-7　符号函数 $\mathrm{Sgn}(k)$(图 5.10)的离散时间傅里叶变换。

$$\mathrm{Sgn}(k)=\begin{cases}1 & k>0\\ 0 & k=0\\ -1 & k<0\end{cases}$$

解：符号函数可以看成例 5-2 中双边指数函数在 $a\rightarrow1$ 的极限，则有

$$F[\mathrm{Sgn}(k)]=\lim_{a\rightarrow1}\frac{-2\mathrm{j}a\sin\omega}{1-2a\cos\omega+a^2}=\frac{-\mathrm{j}\sin\omega}{1-\cos\omega}$$

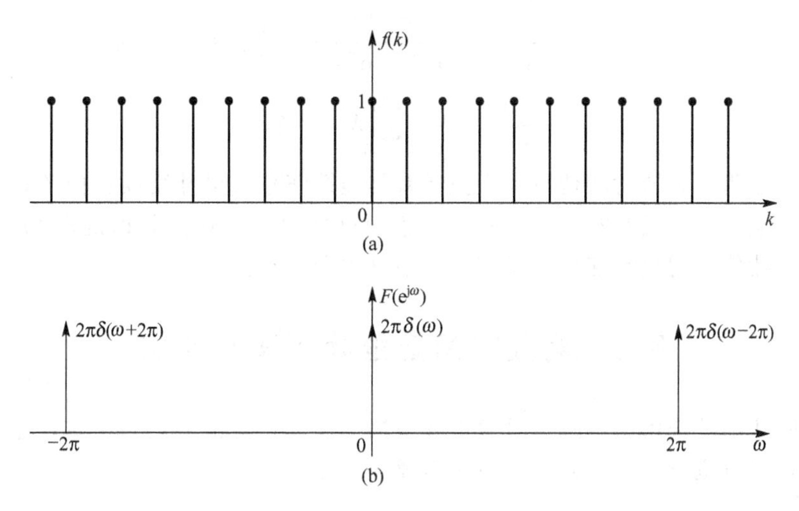

图 5.9　直流序列 $f(k)=1$ 及其频谱

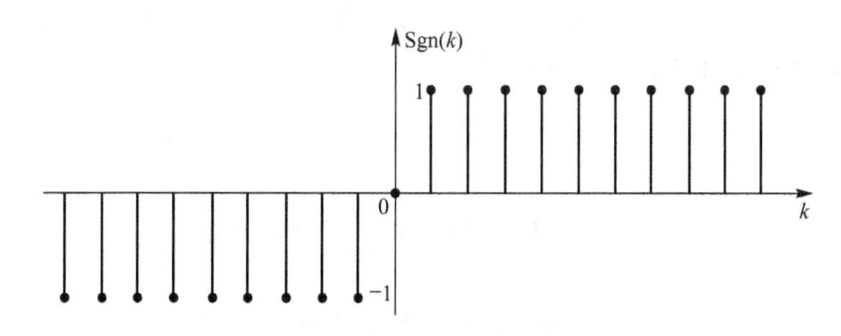

图 5.10　符号函数 Sgn(k)

例 5－8　单位阶跃序列 $\varepsilon(k)$ 的离散时间傅里叶变换。

$$\varepsilon(k)=\begin{cases}1 & k\geqslant 0\\ 0 & k<0\end{cases}$$

解： 对照连续信号 $\varepsilon(t)$ 频谱的求法，将 $\varepsilon(k)$ 表示如下。

$$\varepsilon(k)=\frac{1}{2}[1+\mathrm{Sgn}(k)+\delta(k)]$$

由前面的讨论已知

$$1\leftrightarrow 2\pi\sum_{n=-\infty}^{\infty}\delta(\omega-2\pi n)$$

$$\delta(k)\leftrightarrow 1$$

$$\mathrm{Sgn}(k)\leftrightarrow\frac{-\mathrm{j}\sin\omega}{1-\cos\omega}$$

于是有

$$F[\varepsilon(k)]=\frac{1}{2}\left(1-\frac{\mathrm{j}\sin\omega}{1-\cos\omega}\right)+\pi\sum_{n=-\infty}^{\infty}\delta(\omega-2\pi n)$$

$$=\frac{1-\mathrm{e}^{\mathrm{j}\omega}}{2(1-\cos\omega)}+\pi\sum_{n=-\infty}^{\infty}\delta(\omega-2\pi n)$$

$$= \frac{1-\mathrm{e}^{\mathrm{j}\omega}}{(1-\mathrm{e}^{-\mathrm{j}\omega})(1-\mathrm{e}^{\mathrm{j}\omega})} + \pi \sum_{n=-\infty}^{\infty} \delta(\omega - 2\pi n)$$

$$= \frac{1}{1-\mathrm{e}^{-\mathrm{j}\omega}} + \pi \sum_{n=-\infty}^{\infty} \delta(\omega - 2\pi n)$$

上述讨论表明，离散时间傅里叶变换具有与连续信号傅里叶变换相似的特点，频谱也有对应关系，但是它们又有本质的区别。离散时间傅里叶变换的频谱是以 2π 为周期的周期函数，而连续信号傅里叶变换的频谱一般不是周期函数。

5.3 离散时间傅里叶变换的性质

离散时间傅里叶变换与连续信号傅里叶变换一样，具有很多重要性质。这些性质有很多相似之处，同时也有一些差别，学习时需要多加注意。

1. 周期性

离散时间 $f(k)$ 的离散时间傅里叶变换 $F(\mathrm{e}^{\mathrm{j}\omega})$ 对 ω 来说总是周期性的，其周期为 2π。这是它与连续时间傅里叶变换的根本区别。

2. 线性

若

$$f_1(k) \leftrightarrow F_1(\mathrm{e}^{\mathrm{j}\omega}), \quad f_2(k) \leftrightarrow F_2(\mathrm{e}^{\mathrm{j}\omega})$$

则有

$$af_1(k) + bf_2(k) \leftrightarrow aF_1(\mathrm{e}^{\mathrm{j}\omega}) + bF_2(\mathrm{e}^{\mathrm{j}\omega}) \tag{5-26}$$

3. 奇偶性

若 $f(k) \leftrightarrow F(\mathrm{e}^{\mathrm{j}\omega})$，根据离散时间傅里叶变换的定义，则有

$$f^*(k) \leftrightarrow F^*(\mathrm{e}^{-\mathrm{j}\omega})$$

若 $f(k)$ 为实序列，则 $f(k) = f*(k)$，于是有

$$f(k) \leftrightarrow F^*(\mathrm{e}^{-\mathrm{j}\omega})$$

此式可进一步表述如下。若

$$F(\mathrm{e}^{\mathrm{j}\omega}) = |F(\mathrm{e}^{\mathrm{j}\omega})| \mathrm{e}^{\mathrm{j}\theta(\omega)} = R(\mathrm{e}^{\mathrm{j}\omega}) + \mathrm{j}X(\mathrm{e}^{\mathrm{j}\omega}) \tag{5-27}$$

式中：$|F(\mathrm{e}^{\mathrm{j}\omega})|$ 为 $F(\mathrm{e}^{\mathrm{j}\omega})$ 的模，$\theta(\omega)$ 为 $F(\mathrm{e}^{\mathrm{j}\omega})$ 的相位，$R(\mathrm{e}^{\mathrm{j}\omega})$、$X(\mathrm{e}^{\mathrm{j}\omega})$ 分别为 $F(\mathrm{e}^{\mathrm{j}\omega})$ 的实部和虚部。容易证明，$|F(\mathrm{e}^{\mathrm{j}\omega})|$、$R(\mathrm{e}^{\mathrm{j}\omega})$ 是关于 ω 的偶函数，$\theta(\omega)$、$X(\mathrm{e}^{\mathrm{j}\omega})$ 是关于 ω 的奇函数。

4. 时移和频移

若 $f(k) \leftrightarrow F(\mathrm{e}^{\mathrm{j}\omega})$，对 $f(k-k_0)$ 直接应用式(5-22)求离散时间傅里叶变换，并通过变量代换可得时移特性。

$$f(k-k_0) \leftrightarrow F(\mathrm{e}^{\mathrm{j}\omega}) \mathrm{e}^{-\mathrm{j}\omega k_0} \tag{5-28}$$

如果对 $F(\mathrm{e}^{\mathrm{j}(\omega-\omega_0)})$ 应用式(5-23)求其傅里叶逆变换，利用变量代换就得频移特性。

$$e^{j\omega_0 k}f(k)\leftrightarrow F(e^{j(\omega-\omega_0)}) \tag{5-29}$$

例 5-9　求 $e^{j\omega_0 k}$的离散时间傅里叶变换。

解：由常见序列的离散时间傅里叶变换可知

$$F[1]=2\pi\sum_{n=-\infty}^{\infty}\delta(\omega-2\pi n)$$

根据频移性质可得

$$e^{j\omega_0 k}\leftrightarrow 2\pi\sum_{n=-\infty}^{\infty}\delta(\omega-\omega_0-2\pi n)$$

5. 时域和频域的尺度变换

对于离散时间序列 $f(k)$，由于 k 只能取整数，因而 $f(ak)$中 a 也只能取整数，而且 $f(ak)$的含义与 $f(at)$根本不同。$f(ak)$并不表示将 $f(k)$沿 k 轴展缩 $1/a$ 倍。比如当 $a=2$ 时，$f(2k)$表示由 $f(k)$的偶次项组成的序列，因而 $f(2k)$的离散时间傅里叶变换与 $f(k)$的离散时间傅里叶变换无直接关系。为了讨论离散序列与连续信号尺度变换类似的性质，定义一个序列 $f_{(m)}(k)$。

$$f_{(m)}(k)=\begin{cases}f\left(\dfrac{k}{m}\right), & k\text{ 是 }m\text{ 的倍数}\\ 0, & k\text{ 不是 }m\text{ 的倍数}\end{cases}\quad m\text{ 为整数}$$

显然，$f_{(m)}(k)$就是 $f(k)$的每两个相邻点之间插入 $m-1$ 个零得到的。也就是说 $f_{(m)}(k)$是 $f(k)$在 k 轴上扩展得到的。$f_{(m)}(k)$的 DTFT 为

$$F_{(m)}(e^{j\omega})=\sum_{k=-\infty}^{\infty}f_{(m)}(k)e^{-j\omega k}$$

令 $k=rm$，有

$$\begin{aligned}F_{(m)}(e^{j\omega})&=\sum_{r=-\infty}^{\infty}f_{(m)}(rm)e^{-j\omega rm}\\&=\sum_{r=-\infty}^{\infty}f(r)e^{-j(m\omega)r}=F(e^{jm\omega})\end{aligned} \tag{5-30}$$

从式(5-30)可知，时域扩展 m 倍，频域压缩为原来的$\dfrac{1}{m}$倍。同样可以证明，时域压缩，频域扩展。

作为特例，当 $m=-1$ 时，有

$$f(-k)\leftrightarrow F(e^{-j\omega}) \tag{5-31}$$

6. 频域微分特性

若 $f(k)\leftrightarrow F(e^{j\omega})$，有

$$F(e^{j\omega})=\sum_{k=-\infty}^{\infty}f(k)e^{-j\omega k} \tag{5-32}$$

式(5-32)两端对 ω 求微分，可得

$$\frac{dF(e^{j\omega})}{d\omega}=\sum_{k=-\infty}^{\infty}(-jk)f(k)e^{-j\omega k}$$

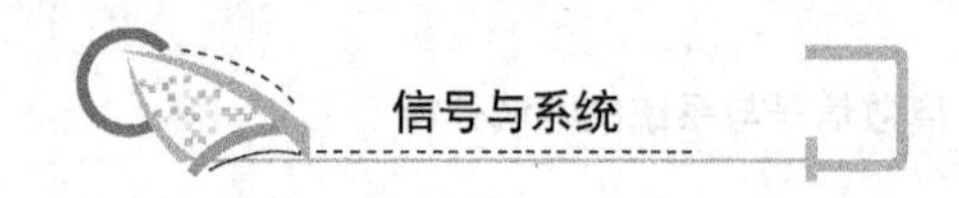

因此，两端乘 j，有

$$kf(k)\leftrightarrow \mathrm{j}\,\frac{\mathrm{d}F(\mathrm{e}^{\mathrm{j}\omega})}{\mathrm{d}\omega} \tag{5-33}$$

7. 卷积(和)特性

若 $f_1(k)\leftrightarrow F_1(\mathrm{e}^{\mathrm{j}\omega})$，$f_2(k)\leftrightarrow F_2(\mathrm{e}^{\mathrm{j}\omega})$，应用与连续时间傅里叶变换卷积特性的证明完全相似的方法，可得时域卷积特性。

$$f_1(k)*f_2(k)\leftrightarrow F_1(\mathrm{e}^{\mathrm{j}\omega})\cdot F_2(\mathrm{e}^{\mathrm{j}\omega}) \tag{5-34}$$

对于频域卷积特性，由于

$$F[f_1(k)\cdot f_2(k)]=\sum_{k=-\infty}^{\infty}f_1(k)f_2(k)\mathrm{e}^{-\mathrm{j}\omega k}$$

$$f_1(k)=\frac{1}{2\pi}\int_{2\pi}F_1(\mathrm{e}^{\mathrm{j}\omega})\mathrm{e}^{\mathrm{j}\omega k}\mathrm{d}\omega$$

则有

$$F[f_1(k)\cdot f_2(k)]=\sum_{K=-\infty}^{\infty}f_2(k)\left[\frac{1}{2\pi}\int_{2\pi}F_1(\mathrm{e}^{\mathrm{j}\Omega})\mathrm{e}^{\mathrm{j}\Omega k}\mathrm{d}\Omega\right]\mathrm{e}^{-\mathrm{j}\omega k}$$

交换求和及积分次序，有

$$\begin{aligned}F[f_1(k)\cdot f_2(k)]&=\frac{1}{2\pi}\int_{2\pi}F_1(\mathrm{e}^{\mathrm{j}\Omega})\left[\sum_{k=\infty}^{\infty}f_2(k)\mathrm{e}^{-\mathrm{j}(\omega-\Omega)k}\right]\mathrm{d}\Omega\\&=\frac{1}{2\pi}\int_{2\pi}F_1(\mathrm{e}^{\mathrm{j}\Omega})\cdot F_2(\mathrm{e}^{\mathrm{j}(\omega-\Omega)})\mathrm{d}\Omega\end{aligned} \tag{5-35}$$

式(5-35)右端为 $F_1(\mathrm{e}^{\mathrm{j}\omega})$与$F_2(\mathrm{e}^{\mathrm{j}\omega})$的卷积。只不过由于 $F_1(\mathrm{e}^{\mathrm{j}\omega})$与$F_2(\mathrm{e}^{\mathrm{j}\omega})$都是以 2π 为周期的周期函数，其卷积结果也为以 2π 为周期的周期函数，因而称之为周期卷积。记为

$$f_1(k)\cdot f_2(k)=\frac{1}{2\pi}F_1(\mathrm{e}^{\mathrm{j}\Omega})\otimes F_2(\mathrm{e}^{\mathrm{j}\omega}) \tag{5-36}$$

8. 差分与迭分(累和)

设 $f(k)\leftrightarrow F(\mathrm{e}^{\mathrm{j}\omega})$，根据线性和时移特性可得离散序列傅里叶变换的差分性质，即

$$f(k)-f(k-1)\leftrightarrow(1-\mathrm{e}^{-\mathrm{j}\omega})F(\mathrm{e}^{\mathrm{j}\omega}) \tag{5-37}$$

由离散序列时域卷积(卷和)和定理，有

$$\sum_{m=-\infty}^{k}f(m)=f(k)*\varepsilon(k)$$

同时

$$F[\varepsilon(k)]=\frac{1}{1-\mathrm{e}^{-\mathrm{j}\omega}}+\pi\sum_{n=-\infty}^{\infty}\delta(\omega-2\pi n)$$

根据离散序列时域卷积(卷和)定理，离散序列迭分的傅里叶变换为

$$\sum_{m=-\infty}^{k}f(m)\leftrightarrow\frac{F(\mathrm{e}^{\mathrm{j}\omega})}{1-\mathrm{e}^{-\mathrm{j}\omega}}+\pi F(\mathrm{e}^{\mathrm{j}\omega})\sum_{n=-\infty}^{\infty}\delta(\omega-2\pi n) \tag{5-38}$$

例 5-10 求阶跃序列的离散时间傅里叶变换。

解：由于

$$\delta(k)\leftrightarrow 1$$

$$\sum_{m=-\infty}^{k}\delta(m)=\varepsilon(k)$$

根据迭分性质，有

$$\varepsilon(k)\leftrightarrow\frac{1}{1-\mathrm{e}^{-\mathrm{j}\omega}}+\pi\sum_{n=-\infty}^{\infty}\delta(\omega-2\pi n)$$

这和上一节讨论阶跃序列离散时间傅里叶变换的方法有所不同，这里采用迭分性质，上一节采用线性性质。

9. 帕塞瓦尔定理

与连续时间序列的情况一样，在离散序列的傅里叶变换中也有类似的帕塞瓦尔定理。若 $f(k)\leftrightarrow F(\mathrm{e}^{\mathrm{j}\omega})$，则有

$$\sum_{k=-\infty}^{\infty}|f(k)|^2=\frac{1}{2\pi}\int_{2\pi}|F(\mathrm{e}^{\mathrm{j}\omega})|^2\mathrm{d}\omega \tag{5-39}$$

对于周期序列，则相应有

$$\frac{1}{N}\sum_{k=<N>}|f(k)|^2=\sum_{n=<N>}|F_n|^2 \tag{5-40}$$

10. 对偶性

和连续信号傅里叶变换一样，离散序列的 DTFT 也存在对偶特性。若 $f(k)\leftrightarrow F(\mathrm{e}^{\mathrm{j}\omega})$，则有

$$F(\mathrm{e}^{\mathrm{j}\omega})=\sum_{k=-\infty}^{\infty}f(k)\mathrm{e}^{-\mathrm{j}\omega k} \tag{5-41}$$

$F(\mathrm{e}^{\mathrm{j}\omega})$是以 2π 为周期的连续函数，如果把该频谱放到时域里，则 $F(\mathrm{e}^{\mathrm{j}t})$也是 2π 为周期的连续函数。显然，只能对 $F(\mathrm{e}^{\mathrm{j}t})$进行连续信号的傅里叶级数变换。于是有

$$F(\mathrm{e}^{\mathrm{j}t})=\sum_{n=-\infty}^{\infty}A(n)\mathrm{e}^{\mathrm{j}nt} \tag{5-42}$$

对比式(5－41)和式(5－42)，显然有

$$f(n)=A(-n)\text{或}A(n)=f(-n)$$

故有

$$F(\mathrm{e}^{\mathrm{j}t})\overset{CFS}{\longleftrightarrow}f(-n) \tag{5-43}$$

式中：CFS 表示连续信号的傅里叶级数。

5.4　周期序列的离散时间傅里叶变换

显然，由于离散时间傅里叶变换具有很多性质，方便用于离散序列的频域分析，因此希望把周期序列和非周期序列都统一在离散时间傅里叶变换上，以便于离散序列的频域分析。

由前面的分析可知，周期序列的离散时间傅里叶级数逆变换可以表示为

$$f(k)=\sum_{n=<N>}F_n e^{j\frac{2\pi}{N}kn}$$

令 $w_0=\frac{2\pi}{N}$，w_0 为基波频率，有

$$f(k)=\sum_{n=<N>}F_n e^{jnw_0k} \tag{5-44}$$

要得到式(5-44)中周期序列 $f(k)$ 的离散时间傅里叶变换，由 DTFT 的线性性质可知，$f(k)$ 可以看成是 e^{jnw_0k} 的线性组合，F_n 是加权系数。所以，只需求得 e^{jnw_0k} 的 DTFT 即可。

由于

$$F[1]=2\pi\sum_{n=-\infty}^{\infty}\delta(\omega-2\pi n)$$

根据 DTFT 的频移性质，$e^{jn\omega_0k}$ 的频谱就是把 1 的频谱搬移到 $n\omega_0$ 处，而 1 的频谱 $2\pi\sum_{n=-\infty}^{\infty}\delta(\omega-2\pi n)$ 是以 2π 为周期的冲激信号。为避免混淆，把 $2\pi\sum_{n=-\infty}^{\infty}\delta(\omega-2\pi n)$ 变换成 $2\pi\sum_{n=-\infty}^{\infty}\delta(\omega-2\pi m)$，有

$$e^{jn\omega_0k}\xrightarrow{\text{DTFT}}2\pi\sum_{m=-\infty}^{\infty}\delta(\omega-n\omega_0-2\pi m)$$

由 DTFT 的线性性质，式(5-44)所示周期信号 $f(k)$ 的离散时间傅里叶变换为

$$F(e^{j\omega})=\sum_{n=<N>}2\pi F_n\sum_{m=-\infty}^{\infty}\delta(\omega-n\omega_0-2\pi m) \tag{5-45}$$

如果将 n 的取值范围选为 $n=0\sim N-1$，有

$$\begin{aligned}F(e^{j\omega})=&2\pi F_0\sum_{m=-\infty}^{\infty}\delta(\omega-2\pi m)+2\pi F_1\sum_{M=-\infty}^{\infty}\delta(\omega-\omega_0-2\pi m)+\cdots\\&+2\pi F_{N-1}\sum_{m=-\infty}^{\infty}\delta(\omega-(N-1)\omega_0-2\pi m)\end{aligned} \tag{5-46}$$

同时，由于每一项都是以 2π 为周期的，而且 F_n 本身也是以 2π 为周期的，故只需要把 n 的取值范围扩大到所有整数。式(5-46)可以简化为

$$F(e^{j\omega})=2\pi\sum_{n=-\infty}^{\infty}F_n\delta(\omega-n\omega_0)$$

由于 $w_0=\frac{2\pi}{N}$，故

$$F(e^{j\omega})=2\pi\sum_{n=-\infty}^{\infty}F_n\delta\left(\omega-\frac{2\pi}{N}n\right) \tag{5-47}$$

式(5-47)为周期序列的离散时间傅里叶变换，和连续信号一样，离散周期序列的 DTFT 需要先求离散时间傅里叶级数 F_n，再对 F_n 乘以 $2\pi\delta\left(\omega-\frac{2\pi}{N}n\right)$后求和。

例 5-11 $f(k)$为图 5.1 所示的周期性矩形脉冲序列，它在 $-\frac{N}{2}\sim+\frac{N}{2}$的一个周期内可表示为

$$f(k)=\begin{cases}1 & |k|\leqslant N_1\\ 0 & N_1<|k|\leqslant \dfrac{N}{2}\end{cases}$$

求其离散时间傅里叶变换。

解：周期序列 $f(k)$的离散时间傅里叶级数系数 F_n 如式(5－11)所示，即

$$F_n=\begin{cases}\dfrac{1}{N}\dfrac{\sin\dfrac{2\pi}{N}\left(N_1+\dfrac{1}{2}\right)}{\sin\dfrac{\pi}{N}n} & n\neq 0,\ \pm N,\ \pm 2N,\ \cdots\\ \dfrac{2N_1+1}{N} & n=0,\ \pm N,\ \pm 2N,\ \cdots\end{cases}$$

将求得的 F_n 代入式(5－47)，即可以得到其频谱。其 DTFT 为冲激函数构成的序列，其包络线与傅里叶级数相似。对 $N=10$，$N_1=2$ 的周期脉冲序列，其频谱如图 5.11 所示。

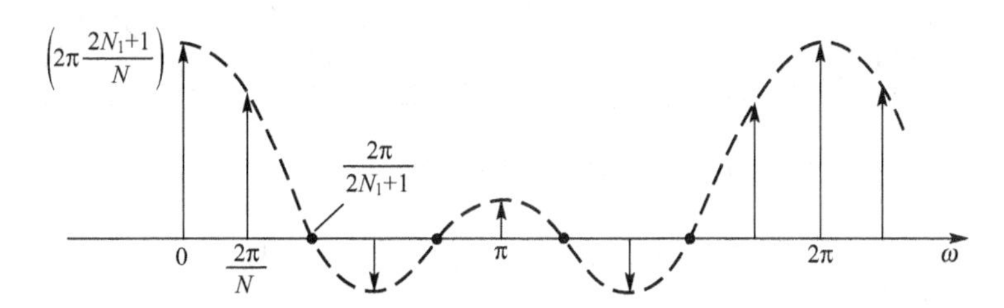

图 5.11　周期矩形脉冲序列的频谱($N=10$，$N_1=2$)

5.5　离散傅里叶变换(DFT)

一个连续信号或离散序列均可采用傅里叶变换的方法来进行分析，而且十分方便。现在的问题是如何使用计算机来进行傅里叶分析。如图 5.12(a)所示的连续信号，为了得到傅里叶正、逆变换，都需要对连续函数进行积分，而且积分区间是 $[-\infty,\ +\infty]$，这对于计算机来说，是无法完成的工作。

为此，需要对连续信号进行离散，则得到一个离散序列如图 5.12(b)所示，该序列可以进行离散时间傅里叶变换。进行离散的时候，只要满足连续信号抽样定理，抽样频率大于等于该信号最高频率的两倍，离散之后的序列就包含原连续信号的全部信息。但是，存在两个问题，一是时域中序列长度是无限的，这导致计算机需要存储的数据量无穷大；二是该离散序列的 DTFT 仍是连续的函数。

为了解决第一个问题，可以把序列截断，使序列为有限长度，如图 5.12(c)所示。由于截断而导致序列丢失一些信息，所以其频谱会产生失真。由图 5.12(c)可知，其频谱出现了皱波，为了减小皱波，可以使截断长度尽可能长些。当然对于有限时间序列，只要截断长度大于序列长度，就不会产生皱波。

第二个问题是截断之后序列的频谱是连续的周期函数，要用计算机处理其频谱，需要对其频谱进行离散。根据时域和频域的对应关系：时域离散、频域周期化；时域周期化、频域离散。可以把截断之后的序列进行周期化，再进行离散时间傅里叶变换，这样其频谱

也是周期的、离散的序列，如图 5.12(d)所示。通过这一序列的处理，序列及其频谱在时域和频域都是离散和周期的，这样只需要分析一个周期中序列和频谱的变化趋势，就能知道序列所包含的全部信息。

由上述分析可知，时域抽样使得频域周期化，频域抽样使得时域周期化。因此，离散傅里叶变换 DFT 的引入是为了便于利用计算机进行序列的频域分析。

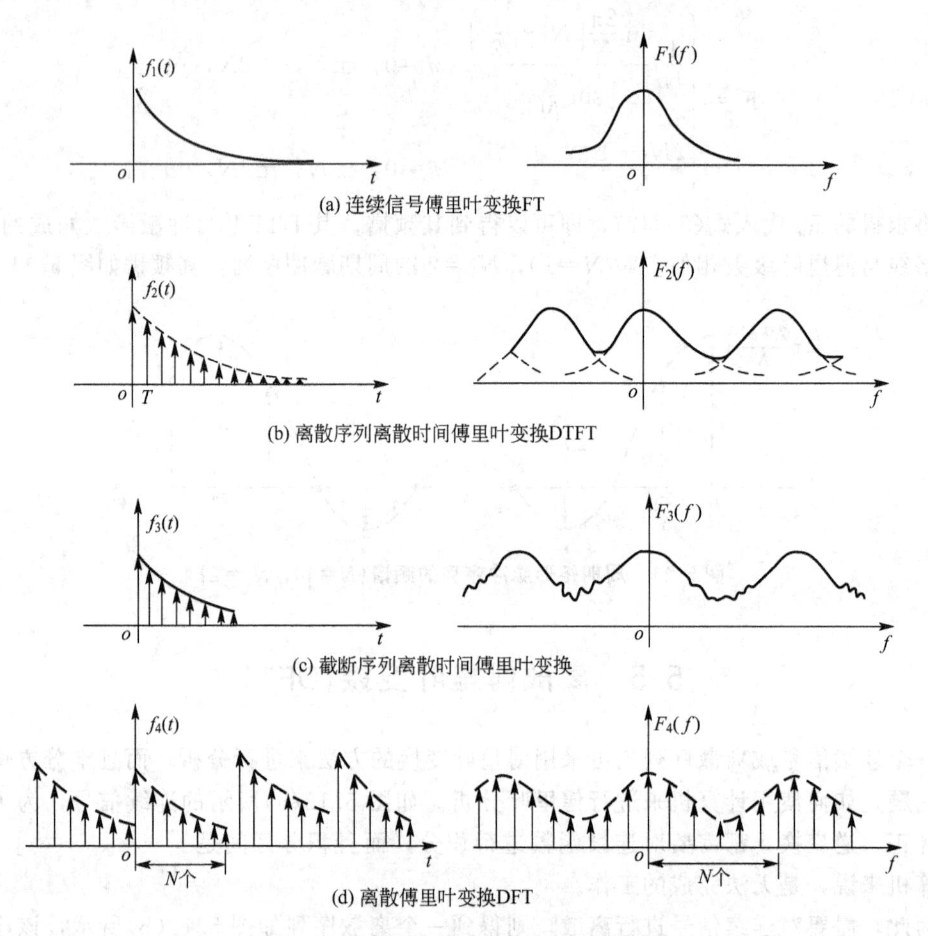

图 5.12 离散傅里叶变换(DFT)的图解

5.5.1 离散傅里叶变换(DFT)的引入

假定 $f(k)$是一个有限长序列，其长度为 N，即在区间 $0\leqslant k\leqslant N-1$ 以外 $f(k)$为零。将 $f(k)$以周期为 N 延拓而成的周期序列记为 $f_p(k)$，有

$$f_p(k)=\sum_{r=-\infty}^{\infty}f(k-rN),\quad r\text{ 为整数} \tag{5-48}$$

式(5-48)还可以写成

$$f_p(k)=f((k))_N \tag{5-49}$$

$f_p(k)$为 $f(k)$进行周期化之后的序列，其周期为 N。符号$((k))_N$ 表示将时域序列以周期 N 进行延拓。为了便于描述周期序列和非周期序列之间的关系，再引入一个矩形脉冲

序列 $G_N(k)$。

$$G_N(k)=\begin{cases}1 & 0\leqslant k\leqslant N-1\\ 0 & \text{其余}\end{cases} \tag{5-50}$$

引入上面两个定义之后，非周期序列和其拓展之后的周期序列之间的关系可以表示为

$$\begin{cases}f_p(k)=f((k))_N\\ f(k)=f_p(k)G_N(k)\end{cases} \tag{5-51}$$

周期序列 $f_p(k)$的离散时间傅里叶级数正变换和逆变换表示式分别为

$$F_n=\frac{1}{N}\sum_{k=0}^{N-1}f_p(k)\mathrm{e}^{-\mathrm{j}\frac{2\pi}{N}kn}$$

$$f_p(k)=\sum_{n=0}^{N-1}F_n\mathrm{e}^{\mathrm{j}\frac{2\pi}{N}nk}$$

把 NF_n 表示成 $F_p(n)$，并令 $W_N=\mathrm{e}^{-\mathrm{j}\frac{2\pi}{N}}$，则有

$$F_p(n)=\sum_{k=0}^{N-1}f_p(k)W_N^{kn} \tag{5-52}$$

$$f_p(k)=\frac{1}{N}\sum_{n=0}^{N-1}F_p(n)W_N^{-nk} \tag{5-53}$$

式(5-52)和式(5-53)是离散时间傅里叶级数的另外一种表达形式，常数系数 $1/N$ 置于DFS的正变换或逆变换式中，对DFS变换无任何实质影响。如果将 $F_p(n)$在主值区间表示为 $F(n)$，$0\leqslant n\leqslant N-1$，由于式(5-54)和式(5-55)的求和范围均为 $0\sim N-1$，在此区间内 $f_p(k)=f(k)$，因此“借用”离散傅里叶级数的形式可以得到

$$F(n)=\sum_{k=0}^{N-1}f(k)W_N^{nk}\qquad 0\leqslant n\leqslant N-1 \tag{5-54}$$

$$f(k)=\frac{1}{N}\sum_{n=0}^{N-1}F(n)W_N^{-nk}\qquad 0\leqslant k\leqslant N-1 \tag{5-55}$$

式(5-54)和式(5-55)所定义的变换关系就称为离散傅里叶变换(DFT)。它表明，时域的 N 点有限长序列 $f(k)$可以变换为频域的 N 点有限长序列 $F(n)$。很显然，DFT与DFS之间存在以下关系

$$\begin{cases}F_p(n)=F((n))_N\\ F(n)=F_p(n)G_N(n)\end{cases} \tag{5-56}$$

与连续时间傅里叶变换的情况类似，DFT的正、逆变换之间存在一一对应的关系。

例5-12　有限长序列 $f(k)=G_4(k)$，设变换区间 $N=4$、8、16时，试分别求其DFT。

解： 设 $N=4$，则据式(5-54)有

$$F(n)=\sum_{k=0}^{3}G_4(k)W_4^{nk}=\sum_{k=0}^{3}1\cdot\mathrm{e}^{-\mathrm{j}\frac{2\pi}{4}nk}=\frac{1-\mathrm{e}^{-\mathrm{j}2\pi n}}{1-\mathrm{e}^{-\mathrm{j}\frac{\pi}{2}n}}=\mathrm{e}^{-\mathrm{j}\frac{3\pi}{4}n}\,\frac{\sin n\pi}{\sin\frac{n\pi}{4}},\quad n=0、1、2、3$$

同样，当 $N=8$ 时，有

$$F(n)=\sum_{k=0}^{7}G_4(k)W_8^{nk}=\sum_{k=0}^{3}\mathrm{e}^{-\mathrm{j}\frac{2\pi}{8}nk}=8^{-\mathrm{j}\frac{3\pi}{8}n}\,\frac{\sin\left(\frac{\pi}{2}n\right)}{\sin\left(\frac{\pi}{8}n\right)},\quad n=0、1、2、3、4、5、6、7$$

当 $N=16$ 时有

$$F(n)=\sum_{k=0}^{15}G_4(k)W_{16}^{nk}=\sum_{k=0}^{3}\mathrm{e}^{-\mathrm{j}\frac{2\pi}{16}nk}=8^{-\mathrm{j}\frac{3\pi}{16}n}\ \frac{\sin\left(\dfrac{\pi}{4}n\right)}{\sin\left(\dfrac{\pi}{16}n\right)},\quad n=0,1,2\cdots,15$$

由此可见，$f(k)$离散傅里叶变换结果与变换区间长度 N 的取值有关。对此结论可做如下解释。

设序列 $f(k)$的长度为 N，据式(5－22)可求得 $f(k)$的离散时间傅里叶变换(DTFT)为

$$F(\mathrm{e}^{\mathrm{j}\omega})=\sum_{k=0}^{N-1}f(k)\mathrm{e}^{-\mathrm{j}\omega k}\tag{5-57}$$

而 $f(k)$的离散傅里叶变换(DFT)为

$$F(n)=\sum_{k=0}^{N-1}f(k)W_N^{nk}=\sum_{k=0}^{N-1}f(k)\mathrm{e}^{-\mathrm{j}\frac{2\pi}{N}nk}\tag{5-58}$$

对比式(5－57)和式(5－58)，可以得到 DFT 和 DTFT 之间的关系为

$$F(n)=F(\mathrm{e}^{\mathrm{j}\omega})\big|_{\omega=\frac{2\pi}{N}n}\quad 0\leqslant n\leqslant N-1\tag{5-59}$$

可见，欲求 DFT，可先求 DTFT，然后再把 $F(\mathrm{e}^{\mathrm{j}\omega})$离散，令 $w=\dfrac{2\pi}{N}n$。或者说，画出 $F(\mathrm{e}^{\mathrm{j}\omega})$一个周期内($0\sim2\pi$)的频谱，并进行 N 点均匀取样，这就是 DFT 的物理意义。由此可见，DFT 的变换区间长度 N 不同，表示对 $F(\mathrm{e}^{\mathrm{j}\omega})$在 $[0,2\pi]$ 区间上采样间隔和采样点数不同，则 DFT 的结果就不同。

$F(\mathrm{e}^{\mathrm{j}\omega})$和 $F(n)$的关系如图 5.13 所示。

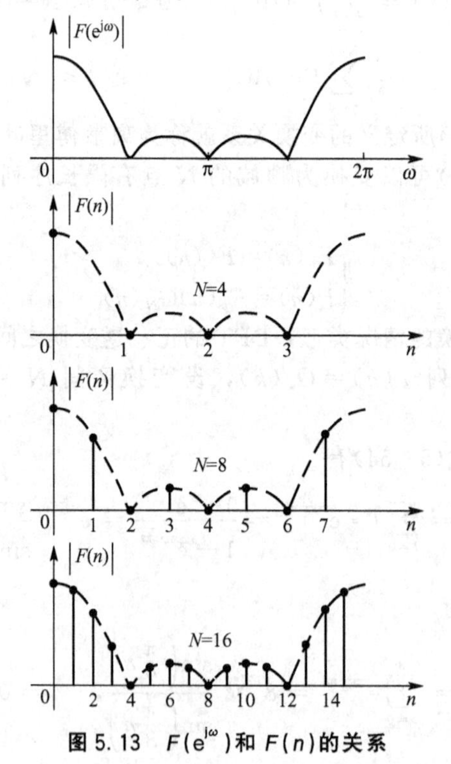

图 5.13 $F(\mathrm{e}^{\mathrm{j}\omega})$和 $F(n)$的关系

5.5.2　DFT 的计算

由 DFT 的定义可知

$$F(n)=\sum_{k=0}^{N-1}f(k)W_N^{nk}\quad 0\leqslant n\leqslant N-1$$

$$f(k)=\frac{1}{N}\sum_{n=0}^{N-1}F(n)W_N^{-nk}\quad 0\leqslant k\leqslant N-1$$

$F(n)$的计算过程可写成矩阵形式，即

$$\begin{bmatrix}F(0)\\F(1)\\\vdots\\F(N-1)\end{bmatrix}=\begin{bmatrix}W_N^0 & W_N^0 & W_N^0 & \cdots & W_N^0\\W_N^0 & W_N^{1\times1} & W_N^{2\times1} & \cdots & W_N^{(N-1)\times1}\\\vdots & \vdots & \vdots & \cdots & \vdots\\W_N^0 & W_N^{1\times(N-1)} & W_N^{2\times(N-1)} & \cdots & W_N^{(N-1)\times(N-1)}\end{bmatrix}\begin{bmatrix}f(0)\\f(1)\\\vdots\\f(N-1)\end{bmatrix}\tag{5-60}$$

$f(k)$的计算过程可写成矩阵形式，即

$$\begin{bmatrix}f(0)\\f(1)\\\vdots\\f(N-1)\end{bmatrix}=\frac{1}{N}\begin{bmatrix}W_N^0 & W_N^0 & W_N^0 & \cdots & W_N^0\\W_N^0 & W_N^{-1\times1} & W_N^{-2\times1} & \cdots & W_N^{-(N-1)\times1}\\\vdots & \vdots & \vdots & \cdots & \vdots\\W_N^0 & W_N^{-1\times(N-1)} & W_N^{-2\times(N-1)} & \cdots & W_N^{-(N-1)\times(N-1)}\end{bmatrix}\begin{bmatrix}F(0)\\F(1)\\\vdots\\F(N-1)\end{bmatrix}\tag{5-61}$$

式(5-60)和式(5-61)分别是计算 DFT 正变换和逆变换的矩阵表达式，无论正、逆 DFT 都需要 N^2 次复数乘法运算以及 $N\times(N-1)$次复数加法运算。这样对于一个中等长度的序列，如 $N=1024$，计算其 DFT 就需要 100 多万次复数乘法运算。当 N 更大时，即使使用现代计算机，也需要花费很长的时间。

这里，注意到权值矩阵 W_N^{kn} 的某些特性，可以使独立的 W_N^{kn} 的个数减少，从而减少 DFT 的计算量。

设

$$\frac{kn}{N}=r\cdots l\tag{5-62}$$

式中：r 是 kn 被 N 除得到的商，l 是余数。有

$$kn=rN+l$$

$$W_N^{kn}=W_N^{rN+l}=W^{rN}\cdot W^l$$

由于

$$W_N^{rN}=\mathrm{e}^{-\mathrm{j}\frac{2\pi}{N}rN}=\mathrm{e}^{-\mathrm{j}2\pi r}=1$$

则有

$$W_N^{kn}=W_N^{rN+l}=W_N^l$$

从上面的分析可以看出，用 W_N^l 代替 W_N^{kn} 计算 DFT，对计算结果是毫无影响的。这样，权值矩阵的元素个数从 N^2 个减少到 N 个，从而大大简少了计算机的计算量。

DFT 是由 DTFT 变换推导出来的，因此它们的性质之间有很多相似之处。在这里，DFT 的性质就不再赘述。

5.6 DFT的快速算法(FFT)

第5.5节中引入了DFT正、逆变换的定义，具体内容如下。

$$F(n)=\sum_{k=0}^{N-1}f(k)W_N^{kn}$$

$$f(k)=\frac{1}{N}\sum_{n=0}^{N-1}F(n)W_N^{-kn}$$

根据定义就可以利用计算机对离散序列和离散系统进行傅里叶分析。然而，情况并非如此，DFT的理论出现了很长时间，DFT一直未得到广泛应用，这是由于DFT的计算量非常庞大。为此，需要研究DFT的快速算法，即快速傅里叶变换，简称FFT(Fast Fourier Transform)。快速傅里叶变换是1965年由J. W. 库利和T. W. 图基提出的。采用这种算法能使计算机计算离散傅里叶变换所需要的乘法次数大大减少，特别是被变换的抽样点数N越多，FFT算法计算量的节省就越显著。对于一个$N=2048=2^{11}$点的DFT需要完成N^2次乘法，$N\times(N-1)$次复数加法，直接计算，计算机大约耗时6小时，而FFT可在1分钟内完成。

FFT算法是基于将一个长度为N的序列的离散傅里叶变换逐次分解为较短的离散傅里叶变换来计算这一原理的。这一原理产生许多不同的算法，但是它们在计算速度上均取得了大致相当的改善。本节简要介绍按时间抽取(Decimation - in - Time)的基2算法：在把原计算安排在较短变换的过程中，序列$f(k)$可逐次分解为较短的子序列。

由于N被认为是2的整数幂，长度不够N点的序列可在序列$f(k)$的序号末尾添加0。这样，可用时间抽取算法把取样集分解为较小的子集。首先把DFT表达式中的$f(k)$项分成两组：一组包含k为偶数的项，另外一组包含k为奇数的项。对偶数项令$k=2r$，对奇数项令$k=2r+1$，则DFT可写为

$$\begin{aligned}F(n)&=\sum_{r=0}^{(N/2)-1}f(2r)W_N^{2rn}+\sum_{r=0}^{(N/2)-1}f(2r+1)W_N^{(2r+1)n}\\&=\sum_{r=0}^{(N/2)-1}f(2r)W_N^{2rn}+W_N^n\sum_{r=0}^{(N/2)-1}f(2r+1)W_N^{2rn}\end{aligned}\tag{5-63}$$

这样的分解一共进行M次，因为$N=2^M$。上述的分解只是第1次分解，对应于最后一次运算，称为$M-1$级运算，后续分解依次为第2、3、…、M次分解，分别对应$M-2$、$M-3$、…、0级运算。

如果标记$M-1$级运算中的两组求和分别为$F_{1,M-1}$、$F_{2,M-1}$，两个下标分别表示该级运算分组号和该级运算的级号。$F_{1,M-1}$、$F_{2,M-1}$分别为

$$F_{1,M-1}(n)=\sum_{r=0}^{(N/2)-1}f(2r)W_N^{2rn}\tag{5-64}$$

$$F_{2,M-1}(n)=\sum_{r=0}^{(N/2)-1}f(2r+1)W_N^{2rn}\tag{5-65}$$

式(5-63)的第一次分解可写成

$$F_{1,M}(n)=F_{1,M-1}(n)+W_N^nF_{2,M-1}(n)\tag{5-66}$$

由于$W_N^2=W_{N/2}=e^{-j4\pi k/N}$，式(5-66)中$F_{1,M}(n)$和$F_{2,M}(n)$可以写为

$$F_{1,M-1}=\sum_{r=0}^{(N/2)-1}f(2r)W_{N/2}^{rn}\quad n=0,1,2\cdots,\frac{N}{2}-1$$

$$F_{2,M-1}=\sum_{r=0}^{(N/2)-1}f(2r+1)W_{N/2}^{rn}\quad n=0,1,2,\cdots,\frac{N}{2}-1$$

可以看出，$F_{1,M-1}$、$F_{2,M-1}$分别是偶数项和奇数项的 $N/2$ 点 DFT，它们可按式(5-66)合并，以提供 $N/2$ 点 DFT。另外 $N/2$ 点 DFT 由式(5-67)提供。

$$\begin{aligned}F_{1,M}(n+N/2)&=F_{1,M-1}(n)+W_N^{n+N/2}F_{2,M-1}(n)\\&=F_{1,M-1}(n)-W_N^nF_{2,M-1}(n)\end{aligned}\tag{5-67}$$

则 $F(n)=F_{1,M}(n)$，$n=0$，1，2，…，$N-1$ 就构成了全部 DFT 的输出。

图 5.14 表示了 8 点 DFT 第一次分解的信号流图。偶数部分的 $N/2$ 点 DFT 和奇数部分的 $N/2$ 点 DFT 被分成了上下两组，并进行合并运算，得到 8 点 DFT。

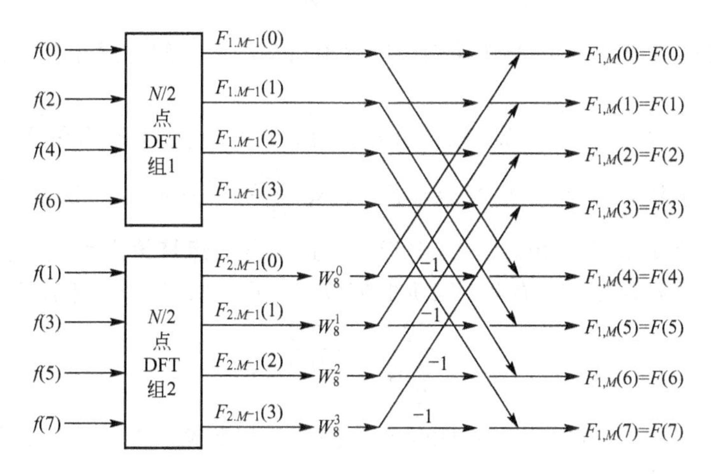

图 5.14　8 点 DFT 分解的序列流图

类似地，两个 $N/2$ 点 DFT 可继续分解成 4 组 $N/4$ 点 DFT，可以写成如下形式。

$$F_{1,M-1}(n)=F_{1,M-2}(n)+W_N^{2n}F_{2,M-2}(n)\tag{5-68}$$

$$F_{2,M-1}(n)=F_{3,M-2}(n)+W_N^{2n}F_{4,M-2}(n)\tag{5-69}$$

其中，$n=0$，1，2，…，$N/4-1$，$F_{1,M-2}(n)$、$F_{2,M-2}(n)$、$F_{3,M-2}(n)$、$F_{4,M-2}(n)$都是 $N/4$ 点的 DFT，同样有

$$\begin{aligned}F_{1,M-1}(n+N/4)&=F_{1,M-2}(n)+W_N^{2n+N/4}F_{2,M-2}(n)\\&=F_{1,M-2}(n)-W_N^{2n}F_{2,M-2}(n)\end{aligned}\tag{5-70}$$

$$\begin{aligned}F_{2,M-1}(n+N/4)&=F_{3,M-2}(n)+W_N^{2n+N/4}F_{4,M-2}(n)\\&=F_{3,M-2}(n)-W_N^{2n}F_{4,M-2}(n)\end{aligned}\tag{5-71}$$

相同的原理，分解过程继续进行，直到得到 $N/2$ 个两点 DFT 组，总的级数 $M=\log_2(N)$，即 $N=2^M$。图 5.15 表示 8 点 DFT 完全分解之后得到的信号流图，此时 $M=3$，从图中可以观察到每级的分组情况和运算关系。

图 5.15 中两条或多条直线相交处表示一个存储单元，用于存储输入数据、中间计算结果或频域输出样值。直线上的数字和权值 W_N^n 表示与之前存储单元的数据相乘，直线箭头汇入直线表示数据相加。

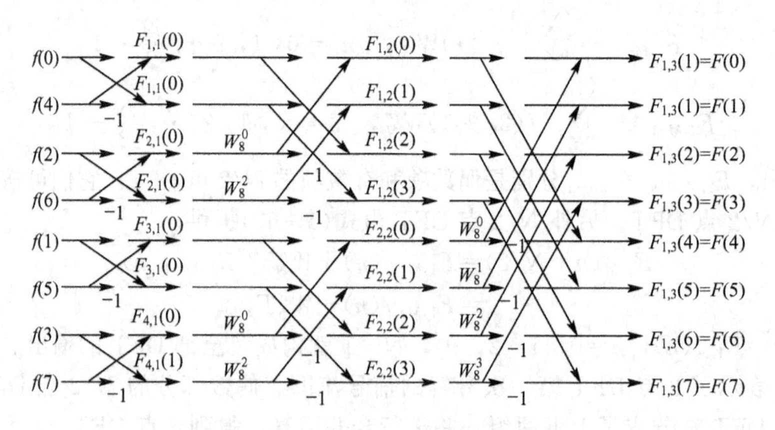

图 5.15 8 点 DFT 完全分解信号流程图

快速傅里叶逆变换(IFFT)与快速傅里叶变换(FFT)的分解方式相似，只需要把 W_N^{rn} 换成 W_N^{-rm} 即可。

上述求解 FFT 的分解方式称为蝶形分解。每级含有 $N/2$ 个蝶形单元，每个蝶形单元只需要一次复数乘法，那么完成 N 点 DFT 需要 $\frac{MN}{2}=\frac{N}{2}\log_2(N)$ 次复数乘法和 $MN=N\log_2(N)$ 次复数加法运算，相对于 DFT 而言，这种方法运算量大大减少，因而称为快速傅里叶算法。以复数乘法次数为例，减少的倍数可以通过式(5-72)来计算。

$$\frac{N^2}{\frac{N}{2}1bN}=\frac{2N}{1bN} \tag{5-72}$$

假设 $N=1024$，则采用 FFT 比 DFT 的复数乘法次数减少 204.8 倍。随着 N 的增加，这种趋势越明显。

5.7 离散系统的频域分析

离散系统的频域分析方法和连续系统的频域分析方法类似，首先利用离散时间傅里叶变换把一般的离散序列分解成 $e^{j\omega k}$ 的线性组合，再求出基本序列 $e^{j\omega k}$ 通过离散系统的零状态响应，最后利用线性时不变(LTI)系统的性质，可得到一般序列通过离散系统的频域响应。

5.7.1 基本序列 e^{jwk} 通过离散系统的零状态响应

对任一周期离散序列 $f(k)$，利用离散傅里叶级数可以将其表示为指数序列 $e^{j\left(\frac{2\pi}{N}\right)nk}$ 的线性组合，即

$$f(k)=\sum_{n=\langle N\rangle}F_n e^{j\left(\frac{2\pi}{N}\right)nk} \tag{5-73}$$

同样，利用离散时间傅里叶变换可以将任一非周期离散序列 $f(k)$ 表示为指数序列 $e^{j\omega k}$ 的线性组合，即

$$f(k)=\frac{1}{2\pi}\int_{2\pi}F(e^{j\omega})e^{j\omega k}\,d\omega \tag{5-74}$$

因此，与连续信号情况一样，将指数序列 $e^{j\omega k}$ 称为基本序列。指数序列 $e^{j\left(\frac{2\pi}{N}\right)nk}$ 实质上与基本序列 $e^{j\omega k}$ 一样，只不过是当 $\omega=\left(\frac{2\pi}{N}\right)n$ 时的特例。

设稳定离散 LTI 系统的单位响应为 $h(k)$，则据第 3 章的讨论可知，系统对基本序列 $e^{j\omega k}$ 的零状态响应为

$$y_f(k)=e^{j\omega k}*h(k)=\sum_{m=-\infty}^{\infty}h(m)e^{j\omega(k-m)}=e^{j\omega k}\cdot\sum_{m=-\infty}^{\infty}h(m)e^{-j\omega m}\tag{5-75}$$

式(5－75)中的求和项正好是 $h(k)$ 的离散时间傅里叶变换，记为 $H(e^{j\omega})$，即

$$H(e^{j\omega})=\sum_{k=-\infty}^{\infty}h(k)e^{-j\omega k}\tag{5-76}$$

称 $H(e^{j\omega})$ 为传输函数或频率响应。

一个稳定的离散 LTI 系统，对基本序列 $e^{j\omega k}$ 的零状态响应是 $e^{j\omega k}$ 乘上一个与时间序数 k 无关的常数 $H(e^{j\omega})$，而 $H(e^{j\omega})$ 为系统单位响应 $h(k)$ 的离散时间傅里叶变换，称为频响函数 $y_f(k)$。$y_f(k)$ 表示如下：

$$y_f(k)=e^{j\omega k}\cdot H(e^{j\omega})\tag{5-77}$$

$H(e^{j\omega})$ 一般是 ω 的连续函数，而且是复函数，即

$$H(e^{j\omega})=|H(e^{j\omega})|e^{j\varphi(\omega)}\tag{5-78}$$

式中：$|H(e^{j\omega})|$ 称为系统的幅频响应或幅度响应，$\varphi(\omega)$ 称为系统的相频响应或相位响应。

设输入余弦序列为

$$f(k)=A\cos\omega_0 k,\quad -\infty<k<\infty$$

应用欧拉公式，可将 $f(k)$ 写成

$$f(k)=\frac{A}{2}[e^{j\omega_0 k}+e^{-j\omega_0 k}]$$

$f(k)$ 通过一个频响函数为 $H(e^{j\omega})$ 的离散 LTI 系统的稳态响应可表示为

$$y_s(k)=\frac{A}{2}[H(e^{j\omega_0})e^{j\omega_0 k}+H(e^{-j\omega_0})e^{-j\omega_0 k}]\tag{5-79}$$

式中：

$$H(e^{j\omega_0})=H(e^{j\omega})|_{\omega=\omega_0}=|H(e^{j\omega})||e^{j\varphi(\omega)}|_{\omega=\omega_0}$$

由于 $|H(e^{j\omega})|$ 为 ω 的偶函数，而 $\varphi(\omega)$ 为 ω 的奇函数，式(5－79)可写为

$$y_s(k)=\frac{A}{2}|H(e^{j\omega_0})|[e^{j(\omega_0 k+\varphi(\omega_0))}+e^{-j(\omega_0 k+\varphi(\omega_0))}]$$

$$=A|H(e^{j\omega_0})|\cos(\omega_0 k+\varphi(\omega_0))\tag{5-80}$$

可见，余弦序列通过离散系统仍然是余弦序列，只是幅值和相位发生了变化。幅值变为原来的 $|H(e^{j\omega_0})|$ 倍，相位附加了 $\varphi(\omega_0)$，幅值和相位的变化直接由余弦序列的频率 ω_0 决定。同样，正弦序列和基本序列 $e^{j\omega_0 k}$ 都具有相同的性质。

例 5－13　已知某离散 LTI 系统的差分方程 $y(k)+\frac{1}{2}y(k-1)=f(k-1)$，若输入正弦

序列 $f(k)=10\cos\left(\frac{\pi}{2}k+\frac{2\pi}{3}\right)$，求该系统的稳态响应 $y_s(t)$。

解：由系统的差分方程，假设输入为单位脉冲序列，则其响应为单位响应，有

$$h(k)+\frac{1}{2}h(k-1)=\delta(k-1) \tag{5-81}$$

对式(5-81)两端进行离散时间傅里叶变换得

$$H(e^{j\omega})+\frac{1}{2}e^{j\omega}H(e^{j\omega})=e^{j\omega}$$

把系统频率响应表示成模和相位的形式得

$$H(e^{j\omega})=\frac{1}{e^{j\omega}+\frac{1}{2}}=\frac{2}{\sqrt{5+4\cos\omega}}e^{-j\arctan\frac{\sin\omega}{\cos\omega+\frac{1}{2}}}$$

由输入正弦序列 $f(k)=10\cos\left(\frac{\pi}{2}k+\frac{2\pi}{3}\right)$，可知其频率 $\omega=\pi/2$，故有

$$H(e^{j\omega})\big|_{\omega=\frac{\pi}{2}}=\frac{2}{\sqrt{5+}}e^{-j\arctan 2}$$

根据式(5-80)的结论，则该离散系统的稳态响应可以表示为

$$y_s(k)=\frac{20}{\sqrt{5}}\cos\left(\frac{\pi}{2}k+\frac{2\pi}{3}-\arctan 2\right)$$

5.7.2 一般序列 $f(k)$ 通过离散系统的零状态响应

一个离散 LTI 系统，如果激励为任意序列 $f(k)$ 时，则系统的零状态响应为

$$y_f(k)=f(k)*h(k) \tag{5-82}$$

应用离散时间傅里叶的时域卷积和性质，式(5-82)在频域中可以表示为

$$Y_f(e^{j\omega})=F(e^{j\omega})\cdot H(e^{j\omega})$$

对一个离散 LTI 系统而言，n 阶线性常系数差分方程一般具有如下形式。

$$\sum_{i=0}^{n}a_i y(k-i)=\sum_{i=0}^{m}b_i f(k-i) \tag{5-83}$$

式中：a_i 和 b_i 都是常数。若系统是稳定的，对式(5-83)两端进行离散时间傅里叶变换，可得

$$\sum_{i=0}^{n}a_i e^{-j\omega i}Y(e^{j\omega})=\sum_{i=0}^{m}b_i e^{-j\omega i}F(e^{j\omega})$$

从而得到该系统的频率响应为

$$H(e^{j\omega})=\frac{Y(e^{j\omega})}{F(e^{j\omega})}=\frac{\sum_{i=0}^{m}b_i e^{-j\omega i}}{\sum_{i=0}^{n}a_i e^{-j\omega i}} \tag{5-84}$$

例 5-14 描述一稳定离散 LTI 系统的差分方程为

$$y(k)+0.1y(k-1)-0.02y(k-2)=6f(k)$$

若给该系统施加序列 $f(k)=0.5^k\varepsilon(k)$，求该系统的单位响应和零状态响应。

解：根据差分方程可以得到系统函数为

$$H(e^{j\omega})=\frac{Y(e^{j\omega})}{F(e^{j\omega})}=\frac{6}{1+0.1e^{-j\omega}-0.02e^{-j2\omega}}$$

把系统函数进行部分因式展开。

$$H(e^{j\omega})=\frac{6}{(1-0.1e^{-j\omega})(1+0.2e^{-j\omega})}$$

$$=\frac{2}{1-0.1e^{-j\omega}}+\frac{4}{1+0.2e^{-j\omega}} \tag{5-85}$$

对式(5-85)进行离散时间傅里叶逆变换得到单位响应为

$$h(k)=2(0.1)^k\varepsilon(k)+4(-0.2)^k\varepsilon(k)$$

对输入序列 $f(k)$进行离散时间傅里叶变换，结果为

$$F(e^{j\omega})=\frac{1}{1-0.5e^{-j\omega}}$$

则有

$$Y(e^{j\omega})=F(e^{j\omega})H(e^{j\omega})$$

$$=\frac{6}{(1-0.5e^{-j\omega})(1-0.1e^{-j\omega})(1+0.2e^{-j\omega})}$$

同理，将 $Y(e^{jw})$展开成部分分式，有

$$Y_f(e^{j\omega})=\frac{75/14}{1-0.5e^{-j\omega}}+\frac{-1/2}{1-0.1e^{-j\omega}}+\frac{8/7}{1+0.2e^{-j\omega}} \tag{5-86}$$

对式(5-86)进行离散时间傅里叶逆变换，有

$$y_f(k)=\frac{75}{14}(0.5)^k\varepsilon(k)-\frac{1}{2}(0.1)^k\varepsilon(k)+\frac{8}{7}(-0.2)^k\varepsilon(k)$$

本章小结

本章讨论了离散序列和离散系统的频域分析。与连续信号和连续系统的频域分析一样，在给定一个完备的归一化正交序列集后，离散的周期序列可以分解为这些序列的线性组合，即离散时间傅里叶级数(DFS)，DFS 的频谱是离散的，每一条谱线代表各次谐波分量的振幅大小。如果周期序列的周期趋于无穷大，周期序列演变为非周期序列，此时 DFS 频谱变得连续，振幅趋于 0，这样 DFS 就无法描述非周期序列的频谱特性。用 $F(e^{j\omega})$代替 $\lim\limits_{N\to\infty}NF_n$，得到非周期序列的离散时间傅里叶变换(DTFT)，DTFT 的频谱是连续的，周期为 2π。利用广义函数，可以把周期序列非周期序列都统一用 DTFT 表示。引入离散傅里叶变换(DFT)是为了便于用计算机进行序列的频域分析，由于 DFT 计算量大，故引入快速傅里叶变换(FFT)算法。离散序列和离散系统的频域分析利用基本序列通过系统的某些特性，把时域卷积和转换为频域乘积来分析一般序列通过系统的频率响应。

习 题 五

5.1 求下列序列的离散时间傅里叶变换(DTFT)。

(1) $f(k)=\{\underset{\uparrow}{1}\ 1\ 1\ 1\ 1\}$　　(2) $f(k)=\left(\frac{1}{4}\right)^k\varepsilon(k+2)$

(3) $f(k)=\left(\frac{1}{2}\right)^k[\varepsilon(k+2)-\varepsilon(k-2)]$　　(4) $f(k)=k[\varepsilon(k)-\varepsilon(k-7)]$

(5) $f(k)=(\sin k)[\varepsilon(k+2)-\varepsilon(k-2)]$　　(6) $f(k)=(\cos k)[\varepsilon(k+5)-\varepsilon(k-2)]$

5.2　求下列序列的离散傅里叶变换(DFT)。

(1) $f(k)=\{b\,b\,\cdots\,b\}$　N点　　(2) $f(k)=(0.9)^k\quad 0\leqslant k\leqslant 16$

(3) $f(k)=2^k[\varepsilon(k+3)-\varepsilon(k-2)]$　　(4) $f(k)=k[\varepsilon(k)-\varepsilon(k-7)]$

(5) $f(k)=k^2[\varepsilon(k+2)-\varepsilon(k-2)]$　　(6) $f(k)=\frac{1}{k}[\varepsilon(k-1)-\varepsilon(k-8)]$

5.3　已知离散系统的激励为 $f(k)=\left(\frac{1}{2}\right)^k\varepsilon(k)-\left(\frac{1}{4}\right)^{k-1}\varepsilon(k-1)$，其零状态响应为 $y(k)=\left(\frac{1}{3}\right)^k\varepsilon(k)$，试求系统的频域响应特性 $H(\mathrm{e}^{\mathrm{j}\omega})$。

5.4　某离散 LTI 系统的差分方程为 $y(k-2)+3y(k-1)+2y(k)=\varepsilon(k)-\varepsilon(k-2)$，试求系统的频域响应特性 $H(\mathrm{e}^{\mathrm{j}\omega})$和单位冲激响应。

5.5　已知描述一离散 LTI 系统的差分方程为 $y(k)+\frac{1}{2}y(k-1)=f(k-1)$，若输入正弦序列为

$$f(k)=10\cos\left(\frac{\pi}{3}k+\frac{2\pi}{3}\right)$$

求该系统的稳态响应 $y_s(k)$。

5.6　已知描述一离散 LTI 系统的系统函数为 $H(\mathrm{e}^{\mathrm{j}\omega})=\frac{1}{\mathrm{e}^{\mathrm{j}\omega}+1}$，若输入正弦序列 $f(k)=10\cos\left(\pi k+\frac{2\pi}{3}\right)$，求该系统的稳态响应 $y_s(k)$。

5.7　某稳定离散 LTI 系统的差分方程为 $y(k)+0.1y(k-1)-0.02y(k-2)=6f(k)$，若系统的输入序列为 $f(k)=(0.5)^k\varepsilon(k)$，求该系统的零状态响应 $y_f(k)$。

第6章
连续信号与系统的复频域分析

本章学习目标

★ 了解拉普拉斯变换的基本原理；
★ 了解连续系统的复频域分析；
★ 了解连续系统的表示和模拟；
★ 了解传递函数与系统特性。

本章教学要点

知识要点	能力要求	相关知识
拉普拉斯变换	了解拉普拉斯变换的定义、定理及原理	拉普拉斯变换的常用公式、拉普拉斯变换的反变换、拉普拉斯变换的性质
连续系统的复频域分析	了解连续信号的S域分解	不同信号下的连续系统零状态响应、零输入响应和完全响应
连续系统的表示和模拟	了解连续系统方框图、信号流图等	连续系统方框图、信号流图的绘制，连续系统模拟的直接形式、级联(串联)形式和并联形式
传递函数与系统特性	了解传递函数的含义，以及如何反映连续系统的相关特性	连续系统的零、极点分布，连续系统的时域特性和频域特性，连续系统的稳定性分析

导入案例

连续系统中所用到的元部件有电器、机械的、光电的等，种类繁多，工作机理各不相同，但若将其对应的传递函数抽象出来并进行研究，其结论自然具有一般性，普遍适用于各类相似的系统。图1为测速发电机的示意图。无论是直流或交流测速发电机，其输出电压均正比于转子的角速度，其传递函数为$G(s)=K_t s$。

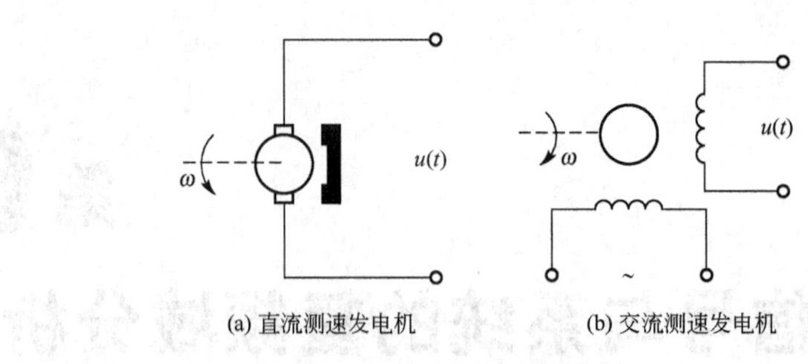

图1 测速发电机

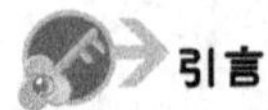
引言

拉普拉斯变换是一种积分变换，它把时域中的常系数线性微分方程变换为复频域中的常系数线性代数方程。与傅里叶变换分析法相比，复频域分析可以扩大变换的范围，而且求解比较简便。连续信号与系统的复频域分析揭示了信号的频谱特性和系统的频率特性，为以后的信号处理和系统分析与设计提供了重要基础。

本章先从傅里叶变换导出拉普拉斯变换，把频域扩展为复频域，将拉普拉斯变换理解为广义的傅里叶变换，为拉普拉斯变换给出一定的物理解释。然后讨论拉普拉斯变换及其逆变换的一些性质。最后介绍线性系统的模拟与信号流图、传递函数和特性。与频域分析法相比，复频域分析法不仅扩展了对输入信号的适用范围，同时也使系统响应的求解更简单、更灵活。

6.1 拉普拉斯变换及其逆变换

6.1.1 双边拉普拉斯变换

一个信号 $f(t)$满足绝对可积条件，则其傅里叶变换一定存在；反之，如果 $f(t)$不满足绝对可积条件，则其傅里叶变换不一定存在。

设信号 $f(t)\mathrm{e}^{-\delta t}$（$\delta$ 是实数），选择适当的 δ 使 $f(t)\mathrm{e}^{-\delta t}$ 绝对可积，则其傅里叶变换存在。若用 $F(\delta+\mathrm{j}\omega)$表示该信号的傅里叶变换，根据傅里叶变换的定义，有

$$F(\delta+\mathrm{j}\omega)=\int_{-\infty}^{\infty} f(t)\mathrm{e}^{-\delta t}\mathrm{e}^{-\mathrm{j}\omega t}\mathrm{d}t=\int_{-\infty}^{\infty} f(t)\mathrm{e}^{-(\delta+\mathrm{j}\omega)t}\mathrm{d}t \tag{6-1}$$

根据傅里叶逆变换，得

$$f(t)\mathrm{e}^{-\delta t}=\frac{1}{2\pi}\int_{-\infty}^{\infty} F(\delta+\mathrm{j}\omega)\mathrm{e}^{\mathrm{j}\omega t}\mathrm{d}\omega$$

两边同时乘以 $\mathrm{e}^{\delta t}$，得

$$f(t)=\frac{1}{2\pi}\int_{-\infty}^{\infty} F(\delta+\mathrm{j}\omega)\mathrm{e}^{(\delta+\mathrm{j}\omega)t}\mathrm{d}\omega \tag{6-2}$$

令 $s=\delta+\mathrm{j}\omega$，则 $\mathrm{j}\mathrm{d}\omega=\mathrm{d}s$，代入式(6－1)和式(6－2)得

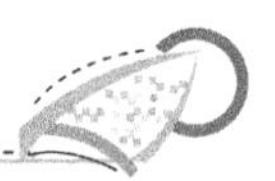

$$F(s)=\int_{-\infty}^{\infty}f(t)\mathrm{e}^{-st}\mathrm{d}t \tag{6-3}$$

$$f(t)=\frac{1}{2\pi\mathrm{j}}\int_{\delta-\mathrm{j}\infty}^{\delta+\mathrm{j}\infty}F(s)\mathrm{e}^{st}\mathrm{d}s \tag{6-4}$$

式(6-3)称为信号 $f(t)$ 的双边拉普拉斯变换，记为 $F(s)=L[f(t)]$；式(6-4)称为 $F(s)$ 的双边拉普拉斯逆变换，记为 $f(t)=L^{-1}[F(s)]$。$F(s)$ 又称为 $f(t)$ 的象函数，$f(t)$ 又称为 $F(s)$ 的原函数。双边拉普拉斯变换简称双边拉氏变换。

任一信号 $f(t)$ 的双边拉氏变换不一定存在。由于 $f(t)$ 的双边拉氏变换是信号 $f(t)\mathrm{e}^{-\delta t}$ 的傅里叶变换，因此，若 $f(t)\mathrm{e}^{-\delta t}$ 绝对可积，即

$$\int_{-\infty}^{\infty}|f(t)|\mathrm{e}^{-\delta t}\mathrm{d}t<\infty \tag{6-5}$$

则 $f(t)$ 的双边拉氏变换一定存在。式(6-5)表明，$F(s)$ 是否存在取决于适当的 δ。由于 $\delta=Re[s]$，所以 $F(s)$ 是否存在是取决于适当的 s。在复平面上，使 $f(t)$ 的双边拉氏变换 $F(s)$ 存在的 s 的取值范围称为 $F(s)$ 的收敛域(Region Of Convergence，ROC)。$F(s)$ 的 ROC 是由 s 的实部 δ 决定的，与 s 的虚部 $\mathrm{j}\omega$ 无关，故 $F(s)$ 的 ROC 边界是平行于 $\mathrm{j}\omega$ 轴的直线。

例 6-1　求时限信号 $f(t)=\varepsilon(t)-\varepsilon(t-\tau)$ 的双边拉氏变换及其 ROC。其中，$\tau>0$。

解： 设 $f(t)$ 的双边拉氏变换为 $F(s)$，由式(6-3)得

$$F(s)=\int_{-\infty}^{\infty}[\varepsilon(t)-\varepsilon(t-\tau)]\mathrm{e}^{-st}\mathrm{d}t \tag{6-6}$$

根据式(6-5)，当 $\delta=\mathrm{Re}[s]>-\infty$ 时，有

$$\int_{-\infty}^{\infty}|\varepsilon(t)-\varepsilon(t-\tau)|\mathrm{e}^{-\delta t}\mathrm{d}t=\int_{0}^{\tau}\mathrm{e}^{-\delta t}\mathrm{d}t<\infty$$

即当 $\sigma>-\infty$ 时，式(6-6)积分收敛。可得

$$\begin{aligned}F(s)&=\int_{-\infty}^{\infty}[\varepsilon(t)-\varepsilon(t-\tau)]\mathrm{e}^{-st}\mathrm{d}t=\int_{0}^{\tau}\mathrm{e}^{-st}\mathrm{d}t\\&=-\frac{1}{s}\mathrm{e}^{-st}\Big|_{0}^{\tau}=\frac{1-\mathrm{e}^{-s\tau}}{s},\quad \mathrm{Re}[s]>-\infty\end{aligned}$$

以上结果表明，时限信号的双边拉氏变换在 $\delta>-\infty$ 的全平面收敛。

例 6-2　求因果信号 $f_1(t)=\mathrm{e}^{-\alpha t}\varepsilon(t)(\alpha>0)$ 的双边拉氏变换及其 ROC。

解： 设 $f_1(t)$ 的双边拉氏变换为 $F_1(s)$，则

$$F_1(s)=\int_{-\infty}^{\infty}\mathrm{e}^{-\alpha t}\varepsilon(t)\mathrm{e}^{-st}\mathrm{d}t \tag{6-7}$$

当 $\sigma=\mathrm{Re}[s]>-\alpha$ 时，有

$$\int_{-\infty}^{\infty}\left|\mathrm{e}^{-\alpha t}\varepsilon(t)\right|\mathrm{e}^{-\delta t}\mathrm{d}t=\int_{0}^{\infty}\mathrm{e}^{-(\alpha+\delta)t}\mathrm{d}t<\infty$$

即当 $\delta>-\alpha$ 时，式(6-7)积分收敛，因此得

$$\begin{aligned}F_1(s)&=\int_{-\infty}^{\infty}\mathrm{e}^{-\alpha t}\varepsilon(t)\mathrm{e}^{-st}\mathrm{d}t=\int_{0}^{\infty}\mathrm{e}^{-(s+\alpha)t}\mathrm{d}t=-\frac{1}{s+\alpha}\mathrm{e}^{-(s+\alpha)t}\Big|_{0}^{\infty}\\&=\frac{1}{s+\alpha},\quad \mathrm{Re}[s]>-\alpha\end{aligned}$$

以上结果表明，因果信号 $f_1(t)$ 的双边拉氏变换 $F_1(s)$ 的收敛域 ROC 在平行于 $\mathrm{j}\omega$ 轴的某一条直线的右边区域。

例 6-3 求反因果信号 $f_2(t)=-\mathrm{e}^{-\beta t}\varepsilon(-t)(\beta>0)$ 的双边拉氏变换及其 ROC。

解：设 $f_2(t)$ 的双边拉氏变换为 $F_2(s)$，有

$$F_2(s)=\int_{-\infty}^{\infty}[-\mathrm{e}^{-\beta t}\varepsilon(-t)]\mathrm{e}^{-st}\mathrm{d}t \tag{6-8}$$

当 $\delta=\mathrm{Re}[s]<-\beta$ 时，有

$$\int_{-\infty}^{\infty}|-\mathrm{e}^{-\beta t}\varepsilon(-t)|\mathrm{e}^{-\delta t}\mathrm{d}t=\int_{-\infty}^{0}\mathrm{e}^{-(\delta+\beta)t}\mathrm{d}t<\infty$$

即当 $\delta<-\beta$ 时，式(6-8)积分收敛，因此得

$$F_2(s)=\int_{-\infty}^{\infty}[-\mathrm{e}^{-\beta t}\varepsilon(-t)]\mathrm{e}^{-st}\mathrm{d}t=\int_{-\infty}^{0}-\mathrm{e}^{-(s+\beta)t}\mathrm{d}t=\frac{1}{s+\beta}\mathrm{e}^{-(s+\beta)t}\Big|_{-\infty}^{0}$$

$$=\frac{1}{s+\beta},\quad \mathrm{Re}[s]<-\beta$$

以上结果表明，反因果信号 $f_2(t)$ 的双边拉氏变换 $F_2(s)$ 的收敛域在平行于 jω 轴的左边区域。

比较因果信号 $f_1(t)$ 和反因果信号 $f_2(t)$ 的双边拉氏变换及其 ROC，可以总结出以下特点：①若 $\beta>\alpha$，则 $F_1(s)\neq F_2(s)$，$F_1(s)$ 和 $F_2(s)$ 的收敛域无公共部分；②若 $\beta<\alpha$，则 $F_1(s)\neq F_2(s)$，但 $F_1(s)$ 和 $F_2(s)$ 的收敛域有公共部分；③若 $\beta=\alpha$，则 $F_1(s)=F_2(s)$，也无公共部分。

上述情况表明，不同信号的双边拉氏变换可能相同，即任一信号和它的双边拉氏变换不是一一对应的。若不同信号的双边拉氏变换相同，则其 ROC 一定完全不同。若不同信号的双边拉氏变换的 ROC 相同或有公共部分，则它们的双边拉氏变换一定不相同，即任一信号和它的双边拉氏变换连同 ROC 是一一对应的。

实际中的信号都是有起始时刻的(即 $t<t_0$ 时，$f(t)=0$)，若起始时刻 $t_0=0$，则 $f(t)$ 为因果信号。因果信号的双边拉氏变换的积分下限为“0^-”，该变换称为单边拉普拉斯变换。单边拉普拉斯变换的 ROC 比较简单，计算方便，线性连续系统的 S 域分析主要使用单边拉普拉斯变换。本章主要讨论单边拉普拉斯变换。

6.1.2 单边拉普拉斯变换

信号 $f(t)$ 的单边拉普拉斯变换和单边拉普拉斯逆变换分别为

$$F(s)=\int_{0^-}^{\infty}f(t)\mathrm{e}^{-st}\mathrm{d}t \tag{6-9}$$

$$f(t)=\begin{cases}0 & t<0\\ \dfrac{1}{2\pi\mathrm{j}}\displaystyle\int_{\delta-\mathrm{j}\infty}^{\delta+\mathrm{j}\infty}F(s)\mathrm{e}^{st}\mathrm{d}s & t\geqslant 0\end{cases} \tag{6-10}$$

式(6-9)称为 $f(t)$ 的单边拉普拉斯变换，简称单边拉氏变换，记为 $F(s)=L[f(t)]$。式(6-10)称为 $F(s)$ 的单边拉普拉斯逆变换，简称单边拉氏逆变换，记为 $f(t)=L^{-1}[F(s)]$。$F(s)$ 称为 $f(t)$ 的象函数，$f(t)$ 又称为 $F(s)$ 的原函数。单边拉普拉斯变换对的关系常表示为

$$f(t)\leftrightarrow F(s)$$

式(6-9)的积分下限取“0^-”，是因为 $f(t)$ 中可能包含冲激信号及其各阶导数。若 $f(t)$ 中不包含冲激信号及其各阶导数，积分下限也可取“0^+”或“0”。

与双边拉氏变换存在的条件类似，若 $f(t)$ 满足

$$\int_{0^-}^{\infty} |f(t)| e^{-\delta t} dt < \infty \tag{6-11}$$

则 $f(t)$的单边拉氏变换 $F(s)$存在。使 $F(s)$存在的 S 复平面上 s 的取值区域称为 $F(s)$的收敛域。由于 $f(t)$的单边拉氏变换等于 $f(t)\varepsilon(t)$的双边拉氏变换，故单边拉氏变换的收敛域与因果信号的双边拉氏变换的收敛域相同，即单边拉氏变换的收敛域为平行于 jω 轴的一条直线的右边区域，可表示为

$$\delta = \mathrm{Re}[s] > \delta_0 \tag{6-12}$$

根据单边拉氏变换收敛域的特点，不同信号单边拉氏变换的收敛域在右半平面必有公共部分，因此它们的单边拉氏变换必不相同，即信号 $f(t)$与其单边拉氏变换 $F(s)$必一一对应。

下面，通过举例来推导常见信号的拉普拉斯变换。

例 6-4　已知阶跃信号 $f(t)$，计算其拉普拉斯变换 $F(s)$。

$$f(t) = A\varepsilon(t) = \begin{cases} A & t \geqslant 0 \\ 0 & t < 0 \end{cases} \tag{6-13}$$

其中，A 是常数。

解：由拉普拉斯变换的定义有

$$F(s) = L[f(t)] = \int_0^{\infty} A e^{-st} dt = \left[-\frac{A}{s}\right] e^{-st} \Big|_0^{\infty} = \frac{A}{s} \tag{6-14}$$

说明：在式(6-13)中，当 $A=1$ 时，表示单位阶跃信号，通常写成 $f(t)=\varepsilon(t)$，单位阶跃信号的拉普拉斯变换就是$\frac{1}{s}$，即

$$L[\varepsilon(t)] = \frac{1}{s} \tag{6-15}$$

例 6-5　已知有正弦信号如下：

$$f(t) = \begin{cases} A\sin\omega t & t \geqslant 0 \\ 0 & t < 0 \end{cases} \tag{6-16}$$

式中：A、ω 是常数。计算正弦信号 $f(t)$的拉普拉斯变换 $F(s)$。

解：由拉普拉斯变换的定义有

$$F(s) = L[f(t)] = \int_0^{\infty} (A\sin\omega t) e^{-st} dt$$

$$= \frac{A}{2j}\int_0^{\infty} (e^{j\omega t} - e^{-j\omega t}) e^{-st} dt = \frac{A\omega}{s^2 + \omega^2} \tag{6-17}$$

通过上述例子的学习，利用信号拉普拉斯变换的定义，可以计算出信号的拉普拉斯变换。一般情况下，人们都是通过查拉普拉斯变换对照表得到信号的拉普拉斯变换，用于系统的分析和计算。表 6-1 给出了拉普拉斯变换对照一览表，利用这个表可以直接查出给定时间信号的拉普拉斯变换，或者对应于给定的拉普拉斯变换的时间信号。

表 6-1　单边拉普拉斯变换对照一览表

序号	$f(t)\quad t \geqslant 0$	$F(s)$
1	$\delta(t)$	1
2	$\delta^{(n)}(t)$	s^n

(续)

序号	$f(t)\quad t\geqslant 0$	$F(s)$
3	$\varepsilon(t)$	$\frac{1}{s}$
4	$b_0\mathrm{e}^{\alpha t}$	$\frac{b_0}{s+\alpha}$
5	$A\sin(\omega t)$	$\frac{A\omega}{s^2+\omega^2}$
6	$A\cos(\omega t)$	$\frac{As}{s^2+\omega^2}$
7	$A\mathrm{e}^{-\alpha t}\sin(\omega t)$	$\frac{A\omega}{(s+\alpha)^2+\omega^2}$
8	$A\mathrm{e}^{-\alpha t}\cos(\omega t)$	$\frac{A(s+\alpha)}{(s+\alpha)^2+\omega^2}$
9	$\frac{1}{(n-1)!}t^{n-1}$	$\frac{1}{s^n}$
10	b_0t+b_1	$\frac{b_1s+b_0}{s^2}$
11	$\frac{1}{(n-1)!}t^{n-1}\mathrm{e}^{-\alpha t}$	$\frac{1}{(s+\alpha)^n}$
12	$\sum_{n=0}^{\infty}\delta(t-nT)$	$\frac{1}{1-\mathrm{e}^{-sT}}$

6.1.3 拉普拉斯逆变换

拉普拉斯逆变换是拉普拉斯变换的逆过程，是用复变函数表达式来推导其相应的时间信号的数学运算。拉普拉斯逆变换的符号是 L^{-1}，表示为

$$L^{-1}[F(s)]=f(t)$$

数学上，已知 $F(s)$来计算时间信号 $f(t)$的表达式为

$$f(t)=\frac{1}{2\pi \mathrm{j}}\int_{\delta-\mathrm{j}\infty}^{\delta+\mathrm{j}\infty}F(s)\mathrm{e}^{st}\mathrm{d}s\quad t\geqslant 0 \tag{6-18}$$

式中：收敛横坐标 δ 是实常数，且选择的值比 $F(s)$的所有奇点的实部都要大。于是，积分的路线平行于 $\mathrm{j}\omega$ 轴，并且与 $\mathrm{j}\omega$ 轴的距离是 δ，以及该积分路线位于所有奇点的右面。

式(6-18)的积分计算比较复杂，通常通过查拉普拉斯变换表求拉普拉斯逆变换，因此拉普拉斯变换式必须符合拉普拉斯变换表中所列的形式。若某变换 $F(s)$不能在该表中找到，就需要把 $F(s)$展开成为部分分式，使其变成已知的拉普拉斯逆变换的简单函数，然后查拉普拉斯变换表得到其拉普拉斯逆变换 $f(t)$。求拉普拉斯逆变换的简单方法基于这样一个事实：对任何连续的时间信号，它自身和它的拉普拉斯变换之间是一一对应的。

下面介绍求拉普拉斯逆变换的常用方法，即部分分式展开法。假设信号 $f(t)$ 的拉普拉斯变换为 $F(s)$，且 $F(s)$ 可以分解成为下列分量

$$F(s)=F_1(s)+F_2(s)+F_3(s)+\cdots+F_n(s) \tag{6-19}$$

并假定 $F_1(s)$，$F_2(s)$，…，$F_n(s)$ 的拉普拉斯逆变换容易求得，分别为 $f_1(t)$，$f_2(t)$，…，$f_n(t)$，那么

$$\begin{aligned}f(t)&=L^{-1}[F(s)]=L^{-1}[F_1(s)]+L^{-1}[F_2(s)]+\cdots+L^{-1}[F_n(s)]\\&=f_1(t)+f_2(t)+\cdots+f_n(t)\end{aligned} \tag{6-20}$$

部分分式展开法的优点在于：$F(s)$ 被展开成了部分分式的形式，使 $F(s)$ 的每一项都是简单函数，那么查拉普拉斯变换表或者记住常用信号的拉普拉斯变换，就可方便地求出 $F(s)$ 的拉普拉斯逆变换 $f(t)$。

在信号处理和自动控制理论中，$F(s)$ 通常是如下的形式。

$$F(s)=\frac{B(s)}{A(s)} \tag{6-21}$$

或

$$F(s)=\frac{K(s+z_1)(s+z_2)\cdots(s+z_m)}{(s+p_1)(s+p_2)\cdots(s+p_n)} \tag{6-22}$$

在式(6－21)中，$A(s)$ 和 $B(s)$ 是 s 的多项式，且 $B(s)$ 的阶次不高于 $A(s)$ 的阶次；在式(6－22)中，p_1，p_2，…，p_n 和 z_1，z_2，…，z_m 为实数或复数，且 $s=-p_1$，$s=-p_2$，…，$s=-p_n$ 和 $s=-z_1$，$s=-z_2$，…，$s=-z_m$ 分别称为 $F(s)$ 的极点和零点。下面分几种情况来介绍求拉普拉斯逆变换的部分分式展开法。

1. 有不相同极点的 $F(s)$ 的部分分式展开式

当 $F(s)$ 包含不相同的极点，即 $p_1\neq p_2\neq\cdots\neq p_n$ 时，$F(s)$ 总能展开成下面简单的部分分式的和

$$F(s)=\frac{B(s)}{A(s)}=\frac{a_1}{s+p_1}+\frac{a_2}{s+p_2}+\cdots+\frac{a_k}{s+p_k}+\cdots+\frac{a_n}{s+p_n} \tag{6-23}$$

式中：a_k 是常数($k=1, 2, \cdots, n$)，称为在极点 $s=-p_k$ 处的留数。留数 a_k 计算式如下：

$$a_k=\left[\frac{B(s)}{A(s)}(s+p_k)\right]_{s=-p_k} \tag{6-24}$$

说明：由于信号 $f(t)$ 是一个实信号，那么假如极点 p_1 和 p_2 是共轭复数，则留数 a_1 和 a_2 也是共轭复数，计算时只需对共轭的 a_1 或 a_2 中的任何一个求值即可。

由式(6－23)中展开的部分分式，可得

$$L^{-1}\left[\frac{a_k}{s+p_k}\right]=a_k\mathrm{e}^{-p_kt} \tag{6-25}$$

则 $F(s)$ 的拉普拉斯逆变换 $f(t)$ 为

$$f(t)=a_1\mathrm{e}^{-p_1t}+a_2\mathrm{e}^{-p_2t}+\cdots+a_n\mathrm{e}^{-p_nt} \tag{6-26}$$

例 6－6　已知

$$F(s)=\frac{s+3}{(s+1)(s+2)}$$

求 $F(s)$ 的拉普拉斯逆变换 $f(t)$。

解：由已知条件可知，$F(s)$具有不相同的极点，根据式(6-23)，它的部分分式展开式为

$$F(s)=\frac{s+3}{(s+1)(s+2)}=\frac{a_1}{s+1}+\frac{a_2}{s+2}$$

利用式(6-24)，求得 a_1 和 a_2 分别为

$$a_1=\left[\frac{s+3}{(s+1)(s+2)}(s+1)\right]_{s=-1}=2$$

$$a_2=\left[\frac{s+3}{(s+1)(s+2)}(s+2)\right]_{s=-2}=-1$$

于是，查表 6-1 可得

$$f(t)=L^{-1}[F(s)]=L^{-1}\left[\frac{2}{s+1}\right]+L^{-1}\left[\frac{-1}{s+2}\right]=2\mathrm{e}^{-t}-\mathrm{e}^{-2t}\quad t\geqslant 0 \tag{6-27}$$

例 6-7 已知

$$F(s)=\frac{s^3+5s^2+9s+7}{(s+1)(s+2)}$$

求 $F(s)$的拉普拉斯逆变换 $f(t)$。

解：用分母除分子得到

$$F(s)=s+2+\frac{s+3}{(s+1)(s+2)} \tag{6-28}$$

式(6-28)中，右边第三项的拉普拉斯逆变换如式(6-27)所示，因此只需求式(6-28)中的第一项和第二项的拉普拉斯逆变换。查表 6-1，得到单位脉冲信号 $\delta(t)$的拉普拉斯变换是 1，而 $\delta'(t)$的拉普拉斯变换是 s。于是得到 $F(s)$的拉普拉斯逆变换如下：

$$f(t)=\delta'(t)+2\delta(t)+2\mathrm{e}^{-t}-\mathrm{e}^{-2t}\quad t\geqslant 0$$

2. *具有共轭复数极点的 $F(s)$的部分分式展开式*

当 $F(s)$包含共轭复数极点 p_1、p_2 时，$F(s)$展开成下面的形式

$$F(s)=\frac{B(s)}{A(s)}=\frac{a_1}{s+p_1}+\frac{a_2}{s+p_2}+\frac{a_3}{s+p_3}+\cdots+\frac{a_k}{s+p_k}+\cdots+\frac{a_n}{s+p_n} \tag{6-29}$$

式中：a_k是常数($k=3$，4，…，n)，a_k叫做极点 $s=-p_k$处的留数。留数 a_k计算由式(6-24)确定，整理得

$$(a_1s+a_2)_{s=-p_1}=\left[\frac{B(s)}{A(s)}(s+p_1)(s+p_2)\right]_{s=-p_1} \tag{6-30}$$

由于 p_1是一个复数值，式(6-30)的两边也都是复数值。使式(6-30)两边的实数部分和虚数部分分别相等，可得到两个方程，根据这两个方程就可以确定 a_1 和 a_2。

3. *具有多重极点的 $F(s)$的部分分式展开式*

当 $F(s)=B(s)/A(s)$包含有多重极点，即在 $A(s)=0$ 处有 r 阶重极点 p_1(并假设其余的极点是不相同的)时，$A(s)$就可写成

$$A(s)=(s+p_1)^r(s+p_{r+1})(s+p_{r+2})\cdots(s+p_n) \tag{6-31}$$

则 $F(s)$的部分分式可展开式为

$$F(s)=\frac{B(s)}{A(s)}=\frac{b_r}{(s+p_1)^r}+\frac{b^{r-1}}{(s+p_1)^{r-1}}+\cdots+\frac{b_1}{s+p_1}$$

$$+\frac{a_{r+1}}{s+p_{r+1}}+\frac{a_{r+2}}{s+p_{r+2}}+\cdots+\frac{a_n}{s+p_n} \tag{6-32}$$

式中，b_r，b_{r-1}，…，b_1 由式(6-33)计算得到。

$$\begin{cases} b_r=\left[\dfrac{B(s)}{A(s)}(s+p_1)^r\right]_{s=-p_1} \\ b_{r-1}=\left\{\dfrac{\mathrm{d}}{\mathrm{d}s}\left[\dfrac{B(s)}{A(s)}(s+p_1)^r\right]\right\}_{s=-p_1} \\ \vdots \\ b_{r-m}=\dfrac{1}{m\,!}\left\{\dfrac{\mathrm{d}^m}{\mathrm{d}s^m}\left[\dfrac{B(s)}{A(s)}(s+p_1)^r\right]\right\}_{s=-p_1} \\ \vdots \\ b_1=\dfrac{1}{(r-1)\,!}\left\{\dfrac{\mathrm{d}^{r-1}}{\mathrm{d}s^{r-1}}\left[\dfrac{B(s)}{A(s)}(s+p_1)^r\right]\right\}_{s=-p_1} \end{cases} \tag{6-33}$$

另外，根据式(6-24)，式(6-32)中的常数 a_{r+1}，a_{r+2}，…，a_n 可计算如下。

$$a_k=\left[\frac{B(s)}{A(s)}(s+p_k)\right]_{s=-p_k} \quad (k=r+1,\ r+2,\ \cdots,\ n) \tag{6-34}$$

故 $F(s)$的拉普拉斯逆变换为

$$f(t)=L^{-1}[F(s)]=\left[\frac{b_r}{(r-1)\,!}t^{r-1}+\frac{b_{r-1}}{(r-2)\,!}t^{r-2}+\cdots+b_2t+b_1\right]\mathrm{e}^{-p_1t}+\sum_{i=r+1}^{n}a_i\mathrm{e}^{-p_it} \tag{6-35}$$

6.2　拉普拉斯变换的性质

拉普拉斯变换有一些重要的性质，这些性质反映了不同形式的信号与其拉普拉斯变换的对应规律。应用这些性质，并结合常用变换对是求解拉普拉斯变换和逆变换的重要方法，也是进行连续系统复频域分析的重要基础。

1. 线性性质

若 $f_1(t)\leftrightarrow F_1(s)$，$\mathrm{Re}[s]>\delta_1$，$f_2(t)\leftrightarrow F_2(s)$，$\mathrm{Re}[s]>\delta_2$，则有

$$a_1f(t)+a_2f(t)\leftrightarrow a_1F_1(s)+a_2F_2(s),\quad \mathrm{Re}[s]>\max(\delta_1,\ \delta_2) \tag{6-36}$$

式中，a_1 和 a_2 为复常数。证明略。

2. 尺度变换

若 $f(t)\leftrightarrow F(s)$，$\mathrm{Re}[s]>\delta_0$，则有

$$f(at)\leftrightarrow\frac{1}{a}F\left(\frac{s}{a}\right),\quad \mathrm{Re}[s]>a\delta_0 \tag{6-37}$$

式中，a 为实常数，$a>0$。

证明：根据拉氏变换的定义，有

$$L[f(at)]=\int_{0_-}^{\infty}f(at)\mathrm{e}^{-st}\mathrm{d}t$$

令 $\tau=at$，则有

$$L[f(at)]=\int_{0_-}^{\infty}f(\tau)\mathrm{e}^{-\left(\frac{s}{a}\right)\tau}\mathrm{d}\left(\frac{\tau}{a}\right)=\frac{1}{a}\int_{0_-}^{\infty}f(\tau)\mathrm{e}^{-\left(\frac{s}{a}\right)\tau}\mathrm{d}\tau=\frac{1}{a}F\left(\frac{s}{a}\right)$$

3. 时移性质

若 $f(t)\leftrightarrow F(s)$，$\mathrm{Re}[s]>\delta_0$，则有

$$f(t-t_0)\varepsilon(t-t_0)\leftrightarrow \mathrm{e}^{-st_0}F(s)\text{，}\mathrm{Re}[s]>\delta_0 \tag{6-38}$$

式中，t_0 为正实常数。

证明：根据拉氏变换的定义，有

$$L[f(t-t_0)\varepsilon(t-t_0)]=\int_{0_-}^{\infty}f(t-t_0)\varepsilon(t-t_0)\mathrm{e}^{-st}\mathrm{d}t=\int_{0_-}^{\infty}f(t-t_0)\mathrm{e}^{-st}\mathrm{d}t$$

令 $t-t_0=\tau$，则 $t=t_0+\tau$，得

$$\begin{aligned}L[f(t-t_0)\varepsilon(t-t_0)]&=\int_{0_-}^{\infty}f(\tau)\mathrm{e}^{-s(t_0+\tau)}\mathrm{d}\tau\\&=\mathrm{e}^{-st_0}\int_{0_-}^{\infty}f(\tau)\mathrm{e}^{-s\tau}\mathrm{d}\tau\\&=\mathrm{e}^{-st_0}F(s),\quad \mathrm{Re}[s]>\delta_0\end{aligned}$$

例 6-8　$f_1(t)=\mathrm{e}^{-2(t-1)}\varepsilon(t-1)$，$f_2(t)=\mathrm{e}^{-2(t-1)}\varepsilon(t)$，求解 $f_1(t)+f_2(t)$的象函数。

解：根据拉氏变换的定义，有

$$\mathrm{e}^{-2t}\varepsilon(t)\leftrightarrow\frac{1}{s+2}\text{，}\mathrm{Re}[s]>-2$$

根据时移性质，可得

$$F_1(s)=L[\mathrm{e}^{-2(t-1)}\varepsilon(t-1)]=\frac{\mathrm{e}^{-s}}{s+2}\text{，}\mathrm{Re}[s]>-2$$

将 $f_2(t)$表示为

$$f_2(t)=\mathrm{e}^{-2(t-1)}\varepsilon(t)=\mathrm{e}^{2}\mathrm{e}^{-2t}\varepsilon(t)$$

根据线性性质，可得

$$F_2(s)=\frac{\mathrm{e}^{2}}{s+2}\text{，}\mathrm{Re}[s]>-2$$

故有

$$L[f_1(t)+f_2(t)]=F_1(s)+F_2(s)=\frac{\mathrm{e}^{2}+\mathrm{e}^{-s}}{s+2}\text{，}\mathrm{Re}[s]>-2$$

4. 复频移性质

若 $f(t)\leftrightarrow F(s)$，$\mathrm{Re}[s]>\delta_0$，则有

$$\mathrm{e}^{s_0t}f(t)\leftrightarrow F(s-s_0)\text{，}\mathrm{Re}[s]>\delta_1+\delta_0 \tag{6-39}$$

式中，s_0 为复常数，$\delta_0=\mathrm{Re}[s_0]$。

证明：由拉氏变换的定义，有

$$L[\mathrm{e}^{s_0t}f(t)]=\int_{0_-}^{\infty}\mathrm{e}^{s_0t}f(t)\mathrm{e}^{-st}\mathrm{d}t=\int_{0_-}^{\infty}f(t)\mathrm{e}^{-(s-s_0)t}\mathrm{d}t$$

令 $s-s_0=s_p$，则有

$$L[\mathrm{e}^{s_0t}f(t)]=\int_{0_-}^{\infty}f(t)\mathrm{e}^{-s_pt}\mathrm{d}t$$

$$= \left[\int_{0^-}^{\infty} f(t)\mathrm{e}^{-st}\mathrm{d}t\right]_{s=s_p}$$
$$= F(s_p)$$
$$= F(s-s_0)$$

$F(s-s_0)$是$F(s)$在复频域右移s_0，故$F(s-s_0)$的ROC是$F(s)$的ROC在复平面右移$\mathrm{Re}[s_0]=\delta_0$后的区域，其ROC应为$\mathrm{Re}[s]>\delta_1+\delta_0$。

例 6-9 $f(t)=\mathrm{e}^{-\alpha t}\cos(\omega_0 t)\varepsilon(t)$，$\alpha$为实数，求$f(t)$的象函数。

解：已知

$$F_1(s)=L[\cos(\omega_0 t)\varepsilon(t)]=\frac{s}{s^2+\omega_0^2}, \ \mathrm{Re}[s]>0$$

根据复频移性质，可得

$$F(s)=L[f(t)]=\frac{s+\alpha}{(s+\alpha)^2+\omega_0^2}, \ \mathrm{Re}[s]>-\alpha$$

5. 时域卷积

已知$f_1(t)$、$f_2(t)$为因果信号，若$f_1(t)\leftrightarrow F_1(s)$，$\mathrm{Re}[s]>\delta_1$，$f_2(t)\leftrightarrow F_2(s)$，$\mathrm{Re}[s]>\delta_2$，则有

$$f_1(t)*f_2(t)\leftrightarrow F_1(s)F_2(s), \quad \mathrm{Re}[s]>\delta_0 \tag{6-40}$$

式中，$\mathrm{Re}[s]>\delta_0$至少是$F_1(s)$和$F_2(s)$收敛域的公共部分。

证明：根据信号卷积的定义，而且$f_1(t)$和$f_2(t)$是因果信号，有

$$f_1(t)*f_2(t)=\int_{0^-}^{\infty} f_1(\tau)f_2(t-\tau)\mathrm{d}\tau$$

$f_1(t)*f_2(t)$仍为因果信号。根据拉氏变换的定义，可得

$$L[f_1(t)*f_2(t)]=\int_{0^-}^{\infty}\left[\int_{0^-}^{\infty} f_1(\tau)f_2(t-\tau)\mathrm{d}\tau\right]\mathrm{e}^{-st}\mathrm{d}t$$
$$=\int_{0^-}^{\infty} f_1(\tau)\left[\int_{0^-}^{\infty} f_2(t-\tau)\mathrm{e}^{-st}\mathrm{d}t\right]\mathrm{d}\tau$$

根据时移性质，有

$$\int_{0^-}^{\infty} f_2(t-\tau)\mathrm{e}^{-st}\mathrm{d}t=\mathrm{e}^{-s\tau}F_2(s)$$

得到

$$L[f_1(t)*f_2(t)]=\int_{0^-}^{\infty} f_1(\tau)F_2(s)\mathrm{e}^{-s\tau}\mathrm{d}\tau=F_2(s)\int_{0^-}^{\infty} f_1(\tau)\mathrm{e}^{-s\tau}\mathrm{d}\tau$$
$$=F_1(s)F_2(s), \quad \mathrm{Re}[s]>\delta_0$$

例 6-10 已知某LTI连续系统的单位冲激响应$h(t)=\mathrm{e}^{-2t}\varepsilon(t)$，试求以$f(t)=\varepsilon(t)$为激励时的零状态响应$y_f(t)$。

解：时域分析中，系统零状态响应$y_f(t)$与系统冲激响应$h(t)$和激励信号$f(t)$之间的关系为

$$y_f(t)=h(t)*f(t)$$

根据时域卷积定理，有

$$Y_f(s)=H(s)F(s)$$

式中，$H(s)=L[h(t)]$，$F(s)=L[f(t)]$。有

$$H(s)=L[\mathrm{e}^{-2t}\varepsilon(t)]=\frac{1}{s+2},\quad \mathrm{Re}[s]>-2$$

$$F(s)=L[f(t)]=\frac{1}{s},\quad \mathrm{Re}[s]>0$$

可得

$$Y_f(s)=\frac{1}{s(s+2)}=\frac{1}{2}\left(\frac{1}{s}-\frac{1}{s+2}\right),\quad \mathrm{Re}[s]>0 \tag{6-41}$$

应用 $\varepsilon(t)$ 和 $\mathrm{e}^{-2t}\varepsilon(t)$ 的基本变换对，可以得到式(6-40)的拉普拉斯逆变换，即系统的零状态响应为

$$y_f(t)=\frac{1}{2}[\varepsilon(t)-\mathrm{e}^{-2t}\varepsilon(t)]=\frac{1}{2}(1-\mathrm{e}^{-2t})\varepsilon(t)$$

6. 时域微分

若 $f(t)\leftrightarrow F(s)$，$\mathrm{Re}[s]>\delta_0$，则有

$$\frac{\mathrm{d}f(t)}{\mathrm{d}t}\leftrightarrow sF(s)-f(0^-) \tag{6-42}$$

$$\frac{\mathrm{d}^2f(t)}{\mathrm{d}t^2}\leftrightarrow s^2F(s)-sf(0^-)-f'(0^-) \tag{6-43}$$

$$\frac{\mathrm{d}^nf(t)}{\mathrm{d}t^n}\leftrightarrow s^nF(s)-\sum_{r=0}^{n-1}s^{n-r-1}f^{(r)}(0^-) \tag{6-44}$$

式(6-42)、式(6-43)和式(6-44)中，$f(0^-)$、$f'(0^-)$、$f^{(r)}(0^-)$ 分别表示 $f(t)$、$f'(t)$、$f^{(r)}(t)$ 在 $t=0^-$ 时刻的值，各象函数的收敛域至少是 $\mathrm{Re}[s]>\delta_0$。

证明：根据拉普拉斯变换的定义，有

$$\begin{aligned}L[f'(t)]&=\int_{0^-}^{\infty}\frac{\mathrm{d}f(t)}{\mathrm{d}t}\mathrm{e}^{-st}\mathrm{d}t=\int_{0^-}^{\infty}\mathrm{e}^{-st}\mathrm{d}f(t)\\&=f(t)\mathrm{e}^{-st}\Big|_{0^-}^{\infty}+s\int_{0^-}^{\infty}f(t)\mathrm{e}^{-st}\mathrm{d}t\\&=\lim_{t\to\infty}f(t)\mathrm{e}^{-st}-f(0^-)+sF(s)\end{aligned}$$

由于 $f(t)$ 的拉普拉斯变换 $F(s)$ 在 $\mathrm{Re}[s]>\delta_0$ 收敛，当 $t\to\infty$ 时，$f(t)\mathrm{e}^{-st}\to 0$，则有

$$L[f'(t)]=sF(s)-f(0^-)$$

即式(6-42)成立。由 $f''(t)=\mathrm{d}f'(t)/\mathrm{d}t$，可得

$$L[f''(t)]=s[F(s)-f(0^-)]-f'(0^-)=s^2F(s)-sf(0^-)-f'(0^-)$$

即式(6-43)成立。反复应用式(6-42)，即可得到 $f^{(r)}(t)$ 的拉普拉斯变换，如式(6-44)所示。

7. 时域积分

若 $f(t)\leftrightarrow F(s)$，$\mathrm{Re}[s]>\delta_0$，则有

$$\begin{cases}f^{(-1)}(t)=\int_{0^-}^{t}f(\tau)\mathrm{d}\leftrightarrow\dfrac{F(s)}{s}\\ f^{(-n)}(t)\leftrightarrow\dfrac{F(s)}{s^n}\quad n=1,2,3\cdots\end{cases} \tag{6-45}$$

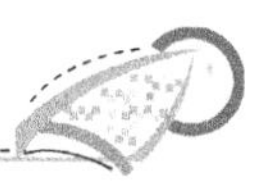

式中，$f^{(-n)}(t)$是表示从0^-到t对$f(t)$的n重积分。若$f^{(-n)}(t)$要表示从$-\infty$到t对$f(t)$的n重积分，有

$$\begin{cases} f^{(-1)}(t)=\int_{-\infty}^{t}f(\tau)\mathrm{d}\tau \leftrightarrow \dfrac{f^{(-1)}(0^-)}{s}+\dfrac{F(s)}{s} \\ f^{(-n)}(t)\leftrightarrow \sum\limits_{m=1}^{n}\dfrac{1}{s^{n-m+1}}f^{(-m)}(0^-)+\dfrac{F(s)}{s^n} \end{cases} \tag{6-46}$$

在式(6-45)和式(6-46)中，$f^{(-n)}(t)$的拉普拉斯变换的收敛域至少是$\mathrm{Re}[s]>0$和$\mathrm{Re}[s]>\delta_0$的公共部分。

证明：先证明式(6-45)成立。根据拉氏变换的定义，有

$$L\left[\int_{0^-}^{t}f(\tau)\mathrm{d}\tau\right]=\int_{0^-}^{\infty}\left[\int_{0^-}^{t}f(\tau)\mathrm{d}\tau\right]\mathrm{e}^{-st}\mathrm{d}t$$

应用分部积分得

$$\begin{aligned} L\left[\int_{0^-}^{t}f(\tau)\mathrm{d}\tau\right]&=-\frac{1}{s}\int_{0^-}^{\infty}\left[\int_{0^-}^{t}f(\tau)\mathrm{d}\tau\right]\mathrm{d}\mathrm{e}^{-st} \\ &=-\frac{1}{s}\left[\mathrm{e}^{-st}\int_{0^-}^{t}f(\tau)\mathrm{d}\tau\right]\Bigg|_{0^-}^{\infty}+\frac{1}{s}\int_{0^-}^{\infty}f(t)\mathrm{e}^{-st}\mathrm{d}t \end{aligned} \tag{6-47}$$

式(6-47)中的第一项$-\frac{1}{s}\left[\mathrm{e}^{-st}\int_{0^-}^{t}f(\tau)\mathrm{d}\tau\right]\Big|_{0^-}^{\infty}=0$，而$\int_{0^-}^{\infty}f(t)\mathrm{e}^{-st}\mathrm{d}t$是$f(t)$的拉普拉斯变换，$\int_{0^-}^{\infty}f(t)\mathrm{e}^{-st}\mathrm{d}t=F(s)$，可得

$$L\left[\int_{0^-}^{t}f(\tau)\mathrm{d}\tau\right]=\frac{F(s)}{s} \tag{6-48}$$

反复应用式(6-48)，就可以得到$f^{(-n)}(t)$的拉普拉斯变换如式(6-45)所示。

下面证明式(6-46)成立。已知

$$f^{(-1)}(t)=\int_{-\infty}^{t}f(\tau)\mathrm{d}\tau=\int_{-\infty}^{0^-}f(\tau)\mathrm{d}\tau+\int_{0^-}^{t}f(\tau)\mathrm{d}\tau \tag{6-49}$$

式中，$f^{(-1)}(0^-)$是实常数，其拉普拉斯变换为

$$L[f^{(-1)}(0^-)]=\frac{f^{(-1)}(0^-)}{s} \tag{6-50}$$

对(6-50)两边取拉普拉斯变换，并将式(6-48)和式(6-50)代入式(6-49)，可得

$$f^{(-1)}(t)=\int_{-\infty}^{t}f(\tau)\mathrm{d}\tau\leftrightarrow\frac{f^{(-1)}(0^-)}{s}+\frac{F(s)}{s} \tag{6-51}$$

反复应用式(6-51)，就可以得到$f^{(-n)}(t)$的拉普拉斯变换，如式(6-46)所示。

例6-11　试利用基本变换对$\varepsilon(t)\leftrightarrow 1/s$和拉普拉斯变换的时域积分性质，求$f(t)=t^n\varepsilon(t)$的象函数。

解：已知

$$\frac{\mathrm{d}}{\mathrm{d}t}[t\varepsilon(t)]=\varepsilon(t)$$

$$\frac{\mathrm{d}^2}{\mathrm{d}t}[t^2\varepsilon(t)]=2\frac{\mathrm{d}}{\mathrm{d}t^2}[t\varepsilon(t)]=2\varepsilon(t)$$

$$\frac{\mathrm{d}^n}{\mathrm{d}t^n}[t^n\varepsilon(t)]=n\frac{\mathrm{d}^{n-1}}{\mathrm{d}t^{n-1}}[t^{n-1}\varepsilon(t)]=n(n-1)\frac{\mathrm{d}^{n-2}}{\mathrm{d}t^{n-2}}[t^{n-2}\varepsilon(t)]=n!\ \varepsilon(t)$$

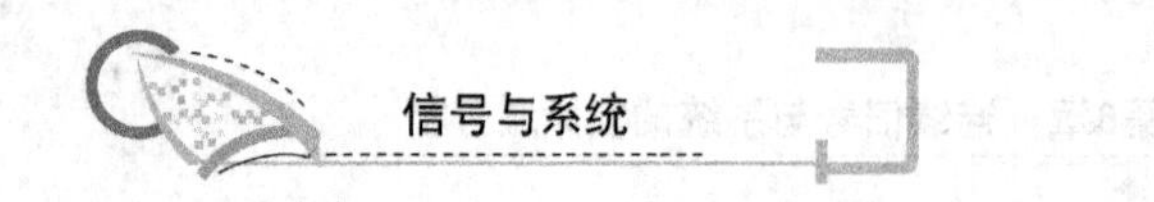

故有

$$t^n\varepsilon(t)=n!\ \varepsilon^{(-n)}(t)\mathrm{d}\tau$$

根据拉普拉斯的积分性质式(6-45)，可得

$$L[t^n\varepsilon(t)]=\frac{n!}{s^n}L[\varepsilon(t)]=\frac{n!}{s^{n+1}}$$

即

$$t^n\varepsilon(t)\leftrightarrow\frac{n!}{s^{n+1}}$$

利用拉普拉斯变换的时域积分性质还可以较方便地求解一些复杂信号的拉普拉斯变换。使用这种方法时，通常情况下是由于信号 $f(t)$ 的函数形式较复杂，其象函数 $F(s)$ 不易直接求出，而 $f(t)$ 求 n 阶导数以后的函数 $f^{(n)}(t)$ 的象函数则容易求得。这时，先求出 $f^{(n)}(t)$ 的象函数，再依据积分性质就可方便地得到 $f(t)$ 的象函数。

例 6-12 求图 6.1(a)所示信号 $f(t)$ 的拉普拉斯变换。

解： $f(t)\varepsilon(t)$ 如图 6.1(b)所示，$f'(t)$ 的波形如图 6.1(c)所示。

方法 1 已知 $f(t)\varepsilon(t)=\varepsilon(t)-\varepsilon(t-1)$，根据拉普拉斯变换的定义得到

$$F(s)=L[f(t)]=L[f(t)\varepsilon(t)]=\frac{1-\mathrm{e}^{-s}}{s}$$

方法 2 $f(0^-)=-1$，$f(t)$ 的一阶导数为 $f'(t)=2\delta(t)-\delta(t-1)$，则 $f'(t)$ 的拉普拉斯变换为

$$F_1(s)=L[f'(t)]=2-\mathrm{e}^{-s},\quad \mathrm{Re}[s]>-\infty$$

$$F(s)=L[f(t)]=\frac{f(0^-)}{s}+\frac{F_1(s)}{s}$$

$$=\frac{-1}{s}+\frac{2-\mathrm{e}^{-s}}{s}=\frac{1-\mathrm{e}^{-s}}{s},\quad \mathrm{Re}[s]>0$$

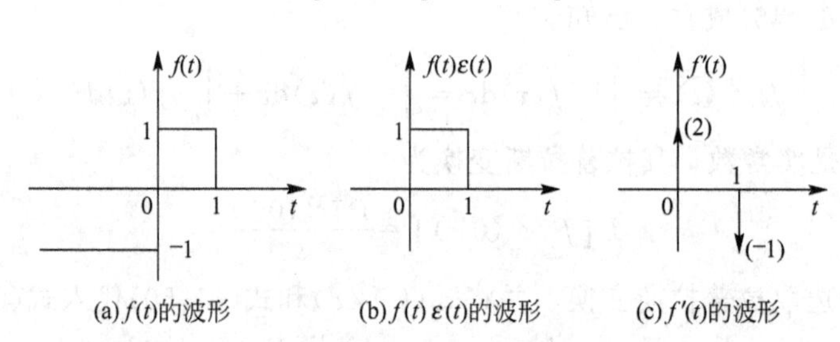

图 6.1 例 6-12 的信号图

8. S 域微分

若 $f(t)\leftrightarrow F(s)$，$\mathrm{Re}[s]>\delta_0$，则有

$$\begin{cases}(-t)f(t)\leftrightarrow\dfrac{\mathrm{d}F(s)}{\mathrm{d}s}\\(-t)^n f(t)\leftrightarrow\dfrac{\mathrm{d}^nF(s)}{\mathrm{d}s^n}\end{cases},\quad \mathrm{Re}[s]>\delta_0 \tag{6-52}$$

例 6-13 试求 $f(t)=t\mathrm{e}^{-\alpha t}\varepsilon(t)$ 的拉普拉斯变换。

解： 已知 $\mathrm{e}^{-\alpha t}\varepsilon(t)\leftrightarrow\dfrac{1}{s+\alpha}$，$\mathrm{Re}[s]>-\alpha$，根据 S 域微分性质有

$$(-t)e^{-\alpha t}\varepsilon(t)\leftrightarrow\frac{d}{ds}\left[\frac{1}{s+\alpha}\right]=\frac{-1}{(s+\alpha)^2},\quad \mathrm{Re}[s]>-\alpha$$

即

$$te^{-\alpha t}\varepsilon(t)\leftrightarrow\frac{1}{(s+\alpha)^2},\quad \mathrm{Re}[s]>-\alpha \tag{6-53}$$

9. *S 域积分*

若 $f(t)\leftrightarrow F(s)$，$\mathrm{Re}[s]>\delta_0$，则有

$$\frac{f(t)}{t}\leftrightarrow\int_s^{\infty}F(\tau)d\tau \tag{6-54}$$

式中：$\lim\limits_{t\to 0}\frac{f(t)}{t}$存在，$\frac{f(t)}{t}$的拉普拉斯变换的收敛域为 $\mathrm{Re}[s]>\delta_0$ 和 $\mathrm{Re}[s]>0$ 的公共部分。

证明：根据拉普拉斯变换的定义可知

$$F(s)=\int_{0^-}^{\infty}f(t)e^{-st}dt,\quad \mathrm{Re}[s]>\delta_0 \tag{6-55}$$

对式(6－55)两边从 s 到∞积分，变换积分次序得

$$\int_s^{\infty}F(\tau)d\tau=\int_s^{\infty}\left[\int_{0^-}^{\infty}f(t)e^{-\tau t}dt\right]d\tau=\int_{0^-}^{\infty}f(t)\left[\int_s^{\infty}e^{-\tau t}d\tau\right]dt \tag{6-56}$$

已知 $t>0$，故式(6－56)方括号中的积分$\int_s^{\infty}e^{-\tau t}d\tau$ 在 $\mathrm{Re}[s]>0$ 时收敛。因此得

$$\begin{aligned}\int_s^{\infty}F(\tau)d\tau&=\int_{0^-}^{\infty}f(t)\left(\frac{e^{-\tau t}}{t}\right)dt\\&=\int_{0^-}^{\infty}\frac{f(t)}{t}e^{-\tau t}dt=L\left[\frac{f(t)}{t}\right]\end{aligned}$$

例 6－14　$f(t)=\frac{\sin t}{t}\varepsilon(t)$，求 $f(t)$的拉普拉斯变换。

解：由于 $\sin t\cdot\varepsilon(t)\leftrightarrow\frac{1}{s^2+1}$，根据 S 域积分性质得

$$\begin{aligned}F(s)&=L\left[\frac{\sin t\cdot\varepsilon(t)}{t}\right]\\&=\int_s^{\infty}\frac{1}{\tau^2+1}d\tau=\arctan\tau\,\Big|_s^{\infty}=\arctan\frac{1}{s}\end{aligned}$$

10. *初值定理*

若信号 $f(t)$不包含冲激信号 $\delta(t)$及其各阶导数，并且 $f(t)\leftrightarrow F(s)$，$\mathrm{Re}[s]>\delta_0$，则信号 $f(t)$的初值为

$$f(0^+)=\lim_{t\to 0^+}f(t)=\lim_{s\to\infty}sF(s) \tag{6-57}$$

11. *终值定理*

若 $f(t)$在 $t\to\infty$时极限 $f(\infty)$存在，并且 $f(t)\leftrightarrow F(s)$，$\mathrm{Re}[s]>\delta_0(-\infty<\delta_0<0)$，则 $f(t)$的终值为

$$f(\infty)=\lim_{t\to\infty}f(t)=\lim_{s\to 0}sF(s) \tag{6-58}$$

例 6-15 已知 $f(t)=\mathrm{e}^{-t}\cos t\cdot\varepsilon(t)$，求 $f(0^+)$和 $f(\infty)$。

解：由于 $\cos t\cdot\varepsilon(t)\leftrightarrow\frac{s}{s^2+1}$，根据复频移性质，则有

$$F(s)=L[f(t)]=\frac{s+1}{(s+1)^2+1},\quad \mathrm{Re}[s]>-1$$

由初值定理得

$$f(0^+)=\lim_{s\to\infty}sF(s)=\lim_{s\to\infty}\frac{(s+1)s}{(s+1)^2+1}=1$$

由终值定理得

$$f(\infty)=\lim_{s\to 0}sF(s)=\lim_{s\to 0}\frac{(s+1)s}{(s+1)^2+1}=0$$

6.3 连续系统的复频域分析

如前所述，线性连续系统 S 域分析的基本方法是根据线性系统的性质，把系统的输入信号分解为基本信号 e^{st}之和，而系统对输入信号的响应则等于基本信号的响应之和。这种方法的数学描述就是输入和响应的拉普拉斯变换及其逆变换。下面讨论根据输入信号的分解求系统响应的方法。

6.3.1 连续信号的 S 域分解

根据单边拉普拉斯变换的定义，若信号 $f(t)$的单边拉普拉斯变换为 $F(s)$，则信号 $f(t)$可表示为

$$f(t)=\frac{1}{2\pi\mathrm{j}}\int_{\sigma-\mathrm{j}\infty}^{\sigma+\mathrm{j}\infty}F(s)\mathrm{e}^{st}\mathrm{d}s,\quad t\geqslant 0 \tag{6-59}$$

式(6-59)的物理意义就是 $f(t)$分解为［$\delta-\mathrm{j}\infty$，$\delta+\mathrm{j}\infty$］区间上基本信号 e^{st}之和。对于上述区间上的任意 s，$\frac{1}{2\pi\mathrm{j}}F(s)\mathrm{d}s$ 都是一个复数，是信号 e^{st} 的复幅度。求和的路径是 $F(s)$收敛域中平行于 $\mathrm{j}\omega$ 轴的一条直线。就系统分析而言，信号分解为基本信号 e^{st}之和是基于两个原因：一是基本信号 e^{st}的形式简单，其响应的求解也比较简单；二是系统是线性的，可以应用系统的叠加性，由基本信号的响应之和来求解系统的响应。

6.3.2 基本信号 e^{st}激励下的零状态响应

若 LTI 连续系统的输入信号为 $f(t)$，零状态响应 $y_f(t)$，冲激响应为 $h(t)$，由连续系统的时域分析可知

$$y_f(t)=f(t)*h(t) \tag{6-60}$$

若系统的输入为基本信号 e^{st}，即 $f(t)=\mathrm{e}^{st}$，则有

$$y_f(t)=\mathrm{e}^{st}*h(t)=\int_{-\infty}^{\infty}h(\tau)\mathrm{e}^{s(t-\tau)}\mathrm{d}\tau=\mathrm{e}^{st}\int_{-\infty}^{\infty}h(\tau)\mathrm{e}^{-s\tau}\mathrm{d}\tau$$

若 $h(t)$为因果信号，有

$$y_f(t)=\mathrm{e}^{st}\int_{0^-}^{\infty}h(\tau)\mathrm{e}^{-s\tau}\mathrm{d}\tau=H(s)\mathrm{e}^{st} \tag{6-61}$$

式中：

$$H(s)=\int_{0_-}^{\infty}h(\tau)\mathrm{e}^{-s\tau}\mathrm{d}\tau=\int_{0_-}^{\infty}h(t)\mathrm{e}^{-st}\mathrm{d}t=L[h(t)] \tag{6-62}$$

$H(s)$是冲激响应$h(t)$的拉氏变换，称为线性连续系统的传递函数。式(6－61)表明，线性连续系统对基本信号e^{st}的零状态响应等于e^{st}与连续系统的传递函数$H(s)$的乘积。

6.3.3　一般信号 $f(t)$激励下的零状态响应

若连续系统的输入是因果信号$f(t)$，其拉氏变换存在，则$f(t)$可分解为复指数信号e^{st}之和，如式(6－59)所示。根据式(6－61)，对于$[\delta-\mathrm{j}\infty,\ \delta+\mathrm{j}\infty]$区间上的任意$s$，信号$\mathrm{e}^{st}$产生的零状态响应为$H(s)\mathrm{e}^{st}$，对应关系表示为

$$\mathrm{e}^{st}\leftrightarrow H(s)\mathrm{e}^{st}$$

根据线性系统的齐次性，对于$[\delta-\mathrm{j}\infty,\ \delta+\mathrm{j}\infty]$区间上的任意$s$，$\frac{1}{2\pi\mathrm{j}}F(s)\mathrm{d}s$为相对于时间$t$的常数，因此信号$\frac{1}{2\pi\mathrm{j}}F(s)\mathrm{d}s\cdot\mathrm{e}^{st}$产生的零状态响应可以表示为

$$\frac{1}{2\pi\mathrm{j}}F(s)\mathrm{d}s\cdot\mathrm{e}^{st}\rightarrow\frac{1}{2\pi\mathrm{j}}F(s)\mathrm{d}sH(s)\mathrm{e}^{st}$$

根据系统的可加性，由于系统的输入信号$f(t)$可以分解为$[\delta-\mathrm{j}\infty,\ \delta+\mathrm{j}\infty]$区间上不同$s$的指数信号$\frac{1}{2\pi\mathrm{j}}F(s)\mathrm{d}s\cdot\mathrm{e}^{st}$的和，故系统对$f(t)$的零状态响应等于这些指数信号产生的零状态响应之和。对应关系表示为

$$f(t)=\frac{1}{2\pi\mathrm{j}}\int_{\delta-\mathrm{j}\infty}^{\delta+\mathrm{j}\infty}F(s)\mathrm{e}^{st}\mathrm{d}s\rightarrow\frac{1}{2\pi\mathrm{j}}\int_{\delta-\mathrm{j}\infty}^{\delta+\mathrm{j}\infty}F(s)H(s)\mathrm{e}^{st}\mathrm{d}s$$

即$f(t)$产生的零状态响应为

$$y_f(t)=\frac{1}{2\pi\mathrm{j}}\int_{\delta-\mathrm{j}\infty}^{\delta+\mathrm{j}\infty}F(s)H(s)\mathrm{e}^{st}\mathrm{d}s=L^{(-1)}[F(s)H(s)] \tag{6-63}$$

$f(t)$、$h(t)$是因果信号，故$y_f(t)$也是因果信号。

另一方面，由于$y_f(t)=f(t)*h(t)$，根据时域卷积性质，则$y_f(t)$的拉氏变换为

$$Y_f(s)=L[y_f(t)]=H(s)F(s) \tag{6-64}$$

可得

$$y_f(t)=\begin{cases}0 & t\leqslant 0\\ \frac{1}{2\pi\mathrm{j}}\int_{\delta-\mathrm{j}\infty}^{\delta+\mathrm{j}\infty}Y_f(s)\mathrm{e}^{st}\mathrm{d}s & t>0\end{cases} \tag{6-65}$$

由式(6－64)可得传递函数为

$$H(s)=\frac{Y_f(s)}{F(s)} \tag{6-66}$$

式(6－64)和式(6－65)表明，系统的零状态响应可按以下步骤求解。

(1) 求系统的输入$f(t)$的拉普拉斯变换$F(s)$。

(2) 求传递函数$H(s)$。

(3) 求零状态响应的拉普拉斯变换$Y_f(s)$，$Y_f(s)=H(s)F(s)$。

(4) 求$Y_f(s)$的拉普拉斯逆变换$y_f(t)$。

式(6-64)和式(6-65)还表明，在给定输入 $f(t)$的情况下，系统的零状态响应取决于传递函数 $H(s)$。因此，传递函数 $H(s)$代表了LTI连续系统的性质。

例6-16 已知线性连续系统的输入为 $f_1(t)=\mathrm{e}^{-t}\varepsilon(t)$，零状态响应 $y_{f1}(t)=(\mathrm{e}^{-t}-\mathrm{e}^{-2t})\varepsilon(t)$。若已知输入 $f_2(t)=t\varepsilon(t)$，求系统的零状态响应 $y_{f2}(t)$。

解：$f_1(t)$和 $y_{f1}(t)$的拉普拉斯变换分别为

$$F_1(s)=L[f_1(t)]=\frac{1}{s+1}$$

$$Y_{f1}(s)=L[y_{f1}(t)]=\frac{1}{s+1}-\frac{1}{s+2}=\frac{1}{(s+1)(s+2)}$$

由式(6-66)得

$$H(s)=\frac{Y_{f1}(s)}{F_1(s)}=\frac{1}{s+2}$$

$f_2(t)$的拉普拉斯变换为

$$F_2(s)=L[f_2(t)]=\frac{1}{s^2}$$

$y_{f2}(t)$的拉普拉斯变换为

$$\begin{aligned}Y_{f2}(s)&=L[y_{f2}(t)]=H(s)F_2(s)\\&=\frac{1}{s^2(s+2)}=\frac{1}{4}\left(\frac{2}{s^2}+\frac{1}{s+2}-\frac{1}{s}\right)\end{aligned}$$

得到

$$y_{f2}(t)=L^{-1}[Y_{f2}(s)]=\frac{1}{4}(2t+\mathrm{e}^{-2t}-1)\varepsilon(t)$$

6.3.4 系统微分方程的S域解

线性时不变连续系统通常用线性常系数微分方程作为系统的模型，利用拉普拉斯变换的时域微分性质，可将系统的微分方程转换为S域的代数方程。解此代数方程可得到系统响应的象函数 $Y(s)$，再经过拉普拉斯逆变换，可得到系统的时域解 $y(t)$。

下面以二阶系统为例，讨论系统微分方程的复频域求解方法。若 $f(t)$为因果信号，响应为 $y(t)$，对于二阶时不变连续系统，描述系统的微分方程为

$$y''(t)+a_1y'(t)+a_0y(t)=b_2f''(t)+b_1f'(t)+b_0f(t) \tag{6-67}$$

式中：a_0、a_1 和 b_0、b_1、b_2 是实常数，$f(t)$为因果信号，即 $f(0^-)$、$f'(0^-)$均为零。

设初始时刻 $t_0=0$，$y(t)$的拉普拉斯变换为 $Y(s)$，对式(6-67)两端取拉普拉斯变换，根据时域微分性质，得

$$(s^2+a_1s+a_0)Y(s)=[(s+a_1)y(0^-)+y'(0^-)]+(b_2s^2+b_1s+b_0)F(s) \tag{6-68}$$

对式(6-68)，分别令

$$A(s)=s^2+a_1s+a_0$$
$$B(s)=b_2s^2+b_1s+b_0$$
$$M(s)=(s+a_1)y(0^-)+y'(0^-)$$

则式(6-68)变换为

$$Y(s)=\frac{M(s)}{A(s)}+\frac{B(s)}{A(s)}F(s) \tag{6-69}$$

$y(0^-)$、$y'(0^-)$分别是$y(t)$、$y'(t)$在$t_0=0^-$时刻的初始值，由$t_0=0^-$时刻系统的初始状态决定。式(6-69)中，$A(s)$称为系统的特征多项式，$A(s)=0$为系统的特征方程，$A(s)=0$的根称为特征根；$Y(s)$的第一项$\frac{M(s)}{A(s)}$只与初始值$y(0^-)$、$y'(0^-)$有关，与系统的输入无关，因此，它是系统零输入响应$y_x(t)$的拉普拉斯变换$Y_x(s)$；第二项$\frac{B(s)}{A(s)}F(s)$只与输入信号$f(t)$有关，而与初始值$y(0^-)$、$y'(0^-)$无关，因此，它是系统零状态响应$y_f(t)$的拉普拉斯变换$Y_f(s)$。

对式(6-69)取拉普拉斯逆变换，就能得到系统的零输入响应$y_x(t)$、零状态响应$y_f(t)$和完全响应$y(t)$，即

$$y_x(t)=L^{-1}\left[\frac{M(s)}{A(s)}\right]$$

$$y_f(t)=L^{-1}\left[\frac{B(s)}{A(s)}F(s)\right]$$

$$y(t)=L^{-1}\left[\frac{M(s)}{A(s)}+\frac{B(s)}{A(s)}F(s)\right]$$

与连续系统的时域分析类似，应用S域方法求解系统响应时，同样要考虑响应的初始条件。

例6-17　一个线性时不变系统的微分方程为$y''(t)+4y'(t)+3y(t)=2f'(t)+f(t)$。已知激励信号$f(t)=\varepsilon(t)$，系统的初始状态为$y(0^-)=1$、$y'(0^-)=-2$，求系统的零输入响应$y_x(t)$、零状态响应$y_f(t)$和全响应$y(t)$。

解：(1) 零输入响应$y_x(t)$。

在激励信号$f(t)=0$的条件下，对系统的微分方程取拉普拉斯变换，得

$$[s^2Y_x(s)-sy_x(0^-)-y_x'(0^-)]+4[sY_x(s)-y_x(0^-)]+3Y_x(s)=0$$

将$y_x(0^-)=y(0^-)=1$，$y_x'(0^-)=y'(0^-)=-2$代入，整理后得

$$(s^2+4s+3)Y_x(s)-s-2=0$$

即

$$Y_x(s)=\frac{s+2}{s^2+4s+3}=\frac{1}{2(s+1)}+\frac{1}{2(s+3)} \tag{6-70}$$

对式(6-70)求逆变换，得

$$y_x(t)=\frac{1}{2}(e^{-t}+e^{-3t})\varepsilon(t) \tag{6-71}$$

(2) 求零状态响应$y_f(t)$。

在系统的初始状态为零的条件下，对系统微分方程取拉普拉斯变换，得

$$s^2Y_f(s)+4sY_f(s)+3Y_f(s)=2sF(s)+F(s)$$

整理后得

$$Y_f(s)=\frac{2s+1}{s^2+4s+3}F(s) \tag{6-72}$$

由$f(t)=\varepsilon(t)$可知$F(s)=\frac{1}{s}$，将其代入式(6-72)，得

$$Y_f(s)=\frac{2s+1}{s(s+1)(s+3)}=\frac{1}{3s}+\frac{1}{2(s+1)}-\frac{5}{6(s+3)}$$

求 $Y_f(s)$ 的拉普拉斯逆变换，得

$$y_f(t)=\left(\frac{1}{3}+\frac{1}{2}\mathrm{e}^{-t}-\frac{5}{6}\mathrm{e}^{-3t}\right)\varepsilon(t) \tag{6-73}$$

(3) 全响应 $y(t)$。

$y(t)=y_x(t)+y_f(t)$，将式(6-71)和式(6-72)代入式(6-73)中，得

$$\begin{aligned}y(t)&=\frac{1}{2}(\mathrm{e}^{-t}+\mathrm{e}^{-3t})\varepsilon(t)+\left(\frac{1}{3}+\frac{1}{2}\mathrm{e}^{-t}-\frac{5}{6}\mathrm{e}^{-3t}\right)\varepsilon(t)\\&=\left(\frac{1}{3}+\mathrm{e}^{-t}-\frac{1}{3}\mathrm{e}^{-3t}\right)\varepsilon(t)\end{aligned}$$

6.3.5 *RLC* 系统的 S 域分析

由线性时不变电阻元件、电感元件、电容元件和线性受控源、独立电源组成的系统是线性时不变系统，简称 *RLC* 系统。*RLC* 系统的 S 域分析的基础是基尔霍夫定律(KCL、KVL)和 R、L、C 元件电流电压关系(VAR)的复频域形式，即 S 域形式。

KCL 和 KVL 的时域形式分别为

$$\begin{cases}\sum i(t)=0\\ \sum u(t)=0\end{cases} \tag{6-74}$$

设 *RLC* 系统中支路电流 $i(t)$ 和回路电压 $u(t)$ 的拉氏变换分别为 $I(s)$ 和 $U(s)$，对式(6-74)取拉氏变换并根据线性性质，得到

$$\begin{cases}\sum I(s)=0\\ \sum U(s)=0\end{cases} \tag{6-75}$$

式(6-75)即为 KCL 和 KVL 的 S 域形式。

1. 电阻元件(R)

设电阻 R 上电压 $u(t)$ 和电流 $i(t)$ 的参考方向关联，则 R 上电流和电压关系的时域形式为

$$u(t)=Ri(t) \tag{6-76}$$

电阻 R 的时域模型如图 6.2(a)所示。设 $u(t)$ 和 $i(t)$ 的象函数分别是 $U(s)$ 和 $I(s)$，对式(6-76)取拉氏变换得

$$U(s)=RI(s) \tag{6-77}$$

式(6-77)是电阻 R 上电流电压关系的 S 域形式，如图 6.2(b)所示。

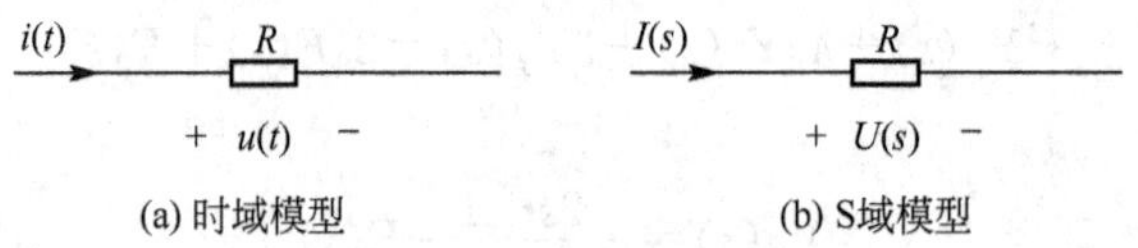

(a) 时域模型　　(b) S域模型

图 6.2 电阻的模型图

2. 电感元件(L)

设电感(L)上电压 $u(t)$ 和电流 $i(t)$ 的参考方向关联，则 L 上 VAR 的时域形式为

$$\begin{cases} u(t) = L\dfrac{\mathrm{d}i(t)}{\mathrm{d}t} \\ i(t) = i(0^-) + \dfrac{1}{L}\displaystyle\int_{0^-}^{t} u(\tau)\mathrm{d}\tau,\ t \geqslant 0 \end{cases} \tag{6-78}$$

电感 L 的时域模型如图 6.3(a)所示。设 $i(t)$的初始值 $i(0^-)=0$(零状态)，$u(t)$和 $i(t)$的象函数分别是 $U(s)$和 $I(s)$，对式(6－78)取拉氏变换，根据时域微分、积分性质，得

$$U(s)=sLI(s) \tag{6-79}$$

式中：sL 称为电感的 S 域感抗。电感 L 的 S 域模型如图 6.3(b)所示。

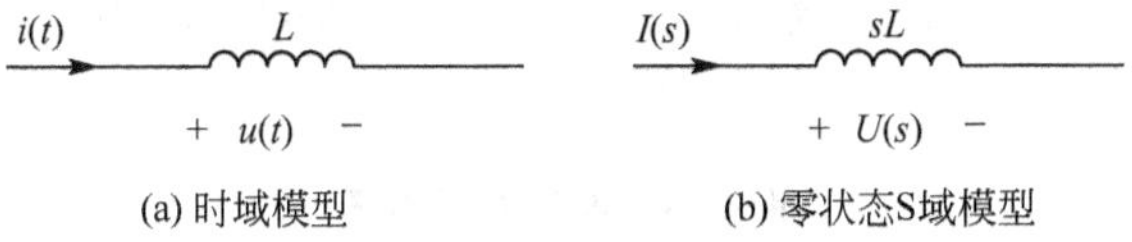

i(t) L + u(t) −

(a) 时域模型

I(s) sL + U(s) −

(b) 零状态S域模型

图 6.3 电感的模型图

若电感 L 的电流 $i(t)$的初始值 $i(0^-)$不等于零，对式(6－78)取拉普拉斯变换，可得

$$U(s)=sLI(s)-Li(0^-) \tag{6-80}$$

$$I(s)=\frac{1}{sL}U(s)+\frac{i(0^-)}{s} \tag{6-81}$$

式(6－80)表示，电感上的电压的象函数 $U(s)$等于 S 域阻抗 sL 上的电压和 S 域电压源的代数和，因此，根据电感元件的 S 域零状态模型和 KVL，电感 L 可以用图 6.4(a)的 S 域串联模型表示。式(6－81)表示，电感上的电流的象函数 $I(s)$等于 S 域感抗 sL 上的电流和 S 域电流源的代数和，因此，根据 S 域零状态模型和 KCL，电感 L 可以用图 6.4(b)的 S 域并联模型表示。

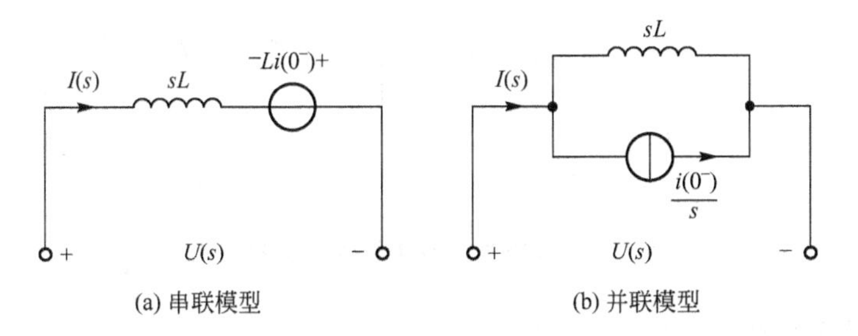

图 6.4 电感元件的非零状态 S 域模型

3. 电容元件(C)

设电容(C)上电压 $u(t)$和电流 $i(t)$的参考方向关联，则电容 C 上 VAR 的时域形式为

$$\begin{cases} u(t) = u(0^-) + \dfrac{1}{C}\displaystyle\int_{0^-}^{t} i(\tau)\mathrm{d}\tau, \quad t \geqslant 0 \\ i(t) = C\dfrac{\mathrm{d}u(t)}{\mathrm{d}t} \end{cases} \tag{6-82}$$

电容元件的时域模型如图 6.5(a)所示。若 $u(t)$的初始值 $u(0^-)=0$(零状态)，$u(t)$和 $i(t)$的拉氏变换分别为 $U(s)$和 $I(s)$，对式(6－82)进行拉氏变换得

$$U(s)=\frac{1}{sC}I(s) \tag{6-83}$$

式中：$\frac{1}{sC}$称为电容元件的S域阻抗。

零状态下电容C可用图6.5(b)所示的S域模型表示。

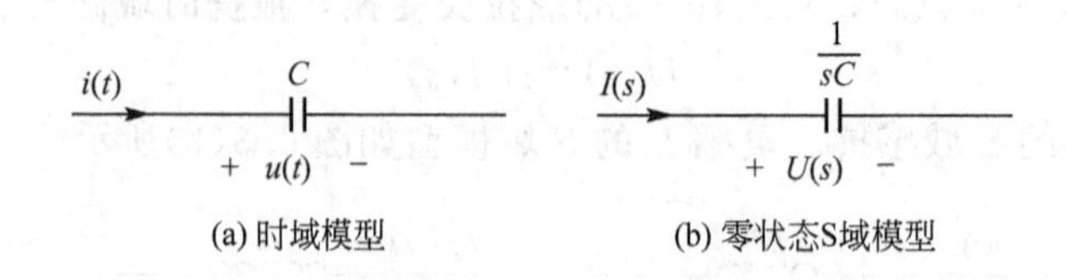

图6.5　电容的模型图

若电容元件C上的$u(t)$的初始值$u(0^-)$不为零，对式(6-82)进行拉氏变换得

$$U(s)=\frac{1}{sC}I(s)+\frac{u(0^-)}{s} \tag{6-84}$$

$$I(s)=sCU(s)-Cu(0^-) \tag{6-85}$$

根据式(6-84)和KVL及零状态模型，电容C可用图6.6(a)所示串联形式的S域模型表示；根据式(6-85)和KCL及零状态模型，电容C又可用图6.6(b)所示并联形式的S域模型表示。

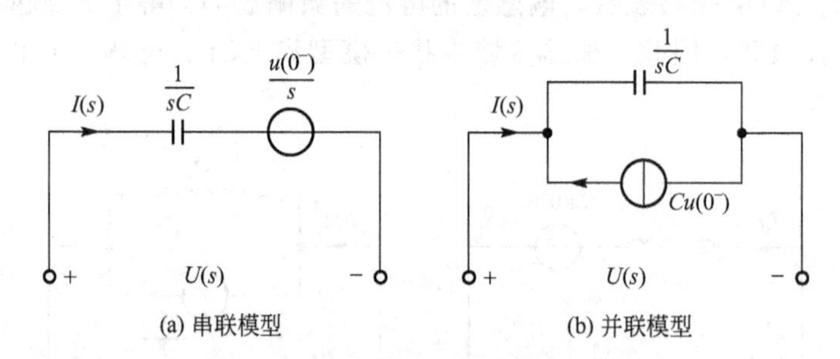

图6.6　电容元件的非零状态S域模型

4. *S域模型及分析方法*

若把RLC系统中的激励和响应都用象函数表示，R、L、C元件用S域模型表示，就得到RLC系统的S域模型。S域中，R、L、C元件上的VAR都是代数关系，而KVL、KCL在S域也成立，因此，RLC系统的激励与响应的关系是关于s的代数方程。用于正弦稳态电路的各种分析方法，如阻抗串联并联、电源模型等效互换、等效电源定理、网孔分析法、节点分析法等，都可以借鉴用于RLC系统的S域分析。

例6-18　如图6.7(a)所示RLC系统，$u_{s1}(t)=2\text{V}$，$u_{s2}(t)=4\text{V}$，$R_1=R_2=1\Omega$，$L=1\text{H}$，$C=1\text{F}$。$t<0$时电路已达稳态，$t=0$时开关S由位置1接到位置2。求$t\geqslant 0$时的完全响应$i_L(t)$、零输入响应$i_{Lx}(t)$和零状态响应$i_{Lf}(t)$。

解：(1) 求完全响应$i_L(t)$。电感电流和电容电压的初始值$i_L(0^-)$和$u_c(0^-)$分别为

$$i_L(0^-)=\frac{u_{s1}(t)}{R_1+R_2}=1\text{A}$$

$$u_c(0^-)=\frac{R_2}{R_1+R_2}u_{s1}(t)=1\text{V}$$

设 $t\geqslant 0$ 时电感电流 $i_L(t)$ 的拉氏变换为 $I_L(s)$，$u_{s2}(t)$ 的拉氏变换为 $U_{s2}(s)$，画出开关 S 在位置 2 时图 6.7(a)电路的 S 域模型如图 6.7(b)所示。

S 域的网孔方程为

$$\begin{cases}\left(R_1+\dfrac{1}{sC}\right)I_1(s)-\dfrac{1}{sC}I_2(s)=U_{s2}(s)-\dfrac{u_c(0^-)}{s}\\ -\dfrac{1}{sC}I_1(s)+\left(\dfrac{1}{sC}+R_2+sL\right)I_2(s)=\dfrac{u_c(0^-)}{s}-Li_L(0^-)\end{cases}$$

式中：$U_{s2}(s)=L[u_{s2}(t)]=4/s$。解网孔方程得

$$I_L(s)=I_2(s)=\frac{s^2+2s+4}{s(s^2+2s+2)}=\frac{(s+2)^2}{s[(s+1)^2+1]}$$

求 $I_L(s)$ 的拉氏变换得

$$i_L(t)=L^{-1}[I_L(s)]=2+\sqrt{2}\,\mathrm{e}^{-t}\cos\left(t+\frac{3}{4}\pi\right),\quad t\geqslant 0$$

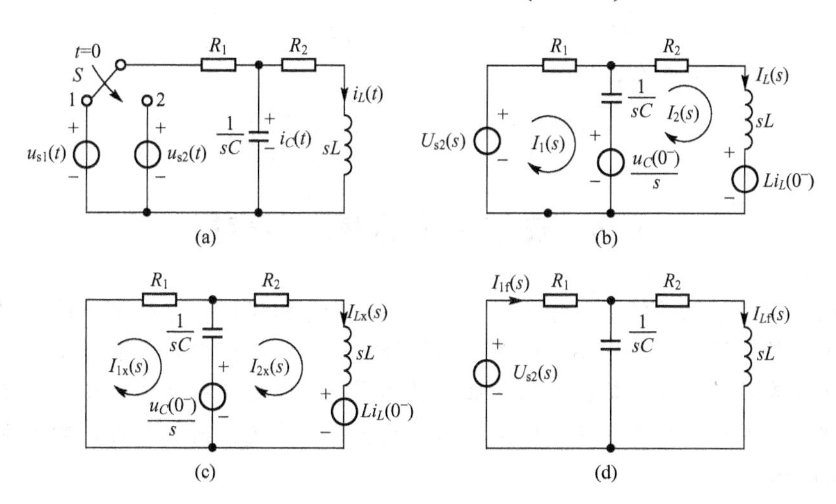

图 6.7　例 6-18 的 RLC 系统电路图

(2) 求零输入响应 $i_{Lx}(t)$。零输入响应的 S 域电路模型如图 6.7(c)所示。设零输入响应 $i_{Lx}(t)$ 的拉氏变换为 $I_{Lx}(s)$，网孔电流的象函数分别为 $I_{1x}(s)$ 和 $I_{2x}(s)$。列网孔方程为

$$\begin{cases}\left(R_1+\dfrac{1}{sC}\right)I_{1x}(s)-\dfrac{1}{sC}I_{2x}(s)=-\dfrac{u_c(0^-)}{s}\\ -\dfrac{1}{sC}I_{1x}(s)+\left(\dfrac{1}{sC}+R_2+sL\right)I_{2x}(s)=\dfrac{u_c(0^-)}{s}-Li_L(0^-)\end{cases}$$

把各元件值及 $u_c(0^-)$ 和 $i_L(0^-)$ 值代入网孔方程，然后解网孔方程，可得

$$I_{Lx}(s)=I_{2x}(s)=\frac{s+2}{(s+1)^2+1}$$

$$i_{Lx}(t)=L^{-1}[I_{Lx}(s)]=-\sqrt{2}\,\mathrm{e}^{-t}\cos\left(t+\frac{3}{4}\pi\right),\quad t\geqslant 0$$

(3) 求零状态响应 $i_{Lf}(t)$。对图 6.7(b)所示电路模型，令 $i_L(0^-)=0$，$u_c(0^-)=0$，得到开关 S 在位置 2 时零状态响应的 S 域电路模型如图 6.7(d)所示。设零状态响应 $i_{Lf}(t)$的拉氏变换 $I_{Lf}(s)$，令 $U_{s2}(s)$两端的输入阻抗为 $Z(s)$，则有

$$Z(s)=R_1+\frac{(R_2+sL)\dfrac{1}{sC}}{\dfrac{1}{sC}+R_2+sL}$$

$$I_{1f}(s)=\frac{U_{s2}(s)}{Z(s)}$$

$$I_{Lf}(s)=\frac{\dfrac{1}{sC}}{\dfrac{1}{sC}+R_2+sL}I_{1f}(s)=\frac{\dfrac{1}{sC}}{\dfrac{1}{sC}+R_2+sL}\cdot\frac{U_{s2}(s)}{Z(s)} \tag{6-86}$$

把 $Z(s)$的表示式代入式(6-86)得

$$H(s)=\frac{I_{Lf}(s)}{U_{s2}(s)}=\frac{1}{R_1LCs^2+(R_1R_2C+L)s+(R_1+R_2)}=\frac{1}{s^2+2s+2}$$

则有

$$I_{Lf}(s)=H(s)U_{s2}(s)=\frac{4}{s\left[(s+1)^2+1\right]}$$

求 $I_{Lf}(s)$的拉氏逆变换，得

$$i_{Lf}(t)=\left[2+2\sqrt{2}\,\mathrm{e}^{-t}\cos\left(t+\frac{3\pi}{4}\right)\right]\varepsilon(t)$$

6.4 连续系统的表示和模拟

线性时不变连续系统的输入输出关系可以用微分方程描述，这种描述便于对系统进行数学计算和分析。系统还可以用方框图、信号流图来表示，这种表示避开了系统的内部结构，而主要考察系统的输入输出关系。如果已知系统的微分方程或传递函数，要求用一些基本单元来构成系统，称为系统的模拟。系统的表示是系统分析的基础，而系统的模拟是系统综合的基础。

6.4.1 连续系统的方框图表示

系统是由某些基本元件以特定方式连接在一起的整体。这些基本元件组成的单元都可看成一个子系统。如果掌握每个子系统的性能，再分析这些子系统连接起来的复杂系统就比较容易了。那么如何由子系统的互相连接获得大系统的特定功能，这就需要了解系统的连接方式。系统的主要连接方式有串联、并联、反馈 3 种。

1. 连续系统的串联

图 6.8 表示由 n 个子系统串联组成的复合系统，图 6.8(a)是时域形式，图 6.8(b)是 S 域形式。如图 6.8 所示，$h_i(t)(i=1, 2, \cdots, n)$为第 i 个子系统的冲激响应，$H_i(s)$为 $h_i(t)$的拉普拉斯变换。设复合系统的冲激响应为 $h(t)$，根据线性系统时域分析的结论得到

$$h(t)=h_1(t)*h_2(t)*\cdots*h_n(t) \tag{6-87}$$

若 $h(t)$ 和 $h_i(t)$ 是因果信号，$h(t)$ 的拉普拉斯变换，即传递函数为 $H(s)$，根据拉普拉斯变换的时域卷积性质，得

$$H(s)=H_1(s)*H_2(s)*\cdots*H_n(s) \tag{6-88}$$

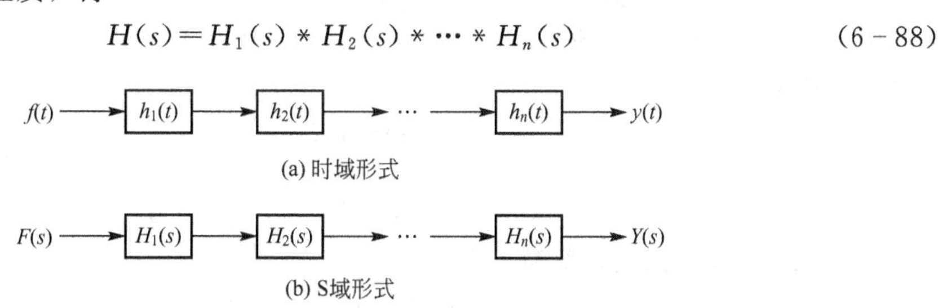

图 6.8 串联复合系统

2. 连续系统的并联

图 6.9 表示由 n 个连续系统并联组成的复合系统，图 6.9(a)是时域形式，图 6.9(b)是 S 域形式，符号⊕表示加法器，其输出等于各个输入之和。

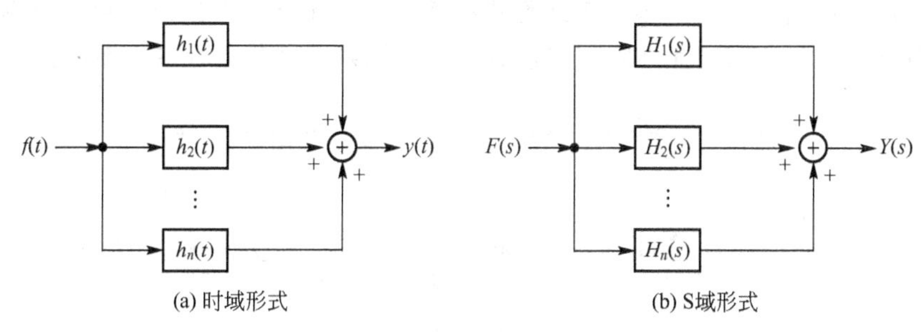

图 6.9 并联复合系统

复合系统的输入 $f(t)$ 同时又是各子系统的输入，复合系统的输出 $y(t)$ 等于各子系统输出之和。复合系统的冲激响应 $h(t)$ 与子系统冲激响应 $h_i(t)$ 之间的关系为

$$h(t)=h_1(t)+h_2(t)+\cdots+h_n(t)=\sum_{i=1}^{n}h_i(t) \tag{6-89}$$

传递函数 $H(s)$ 与 $h_i(t)$ 的拉普拉斯变换 $H_i(s)$ 之间的关系为

$$H(s)=H_1(s)+H_2(s)+\cdots+H_n(s)=\sum_{i=1}^{n}H_i(s) \tag{6-90}$$

例 6-19 某线性连续系统如图 6.10 所示。其中，$h_1(t)=\delta(t)$，$h_2(t)=\delta(t-1)$，$h_3(t)=\delta(t-3)$。试求：①系统的冲激响应 $h(t)$；②若 $f(t)=\varepsilon(t)$，系统的零状态响应 $y_f(t)$。

解：(1) 求系统的冲激响应 $h(t)$。

图 6.10 所示复合系统是由子系统 $h_1(t)$、$h_2(t)$ 串联后再与子系统 $h_3(t)$ 并联组成的。设由子系统 $h_1(t)$ 和 $h_2(t)$ 串联组成的子系统的冲激响应为 $h_4(t)$，由式(6-87)和式(6-88)得

$$h_4(t)=h_1(t)*h_2(t)=\delta(t)*\delta(t-1)=\delta(t-1)$$

$$H(s)=L[h_4(t)]=e^{-s}$$

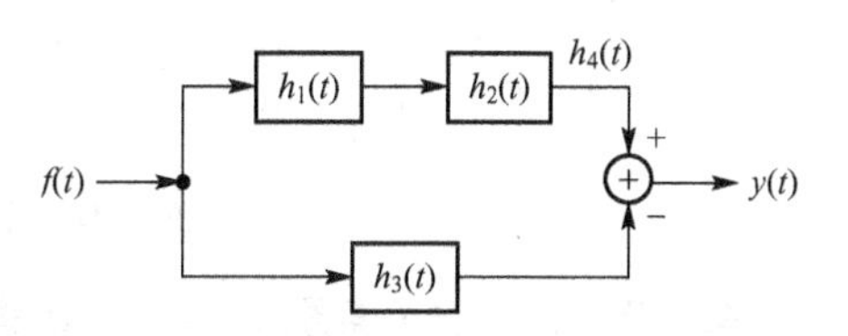

图 6.10 例 6-19 系统结构图

由式(6-89)和式(6-90)，可得复合系统的冲激响应和传递函数分别为

$$h(t)=h_4(t)-h_3(t)=\delta(t-1)-\delta(t-3)$$

$$H(s)=L[h(t)]=L[h_4(t)]-L[h_3(t)]=\mathrm{e}^{-s}-\mathrm{e}^{-3s}$$

(2) $f(t)=\varepsilon(t)$时，系统的零状态响应 $y_f(t)$。设零状态响应 $y_f(t)$的拉普拉斯变换为 $Y_f(s)$，则有

$$\begin{aligned}Y_f(s)&=H(s)F(s)\\&=(\mathrm{e}^{-s}-\mathrm{e}^{-3s})\cdot\frac{1}{s}\end{aligned}$$

求 $Y_f(s)$的拉普拉斯逆变换，得

$$\begin{aligned}y_f(t)&=L^{-1}[Y_f(s)]\\&=\varepsilon(t-1)-\varepsilon(t-3)\end{aligned}$$

3. 用基本运算器表示系统

表示线性连续系统的基本运算器有数乘器、加法器和积分器。基本运算器的模型和输入输出关系如图 6.11 所示。图中，$f_1(t)$、$f_2(t)$和 $f(t)$都为因果信号，并且假设积分器的输出 $y(t)$的初始值 $y(0^-)$为零。若线性连续系统由基本运算器组成，可以根据基本运算器的输入输出关系和它们相互之间的连接关系，得到系统微分方程或传递函数。

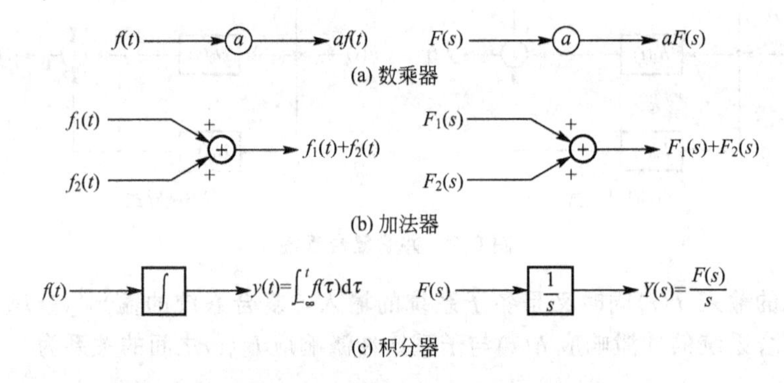

图 6.11　基本运算器的时域和 S 域分析

例 6-20　某线性连续系统如图 6.12 所示，求传递函数 $H(s)$，并求出描述系统输入输出关系的微分方程。

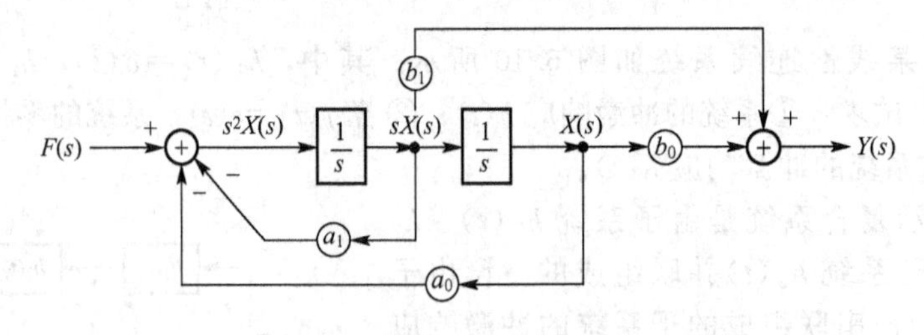

图 6.12　例 6-20 图的系统方框图

解： 图 6.12 所示系统由基本运算器的 S 域模型组成。

由 $s^2X(s)=-a_1sX(s)-a_0X(s)+F(s)$可得

$$X(s)=\frac{F(s)}{s^2+a_1s+a_0} \tag{6-91}$$

$Y(s)$为右边加法器的输出，该加法器有两个输入，由图6.12有

$$Y(s)=b_1sX(s)+b_0X(s)=(b_1s+b_0)X(s) \tag{6-92}$$

把式(6-91)代入式(6-92)，得

$$Y(s)=\frac{b_1s+b_0}{s^2+a_1s+a_0}F(s) \tag{6-93}$$

由式(6-93)得传递函数为

$$H(s)=\frac{Y(s)}{F(s)}=\frac{b_1s+b_0}{s^2+a_1s+a_0}$$

由式(6-93)可得$(s^2+a_1s+a_0)Y(s)=(b_1s+b_0)F(s)$，应用时域微分性质，得到系统的微分方程为

$$y''(t)+a_1y'(t)+a_0y(t)=b_1f'(t)+b_0f(t)$$

6.4.2　连续系统的信号流图表示

线性连续系统的信号流图是由点和有向线段组成的线图，用来表示系统的输入输出关系，是系统框图的一种简化形式。其中，点表示信号，有向线段表示信号的传输方向。信号流图的信号表示其传输的基本规则，如图6.13所示。图中，$H_i(s)(i=1, 2, \cdots, 6)$称为传递函数。

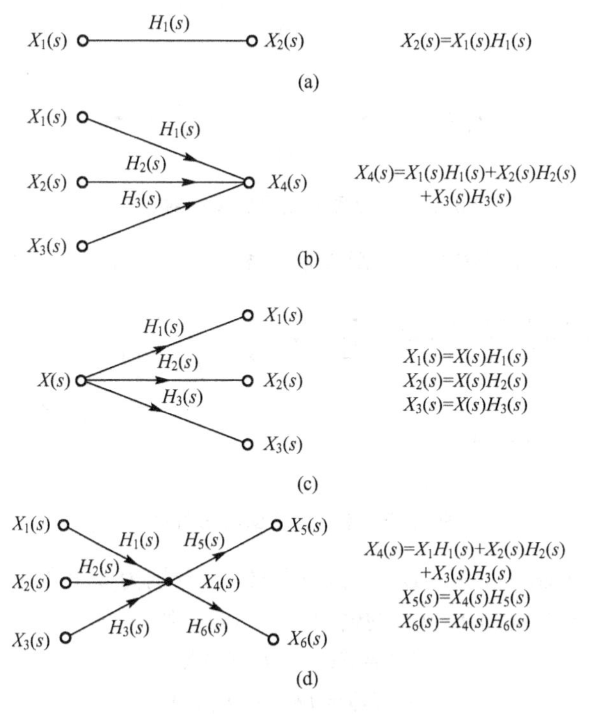

图6.13　信号流图的表示及其规则

关于信号流图有以下常用术语。

(1) 节点。信号流图中表示信号的点称为节点。

(2) 支路。连接两个点的有向线段称为支路。写在支路旁边的函数称为支路的增益或传递函数。

(3) 源点与汇点。仅有输出支路的节点称为源点。仅有输入支路的节点称为汇点。

(4) 通路。从一个节点出发沿支路传输方向，连续经过支路和节点到达另一个节点的就是通路。

(5) 开路。一条通路与它经过的任一节点只相遇一次，该通路称开路。

(6) 环(回路)。如果通路的起点和终点为同一节点，并且与通过的其余节点只相遇一次，则该通路称为环或回路。

1. 连续系统的信号流图表示

线性连续系统的方框图表示与信号流图表示有一定的对应关系，具体对应关系如图 6.14所示。

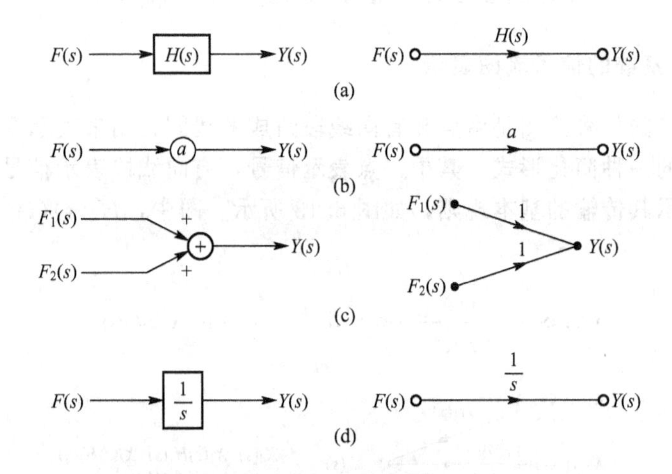

图 6.14 方框图与信号流图的对应关系

例 6-21 某线性连续系统的方框图表示如图 6.15(a)所示，请画出系统的信号流图。

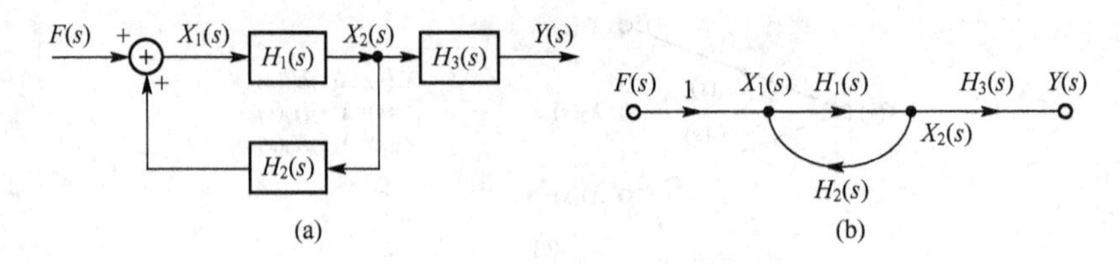

图 6.15 系统方框图与信号流图

解：在系统的方框图中，$H_1(s)$、$H_2(s)$、$H_3(s)$分别为 3 个子系统的传递函数。设加法器的输出 $X_1(s)$，子系统的 $H_1(s)$的输出为 $X_2(s)$，则有

$$X_1(s)=F(s)+H_2(s)X_2(s)$$

$$X_2(s)=H_1(s)X_1(s)$$

$$Y(s)=H_3(s)X_2(s)$$

用节点分别表示 $F(s)$、$X_1(s)$、$X_2(s)$、$Y(s)$，然后根据信号流图的规则和方框图与信号流图的对应关系，并利用以上信号的传输关系，可得到信号流图如图 6.15(b)所示。

例 6－22　某线性连续系统的方框图表示如图 6.16(a)所示，请画出系统的信号流图。

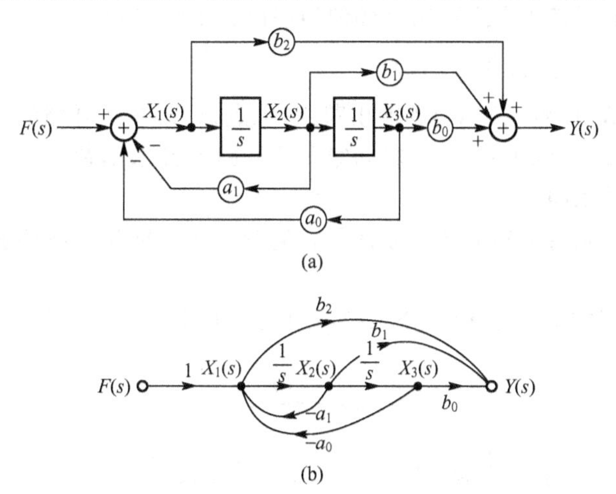

图 6.16　例 6－22 系统方框图和信号流图

解：设左边加法器的输出 $X_1(s)$，左边第一个和第二个积分器的输出分别是 $X_2(s)$、$X_3(s)$，则有

$$X_1(s)=F(s)-a_1X_2(s)-a_0X_3(s)$$

$$X_2(s)=\frac{1}{s}X_1(s)$$

$$X_3(s)=\frac{1}{s}X_2(s)$$

$$Y(s)=b_2X_1(s)+b_1X_2(s)+b_0X_3(s)$$

分别用节点表示 $F(s)$、$X_1(s)$、$X_2(s)$、$X_3(s)$、$Y(s)$，然后根据信号流图的规则和方框图与信号流图的对应关系及上述信号传输关系，可得到信号流图如图 6.16(b)所示。

2. 梅森公式

用信号流图不仅可以直观简明地表示系统的输入输出关系，而且可以利用梅森公式从信号流图中方便地求出系统传递函数 $H(s)$。

梅森公式为

$$H(s)=\frac{\sum_{i=1}^{m}P_i\Delta_i}{\Delta} \tag{6-94}$$

式中，Δ 称为信号流图的特征行列式，表示为

$$\Delta=1-\sum_{j}L_j+\sum_{m,n}L_mL_n-\sum_{p,q,r}L_pL_qL_r+\cdots \tag{6-95}$$

Δ 中各项的含意如下。

$\sum_{j}L_j$ 表示信号流图中所有环的传递函数之和。L_j 是第 j 个环的传递函数，其值等于构成第 j 个环的各支路传递函数的乘积。

$\sum_{m,n} L_m L_n$ 表示信号流图中所有两个互不接触环的传递函数乘积之和。若两个环没有公共节点或支路，则称为这两个环互不接触。

$\sum_{p,q,r} L_p L_q L_r$ 表示所有 3 个互不接触环的传递函数乘积之和。

式(6-94)中分子各项的含意如下。

m 表示从输入节点(源点)$F(s)$到输出节点(汇点)$Y(s)$之间开路的总数。

P_i 表示从源点 $F(s)$到汇点 $Y(s)$之间第 i 条开路的传递函数，其值等于第 i 条开路上所有支路传递函数的乘积。

Δ_i 称为第 i 条开路特征行列式的余因子，它是与第 i 条开路不接触的子信号流图的特征行列式。

例 6-23 已知连续系统的信号流图如图 6.17 所示。求系统传递函数 $H(s)$。

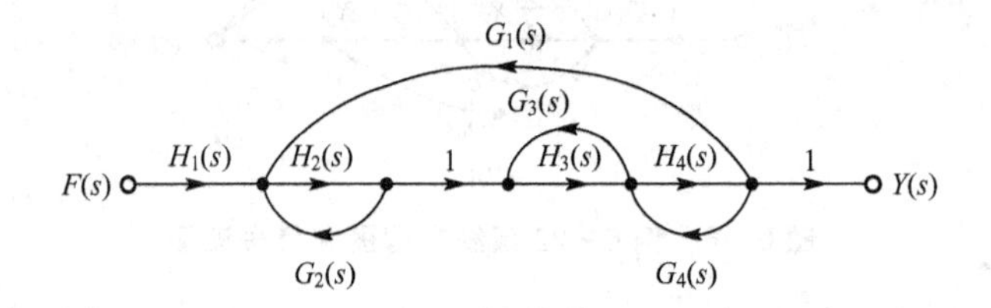

图 6.17 例 6-23 系统的信号流图

解： 系统信号流图共有 4 个环，其传递函数分别为

$$L_1 = H_2(s)G_2(s)$$
$$L_2 = H_3(s)G_3(s)$$
$$L_3 = H_4(s)G_4(s)$$
$$L_4 = H_2(s)H_3(s)H_4(s)G_1(s)$$

有两对两两不接触的环：环 1 和环 2 不接触，环 1 和环 3 不接触。

$$L_1L_2 = H_2(s)G_2(s)H_3(s)G_3(s)$$
$$L_1L_3 = H_2(s)G_2(s)H_4(s)G_4(s)$$

系统信号流图中从 $F(s)$到 $Y(s)$只有一条开路，开路传递函数 P_1 和对应的剩余流图特征行列式分别为

$$P_1 = H_1(s)H_2(s)H_3(s)H_4(s)$$
$$\Delta_1 = 1$$

故系统信号流图的特征行列式为

$$\begin{aligned}\Delta &= 1-(L_1+L_2+L_3+L_4)+(L_1L_2+L_1L_3)\\ &= 1-[H_2(s)G_2(s)+H_3(s)G_3(s)+H_4(s)G_4(s)+H_2(s)H_3(s)H_4(s)G_1(s)]\\ &\quad +[H_2(s)G_2(s)H_3(s)G_3(s)+H_2(s)G_2(s)H_4(s)G_4(s)]\end{aligned}$$

系统传递函数为

$$H(s) = \frac{P_1\Delta_1}{\Delta} = \frac{H_1(s)H_2(s)H_3(s)H_4(s)}{\Delta}$$

6.4.3 连续系统的模拟

系统模拟不是仿制原系统，而是数学意义上的模拟，用一些基本单元，如积分器、乘

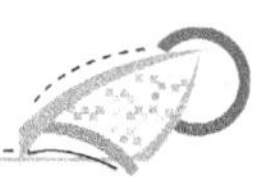

法器、加法器等来模拟实际系统，要求模拟系统与已知系统的数学模型完全相同。系统模拟的实际意义在于，对于一个复杂的物理系统的输入输出特性，除了可以进行数学上的描述和分析外，还可以借助简单和易于实现的模拟装置，通过实验手段进行分析，并观察系统参数的变化所引起的系统特性的变化情况，以便在一定工作条件下确定最佳系统参数。

系统模拟可以直接通过微分方程，也可以通过系统传递函数来模拟。对于同一系统传递函数，通过不同运算方法，可以得到多种形式的实现方案。常见的有直接形式、级联(串联)形式和并联形式3种。

1. 直接形式

描述线性连续系统的微分方程的一般形式为

$$y^{(n)}(t)+a_{n-1}y^{(n-1)}(t)+\cdots+a_1y'(t)+a_0y(t)$$
$$=b_mx^{(m)}(t)+b_{m-1}x^{(m-1)}(t)+\cdots+b_1x'(t)+b_0x(t)$$

系统传递函数为

$$H(s)=\frac{b_ms^m+b_{m-1}s^{m-1}+\cdots+b_1s+b_0}{s^n+a_{n-1}s^{n-1}+\cdots+a_1s+a_0} \tag{6-96}$$

以二阶系统为例，设二阶线性连续系统的传递函数为

$$H(s)=\frac{b_2s^2+b_1s+b_0}{s^2+a_1s+a_0} \tag{6-97}$$

将 $H(s)$ 的分子分母同时乘以 s^{-2}，得

$$H(s)=\frac{b_2+b_1s^{-1}+b_0s^{-2}}{1-(-a_1s^{-1}-a_0s^{-2})} \tag{6-98}$$

式(6-98)的分母可看作信号流图的特征行列式Δ，括号中的两项可以看作两个互相接触的环的传递函数之和。分子中的3项可看作从源点到汇点的3条开路的传递函数之和。因此，由 $H(s)$ 描述的系统可用包含两个互相接触的环和3条开路的信号流图来模拟。根据式(6-98)和梅森公式，可得到图6.18(a)、图6.18(c)所示两种信号流图。图6.18(b)、图6.18(d)分别是图6.18(a)、图6.18(c)所示信号流图对应的方框图表示。图6.18(a)所示信号流图称为直接形式Ⅰ，图6.18(c)所示信号流图称为直接形式Ⅱ。

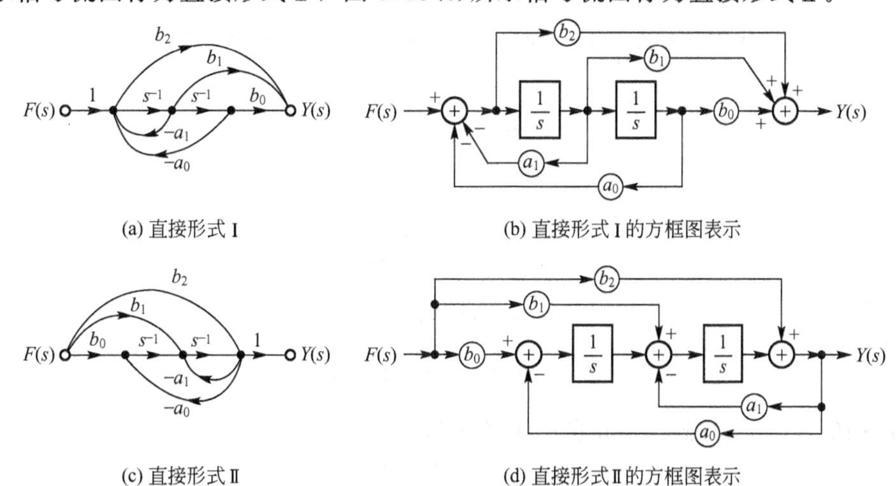

图6.18　信号流图及其对应的方框图

2. 级联和并联形式

如果线性连续系统由 n 个子系统级联组成，如图 6.8 所示，则系统的传递函数 $H(s)$为

$$H(s)=H_1(s)\cdot H_2(s)\cdot \cdots \cdot H_n(s) \tag{6-99}$$

这种情况下，可先用直接形式信号流图模拟各子系统，然后把各子系统信号流图级联，就得到系统级联形式的信号流图。通常子系统采用一阶和二阶系统，称为一阶节、二阶节。

如果线性连续系统由 n 个子系统并联组成，如图 6.9 所示，则传递函数 $H(s)$为

$$H(s)=H_1(s)+H_2(s)+\cdots+H_n(s) \tag{6-100}$$

这种情况下，可把每个子系统用直接形式信号流图模拟，然后把它们并联，就得到系统并联形式的信号流图。

例 6-24 已知线性连续系统的传递函数为

$$H(s)=\frac{s^2+2s}{s^3+8s^2+19s+12}$$

求该系统的串联形式信号流图。

解：用一阶节和二阶节的级联模拟系统，$H(s)$可以表示为

$$H(s)=\frac{s}{s+1}\cdot\frac{s+2}{(s+3)(s+4)}=H_1(s)\cdot H_2(s)$$

式中：$H_1(s)$、$H_2(s)$分别表示一阶、二阶系统，它们的表示式为

$$H_1(s)=\frac{s}{s+1}=\frac{1}{1-(-s^{-1})}$$

$$H_2(s)=\frac{s+2}{(s+3)(s+4)}=\frac{s^{-1}+2s^{-2}}{1-(-7s^{-1}-12s^{-2})}$$

把 $H_1(s)$、$H_2(s)$分别用直接形式Ⅰ模拟，如图 6.19(a)所示。将两个子系统信号流图级联，得到系统串联形式的信号流图如图 6.19(b)所示。

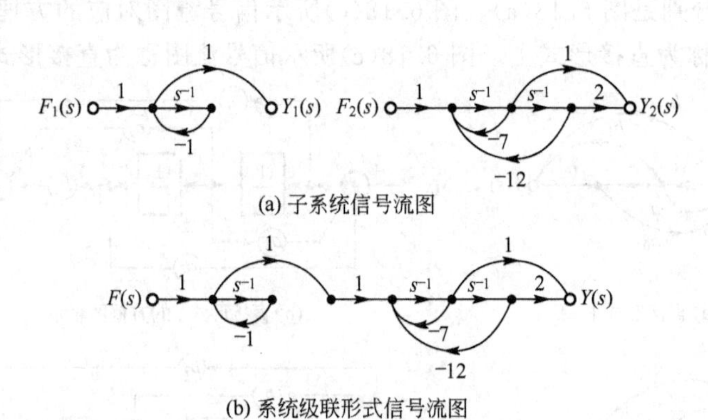

图 6.19 例 6-24 系统的信号流图

例 6-25 已知线性连续系统的传递函数为

$$H(s)=\frac{2s+8}{s^3+6s^2+11s+6}$$

求系统并联形式的信号流图。

解：用一阶节和二阶节并联模拟系统，$H(s)$可表示为

$$H(s)=\frac{3}{s+1}+\frac{-3s-10}{s^2+5s+6}=H_1(s)+H_2(s)$$

式中

$$H_1(s)=\frac{3}{s+1}=\frac{3s^{-1}}{1-(-s^{-1})}$$

$$H_2(s)=\frac{-3s-10}{s^2+5s+6}=\frac{-3s^{-1}-10s^{-2}}{1-(-5s^{-1}-6s^{-2})}$$

对 $H_1(s)$、$H_2(s)$分别用直接形式Ⅰ模拟，再把两个子系统并联，就得到系统并联形式的信号流图，如图 6.20 所示。

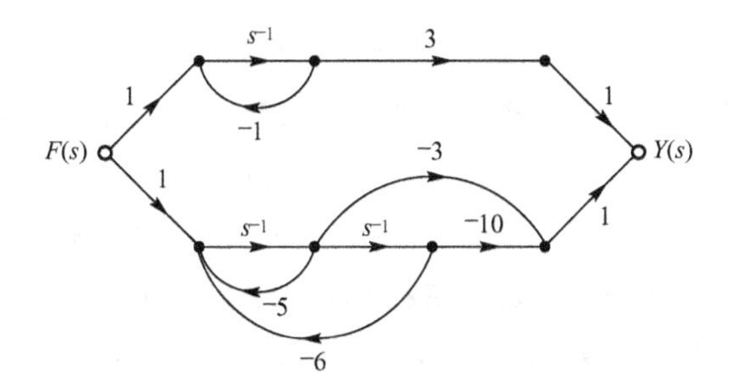

图 6.20　例 6－25 系统并联形式的信号流图

6.5　传递函数与系统特性

传递函数 $H(s)$是描述线性连续系统的重要物理量。通过分析 $H(s)$的零、极点在复平面上的分布，可以了解传递函数与系统的时域特性、频率特性和稳定性之间的关系。

6.5.1　$H(s)$的零点和极点

线性时不变连续系统的传递函数通常是复变量 s 的有理分式，可以表示为

$$H(s)=\frac{B(s)}{A(s)}=\frac{b_m s^m+b_{m-1}s^{m-1}+\cdots+b_1 s+b_0}{s^n+a_{n-1}s^{n-1}+\cdots+a_1 s+a_0} \tag{6-101}$$

式中：$a_i(i=0，1，2，\cdots，n-1)$、$b_j(j=0，1，2，\cdots，m)$为实常数，通常 $m\leqslant n$。$A(s)$、$B(s)$是 s 的多项式，$B(s)=0$ 的根 $s_j(j=0，1，2，\cdots，m)$称为 $H(s)$的零点，$A(s)=0$ 的根 $p_i(i=0，1，2，\cdots，n)$称为 $H(s)$的极点。因此，$H(s)$又可表示为

$$H(s)=\frac{B(s)}{A(s)}=\frac{b_m(s-s_1)(s-s_2)\cdots(s-s_m)}{(s-p_1)(s-p_2)\cdots(s-p_n)}=\frac{b_m\prod_{j=1}^{m}(s-s_j)}{\prod_{i=1}^{n}(s-p_i)} \tag{6-102}$$

$H(s)$的零点和极点可能是实数、虚数或复数。由于 $A(s)$、$B(s)$的系数是实数，若零点(极点)为虚数或复数，则必然是共轭成对的。若零点(极点)为实数，则位于复平面的实轴上；若为虚数，则位于虚轴上，并且关于坐标原点对称；若为复数，则关于实轴对称。

6.5.2 $H(s)$与系统的时域特性

由传递函数 $H(s)$求冲激响应 $h(t)$时，一般是将 $H(s)$表示为零极点形式，即

$$H(s)=\frac{\sum_{k=0}^{m}b_kz^{-k}}{\sum_{k=0}^{n}a_kz^{-k}}=K\frac{(s-s_1)(s-s_2)\cdots(s-s_m)}{(s-p_1)(s-p_2)\cdots(s-p_n)} \tag{6-103}$$

根据 $H(s)$的零极点情况将 $H(s)$展开为部分分式，然后对每个部分分式取拉氏逆变换可求得 $h(t)$。$H(s)$的极点决定了 $h(t)$的波形，下面讨论 $H(s)$的极点分布与 $h(t)$波形的关系。

1. *左半平面极点*

如果 $H(s)$在左半平面负实轴上有一阶极点 $p=-a(a>0)$，则 $H(s)$的分母 $A(s)$中含有因子 $s+a$，则其对应的拉氏逆变换 $h(t)$为 $Ae^{-at}\varepsilon(t)$，A 为常数，即

$$s+a\rightarrow Ae^{-at}\varepsilon(t) \tag{6-104}$$

如果 $H(s)$在左半平面负实轴上有 $p=-a(a>0)$的 r 阶重极点，则 $H(s)$的分母 $A(s)$中含有因子$(s+a)^r$，则其对应的拉氏逆变换 $h(t)$为 $A_it^ie^{-at}\varepsilon(t)(i=0，1，2，\cdots r-1)$，即

$$(s+a)^r\rightarrow A_it^ie^{-at}\varepsilon(t)\quad (i=0，1，2，\cdots，r-1) \tag{6-105}$$

如果 $H(s)$在左半平面负实轴以外有 $p_{1,2}=-a\pm j\beta(a>0)$的共轭极点，则 $H(s)$的分母 $A(s)$中含有因子 $[(s+a)^2+\beta^2]$，则其对应的拉氏逆变换 $h(t)$为 $Ae^{-at}\cos(\beta t+\theta)\varepsilon(t)$，即

$$[(s+a)^2+\beta^2]\rightarrow Ae^{-at}\cos(\beta t+\theta)\varepsilon(t) \tag{6-106}$$

如果 $H(s)$在左半平面负实轴以外有 $p_{1,2}=-a\pm j\beta(a>0)$的 r 阶重极点，则 $H(s)$的分母 $A(s)$中含有因子 $[(s+a)^2+\beta^2]^r$，则其对应的拉氏逆变换 $h(t)$为 $A_it^ie^{-at}\cos(\beta t+\theta_i)\varepsilon(t)(i=0，1，2，\cdots，r-1)$，即

$$[(s+a)^2+\beta^2]^r\rightarrow A_it^ie^{-at}\cos(\beta t+\theta_i)\varepsilon(t)\quad i=0，1，2，\cdots，r-1 \tag{6-107}$$

式中：A、A_i、θ_i 为实常数。

从式(6-104)、(6-105)、(6-106)和(6-107)可以看出，只要极点在左半平面，无论是单极点还是重极点，无论是实极点还是共轭复极点，其冲激响应 $h(t)$总是衰减的。

2. *虚轴上极点*

如果 $H(s)$在坐标原点有一个一阶极点 $p=0$，则 $H(s)$的分母 $A(s)$中含有因子 s，$h(t)$就对应为 $A\varepsilon(t)$，即

$$s\rightarrow A\varepsilon(t) \tag{6-108}$$

如果 $H(s)$在坐标原点有一个 $p=0$ 的 r 阶重极点，则 $H(s)$的分母 $A(s)$中含有因子 s^r，$h(t)$对应为 $A_it^i\varepsilon(t)(i=0，1，2，\cdots，r-1)$，即

$$s^r\rightarrow A_it^i\varepsilon(t)\quad i=0，1，2，\cdots，r-1 \tag{6-109}$$

如果 $H(s)$在虚轴上有 $p_{1,2}=\pm j\beta$ 的共轭极点，则 $H(s)$的分母 $A(s)$中含有因子$(s^2+\beta^2)$，则其对应的拉氏逆变换 $h(t)$为 $A\cos(\beta t+\theta)\varepsilon(t)$，即

$$[s^2+\beta^2]\rightarrow A\cos(\beta t+\theta)\varepsilon(t) \tag{6-110}$$

如果 $H(s)$ 在虚轴上有 $p_{1,2}=\pm j\beta$ 的 r 阶重极点，则 $H(s)$ 的分母 $A(s)$ 中含有因子 $(s^2+\beta^2)^r$，则其对应的拉氏逆变换 $h(t)$ 为 $A_i t^i\cos(\beta t+\theta_i)\varepsilon(t)(i=0，1，2，\cdots，r-1)$，即

$$[s^2+\beta^2]^r\rightarrow A_i t^i\cos(\beta t+\theta_i)\varepsilon(t)\quad i=0，1，2，\cdots，r-1 \tag{6-111}$$

从式(6－108)和(6－110)可以看出，$H(s)$ 在虚轴上的一阶极点对应的时域函数是幅度不随时间变化的阶跃信号或正弦信号。从式(6－109)和(6－111)可以看出，$H(s)$ 在虚轴上的二阶极点或二阶以上极点对应的时域函数随时间的增加而增大，当 $t\rightarrow\infty$ 时，时域信号的值也趋于无穷大。

3．右半平面极点

如果 $H(s)$ 在右半平面正实轴上有一阶极点 $p=a(a>0)$，则 $H(s)$ 的分母 $A(s)$ 中含有因子 $s-a$，则其对应的拉氏逆变换 $h(t)$ 为 $Ae^{at}\varepsilon(t)$，即

$$s-a\rightarrow Ae^{at}\varepsilon(t) \tag{6-112}$$

如果 $H(s)$ 在右半平面正实轴上有 $p=a(a>0)$ 的 r 阶重极点，则 $H(s)$ 的分母 $A(s)$ 中含有因子 $(s-a)^r$，则其对应的拉氏逆变换 $h(t)$ 为 $A_i t^i e^{at}\varepsilon(t)(i=0，1，2，\cdots，r-1)$，即

$$(s-a)^r\rightarrow A_i t^i e^{at}\varepsilon(t)\quad i=0，1，2，\cdots，r-1 \tag{6-113}$$

如果 $H(s)$ 在右半平面正实轴以外有 $p_{1,2}=a\pm j\beta(a>0)$ 的共轭极点，则 $H(s)$ 的分母 $A(s)$ 中含有因子 $[(s-a)^2+\beta^2]$，则其对应的拉氏逆变换 $h(t)$ 为 $Ae^{at}\cos(\beta t+\theta)\varepsilon(t)$，即

$$[(s-a)^2+\beta^2]\rightarrow Ae^{at}\cos(\beta t+\theta)\varepsilon(t) \tag{6-114}$$

如果 $H(s)$ 在右半平面正实轴以外有 $p_{1,2}=a\pm j\beta(a>0)$ 的 r 阶重极点，则 $H(s)$ 的分母 $A(s)$ 中含有因子 $[(s-a)^2+\beta^2]^r$，则其对应的拉氏逆变换 $h(t)$ 为 $A_i t^i e^{at}\cos(\beta t+\theta_i)\varepsilon(t)(i=0，1，2，\cdots，r-1)$，即

$$[(s-a)^2+\beta^2]^r\rightarrow A_i t^i e^{at}\cos(\beta t+\theta_i)\varepsilon(t)\quad i=0，1，2，\cdots，r-1 \tag{6-115}$$

从式(6－112)、(6－113)、(6－114)和(6－115)可以看出，只要极点在右半平面，无论是单极点还是重极点，无论是实极点还是共轭复极点，其冲激响应 $h(t)$ 总是随时间的增加而增大，当 $t\rightarrow\infty$ 时，时域信号的值也趋于无穷大。

$H(s)$ 的极点在复平面上的分布与时域信号的对应关系如图 6.21 所示。

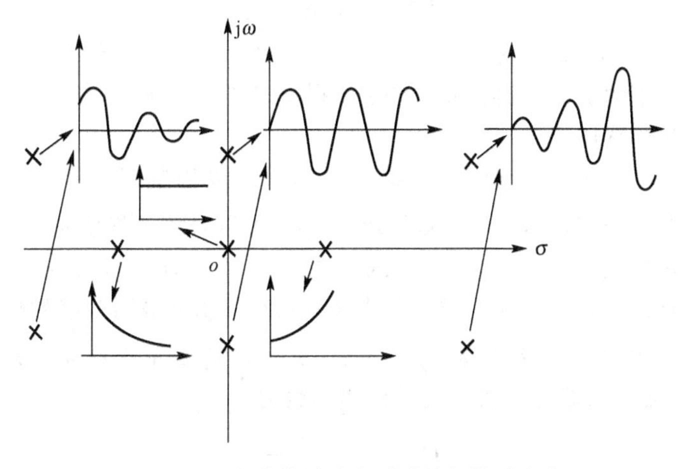

图 6.21　$H(s)$ 极点分布与时域信号的对应关系

6.5.3 $H(s)$与系统的频率特性

由线性连续系统的频域分析可知，系统冲激响应$h(t)$的傅里叶变换$H(\mathrm{j}\omega)$表示系统的频率特性，称为系统的频率响应。下面讨论$H(\mathrm{j}\omega)$与传递函数$H(s)$的关系。根据傅里叶变换和单边拉氏变换的定义，若$h(t)$为因果信号，则

$$H(\mathrm{j}\omega)=\int_{-\infty}^{\infty}h(t)\mathrm{e}^{-\mathrm{j}\omega t}\,\mathrm{d}t=\int_{0^-}^{\infty}h(t)\mathrm{e}^{-\mathrm{j}\omega t}\,\mathrm{d}t \tag{6-116}$$

$$H(s)=\int_{0^-}^{\infty}h(t)\mathrm{e}^{-st}\,\mathrm{d}t \tag{6-117}$$

由单边拉氏变换的定义可知，$H(s)$的收敛域为$\delta>\delta_0$。因此，只有当$\delta_0<0$时，$H(s)$的收敛域包含$\mathrm{j}\omega$轴，此时，当$s=\mathrm{j}\omega$，$H(s)$存在，并且$H(s)=H(\mathrm{j}\omega)$。

$H(s)$的收敛域包含$\mathrm{j}\omega$轴，即$H(s)$的极点全部在左半平面。这种情况下，$H(s)$对应的系统称为稳定系统。综上所述，若因果系统的传递函数$H(s)$的极点全部位于左半平面，则

$$H(\mathrm{j}\omega)=H(s)\big|_{s=\mathrm{j}\omega} \tag{6-118}$$

根据式(6-102)和式(6-118)，线性连续系统的频率特性可以表示为

$$H(\mathrm{j}\omega)=H(s)\big|_{s=\mathrm{j}\omega}=\frac{b_m\prod_{j=1}^{m}(\mathrm{j}\omega-s_j)}{\prod_{i=1}^{n}(\mathrm{j}\omega-p_i)} \tag{6-119}$$

式(6-119)表明，系统的频率特性完全取决于零、极点在复平面上的分布。式(6-119)中，设$b_m>0$，令$\mathrm{j}\omega-s_j=B_j\mathrm{e}^{\mathrm{j}\varphi_j}$，$\mathrm{j}\omega-p_i=A_i\mathrm{e}^{\mathrm{j}\theta_i}$，则该式又可表示为

$$H(\mathrm{j}\omega)=\frac{b_m\prod_{j=1}^{m}B_j\mathrm{e}^{\mathrm{j}\varphi_j}}{\prod_{i=1}^{n}A_i\mathrm{e}^{\mathrm{j}\theta_i}}=H(\omega)\mathrm{e}^{\mathrm{j}\varphi(\omega)} \tag{6-120}$$

式中：

$$H(\omega)=\frac{b_mB_1B_2\cdots B_m}{A_1A_2\cdots A_n} \tag{6-121}$$

$$\varphi(\omega)=(\varphi_1+\varphi_2+\cdots+\varphi_m)-(\theta_1+\theta_2+\cdots+\theta_n) \tag{6-122}$$

$H(\omega)$称为幅频特性，$\varphi(\omega)$称为相频特性。根据式(6-120)、式(6-121)、式(6-122)可以计算出系统的频率特性。

此外，由于$\mathrm{j}\omega$、零点s_j、极点p_i都是复数，可以用复平面上的矢量表示，因此，$A_i\mathrm{e}^{\mathrm{j}\theta_i}$可以表示为矢量$\mathrm{j}\omega$与矢量$p_i$的差矢量，$B_j\mathrm{e}^{\mathrm{j}\varphi_j}$可以表示为矢量$\mathrm{j}\omega$与矢量$s_i$的差矢量。当$\omega$从0开始沿虚轴到$\infty$变化时，各差矢量的模$A_i$、$B_j$和幅角$\theta_i$、$\varphi_j$也随之变化。根据差矢量随$\omega$的变化情况，由式(6-121)和式(6-122)，就可得到系统的幅频特性和相频特性曲线图。如图6.22所示，差矢量$B_j\mathrm{e}^{\mathrm{j}\varphi_j}=\mathrm{j}\omega-s_j$，差矢量$A_i\mathrm{e}^{\mathrm{j}\theta_i}=\mathrm{j}\omega-p_i$。

例6-26 已知二阶线性连续系统的传递函数为

$$H(s)=\frac{s-\alpha}{s^2+2\alpha s+\omega_0^2}$$

式中：$\alpha>0$，$\omega_0>0$，$\omega_0>\alpha$。画出系统的幅频和相频特性曲线图。

解： $H(s)$有一个零点 $s_1=\alpha$，两个极点 $p_{1,2}=-\alpha\pm \mathrm{j}\beta$。其中，$\beta=\sqrt{\omega_0^2-\alpha^2}$。于是 $H(s)$又可表示为

$$H(s)=\frac{s-\alpha}{(s-p_1)(s-p_2)}$$

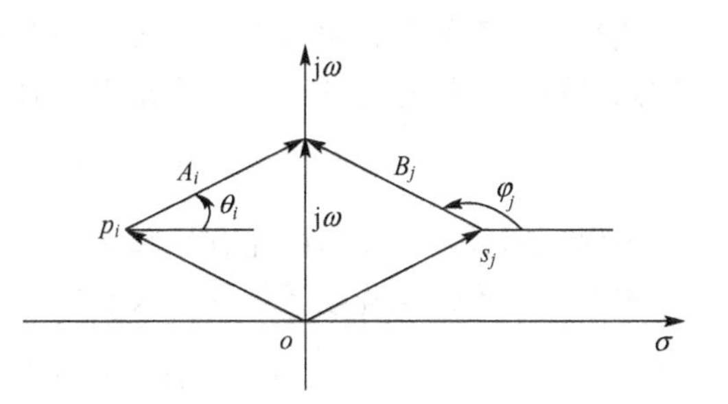

图 6.22　$H(s)$零、极点的矢量及差矢量表示

由于极点 p_1、p_2 都在左半平面，因此系统的频率特性为

$$H(\mathrm{j}\omega)=H(s)\big|_{s=\mathrm{j}\omega}=\frac{\mathrm{j}\omega-\alpha}{(\mathrm{j}\omega-p_1)(\mathrm{j}\omega-p_2)} \tag{6-123}$$

令 $B\mathrm{e}^{\mathrm{j}\varphi}=\mathrm{j}\omega-\alpha$，$A_1\mathrm{e}^{\mathrm{j}\theta_1}=\mathrm{j}\omega-p_1$，$A_2\mathrm{e}^{\mathrm{j}\theta_2}=\mathrm{j}\omega-p_2$，则式(6－123)可变换为

$$H(\mathrm{j}\omega)=\frac{B\mathrm{e}^{\mathrm{j}\varphi}}{A_1\mathrm{e}^{\mathrm{j}\theta_1}A_2\mathrm{e}^{\mathrm{j}\theta_2}}=\frac{B}{A_1A_2}\mathrm{e}^{\mathrm{j}(\varphi-\theta_1-\theta_2)}=H(\omega)\mathrm{e}^{\mathrm{j}\varphi(\omega)} \tag{6-124}$$

式(6－124)中，幅频特性和相频特性分别为

$$H(\omega)=\frac{B}{A_1A_2}$$

$$\varphi(\omega)=\varphi-\theta_1-\theta_2$$

用矢量 $\mathrm{j}\omega$ 与 α 之差表示 $B\mathrm{e}^{\mathrm{j}\varphi}$，用矢量 $\mathrm{j}\omega$ 与 p_1 之差表示 $A_1\mathrm{e}^{\mathrm{j}\theta_1}$，用矢量 $\mathrm{j}\omega$ 与 p_2 之差表示 $A_2\mathrm{e}^{\mathrm{j}\theta_2}$，如图 6.23(a)所示。系统的幅频和相频特性曲线如图 6.23(b)所示。

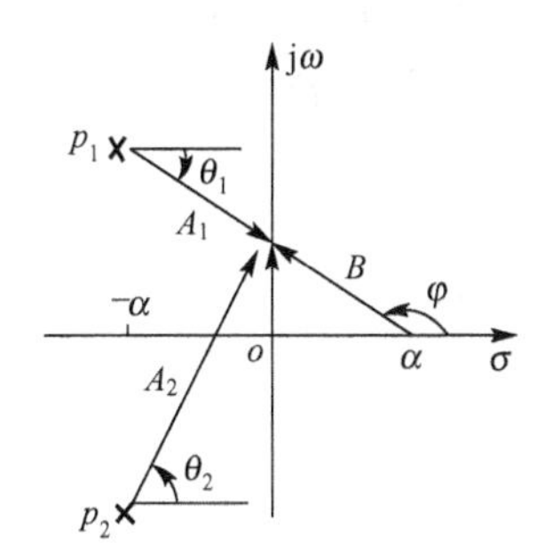

(a) $H(s)$零、极点的矢量及差矢量表示　　(b) 系统的幅频和相频特性曲线

图 6.23　例 6－26 图

6.5.4　$H(s)$与系统的稳定性

系统的稳定性是系统分析和设计中的重要问题。实际系统通常是稳定的，否则系统将不能正常工作。

1. 稳定系统

一个连续系统，如果对任意有界输入产生的零状态响应也是有界的，则称该系统是有界输入有界输出意义下的稳定系统，即对有限正实数 N_f 和 N_y，若 $|f(t)|\leqslant N_f$，并且 $|y_f(t)|\leqslant N_y$，则该系统是稳定系统。

线性连续系统是稳定系统的充分必要条件是系统的冲激响应 $h(t)$ 绝对可积。设 N 是有限正实数，系统稳定的充分必要条件可表示为

$$\int_{-\infty}^{\infty} |h(t)| \mathrm{d}t \leqslant N < \infty \tag{6-125}$$

下面证明式(6-125)的充分性和必要性。

充分性：设线性连续系统的输入有界，即 $|f(t)| \leqslant N_f$。系统的零状态响应 $y_f(t)$ 为

$$y_f(t) = h(t) * f(t) = \int_{-\infty}^{\infty} h(\tau) f(t-\tau) \mathrm{d}\tau$$

因此有

$$|y_f(t)| = \left| \int_{-\infty}^{\infty} h(\tau) f(t-\tau) \mathrm{d}\tau \right| \leqslant \int_{-\infty}^{\infty} |h(\tau)| \cdot |f(t-\tau)| \mathrm{d}\tau$$

即

$$|y_f(t)| \leqslant N_f \int_{-\infty}^{\infty} |h(\tau)| \mathrm{d}\tau$$

若 $h(t)$ 绝对可积，由式(6-125)可得

$$|y_f(t)| \leqslant N_f N < \infty$$

即对任意有界输入 $f(t)$，只要 $h(t)$ 绝对可积，$y_f(t)$ 就是有界的，系统就一定是稳定系统。即式(6-125)对系统稳定具有充分性。

必要性：所谓式(6-125)对系统稳定是必要的，是当 $h(t)$ 不满足绝对可积条件时，则至少有某个有界输入 $f(t)$ 产生无界输出 $y_f(t)$。

为此，设 $f(t)$ 有界，则 $f(-t)$ 也有界，并且表示为

$$f(-t) = \mathrm{Sgn}[h(t)] = \begin{cases} 1 & h(t) > 0 \\ 0 & h(t) = 0 \\ -1 & h(t) < 0 \end{cases}$$

于是有

$$h(t) f(-t) = |h(t)| \tag{6-126}$$

因为

$$y_f(t) = \int_{-\infty}^{\infty} h(\tau) f(t-\tau) \mathrm{d}\tau$$

令 $t=0$，根据式(6-126)则有

$$y_f(0) = \int_{-\infty}^{\infty} h(\tau) f(t-\tau) \mathrm{d}\tau = \int_{-\infty}^{\infty} |h(\tau)| \mathrm{d}\tau$$

若 $h(t)$ 不绝对可积，$\int_{-\infty}^{\infty} |h(\tau)| \mathrm{d}\tau = \infty$，则 $y_f(0) = \infty$。表明，$h(t)$ 不绝对可积时，至少有某个有界输入产生无界输出 $y_f(t)$，即式(6-125)对系统稳定具有必要性。

如前所述，若 $H(s)$ 的极点全部在左半平面，则 $h(t)$ 是按指数规律衰减的因果信号，$h(t)$ 是绝对可积的，故 $H(s)$ 对应的系统是稳定系统，其逆也成立。因此有以下结论：一个因果连续系统，若传递函数 $H(s)$ 的极点全部在左半平面，则该系统是稳定系统。

用传递函数的极点分布来判断系统稳定的方法对于低阶系统是方便的，但对于高阶系统，求 $H(s)$ 的零、极点是比较困难的，用这种方法判断系统稳定性很不方便。劳斯和霍尔维兹提出一种 S 域判断稳定性的准则，避开了求 $H(s)$ 的极点，而是根据 $H(s)$ 的分母多

项式的系数判断系统的稳定性，应用起来比较方便。

2．劳斯—霍尔维兹准则

设 n 阶线性连续系统的传递函数为

$$H(s)=\frac{B(s)}{A(s)}=\frac{b_m s^m+b_{m-1}s^{m-1}+\cdots+b_1 s+b_0}{a_n s^n+a_{n-1}s^{n-1}+\cdots+a_1 s+a_0} \tag{6-127}$$

式中：$m\leqslant n$，$a_i(i=0，1，2，\cdots，n)$、$b_j(j=0，1，2，\cdots，m)$为实常数。$H(s)$的分母多项式为

$$A(s)=a_n s^n+a_{n-1}s^{n-1}+\cdots+a_1 s+a_0 \tag{6-128}$$

$H(s)$的极点是 $A(s)=0$ 的根。若 $A(s)=0$ 的根全部在左半平面，则 $A(s)$称为霍尔维兹多项式。

$A(s)$为霍尔维兹多项式的必要条件：$A(s)$的各项系数 a_i 都不为零，并且 a_i 全为正实数或全为负实数。若 a_i 全为负实数，可把负号归于 $H(s)$的分子 $B(s)$，因而该条件又可表示为全为正实数。显然，若 $A(s)$为霍尔维兹多项式，则系统是稳定系统。

劳斯和霍尔维兹提出了判断多项式为霍尔维兹多项式的准则，称为劳斯—霍尔维兹准则(R－H 准则)。劳斯—霍尔维兹准则包括两个部分：劳斯阵列和劳斯判据(劳斯准则)。

劳斯阵列是由 $A(s)$的系数 a_i 构成的表，见表 6－2。

表 6－2　劳斯阵列

行	第一列				
1	a_n	a_{n-2}	a_{n-4}	…	…
2	a_{n-1}	a_{n-3}	a_{n-5}	…	…
3	c_{n-1}	c_{n-3}	c_{n-5}	…	…
4	d_{n-1}	d_{n-3}	d_{n-5}	…	…
⋮	…	…	…	…	…
$n+1$	…				

若 n 为偶数，则第二行最后一列元素用零补上。劳斯阵列共有 $n+1$ 行(以后各行均为零)，第三行及以后各行的元素按式(6－129)和式(6－130)计算。

$$c_{n-1}=\frac{-1}{a_{n-1}}\begin{vmatrix}a_n & a_{n-2}\\ a_{n-1} & a_{n-3}\end{vmatrix}，c_{n-3}=\frac{-1}{a_{n-1}}\begin{vmatrix}a_n & a_{n-4}\\ a_{n-1} & a_{n-5}\end{vmatrix}，\cdots \tag{6-129}$$

$$d_{n-1}=\frac{-1}{c_{n-1}}\begin{vmatrix}a_{n-1} & a_{n-3}\\ c_{n-1} & c_{n-3}\end{vmatrix}，d_{n-3}=\frac{-1}{c_{n-1}}\begin{vmatrix}a_{n-1} & a_{n-5}\\ c_{n-1} & c_{n-5}\end{vmatrix}，\cdots$$

$$\cdots \tag{6-130}$$

以此类推，直到算出第 $n+1$ 行元素为止，第 $n+1$ 行的第一列元素一般不为零，其余元素均为零。

劳斯判据：多项式 $A(s)$是霍尔维兹多项式的充分和必要条件是劳斯阵列中第一列元素全为正值。若第一行不全为正值，则表明 $A(s)=0$ 在右半平面有根，元素符号改变的次数(从正值到负值或从负值到正值的次数)等于右半平面根的个数。根据劳斯准则和霍尔维

兹多项式的定义，若劳斯阵列的第一列元素值的符号相同(全为正值)，则 $H(s)$ 的极点全在左半平面，系统是稳定系统。若劳斯阵列第一列元素值的符号不完全相同，则系统是不稳定的。

综上所述，根据 $H(s)$ 判断线性连续系统的方法：首先根据霍尔维兹多项式的必要条件检查 $A(s)$ 的系数 $a_i(i=0, 1, 2, \cdots, n)$。若 a_i 中有缺项(至少一项为零)，或者 a_i 的符号不完全相同，则 $A(s)$ 不是霍尔维兹多项式，系统不稳定。$A(s)$ 的系数 a_i 无缺项并且符号相同，则 $A(s)$ 是霍尔维兹多项式，再利用劳斯—霍尔维兹准则判定系统是否稳定。

例 6-27 已知 3 个线性连续系统的传递函数分别为

$$H_1(s)=\frac{s+2}{s^4+2s^3+3s^2+5}$$

$$H_2(s)=\frac{2s+1}{s^5+3s^4-2s^3-3s^2+2s+1}$$

$$H_3(s)=\frac{s+1}{s^3+2s^2+3s+2}$$

判定这 3 个系统是不是稳定系统。

解：$H_1(s)$ 的分母多项式的系数 $a_1=0$，$H_2(s)$ 分母多项式的系数符号不完全相同，所以 $H_1(s)$ 和 $H_2(s)$ 对应的系统不稳定。$H_3(s)$ 的分母多项式无缺项且系数全为正值，因此，进一步利用劳斯—霍尔维兹准则来判断。

劳斯阵列为

$$\begin{matrix} 1 & 3 \\ 2 & 2 \\ c_2 & c_0 \\ d_2 & d_0 \end{matrix}$$

根据式(6-129)和式(6-130)得

$$c_2=2 \quad c_0=0$$

$$d_2=2 \quad d_0=0$$

由此可知，$A_3(s)$ 系数的劳斯阵列第一列元素全大于零，故 $H_3(s)$ 对应的系统是稳定系统。

例 6-28 某线性连续系统的 S 域方框图如图 6.24 所示。图中，$H_1(s)=\dfrac{K}{s(s+1)(s+10)}$，问 K 取何值时系统是稳定的。

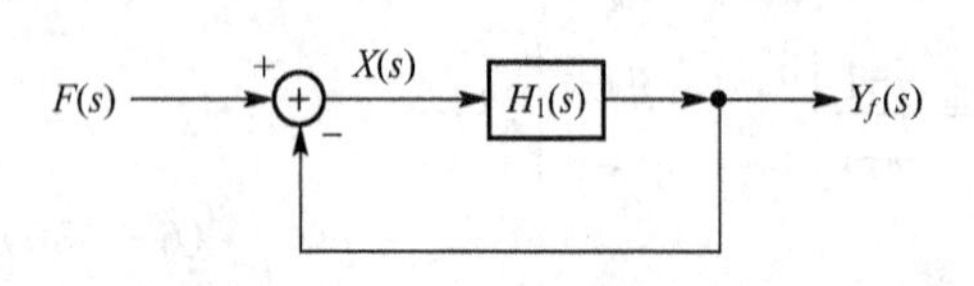

图 6.24 例 6-28 系统方框图

解：令加法器的输出为 $X(s)$，则有

$$X(s)=F(s)-Y_f(s)$$

$$Y_f(s)=H_1(s)X(s)=H_1(s)[F(s)-Y_f(s)] \tag{6-131}$$

由式(6-131)得

$$Y_f(s)=\frac{H_1(s)}{1+H_1(s)}F(s)$$

$$H(s)=\frac{Y_f(s)}{F(s)}=\frac{H_1(s)}{1+H_1(s)}=\frac{K}{s^3+11s^2+10s+K}$$

根据式(6－128)和式(6－129)得到劳斯阵列为

$$\begin{array}{cc} 1 & 10 \\ 11 & K \\ \left(10-\frac{K}{11}\right) & 0 \\ K & 0 \end{array}$$

根据 R－H 准则，若$\left(10-\frac{K}{11}\right)>0$和$K>0$，即$0<K<110$时，系统是稳定的。

本 章 小 结

非周期信号的拉普拉斯变换是用因果指数衰减信号加权后的信号的傅里叶变换，它是把信号的因果分量分解为无穷多个因果复指数分量的叠加(积分)，指数衰减信号加权的结果是使拉普拉斯变换能用于分析一大类不能用傅里叶变换进行分析的信号和系统。

拉氏变换有许多性质，它们在计算拉氏变换和拉氏逆变换中有重要作用，必须熟练掌握。S 域分析不但可用来分析 LTI 系统的 S 域特性—传递函数，并可用于计算系统的冲激响应、阶跃响应、零输入响应、零状态响应和完全响应等。各电路元件都有自己的 S 域模型，使得电路可在 S 域中直接进行分析。它要比时域分析技术简便有效得多，而且在表述上比频域分析更简捷，可应用范围更广。

拉氏变换可有效地用于 LTI 系统的实现，可有直接型、串联型、并联型或串并型实现。该实现可用系统实现框图表示，也可更简捷地用信号流图表示。信号流图对于系统的实现与模拟起着重要的作用。

对于拉氏变换为有理分式的信号与系统，可以很容易求出其系统传递函数的零极点和收敛域，通过极点分布来分析系统稳定性，通过零极点分布分析系统频率特性。

习　题　六

6.1　试求下列函数的拉普拉斯变换。

(1) te^{-2t}　　(2) $\sin t+2\cos t$

(3) $(1+2t)e^{-t}$　　(4) $2\delta(t)-3e^{-7t}$

(5) $e^{-at}\sinh(\beta t)$　　(6) $\cos^2(\omega t)$

(7) $te^{-(t-2)}\varepsilon(t-1)$　　(8) $\frac{1}{t}(1-e^{-at})$

(9) $\frac{e^{-3t}-e^{-5t}}{t}$　　(10) $\frac{\sin(at)}{t}$

6.2　试求下列函数的拉普拉斯逆变换。

(1) $\frac{3}{(s+4)(s+2)}$　　(2) $\frac{1}{s(s^2+5)}$

(3) $\frac{\omega}{(s^2+\omega^2)}\cdot\frac{1}{(RCs+1)}$　　(4) $\frac{1-RCs}{s(1+RCs)}$

(5) $\dfrac{100(s+50)}{(s^2+201s+200)}$　　(6) $\dfrac{s+3}{(s+1)^2(s+2)}$

(7) $\dfrac{A}{s^2+K^2}$　　(8) $\dfrac{1}{(s^2+3)^2}$

(9) $\dfrac{e^{-s}}{4s(s^2+1)}$　　(10) $\ln\left(\dfrac{s}{s+9}\right)$

6.3　求题图 6.3 所示信号的拉氏变换。

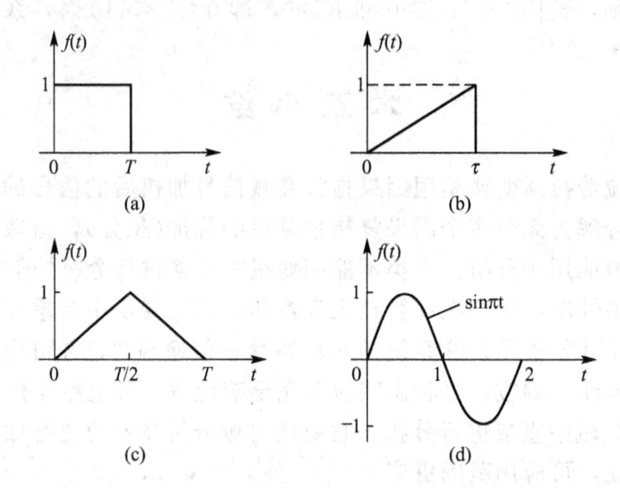

题图 6.3

6.4　已知 $f(t)$为因果信号，$f(t)\leftrightarrow F(s)$，求下列信号的象函数。

(1) $e^{-2t}f(2t)$　　(2) $(t-2)^2f\left(\dfrac{1}{2}t-1\right)$

(3) $f(at-n)$，$a>0$，$n>0$　　(4) $te^{-t}f(3t)$

6.5　题图 6.5 所示为从 $t=0$ 起始的周期信号，求 $f(t)$的拉氏变换。

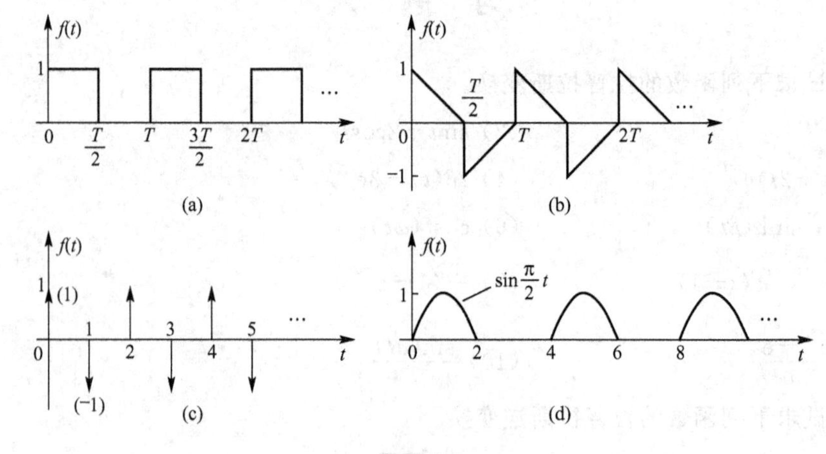

题图 6.5

6.6　已知因果信号 $x(t)$的拉氏变换为 $X(s)=\dfrac{1}{s^2-s+1}$，试求

(1) $e^{-t}x\left(\frac{t}{2}\right)$的拉氏变换。

(2) $e^{-3t}x(2t-1)$的拉氏变换。

6.7　已知 $H(s)=\frac{s^2+4s+5}{s^2+3s+2}$，$\mathrm{Re}[s]>-1$，对下列输入，分别求出系统的输出响应 $y(t)$。

(1) $f(t)=e^{-3t}u(t)$，$y(0^-)=y'(0^-)=1$　　(2) $f(t)=e^{-t}u(t)$，$y(0^-)=y'(0^-)=1$

6.8　已知系统方程如下，试求系统的传递函数 $H(s)$。

(1) $y''(t)+11y'(t)+24y(t)=5x'(t)+3x(t)$　　(2) $y'''(t)+3y''(t)+2y'(t)=x'(t)+3x(t)$

6.9　已知线性连续系统的冲激响应 $h(t)=(1-e^{-2t})\varepsilon(t)$。试求

(1) 若系统输入 $f(t)=\varepsilon(t)-\varepsilon(t-2)$，系统的零状态响应 $y_f(t)$。

(2) 若 $y_f(t)=t^2\varepsilon(t)$，系统的输入 $f(t)$。

6.10　已知线性连续系统的传递函数 $H(s)=\frac{s+5}{s^2+4s+3}$，输入为 $f(t)$，输出为 $y(t)$，试求该系统输入与输出之间关系的微分方程。若 $f(t)=e^{-2t}\varepsilon(t)$，试求系统的零状态响应。

6.11　某LTI连续系统，已知 $f(t)=0\ (t>0)$且 $F(s)=\frac{s+2}{s-2}$，$y(t)=-\frac{2}{3}e^{2t}u(-t)+\frac{1}{3}e^{-t}u(t)$，试求

(1) 传递函数 $H(s)$及收敛域。

(2) 系统冲激响应 $h(t)$。

(3) 输入 $f(t)=e^{3t}$，$-\infty<t<+\infty$时的系统响应 $y(t)$。

6.12　某线性时不变系统的输入 $f(t)=e^{-t}u(t)$时，输出的零状态响应为 $y_f(t)=\left(\frac{1}{2}e^{-t}-e^{-2t}+\frac{1}{2}e^{-3t}\right)u(t)$，求系统的冲激响应 $h(t)$。

6.13　已知系统的阶跃响应为 $g(t)=1-e^{-2t}$，为使其响应为 $y(t)=1-e^{-2t}-te^{-2t}$，试求激励信号 $x(t)$。

6.14　已知激励信号 $x(t)=e^{-t}\varepsilon(t)$时，其零状态响应 $y_{zs}(t)=(e^{-t}-2e^{-2t}-3e^{-3t})\varepsilon(t)$，试求系统的阶跃响应 $g(t)$。

6.15　线性连续系统的微分方程为 $y''(t)+3y'(t)+2y(t)=x'(t)+4x(t)$，激励信号 $x(t)=e^{-2t}\varepsilon(t)$，初始状态 $y(0^-)=1$，$y'(0^-)=1$，求系统的零输入响应和零状态响应。

6.16　求下列函数 $F(s)$逆变换的初值和终值(假设 $f(t)$为因果信号)。

(1) $F(s)=\frac{s}{s^2+s+1}$

(2) $F(s)=\frac{1-e^{-2s}}{s(s+4)}$

6.17　题图6.17所示 RLC 系统，$u_s(t)=10\varepsilon(t)$，求电流 $i_1(t)$的零状态响应。

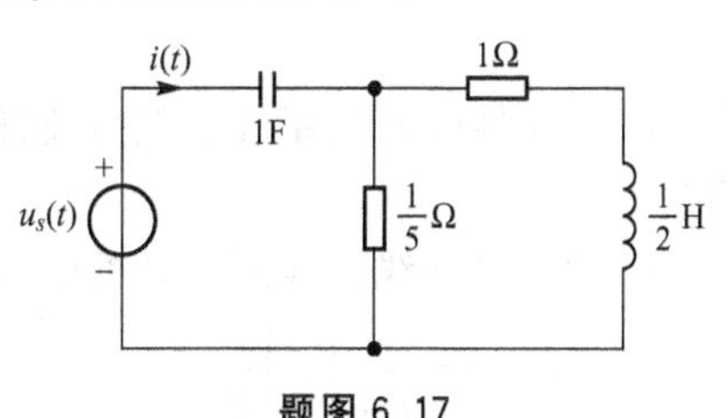

题图6.17

6.18　题图 6.18 所示 RLC 系统，$u_s(t)=12\text{V}$，$L=1H$，$C=1F$，$R_1=3\Omega$，$R_2=2\Omega$，$R_3=1\Omega$，$t<0$ 时电路已达到稳态，$t=0$ 时开关 S 闭合。求 $t\geqslant0$ 时电压 $u(t)$ 的零输入响应、零状态响应和完全响应。

6.19　题图 6.19 所示 RLC 系统，求电压 $u(t)$ 的冲激响应和阶跃响应。

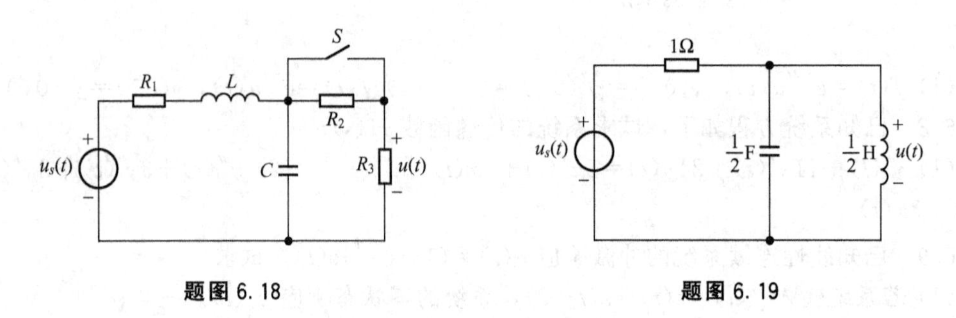

题图 6.18　　　　题图 6.19

6.20　题图 6.20 所示系统由 3 个子系统组成，其中 $H_1(s)=\dfrac{1}{s+1}$，$H_2(s)=\dfrac{1}{s+2}$，$h_3(t)=\varepsilon(t)$。试求：①系统的冲激响应；②若输入 $f(t)=\varepsilon(t)$，系统的零状态响应。

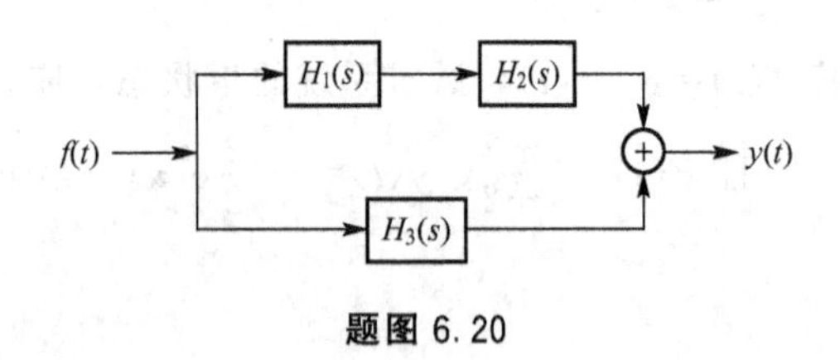

题图 6.20

6.21　线性连续系统如题图 6.21(a)、题图 6.21(b)所示。试求：①写出描述系统输入输出关系的微分方程；②画出系统的信号流图。

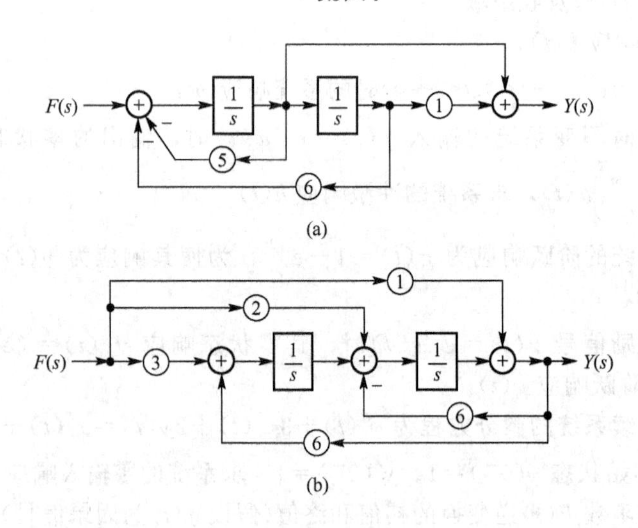

题图 6.21

6.22　线性连续系统的信号流图如题图 6.22(a)、题图 6.22(b)所示，求系统的传递函数 $H(s)$。

6.23　已知线性连续系统的传递函数如下，判断各系统是否稳定。

(1) $H(s)=\dfrac{2(s+1)}{s(s^2+1)^2}$　　　　(2) $H(s)=\dfrac{s-2}{s(s+1)}$

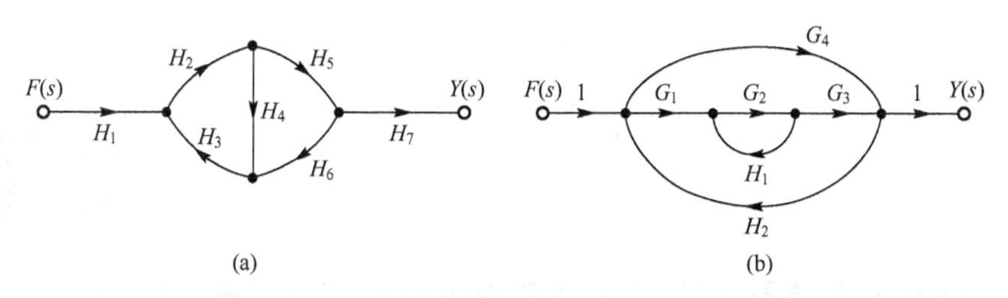

题图 6.22

(3) $H(s)=\dfrac{s(s^2-1)}{s^4+2s^3+3s^2+2s+1}$　　　(4) $H(s)=\dfrac{s+1}{s^4+2s^2+3s+2}$

6.24　某 LTI 系统的微分方程为 $y''(t)+y'(t)-6y(t)=x'(t)+x(t)$，试求：①传递函数并画出其零极点图；②冲激响应 $h(t)$ 并判断系统的稳定性。

6.25　线性连续因果系统如题图 6.25 所示。若要使系统稳定，求系数 a、b 的取值范围。

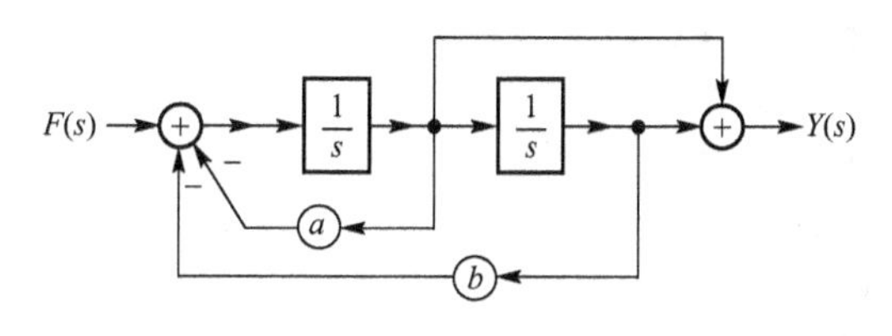

题图 6.25

第7章

离散信号与系统的Z域分析

本章学习目标

★ 了解Z变换的基本原理；

★ 了解离散系统的表示和模拟；

★ 了解离散系统的Z域分析；

★ 了解传递函数与系统特性。

本章教学要点

知识要点	能力要求	相关知识
Z变换	了解Z变换的定义、定理及原理	单边和双边Z变换、Z变换的常用公式、Z变换的逆变换、Z变换的性质
离散系统的表示和模拟	了解离散系统的方框图、信号流图等	离散系统方框图、信号流图的绘制，离散系统的模拟
离散系统的Z域分析	了解离散信号的Z域分解	不同信号下的离散系统零状态响应、零输入响应和完全响应
传递函数与系统特性	了解传递函数的含义，以及如何反映离散系统的特性	离散系统的零、极点分布，离散系统的时域特性和频域特性，离散系统的稳定性分析

导入案例

目前，随着计算机的普及，离散控制系统的应用日益广泛，比如，离散型制造业的生产过程，包括机械加工、电子元器件制造、汽车、家用电器等。用计算机实现的数字控制器取代了模拟控制器，具有很好的通用性，且由软件实现的控制规律易于改变，控制灵活，如图1所示。

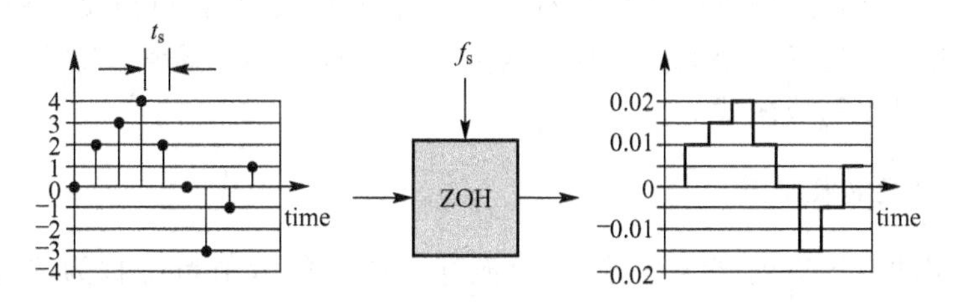

图 1　零阶保持操作

引言

离散系统也可用类似于连续系统所采用的变换法进行分析。在分析连续系统时，经过拉氏变换将微分方程变换为代数方程，从而使分析简化。Z 变换是从拉氏变换引申出来的一种变换方法，实际是离散时间信号拉氏变换的一种变形，利用 Z 变换把差分方程变换为代数方程，因此也称为离散拉氏变换。Z 变换是一种重要的数学工具，是分析离散时间信号和系统的有效手段，在许多信号处理领域中得到广泛的应用。

7.1　Z 变换及其逆变换

7.1.1　Z 变换的定义

已知连续时间信号 $f(t)$，将 $f(t)$乘以周期冲激信号 $\delta_T(t)$即得到理想的采样信号 $f^*(t)$。采样信号 $f^*(t)$可表示为

$$f^*(t) = f(t).\delta_T(t) = \sum_{k=-\infty}^{\infty} f(kT)\delta(t-kT) \tag{7-1}$$

式中，T 为采样周期。对式(7－1)两边作拉氏变换，得

$$F^*(s) = \sum_{k=-\infty}^{\infty} f(kT)\mathrm{e}^{-kTs} \tag{7-2}$$

引入新的变量 z，令 $z=\mathrm{e}^{sT}$，则有

$$s=\frac{1}{T}\ln z \tag{7-3}$$

式中，s 为复自变量，故 z 也为复自变量。将其代入式(7－2)，得到 $f^*(t)$的 Z 变换为

$$F(z) = \sum_{k=-\infty}^{\infty} f(kT)z^{-k} = \sum_{k=-\infty}^{\infty} f(k)z^{-k} \tag{7-4}$$

式(7－4)称为序列 $f(k)$的双边 Z 变换。若求和运算仅涉及 $f(k)$中 $k\geqslant 0$ 区间上的序列值，则有

$$F(z) = \sum_{k=0}^{\infty} f(kT)z^{-k} = \sum_{k=0}^{\infty} f(k)z^{-k} \tag{7-5}$$

则 $F(z)$称为序列 $f(k)$的单边 Z 变换。通常对采样信号的 Z 变换表示为

$$F(z)=z[f^*(t)] \tag{7-6}$$

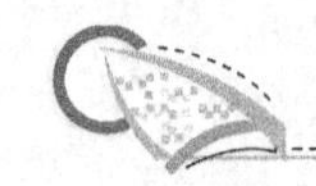

将式(7-5)展开，这样就可根据采样开关的输入连续信号 $f(t)$ 及采样周期 T 得到Z变换的级数展开式，这是一个无穷多项的级数，是开放式的。通常，对于一些常用信号Z变换的级数形式可以写成闭式。

7.1.2 Z变换的收敛域

对任意给定的有界序列 $f(k)$，使Z变换存在的 z 的取值范围称为Z变换的收敛域。依据数学上级数收敛判定方法，Z变换存在或级数收敛的充要条件是

$$\sum_{k=-\infty}^{\infty}|f(k)z^{-k}|<\infty \tag{7-7}$$

例7-1 已知有限长序列 $f(k)=\varepsilon(k+1)-\varepsilon(k-2)$。求 $f(k)$ 的双边Z变换及其收敛域。

解：
$$F(z)=\sum_{k=-\infty}^{\infty}f(k)z^{-k}=\sum_{k=-\infty}^{\infty}[\varepsilon(k+1)-\varepsilon(k-2)]z^{-k}$$
$$=\sum_{k=-1}^{1}z^{-k}=z+1+z^{-1}$$

$$\sum_{k=-\infty}^{\infty}|f(k)z^{-k}|=\sum_{k=-1}^{1}|z^{-k}|=|z|+1+\frac{1}{|z|}$$

所以，当 $0<|z|<\infty$ 时该级数收敛。于是得

$$F(z)=z+1+z^{-1}=\frac{z^2+z+1}{z},\ 0<|z|<\infty$$

例7-2 求无限长因果序列 $f_1(k)=a^k\varepsilon(k)$ 和反因果序列 $f_2(k)=-a^k\varepsilon(-k-1)$（$a$ 为实数或复数），试求它们的双边Z变换。

解：按照Z变换的定义，有

$$F_1(z)=\sum_{k=-\infty}^{\infty}f_1(k)z^{-k}=\sum_{k=-\infty}^{\infty}a^k\varepsilon(k)z^{-k}=\sum_{k=0}^{\infty}\left(\frac{a}{z}\right)^k$$

$\sum_{k=-\infty}^{\infty}|f_1(k)z^{-k}|=\sum_{k=0}^{\infty}\left|\frac{a}{z}\right|^k$，故 $|z|>|a|$ 时该级数收敛，可得

$$F_1(z)=\frac{1}{1-\left(\frac{a}{z}\right)}=\frac{z}{z-a},\ |z|>|a|$$

$$F_2(z)=\sum_{k=-\infty}^{\infty}f_2(k)z^{-k}=\sum_{k=-\infty}^{\infty}[-a^k\varepsilon(-k-1)]z^{-k}=\sum_{k=-\infty}^{-1}(-a^k)z^{-k}=\sum_{k=-\infty}^{-1}-\left(\frac{a}{z}\right)^k$$

$\sum_{k=-\infty}^{\infty}|-a^k\varepsilon(-k-1)z^{-k}|=\sum_{k=-\infty}^{-1}\left|\frac{a}{z}\right|^k$，且 k 取负值。故当 $|z|<|a|$ 时 $F(z)$ 收敛，可得

$$F_2(z)=\sum_{k=-\infty}^{-1}-\left(\frac{a}{z}\right)^k=-\left[\frac{z}{a}+\left(\frac{z}{a}\right)^2+\left(\frac{z}{a}\right)^3+\cdots\right]$$
$$=\left(-\frac{z}{a}\right)\cdot\frac{1}{1-\frac{z}{a}}=\frac{z}{z-a},\ |z|<|a|$$

序列 $f_1(k)$ 和 $f_2(k)$ 的收敛域分别如图7.1(a)、图7.1(b)所示。

例7-3 已知无限长双边序列 $f(k)=a^k\varepsilon(k)+b^k\varepsilon(-k-1)$，$|a|<|b|$。求 $f(k)$ 的双边Z变换及其收敛域。

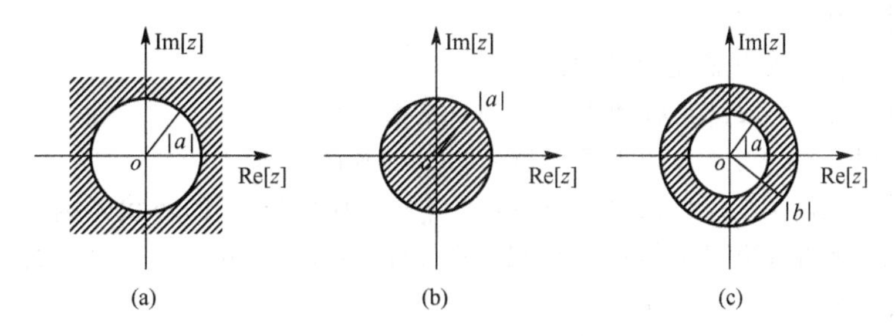

图 7.1　例 7-2、例 7-3 各序列的收敛域

解：$f(k)$的双边 Z 变换为

$$F(z)=\sum_{k=-\infty}^{\infty}a^k\varepsilon(k)+b^k\varepsilon(-k-1)z^{-k}=\sum_{k=0}^{\infty}a^kz^{-k}+\sum_{k=-\infty}^{-1}b^kz^{-k}$$

$$==\frac{z}{z-a}-\frac{z}{z-b}=\frac{(a-b)z}{(z-a)(z-b)}$$

其收敛域为$|a|<|z|<|b|$，如图 7.1(c)所示。

双边序列 $f(k)$可以表示成一个因果序列和一个反因果序列之和，即

$$F(z)=\sum_{k=-\infty}^{\infty}f(k)z^{-k}=\sum_{k=0}^{\infty}f(k)z^{-k}+\sum_{k=-\infty}^{-1}f(k)z^{-k} \tag{7-8}$$

式中：第一个级数是因果序列，其收敛域为$|z|>r_1$，第二个级数是反因果序列，其收敛域为$|z|<r_2$。如果 $r_2>r_1>0$，则 $F(z)$的收敛域是两个级数收敛域的重叠部分，即 $r_1<|z|<r_2$，所以双边序列的收敛域通常是环形。若 $r_1>r_2$，则两个级数不存在公共收敛域，此时 $F(z)$不收敛。

例 7-4　求序列 $f(k)=\left(\frac{1}{3}\right)^{|k|}$ 的 Z 变换。

解：按照 Z 变换的定义，有

$$F(z)=\sum_{k=-\infty}^{\infty}\left(\frac{1}{3}\right)^{|k|}z^{-k}=\sum_{k=-\infty}^{-1}(1/3)^{-k}z^{-k}+\sum_{k=0}^{\infty}(1/3)^kz^{-k}=\sum_{k=1}^{\infty}\left(\frac{1}{3}z\right)^k+\sum_{k=0}^{\infty}\left(\frac{1}{3z}\right)^k$$

当$|z|<3$ 时，第一项收敛于$\frac{-z}{z-3}$，对应于反因果序列。

当$|z|>1/3$ 时，第二项收敛于$\frac{z}{z-1/3}$，对应于因果序列。

当 $1/3<|z|<3$ 时，$F(z)=\frac{-z}{z-3}+\frac{z}{z-1/3}=\frac{-\frac{8}{3}z}{(z-3)(z-1/3)}$。

例 7-5　求有限长双边序列 $f(k)=\{1,\ 2,\ \underset{\underset{k=0}{\uparrow}}{3},\ 4,\ 5\}$的 Z 变换。

解：$F(z)=\sum_{k=-2}^{2}\{1,\ 2,\ \underset{\underset{k=0}{\uparrow}}{3},\ 4,\ 5\}z^{-k}=z+2z+3+4z^{-1}+5z^{-2},\ 0<|z|<\infty$

一般说来，对于序列 $f(k)$的 Z 变换，其收敛域有如下一些规律。

(1) 有限长序列双边 Z 变换的收敛域。

因果序列：$|z|>0$。

反因果序列：$|z|<\infty$。

双边序列：$0<|z|<\infty$。

(2) 无限长序列双边Z变换的收敛域。

因果序列：$|z|>|z_0|$，收敛半径为$|z_0|$的圆外区域。

反因果序列：$|z|<|z_0|$，收敛半径为$|z_0|$的圆内区域。

双边序列：$|z_1|<|z|<|z_2|$，以$|z_1|$、$|z_2|$为收敛半径的环状区域。

(3) 不同序列的双边Z变换可能相同，即$f(k)$和$F(z)$不是一一对应的。只有考虑其收敛域时，两者才是一一对应的。

(4) 收敛域由Z平面上以原点为中心的同心圆为边界的圆环组成。一定条件下，内边界可延伸至原点，外边界可延伸至无穷大。

若已知连续函数的拉氏变换式$F(s)$，通过部分分式法可以展开成一些简单函数的拉氏变换式之和，它们的时间函数$f(t)$可求得，则$f^{*}(t)$及$F(z)$均可相应求得，故可方便地求出$F(s)$对应的Z变换$F(z)$。

例7-6 已知连续函数的拉氏变换为$F(s)=\dfrac{a}{s(s+a)}$，试求相应的Z变换$F(z)$。

解：将$F(s)$展为部分分式如下：

$$F(s)=\frac{a}{s(s+a)}=\frac{1}{s}-\frac{1}{s+a} \tag{7-9}$$

对式(7-9)取拉氏逆变换得

$$f(t)=\varepsilon(t)-\mathrm{e}^{-at}\varepsilon(t)$$

分别求两部分的Z变换得

$$\varepsilon(t)\rightarrow\frac{z}{z-1},\quad \mathrm{e}^{-at}\rightarrow\frac{z}{z-\mathrm{e}^{-aT}}$$

可得

$$F(z)=\frac{z}{z-1}-\frac{z}{z-\mathrm{e}^{-aT}}=\frac{z(1-\mathrm{e}^{-aT})}{z^2-(1+\mathrm{e}^{-aT})z+\mathrm{e}^{-aT}}$$

若已知连续信号$f(t)$的拉氏变换$F(s)$和它的全部极点$s_i(i=1, 2, \cdots, n)$，可用下列的留数计算公式求$f(t)$采样序列$f*(t)$的Z变换$F(z)$，即

$$F(z)=\sum_{i=1}^{n}\mathrm{Res}\left[F(s)\frac{z}{z-\mathrm{e}^{sT}}\right]_{s=s_i}$$

当$F(s)$具有非重极点s_i时

$$\mathrm{Res}\left[F(s)\frac{z}{z-\mathrm{e}^{sT}}\right]_{s=s_i}=\lim_{s\to s_i}\left[F(s)\frac{z}{z-\mathrm{e}^{sT}}(s-s_i)\right] \tag{7-10}$$

当$F(s)$在s_i处具有r重极点时

$$\mathrm{Res}\left[F(s)\frac{z}{z-\mathrm{e}^{sT}}\right]_{s=s_i}=\frac{1}{(r-1)!}\lim_{s\to s_i}\frac{\mathrm{d}^{r-1}}{\mathrm{d}s^{r-1}}\left[F(s)\frac{z}{z-\mathrm{e}^{sT}}(s-s_i)^r\right] \tag{7-11}$$

例7-7 试求$F(s)=\dfrac{s+3}{(s+1)(s+2)}$的Z变换。

解：$F(s)$的极点为$s_1=-1$，$s_2=-2$，则

$$F(z)=\lim_{s\to-1}\left[\frac{(s+3)}{(s+1)(s+2)}\frac{z}{z-\mathrm{e}^{sT}}(s+1)\right]+\lim_{s\to-2}\left[\frac{(s+3)}{(s+1)(s+2)}\frac{z}{z-\mathrm{e}^{sT}}(s+2)\right]$$

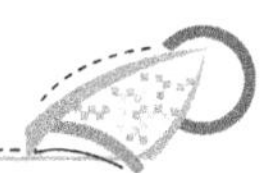

$$=\frac{2z}{z-\mathrm{e}^{-T}}-\frac{z}{z-\mathrm{e}^{-2T}}$$

7.1.3　常用序列的Z变换

(1) 单位脉冲序列 $f(k)=\delta(k)$。

$$F(z)=\sum_{k=-\infty}^{\infty}\delta(k)z^{-k}=1,\ 0<|z|<\infty$$

(2) 因果指数序列 $f(k)=a^k\varepsilon(k)$(a 为实数、虚数、复数)。

$$F(z)=\sum_{k=-\infty}^{\infty}a^k\varepsilon(k)z^{-k}=\frac{z}{z-a},|z|>|a|$$

(3) 反因果指数序列 $f(k)=-a^k\varepsilon(-k-1)$($a$ 为实数、虚数、复数)。

$$F(z)=\sum_{k=-\infty}^{\infty}[-a^k\varepsilon(-k-1)]z^{-k}=\frac{z}{z-a},\ |z|<|a|$$

表7-1中列出了常用序列与Z变换之间的对应关系。

表7-1　常用序列与Z变换之间的对应关系

常用序列		Z变换	收敛域
有限长序列	$\delta(k)$	1	$\|z\|>0$
	$\varepsilon(k)-\varepsilon(k-N)$	$\frac{1-z^{-N}}{1-z^{-1}}$	$\|z\|>0$
因果序列	$\varepsilon(k)$	$\frac{z}{z-1}$	$\|z\|>1$
	$k\varepsilon(k)$	$\frac{z}{(z-1)^2}$	$\|z\|>1$
	$a^k\varepsilon(k)$	$\frac{z}{z-a}$	$\|z\|>\|a\|$
	$(-a)^k\varepsilon(k)$	$\frac{z}{z+a}$	$\|z\|>\|a\|$
	$ka^k\varepsilon(k)$	$\frac{az}{(z-a)^2}$	$\|z\|>\|a\|$
	$\sin(\Omega_0 k)\varepsilon(k)$	$\frac{z\sin\Omega_0}{z^2-2z\cos\Omega_0+1}$	$\|z\|>1$
	$\cos(\Omega_0 k)\varepsilon(k)$	$\frac{z(z-\cos\Omega_0)}{z^2-2z\cos\Omega_0+1}$	$\|z\|>1$
	$\beta^k\sin(\Omega_0 k)\varepsilon(k)$	$\frac{\beta z\sin\Omega_0}{z^2-2\beta z\cos\Omega_0+\beta^2}$	$\|z\|>\|\beta\|$
	$\beta^k\cos(\Omega_0 k)\varepsilon(k)$	$\frac{z(z-\beta\cos\Omega_0)}{z^2-2\beta z\cos\Omega_0+\beta^2}$	$\|z\|>\|\beta\|$

（续）

常用序列		Z变换	收敛域
反因果序列	$-\varepsilon(-k-1)$	$\frac{z}{z-1}$	$\|z\|<1$
	$-k\varepsilon(-k-1)$	$\frac{z}{(z-1)^2}$	$\|z\|<1$
	$-a^k\varepsilon(-k-1)$	$\frac{z}{z-a}$	$\|z\|<\|a\|$
	$-ka^k\varepsilon(-k-1)$	$\frac{az}{(z-a)^2}$	$\|z\|<\|a\|$

7.1.4 Z逆变换

与连续系统拉氏变换和拉氏逆变换相类似，离散系统通常在Z域计算处理后，需要通过Z逆变换确定时域解。所谓Z逆变换，是从Z域函数$F(z)$求相应的离散序列$f(k)$的过程。

双边Z逆变换记作

$$Z^{-1}[F(z)]=f(k)=\frac{1}{2\pi \mathrm{j}}\oint_C F(z)z^{k-1}\mathrm{d}z \tag{7-12}$$

单边Z逆变换记作

$$Z^{-1}[F(z)]=f(k)=\begin{cases}0 & k<0\\ \frac{1}{2\pi \mathrm{j}}\oint_C F(z)z^{k-1}\mathrm{d}z & k\geqslant 0\end{cases} \tag{7-13}$$

式(7-12)和式(7-13)中，积分代表逆时针沿着中心在原点，半径为r的圆作闭合路径积分，可以选择为使$F(z)$收敛的任何值。

通常有以下几种方法求Z逆变换。

1. 部分分式法

采用部分分式法求Z逆变换，其方法与求拉氏逆变换的部分分式法类似。由于$F(z)$在分子中通常都含有z，因此先将$F(z)$除以z然后再展开为部分分式，再查表来求得部分分式的z逆变换。

例7-8 设$F(z)=\frac{z}{(z-1)(z-2)}$，求其$z$的逆变换。

解：按部分分式法，展开$\frac{F(z)}{z}$如下：

$$\frac{F(z)}{z}=\frac{1}{z-2}-\frac{1}{z-1}$$

两边同乘以z，得

$$F(z)=\frac{z}{z-2}-\frac{z}{z-1}$$

查Z变换表，其逆变换为

$$f(k)=2^k\varepsilon(k)-\varepsilon(k)$$

2. 长除法

若$f(k)$为因果序列，则$F(z)$为z^{-1}的幂级数，收敛域为$|z|>\alpha$，即

$$F(z)=\sum_{k=0}^{\infty}f(k)z^{-k}$$
$$=f(0)+f(1)z^{-1}+f(2)z^{-2}+f(3)z^{-3}+\cdots \quad (7-14)$$

若 $f(k)$为反因果序列，$k>0$ 时 $f(k)=0$，则 $F(z)$为 z 的幂级数，收敛域为$|z|<\beta$，即

$$F(z)=\sum_{k=-\infty}^{-1}f(k)z^{-k}$$
$$=\cdots+f(-3)z^{3}+f(-2)z^{2}+f(-1)z \quad (7-15)$$

若 $f(k)$为双边序列，则 $F(z)$为 z 和 z^{-1}的幂级数，收敛域为 $\alpha<|z|<\beta$，即

$$F(z)=\sum_{k=-\infty}^{\infty}f(k)z^{-k}$$
$$=\sum_{k=-\infty}^{-1}f(k)z^{-k}+\sum_{k=0}^{\infty}f(k)z^{-k}$$
$$=F_1(z)+F_2(z)\alpha<|z|<\beta \quad (7-16)$$

可见，不管是因果序列、反因果序列还是双边序列，都可以展开 z 的幂级数。

$F(z)$的一般表达式为

$$F(z)=\frac{b_m z^m+b_{m-1}z^{m-1}+\cdots+b_0}{a_n z^n+a_{n-1}z^{n-1}+\cdots+a_0}\quad (n\geqslant m)$$

如果 $F(z)$是因果序列的 Z 变换表达式，直接用 $F(z)$的分子多项式除以分母多项式，得到的商为按 z^{-k}的升幂排列，如式(7－14)所示，z^{-k}前面的系数正是因果序列在时刻 k 的信号值 $f(k)$。如果 $F(z)$是反因果序列的 Z 变换表达式，则需要先把 $F(z)$的分子、分母多项式按 z 的降幂排列，再相除，则得到的商为按 z^k的降幂排列，如式(7－15)所示，z^k前面的系数正是反因果序列在时刻 $-k$ 的信号值 $f(-k)$。如果是双边序列，则可以先把 $F(z)$表示为式(7－16)的形式，再进行长除法。

用长除法可以求得采样序列的前若干项的具体数值，但要求得采样序列的数学解析式通常较为困难，因而不便于对系统进行分析和研究。

例 7－9 设 $F(z)=\dfrac{z^2+z}{z^2-2z+1}$，试用长除法求 $F(z)$的 Z 逆变换。

(1) $|z|>1$

(2) $|z|<1$

解：(1) $|z|>1$，说明 $F(z)$的逆变换 $f(k)$是因果序列，采用长除法。

$$\begin{array}{r@{}l}
 & 1+3z^{-1}+5z^{-2}+\cdots \\
z^2-2z+1\,\big) & z^2+z \\
 & z^2-2z+1 \\ \hline
 & 3z-1 \\
 & 3z-6+3z^{-1} \\ \hline
 & 5-3z^{-1} \\
 & 5-10z^{-1}+5z^{-2} \\ \hline
 & 7z^{-1}-5z^{-2} \\
 & \cdots
\end{array}$$

即

$$F(z)=\frac{z^2+z}{z^2-2z+1}=1+3z^{-1}+5z^{-2}+\cdots$$

那么

$$f(k)=\delta(k)+3\delta(k-1)+5\delta(k-2)+\cdots$$

(2) $|z|<1$，说明 $F(z)$ 的 Z 逆变换 $f(k)$ 是反因果序列，采用长除法。

$$\begin{array}{r|l} & z+3z^2+5z^3+\cdots \\ \hline 1-2z+z^2 & z+z^2 \\ & z-2z^2+z^3 \\ \hline & 3z^2-z^3 \\ & 3z^2-6z^3+3z^4 \\ \hline & 5z^3-3z^4 \\ & 5z^3-10z^4+5z^5 \\ \hline & 7z^4-5z^5 \\ & \cdots \end{array}$$

即
$$F(z)=\frac{z^2+z}{z^2-2z+1}=\cdots+3z^3+3z^2+1z$$

那么
$$f(k)=\cdots+3\delta(k+3)+3\delta(k+2)+\delta(k+1)$$

3. 留数计算法

用留数计算法求取 $F(z)$ 的 Z 逆变换，首先求取 $f(k)(k=0,1,2,\cdots)$，即

$$f(k)=\sum\text{Res}[F(z)z^{k-1}]$$

其中，留数和 $\sum\text{Res}[F(z)z^{k-1}]$ 可写为

$$\sum\text{Res}[F(z)z^{k-1}]=\sum_{i=1}^{l}\frac{1}{(r_i-1)!}\frac{\text{d}^{r_i-1}}{\text{d}z^{r_i-1}}[(z-z_i)^{r_i}F(z)z^{k-1}]\Big|_{z=z_i}$$

式中：$z_i(i=1,2,\cdots,l)$ 为 $E(z)$ 彼此不相等的极点，彼此不相等的极点数为 l；r_i 为重极点 z_i 的个数。

例 7-10 求 $F(z)=\frac{z}{(z-a)(z-1)^2}$ 的 Z 变换。

解：$F(z)$ 中彼此不相同的极点为 $z_1=a$ 及 $z_2=1$，其中 z_1 为单极点，即 $r_1=1$，z_2 为二重极点，即 $r_2=2$，不相等的极点数为 $l=2$，则

$$f(k)=(z-a)\frac{z}{(z-a)(z-1)^2}z^{k-1}\Big|_{z=a}+\frac{1}{(2-1)!}\frac{\text{d}}{\text{d}z}\left[(z-1)^2\frac{z}{(z-a)(z-1)^2}z^{k-1}\right]\Big|_{z=1}$$

$$=\frac{a^k}{(a-1)^2}+\frac{k}{1-a}-\frac{1}{(1-a)^2}\quad k=0,1,2\cdots$$

上面列举了求取 Z 逆变换的 3 种常用方法。其中，长除法最简单，但由长除法得到的 z 逆变换为开式而非闭式。部分分式法和留数计算法得到的均为闭式。

7.2 Z 变换的性质

本节讨论 Z 变换的性质和定理。这些性质和定理体现了序列 K 域运算与象函数 Z 域

运算之间的对应关系，其结论除了求解 $f(k)$ 的Z变换之外，还可以计算Z逆变换。这些性质和定理除特别说明外，同时适用于双边、单边Z变换。

1. 线性

若已知 $f_1(k)$ 和 $f_2(k)$ 的Z变换分别为 $F_1(z)$ 和 $F_2(z)$，且 a_1 和 a_2 为常数，则有

$$a_1 f_1(k) \pm a_2 f_2(k) \rightarrow a_1 F_1(z) \pm a_2 F_2(z) \tag{7-17}$$

Z变换的线性性质可由定义直接证明。$a_1F_1(z) \pm a_2F_2(z)$ 的收敛域是 $F_1(z)$ 和 $F_2(z)$ 的收敛域的公共部分。但需要注意的是，若 $F_1(z)$ 和 $F_2(z)$ 组合的过程中出现零极点相消的情况，则组合后的收敛域可能扩大。

例如：

$$\varepsilon(k) \rightarrow \frac{z}{z-1} \quad |z|>1$$

$$\varepsilon(k-1) \rightarrow \frac{1}{z-1} \quad |z|>1$$

$$\varepsilon(k)-\varepsilon(k-1) \rightarrow \frac{z}{z-1}-\frac{1}{z-1}=1 \quad |z|>0$$

可见，$\varepsilon(k)-\varepsilon(k-1)$ 的Z变换出现零点和极点相消，则其和的Z变换的收敛域扩展到整个Z平面。

例 7-11　已知 $f(k)=\varepsilon(k)-3^k\varepsilon(-k-1)$，求 $f(k)$ 的双边Z变换 $F(z)$ 及其收敛域。

解：由常见信号的Z变换为

$$\varepsilon(k) \leftrightarrow \frac{z}{z-1} \quad |z|>1$$

$$-3^k\varepsilon(-k-1) \leftrightarrow \frac{z}{z-3} \quad |z|<3$$

由线性性质可以得到

$$F(z)=\frac{z}{z-1}+\frac{z}{z-3}=\frac{2z^2-4z}{(z-1)(z-3)} \quad 1<|z|<3$$

2. 位移(时移)性质

鉴于单边、双边Z变换定义中的求和下限不同，以及序列位移后会使序列项位置发生改变，从而导致单边、双边Z变换的位移性质有重大差别，下面分别讨论。

(1) 双边Z变换位移性质。若 $f(k) \leftrightarrow F(z)$，$\alpha<|z|<\beta$，则有

$$f(k \pm m) \leftrightarrow z^{\pm m}F(z) \quad \alpha<|z|<\beta \tag{7-18}$$

式中：m 为正整数。

证明：根据双边Z变换的定义，则有

$$Z[f(k \pm m)] = \sum_{k=-\infty}^{\infty} f(k \pm m) z^{-k}$$

令 $n=k \pm m$，则有

$$Z[f(k \pm m)] = \sum_{n=-\infty}^{\infty} f(n) z^{-(n \mp m)}$$

$$= z^{\pm m} \sum_{n=-\infty}^{\infty} f(n) z^{-n} = z^{\pm m} F(z)$$

(2) 单边 Z 变换位移性质。对于双边序列 $f(k)$，由于单边 Z 变换仅涉及 $k\geqslant 0$ 区域序列项，故位移序列 $f(k\pm m)$ 与原序列 $f(k)$ 参与单边 Z 变换的序列项数目一般是不等的。具体来说，对于左移序列，进行单边 Z 变换时在 $f(k)\varepsilon(k)$ 中舍弃若干序列项。设双边序列 $f(k)$ 的单边 Z 变换为 $F(z)$，即

$$f(k)\varepsilon(k)\rightarrow F(z),\quad |z|>a$$

则位移序列 $f(k\pm m)$ 的单边 Z 变换满足

$$f(k+m)\varepsilon(k)\rightarrow z^{m}\left[F(z)-\sum_{i=0}^{m-1}f(i)z^{-i}\right],\quad |z|>a \tag{7-19}$$

$$f(k-m)\varepsilon(k)\rightarrow z^{-m}\left[F(z)+\sum_{i=-m}^{-1}f(i)z^{-i}\right],\quad |z|>a \tag{7-20}$$

证明：根据单边 Z 变换的定义，则有

$$f(k+m)\varepsilon(k)\rightarrow \sum_{k=0}^{\infty}f(k+m)z^{-k}=z^{m}\sum_{k=0}^{\infty}f(k+m)z^{-(k+m)}$$

令 $i=k+m$，则有

$$\begin{aligned}Z[f(k+m)\varepsilon(k)]&=z^{m}\sum_{i=m}^{\infty}f(i)z^{-i}\\&=z^{m}\left[\sum_{i=0}^{\infty}f(i)z^{-i}-\sum_{i=0}^{m-1}f(i)z^{-i}\right]\\&=z^{m}\left[F(z)-\sum_{i=0}^{m-1}f(i)z^{-i}\right]\end{aligned}$$

同理可证式(7-20)。

例 7-12 已知 $f(k)=3^{k}[\varepsilon(k+1)-\varepsilon(k-2)]$，求 $f(k)$ 的双边 Z 变换及其收敛域。

解：$f(k)$ 可以表示为

$$\begin{aligned}f(k)&=3^{k}\varepsilon(k+1)-3^{k}\varepsilon(k-2)\\&=3^{-1}\cdot 3^{k+1}\varepsilon(k+1)-3^{2}\cdot 3^{k-2}\varepsilon(k-2)\end{aligned}$$

由于有

$$3^{k}\varepsilon(k)\leftrightarrow\frac{z}{z-3},\quad |z|>3$$

根据位移性质，得

$$3^{k+1}\varepsilon(k+1)\leftrightarrow z\cdot\frac{z}{z-3}=\frac{z^{2}}{z-3},\quad |z|>3$$

$$3^{k-2}\varepsilon(k-2)\leftrightarrow z^{-2}\cdot\frac{z}{z-3}=\frac{1}{z(z-3)},\quad |z|>3$$

根据线性性质，得

$$F(z)=Z[f(k)]=\frac{z^{2}}{3(z-3)}-\frac{9}{z(z-3)}=\frac{z^{3}-27}{3z(z-3)}$$

位移性质中，算子 z 有明确的物理意义，z^{-k} 代表时域中的滞后环节，也称为滞后算子，它将采样信号滞后 k 个采样周期；z^{k} 代表超前环节，也称超前算子，它将采样信号超前 k 个采样周期。但 z^{k} 仅用于运算，在实际物理系统中并不存在，因为它不满足因果关系。平移定理是一个重要的定理，其作用相当于拉氏变换中的微分和积分定理，可将描述离散系统的差分方程转换为 z 域的代数方程。

3. 周期性

若 $f_1(k)$是定义域为 $0\leqslant k<N$ 的有限长序列，且 $f(k)\leftrightarrow F(z)$，$|z|>0$，则由线性、位移性质，求得单边周期序列 $f_T(k)=\sum_{i=0}^{\infty}f_1(k-iN)$ 的 Z 变换为

$$Z[f_T(k)]=Z[\sum_{i=0}^{\infty}f_1(k-iN)]=Z[f_1(k)+f_1(k-N)+f_1(k-2N)+\cdots]$$

$$=F_1(z)(1+z^{-N}+z^{-2N}+\cdots)=\frac{F_1(z)}{1-z^{-N}},\ |z|>1$$

即

$$f_T(k)=\sum_{i=0}^{\infty}f_1(k-iN)\rightarrow\frac{F_1(z)}{1-z^{-N}},\ |z|>1 \tag{7-21}$$

式(7－21)中 $1-z^{-N}$ 被称为 Z 域周期因子。式(7－21)表明，一个单边周期序列 $f_T(k)=\sum_{i=0}^{\infty}f_1(k-iN)$ 的 Z 变换，可以利用其第一个周期内的序列 $f_1(k)$的 Z 变换 $F_1(z)$ 除以周期因子 $1-z^{-N}$得到。

例 7－13 求周期为 N 的单边周期序列 $\delta_N(k)\varepsilon(k)=\sum_{i=0}^{\infty}\delta(k-iN)$ 的 Z 变换。

解： 由于 $\delta(k)\rightarrow1$，收敛域$|z|>0$，所以

$$\delta_N(k)\varepsilon(k)\rightarrow\frac{1}{1-z^{-N}},\ |z|>1$$

4. 序列乘 a^k(Z 域尺度变换)

若 $f(k)\leftrightarrow F(z)$，$\alpha<|z|<\beta$，则

$$a^kf(k)\leftrightarrow F\left(\frac{z}{a}\right),\ |a|\alpha<|z|<|a|\beta \tag{7-22}$$

证明： 根据双边 Z 变换的定义，则有

$$Z[a^kf(k)]=\sum_{k=-\infty}^{\infty}a^kf(k)z^{-k}=\sum_{k=-\infty}^{\infty}f(k)\left(\frac{z}{a}\right)^{-k}$$

令 $z_1=\frac{z}{a}$，得

$$Z[a^kf(k)]=\sum_{k=-\infty}^{\infty}f(k)z_1^{-k}=F(z)\big|_{z=z_1}=F\left(\frac{z}{a}\right),\ |a|\alpha<|z|<|a|\beta$$

若 $a=-1$，则有

$$(-1)^kf(k)\leftrightarrow F(-z),\ \alpha<|z|<\beta \tag{7-23}$$

例 7－14 已知 $f(k)=\left(\frac{1}{2}\right)^k\cdot3^{k+1}\varepsilon(k+1)$，求 $f(k)$的双边 Z 变换及其收敛域。

解： 令 $f_1(k)=3^{k+1}\varepsilon(k+1)$，则有

$$f(k)=\left(\frac{1}{2}\right)^kf_1(k)$$

由于

$$F_1(z)=Z[f_1(k)]=z\cdot\frac{z}{z-3}=\frac{z^2}{z-3},\ 3<|z|<\infty$$

根据时域乘 a^k 性质，得

$$F(z)=Z[f(k)]=Z\left[\left(\frac{1}{2}\right)^k f_1(k)\right]=F_1(2z)$$

$$=\frac{(2z)^2}{2z-3}=\frac{4z^2}{2z-3}\quad |z|>\frac{3}{2}$$

5. 序列域卷积

若 $f_1(k)\leftrightarrow F_1(z)$，$f_2(k)\leftrightarrow F_2(z)$。

则

$$f_1(k)*f_2(k)\leftrightarrow F_1(z)F_2(z) \tag{7-24}$$

证明：根据双边 Z 变换的定义，则有

$$Z[f_1(k)*f_2(k)]=\sum_{k=-\infty}^{\infty}[f_1(k)*f_2(k)]z^{-k}=\sum_{k=-\infty}^{\infty}\left[\sum_{k=-\infty}^{\infty}f_1(m)f_2(k-m)\right]z^{-k} \tag{7-25}$$

交换式(7-25)的求和顺序，得

$$Z[f_1(k)*f_2(k)]=\sum_{k=-\infty}^{\infty}[f_1(m)[\sum_{k=-\infty}^{\infty}f_2(k-m)z^{-k}]] \tag{7-26}$$

式中：方括号中的求和项是 $f_2(k-m)$ 的双边 Z 变换。根据位移性质，有

$$\sum_{k=-\infty}^{\infty}f_2(k-m)z^{-k}=z^{-m}F_2(z) \tag{7-27}$$

把式(7-27)代入式(7-26)，有

$$Z[f_1(k)*f_2(k)]=\sum_{k=-\infty}^{\infty}f_1(m)z^{-m}F_2(z)=[\sum_{k=-\infty}^{\infty}f_1(m)z^{-m}]F_2(z)=F_1(z)F_2(z)$$

例 7-15 已知 $f_1(k)=\varepsilon(k+1)$，$f_2(k)=(-1)^k\varepsilon(k-2)$，$f(k)=f_1(k)*f_2(k)$，求 $f(k)$ 及其双边 Z 变换。

解：由位移性质得

$$F_1(z)=Z[f_1(k)]=z\cdot\frac{z}{z-1}=\frac{z^2}{z-1},\ |z|>1$$

$$\varepsilon(k-2)\leftrightarrow z^{-2}\cdot\frac{z}{z-1}=\frac{1}{z(z-1)},\ |z|>1$$

由序列乘 a^k 性质得

$$F_2(z)=Z[(-1)^k\varepsilon(k-2)]=\frac{1}{-z(-z-1)}=\frac{1}{z(z+1)},\ |z|>1$$

根据卷积性质，得

$$F(z)=Z[f_1(k)*f_2(k)]=F_1(z)*F_2(z)=\frac{z}{(z-1)(z+1)}=\frac{1}{2}\left(\frac{z}{(z-1)}-\frac{z}{(z+1)}\right),\ |z|>1$$

$F(z)$ 的原函数 $f(k)$ 为

$$f(k)=\frac{1}{2}\varepsilon(k)-\frac{1}{2}\cdot(-1)^k\varepsilon(k)$$

6. 序列乘 k(Z 域微分)

若 $f(k)\leftrightarrow F(z)$，$\alpha<|z|<\beta$，则有

$$kf(k)\leftrightarrow(-z)\frac{\mathrm{d}F(z)}{\mathrm{d}z},\ \alpha<|z|<\beta \tag{7-28}$$

式(7－28)可以推广为

$$k^m f(k)\leftrightarrow(-z)\frac{\mathrm{d}}{\mathrm{d}z}\left[\cdots\left(-z\frac{\mathrm{d}}{\mathrm{d}z}\left(-\frac{\mathrm{d}}{\mathrm{d}z}F(z)\right)\right)\cdots\right],\ \alpha<|z|<\beta \tag{7-29}$$

式中：m为正整数。

证明：根据双边Z变换的定义，则有

$$F(z)=\sum_{k=-\infty}^{\infty}f(k)z^{-k},\ \alpha<|z|<\beta \tag{7-30}$$

对式(7－30)关于z求导一次，得

$$\frac{\mathrm{d}F(z)}{\mathrm{d}z}=\frac{\mathrm{d}}{\mathrm{d}z}\sum_{k=-\infty}^{\infty}f(k)z^{-k}=\sum_{k=-\infty}^{\infty}f(k)(-k)z^{-k-1}=-z^{-1}\sum_{k=-\infty}^{\infty}kf(k)z^{-k}$$

两边乘以$-z$，得

$$(-z)\frac{\mathrm{d}}{\mathrm{d}z}F(z)=\sum_{k=-\infty}^{\infty}kf(k)z^{-k}=Z[kf(k)]$$

即

$$kf(k)\leftrightarrow(-z)\frac{\mathrm{d}}{\mathrm{d}z}F(z)$$

同理可证明

$$Z[k^2 f(k)]=(-z)\frac{\mathrm{d}}{\mathrm{d}z}\left[-z\frac{\mathrm{d}}{\mathrm{d}z}F(z)\right]$$

将上述结果推广至$f(k)$乘以k的正整数m次幂的情况，可得

$$k^m f(k)\leftrightarrow(-z)\frac{\mathrm{d}}{\mathrm{d}z}\left[\cdots\left(-z\frac{\mathrm{d}}{\mathrm{d}z}\left(-\frac{\mathrm{d}}{\mathrm{d}z}F(z)\right)\right)\cdots\right]$$

例7－16　已知$F(z)=\ln(1+az^{-1})$，$|z|>|a|$，求Z逆变换$f(k)$。

解：利用Z域的微分性质，得

$$kf(k)\leftrightarrow-z\frac{\mathrm{d}F(z)}{\mathrm{d}z}=\frac{az^{-1}}{1+az^{-1}},\ |z|>|a|$$

这样，将无理函数的Z变换转换为一个有理函数表达式。由于

$$a(-a)^k\varepsilon(k)\leftrightarrow\frac{a}{1+az^{-1}},\ |z|>|a|$$

再根据平移性质，得

$$a(-a)^{k-1}\varepsilon(k-1)\leftrightarrow\frac{az^{-1}}{1+az^{-1}},\ |z|>|a|$$

于是得

$$f(k)=\frac{-(-a)^k}{k}\varepsilon(k-1)$$

7. 序列除$(k+m)$(Z域积分)

若$f(k)\leftrightarrow F(z)$，$\alpha<|z|<\beta$，则有

$$\frac{f(k)}{k+m}\leftrightarrow z^m\int_z^{\infty}\frac{F(\lambda)}{\lambda^{m+1}}\mathrm{d}\lambda,\ \alpha<|z|<\beta \tag{7-31}$$

式(7－31)中，m 为整数，$m+k>0$。若 $m=0$，$k>0$，则有

$$\frac{f(k)}{k}\leftrightarrow\int_z^{\infty}\frac{F(\lambda)}{\lambda}\mathrm{d}\lambda,\ \alpha<|z|<\beta \tag{7-32}$$

证明：由双边 Z 变换的定义得

$$F(z)=\sum_{k=-\infty}^{\infty}f(k)z^{-k},\ \alpha<|z|<\beta \tag{7-33}$$

对式(7－33)两端除 z^{m+1}，然后从 z 到∞积分，得

$$\int_z^{\infty}\frac{F(z)}{z^{m+1}}\mathrm{d}z=\int_z^{\infty}\frac{1}{z^{m+1}}\Big[\sum_{k=-\infty}^{\infty}f(k)z^{-k}\Big]\mathrm{d}z=\int_z^{\infty}\Big[\sum_{k=-\infty}^{\infty}f(k)z^{-(k+m+1)}\Big]\mathrm{d}z$$

把积分变量 z 用 λ 代替，并交换积分和求和顺序，得

$$\int_z^{\infty}\frac{F(\lambda)}{\lambda^{m+1}}\mathrm{d}\lambda=\int_z^{\infty}\Big[\sum_{k=-\infty}^{\infty}f(k)\lambda^{-(k+m+1)}\Big]\mathrm{d}\lambda=\sum_{k=-\infty}^{\infty}f(k)\Big[\frac{\lambda^{-(k+m)}}{-(k+m)}\Big]\Big|_z^{\infty} \tag{7-34}$$

已知 $k+m>0$，故式(7－34)为

$$\int_z^{\infty}\frac{F(\lambda)}{\lambda^{m+1}}\mathrm{d}\lambda=\sum_{k=-\infty}^{\infty}f(k)\frac{z^{-(k+m)}}{(k+m)}=z^{-m}\sum_{k=-\infty}^{\infty}\frac{f(k)}{(k+m)}z^{-k}$$

两端同时乘以 z^m，得

$$z^m\int_z^{\infty}\frac{F(\lambda)}{\lambda^{m+1}}\mathrm{d}\lambda=\sum_{k=-\infty}^{\infty}\frac{f(k)}{(k+m)}z^{-k}=z\Big[\frac{f(k)}{k+m}\Big]$$

即

$$\frac{f(k)}{k+m}\leftrightarrow z^m\int_z^{\infty}\frac{F(\lambda)}{\lambda^{m+1}}\mathrm{d}\lambda,\ \alpha<|z|<\beta$$

例 7－17 已知 $f(k)=\frac{2^k}{k+1}\varepsilon(k)$，求 $f(k)$的双边 Z 变换。

解：由表 7－1 可知

$$2^k\varepsilon(k)\leftrightarrow\frac{z}{z-2},\ |z|>2$$

再根据 Z 域积分性质，得

$$F(z)=z\int_z^{\infty}\frac{1}{\lambda(\lambda-2)}\mathrm{d}\lambda=\frac{z}{2}\ln\frac{z}{z-2},\ |z|>2$$

8. K 域反转

若 $f(k)\leftrightarrow F(z)$，$\alpha<|z|<\beta$，则有

$$f(-k)\leftrightarrow F(z^{-1}),\ \frac{1}{\beta}<|z|<\frac{1}{\alpha} \tag{7-35}$$

证明：根据双边 Z 变换的定义，则有

$$Z[f(-k)]=\sum_{k=-\infty}^{\infty}f(-k)z^{-k} \tag{7-36}$$

令 $m=-k$，则式(7－36)为

$$Z[f(-k)]=\sum_{m=-\infty}^{\infty}f(m)z^{m}=\sum_{m=-\infty}^{\infty}f(m)(z^{-1})^{-m}$$

令 $z_1=z^{-1}$，则

$$Z[f(-k)] = \sum_{m=-\infty}^{\infty} f(m) z_1^{-m} = F(z)\big|_{z=z_1} = F(z^{-1})$$

由于 $F(z)$的收敛域为 $\alpha<|z|<\beta$，所以 $F(z^{-1})$的收敛域 $\alpha<|z^{-1}|<\beta$，即为

$$\frac{1}{\beta}<|z|<\frac{1}{\alpha}$$

例 7-18 已知 $f(k)=2^{-k-1}\varepsilon(-k-1)$，求 $f(k)$的双边 Z 变换 $F(z)$。

解：由于

$$2^k\varepsilon(k)\to\frac{z}{z-2},\ |z|>2$$

根据 K 域反转性质，得

$$2^{-k}\varepsilon(-k)\to\frac{z^{-1}}{z^{-1}-2}=\frac{1}{1-2z},\ |z|<\frac{1}{2}$$

根据位移性质，则有

$$2^{-(k+1)}\varepsilon[-(k+1)]\to z\cdot\frac{1}{1-2z}=\frac{z}{1-2z},\ |z|<\frac{1}{2}$$

9. 部分和

若 $f(k)\leftrightarrow F(z)$，$\alpha<|z|<\beta$，则有

$$\sum_{m=-\infty}^{k} f(m)\leftrightarrow \frac{z}{z-1}F(z),\ \max(\alpha,\ 1)<|z|<\beta \qquad (7-37)$$

证明：由于

$$f(k)*\varepsilon(k) = \sum_{m=-\infty}^{k} f(m)\varepsilon(k-m) = \sum_{m=-\infty}^{k} f(m)$$

$$\varepsilon(k)\to\frac{z}{z-1},\ |z|>1$$

根据卷积性质，得

$$\sum_{m=-\infty}^{k} f(m) = f(k)*\varepsilon(k)\leftrightarrow \frac{z}{z-1}F(z)$$

$\frac{z}{z-1}F(z)$的收敛域应为$|z|<1$ 和 $\alpha<|z|<\beta$ 的公共部分，故应为 $\max(\alpha,\ 1)<|z|<\beta$。

例 7-19 已知 $f(k) = a^k\sum_{m=1}^{k}\varepsilon(m-1)$，求 $f(k)$的双边 Z 变换 $F(z)$。

解：由于

$$\sum_{m=1}^{k}\varepsilon(m-1) = \sum_{m=-\infty}^{k}\varepsilon(m-1)$$

已知 $\varepsilon(m-1)\leftrightarrow z^{-1}\cdot\frac{z}{z-1}=\frac{1}{z-1}$，根据部分和性质，则

$$\sum_{m=1}^{k}\varepsilon(m-1) = \sum_{m=-\infty}^{k}\varepsilon(m-1)\leftrightarrow \frac{z}{(z-1)^2},|z|>1$$

令 $f_1(k) = \sum_{m=1}^{k}\varepsilon(m-1)$，$f_1(k)\leftrightarrow F_1(z) = \frac{z}{(z-1)^2}$，则有

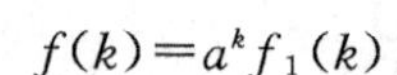

$$f(k)=a^k f_1(k)$$

由序列乘 a^k 性质，得

$$F(z)=F_1\left(\frac{z}{a}\right)=\frac{\frac{z}{a}}{\left(\frac{z}{a}-1\right)^2}=\frac{az}{(z-a)^2},\quad |z|>a$$

10. *初值定理*

若 $k<N$(N 为整数)时，$f(k)=0$，并且 $f(k)\leftrightarrow F(z)$，$|z|>\alpha$，则

$$f(N)=\lim_{z\to\infty}z^N F(z) \tag{7-38}$$

证明：根据双边 Z 变换的定义，得

$$F(z)=\sum_{k=-\infty}^{\infty}f(k)z^{-k}=\sum_{k=N}^{\infty}f(k)z^{-k}$$
$$=f(N)z^{-N}+f(N+1)z^{-(N+1)}+f(N+2)z^{-(N+2)}+\cdots$$

两端乘以 z^N，得

$$z^N F(z)=f(N)+f(N+1)z^{-1}+f(N+2)z^{-2}+\cdots$$

取 $z\to\infty$ 的极限，得

$$f(N)=\lim_{z\to\infty}z^N F(z)$$

11. *终值定理*

若 $k<N$ 时 $f(k)=0$，$f(k)$ 的双边 Z 变换为 $F(z)$，$|z|>\alpha$，则

$$f(\infty)=\lim_{z\to 1}\frac{z-1}{z}F(z) \tag{7-39}$$

或者

$$f(\infty)=\lim_{z\to 1}(z-1)F(z) \tag{7-40}$$

证明：根据双边 Z 变换的定义，则有

$$Z[f(k)-f(k-1)]=\sum_{k-\infty}^{\infty}[f(k)-f(k-1)]z^{-k}=\sum_{k=N}^{\infty}[f(k)-f(k-1)]z^{-k}$$

根据线性性质和位移性质，则

$$Z[f(k)-f(k-1)]=F(z)-z^{-1}F(z)=(1-z^{-1})F(z)$$

因此，得

$$(1-z^{-1})F(z)=\frac{z-1}{z}F(z)=\sum_{k=N}^{\infty}[f(k)-f(k-1)]z^{-k} \tag{7-41}$$

对式(7-41)取 $z\to 1$ 的极限，若 $F(z)$ 在 $z=1$ 处有一阶极点，其余极点在单位圆内，则 $(1-z^{-1})F(z)$ 的收敛域包含单位圆 $z=1$，因此

$$\lim_{z\to 1}\frac{z-1}{z}F(z)=\lim_{z\to 1}\sum_{k=N}^{\infty}[f(k)-f(k-1)]z^{-k}$$
$$=\sum_{k=N}^{\infty}[f(k)-f(k-1)]$$
$$=[f(N)-f(N-1)]+[f(N+1)-f(N)]$$
$$+[f(N+2)-f(N+1)]+\cdots+f(\infty) \tag{7-42}$$

式(7-42)的右端，$f(N-1)=0$，除 $f(\infty)$外其余各项之和为零。因此得

$$f(\infty)=\lim_{z\to 1}\frac{z-1}{z}F(z)$$

例 7-20　已知 $f_1(k)=(-1)^k\varepsilon(k)$，$f_2(k)=\varepsilon(k)+\left(\frac{1}{2}\right)^k\varepsilon(k)$，分别求 $f_1(k)$和$f_2(k)$的终值 $f_1(\infty)$和 $f_2(\infty)$。

解：(1) 求 $f_1(\infty)$。先求 Z 变换为

$$F_1(z)=Z[f_1(k)]=\frac{z}{z+1}$$

由于 $F_1(z)$在 $z=-1$ 处有极点，所以$\frac{z-1}{z}F_1(z)$在单位圆上不收敛，$f_1(\infty)$不存在，终值定理不适用

(2) 求 $f_2(\infty)$。先求 Z 变换为

$$F_2(z)=Z[f_2(k)]=\frac{z}{z-1}+\frac{z}{z-\frac{1}{2}}=\frac{4z^2-3z}{2(z-1)\left(z-\frac{1}{2}\right)}$$

$F_2(z)$在 $z=1$ 有一阶极点，$\frac{z-1}{z}F_2(z)$的极点为 $z=\frac{1}{2}$，收敛域为$|z|>\frac{1}{2}$。因此，根据终值定理得

$$f_2(\infty)=\lim_{z\to 1}\frac{(z-1)}{z}\cdot F_2(z)=\lim_{z\to 1}\frac{4z-3}{\left(z-\frac{1}{2}\right)}=1$$

最后，将 Z 变换的性质归纳于表 7-2 中，应变查阅和应用。

表 7-2　Z 变换的性质和定理

序号	名称	K 域序列关系	Z 域序列关系	适用对象
1	线性	$a_1f_1(k)\pm a_2f_2(k)$	$a_1F_1(z)\pm a_2F_2(z)$	双边、单边
2	位移	$f(k\pm m)$	$z^{\pm m}F(z)$	双边、单边
		$f(k+m)\varepsilon(k)$ $f(k-m)\varepsilon(k)$	$z^m[F(z)-\sum_{i=0}^{m-1}f(i)z^{-i}]$ $z^{-m}[F(z)+\sum_{i=-m}^{-1}f(i)z^{-i}]$	单边
3	周期性	$f_T(k)=\sum_{i=0}^{\infty}f_1(k-iN)$	$\frac{F_1(z)}{1-z^{-N}}$	单边
4	K 域卷积和	$f_1(k)*f_2(k)$	$F_1(z)F_2(z)$	双边、单边
5	序列乘 a^k	$a^kf(k)$	$F\left(\frac{z}{a}\right)$	双边、单边
6	Z 域微分	$kf(k)$	$(-z)\frac{\mathrm{d}F(z)}{\mathrm{d}z}$	双边、单边
7	Z 域积分	$\frac{f(k)}{k+m}$	$z^m\int_z^{\infty}\frac{F(\lambda)}{\lambda^{m+1}}\mathrm{d}\lambda$	双边、单边

（续）

序号	名称	K域序列关系	Z域序列关系	适用对象
8	K域反转	$f(-k)$	$F(z^{-1})$	双边、单边
9	部分和	$\sum_{m=-\infty}^{k} f(m)$	$\frac{z}{z-1}F(z)$	双边、单边
10	初值定理	$f(N)=\lim_{z\to\infty} z^N F(z)$		单边
11	终值定理	$f(\infty)=\lim_{z\to 1}\frac{z-1}{z}F(z)$ 或 $f(\infty)=\lim_{z\to 1}(z-1)F(z)$		单边

7.3　离散系统的表示和模拟

一个复杂离散系统可以由一些简单的子系统以特定的方式连接起来。与连续系统相似，离散系统也可以用方框图、信号流图表示。若已知传递函数或差分方程，用一些基本单元来构成该系统，称为离散系统的模拟。

7.3.1　传递函数的定义

与连续系统利用拉普拉斯变换得到其传递函数一样，离散系统的传递函数是Z变换的重要应用之一。线性时不变离散系统的零状态响应时域表示为

$$y_f(k)=f(k)*h(k)$$

根据Z变换的卷积定理可知

$$Y_f(z)=F(z)H(z)$$

对于线性时不变离散系统，其传递函数用 $H(z)$，定义为零状态响应 $y_f(k)$ 的Z变换 $Y_f(z)$ 与激励信号 $f(k)$ 的Z变换 $F(z)$ 之比，即

$$H(z)=\frac{Y_f(z)}{F(z)} \tag{7-43}$$

例7-21　已知某离散系统的差分方程为

$$y(k)+4y(k-1)+y(k-2)-y(k-3)=5f(k)+10f(k-1)+9f(k-2)$$

试求其传递函数 $H(z)$。

解：对差分方程两边取单边Z变换，当 $k<0$ 时，$y(k)=f(k)=0$，则有

$$(1+4z^{-1}+z^{-2}-z^{-3})Y(z)=(5+10z^{-1}+9z^{-2})F(z)$$

则

$$H(z)=\frac{Y(z)}{F(z)}=\frac{5+10z^{-1}+9z^{-2}}{1+4z^{-1}+z^{-2}-z^{-3}}=\frac{5z^3+10z^2+9z}{z^3+4z^2+z-1}$$

7.3.2　离散系统的方框图表示

离散系统的方框图表示与连续系统相似，几个离散系统的串联、并联或串并混联组成的复合系统，可以表示一个复杂离散系统。

1. 离散系统的串联

图7.2表示由 n 个离散系统串联组成的复合系统，图7.2(a)为时域形式，图7.2(b)

为Z域形式。$h_i(k)(i=1, 2, \cdots, n)$为第$i$个子系统的单位脉冲响应，$H_i(z)(i=1, 2, \cdots, n)$为$h_i(k)$的单边Z变换，即为第$i$个子系统的传递函数。

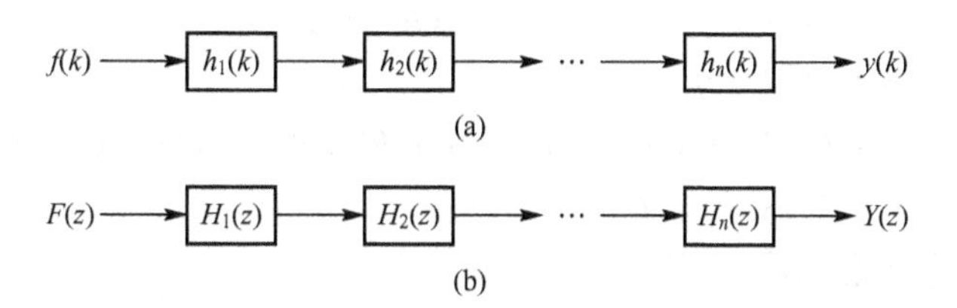

图7.2　离散系统串联的时域和Z域形式

$h(k)$和$h_i(k)$的关系为

$$h(k)=h_1(k)*h_2(k)*\cdots*h_n(k) \tag{7-44}$$

再根据单边Z变换的性质，复合系统的传递函数$H(z)$与各子系统的传递函数$H_i(z)$之间的关系为

$$H(z)=H_1(z)\cdot H_2(z)\cdots H_n(z) \tag{7-45}$$

2. 离散系统的并联

图7.3表示为n个离散系统并联组成的复合系统。图7.3(a)为时域形式，图7.3(b)为Z域形式。设复合系统为因果系统，$h(k)$为因果系统的单位脉冲响应，$H(z)$为传递函数。

$h(k)$和子系统的单位脉冲响应$h_i(k)$的关系为

$$h(k)=\sum_{i=1}^{n}h_i(k) \tag{7-46}$$

$H(z)$和各子系统的传递函数$H_i(z)$之间的关系为

$$H(z)=\sum_{i=1}^{n}H_i(z) \tag{7-47}$$

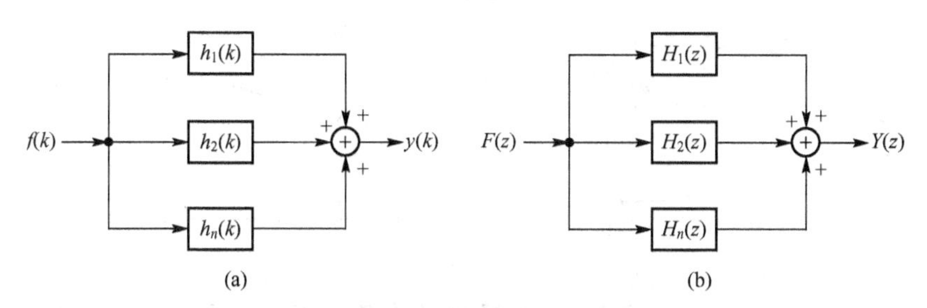

图7.3　离散系统并联的时域和Z域形式

例7-22　已知离散系统的方框图如图7.4所示。图中，$h_1(k)=\delta(k-2)$，$h_2(k)=\delta(k)$，$h_3(k)=\delta(k-1)$。①求系统的单位脉冲响应$h(k)$；②若系统输入$f(k)=a^k\varepsilon(k)$，求系统的零状态响应$y_f(k)$。

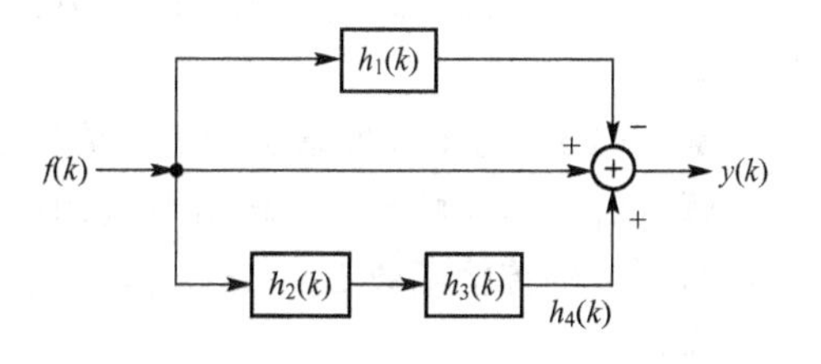

图7.4　例7-22图

解：(1) 设由子系统$h_2(k)$和$h_3(k)$串联组成的子系统的单位响应为$h_4(k)$，该子系统的传

递函数为 $H_4(z)$，则

$$h_4(k)=h_2(k)*h_3(k)=\delta(k)*\delta(k-1)=\delta(k-1)$$
$$H_4(z)=Z[h_4(k)]=z^{-1}$$

系统的单位脉冲响应 $h(k)$ 为

$$h(k)=h_1(k)*h_4(k)+\delta(k)=\delta(k)+\delta(k-1)-\delta(k-2)$$
$$H(z)=Z[h(k)]=1+z^{-1}-z^{-2}\quad |z|>0$$

(2) 求系统的零状态响应 $y_f(k)$。

$$y_f(k)=f(k)*h(k)=a^k\varepsilon(k)*[\delta(k)+\delta(k-1)-\delta(k-2)]$$
$$=a^k\varepsilon(k)+a^{k-1}\varepsilon(k-1)-a^{k-2}\varepsilon(k-2)$$

或
$$F(z)=Z[f(k)]=\frac{z}{z-a},\ |z|>|a|$$
$$Y_f(z)=Z[y_f(k)]=F(z)H(z)$$
$$=\frac{z}{z-a}+z^{-1}\frac{z}{z-a}-z^{-2}\frac{z}{z-a},\ |z|>|a|$$

求 $Y_f(z)$ 的单边 Z 逆变换，根据线性定理和平移定理，得

$$y_{zs}(k)=a^k\varepsilon(k)+a^{k-1}\varepsilon(k-1)-a^{k-2}\varepsilon(k-2)$$

7.3.3 离散系统的信号流图表示

离散系统信号流图表示的规则与连续系统相似。离散系统的信号流图表示可由方框图得到，方框图与信号流图的对应关系如图 7.5 所示。

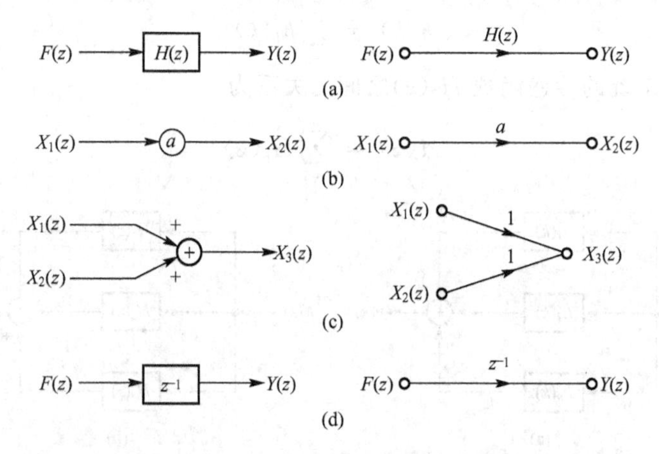

图 7.5 离散系统方框图与信号流图的对应关系

应用梅森公式求离散系统的传递函数 $H(z)$ 的方法与求连续系统的传递函数 $H(s)$ 的方法相同。

例 7-23 已知离散系统的信号流图如图 7.6 所示，求系统的传递函数 $H(z)$。

解：由图 7.6 可知，系统信号流图中总共有两个环，环 1 的传输函数为 $L_1=H_1(z)G_1(z)$，环 2 的传输函数 $L_2=H_2(z)G_3(z)$，环 1 和环 2 不接触，因此，信号流图的特征行列式为

$$\Delta=1-(L_1+L_2)+(L_1L_2)$$

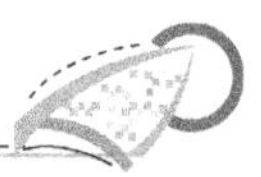

$$=1-[H_1(z)G_1(z)+H_2(z)G_3(z)]+[H_1(z)G_1(z)H_2(z)G_3(z)]$$

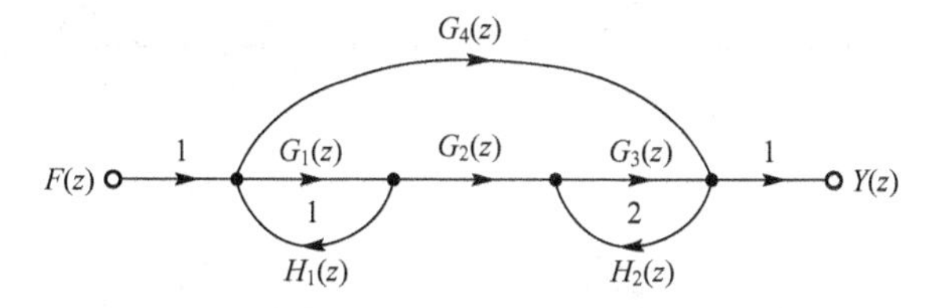

图 7.6　例 7-23 图

信号流图中从 $F(z)$ 到 $Y(z)$ 共有两条开路，开路 1 的传输函数 P_1 及对应的剩余流图特征行列式 Δ_1、开路 2 的传输函数 P_2 及对应的剩余流图特征行列式 Δ_2 分别为

$$P_1=G_4(z) \qquad \Delta_1=1$$

$$P_2=G_1(z)G_2(z)G_3(z) \qquad \Delta_2=1$$

得到系统的传递函数为

$$H(z)=\frac{\sum_{i=1}^{2}P_i\Delta_i}{\Delta}$$

$$=\frac{G_4(z)+G_1(z)G_2(z)G_3(z)}{1-[H_1(z)G_1(z)+H_2(z)G_3(z)]+[H_1(z)G_1(z)H_2(z)G_3(z)]}$$

7.3.4　离散系统的模拟

离散系统的模拟可以直接通过差分方程进行，也可以通过传递函数进行。离散系统的传递函数 $H(z)$ 与连续系统的传递函数 $H(s)$ 具有相同的结构形式，只需将 $H(s)$ 模拟方框图的积分器 s^{-1} 改变为单位延时器 z^{-1}，即可得到 $H(z)$ 的 Z 域模拟方框图。

例 7-24　已知某系统的传递函数为 $H(z)=\frac{z(3z+2)}{(z+1)(z^2+5z+6)}$，试用串联形式的信号流图模拟系统。

解： 系统的传递函数可以变换为

$$H(z)=H_1(z)\cdot H_2(z) \tag{7-48}$$

$$H_1(z)=\frac{z}{z+1}=\frac{1}{1-(-z^{-1})} \tag{7-49}$$

$$H_2(z)=\frac{3z+2}{z^2+5z+6}=\frac{3z^{-1}+2z^{-2}}{1-(-5z^{-1}-6z^{-2})} \tag{7-50}$$

由式(7-48)得，系统由子系统 $H_1(z)$ 和子系统 $H_2(z)$ 串联组成。子系统 $H_1(z)$ 和子系统 $H_2(z)$ 的直接形式信号流图分别如图 7.7(a)、图 7.7(b)所示。由这两个子系统组成的复合系统的信号流图如图 7.7(c)所示，图 7.7(d)是对应的模拟框图。

例 7-25　已知离散系统的传递函数为

$$H(z)=\frac{z^3+9z^2+23z+16}{(z+2)(z^2+7z+12)}$$

试用并联形式的信号流图模拟系统。

解： 传递函数可以变换为

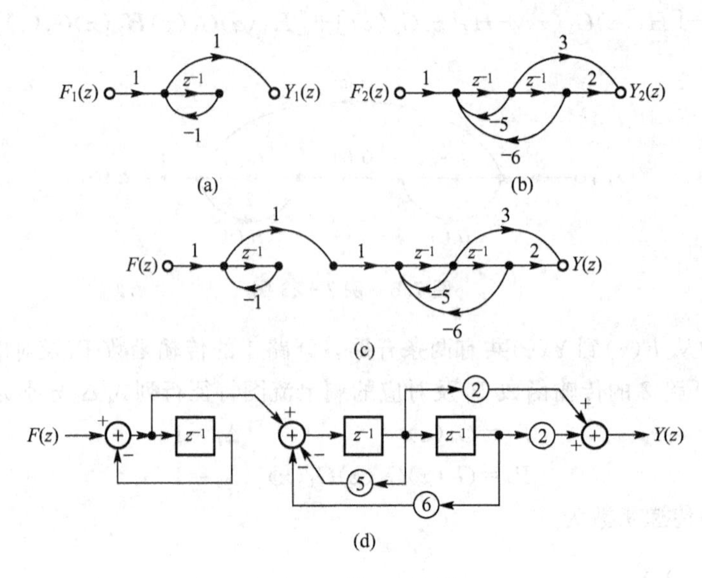

图 7.7 例 7-24 图

$$H(z)=\frac{z+1}{z+2}+\frac{z+2}{z^2+7z+12}=H_1(z)+H_2(z) \tag{7-51}$$

$$H_1(z)=\frac{z+1}{z+2}=\frac{1+z^{-1}}{1-(-2z^{-1})} \tag{7-52}$$

$$H_2(z)=\frac{z+2}{z^2+7z+12}=\frac{z^{-1}+2z^{-2}}{1-(-7z^{-1}-12z^{-2})} \tag{7-53}$$

由式(7-51)得，系统由子系统 $H_1(z)$ 和子系统 $H_2(z)$ 并联组成。由这两个子系统组成的复合系统的信号流图如图 7.8(a)所示，图 7.8(b)是对应的模拟框图。

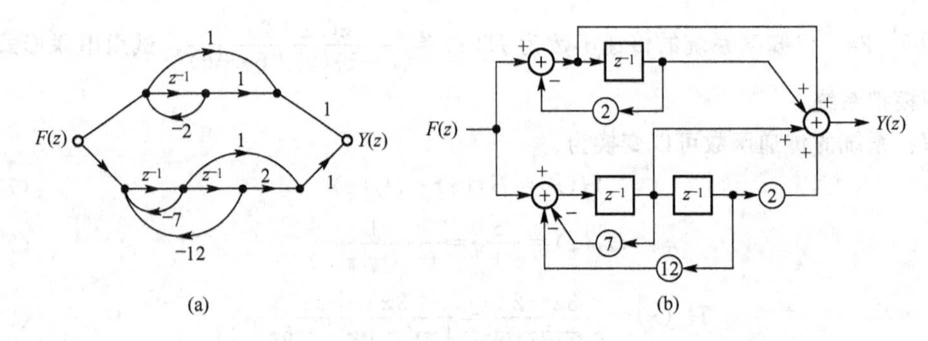

图 7.8 例 7-25 图

7.4 离散系统的 Z 域分析

分析连续系统时可以通过拉普拉斯变换将连续系统的微分方程变成代数方程求解。同理，分析离散系统也可以通过 Z 变换将离散系统的差分方程变成 Z 域的代数方程来求解，然后结合 Z 变换的性质等再进行逆变换，因而能较方便地求解系统的零输入响应、零状态响应和完全响应。

7.4.1　零输入响应的Z域求解

对于线性时不变离散时间系统，在零输入情况下，即激励信号为 $f(k)=0$ 时，其差分方程为齐次方程，即

$$\sum_{i=0}^{n} a_i y_x(k-i) = 0 \tag{7-54}$$

将式(7-54)取单边Z变换，再根据Z变换的位移性质，得

$$\sum_{i=0}^{n} a_i z^{-i}\left[Y_x(z) + \sum_{k=-i}^{-1} y(k) z^{-k}\right] = 0$$

则

$$Y_x(z) = \frac{-\sum_{i=0}^{n}\left[a_i z^{-i} \sum_{k=-i}^{-1} y(k) z^{-k}\right]}{\sum_{i=0}^{n} a_i z^{-i}} \tag{7-55}$$

对式(7-55)取Z逆变换即得系统的零输入响应为

$$y_x(k) = Z^{-1}[Y_x(z)] \tag{7-56}$$

7.4.2　零状态响应的Z域求解

n 阶线性时不变离散时间系统的差分方程为

$$\sum_{i=0}^{n} a_i y(k-i) = \sum_{j=0}^{m} b_j f(k-j) \tag{7-57}$$

将式(7-57)两边取单边Z变换，并假定初始状态为0，得

$$\sum_{i=0}^{n} a_i Y_f(z) z^{-i} = \sum_{j=0}^{m} b_j F(z) z^{-j} \tag{7-58}$$

式中：激励 $f(k)$ 为因果序列，即当 $k<0$ 时，$f(k)=0$，且 $m \leqslant n$，则

$$Y_f(z) = F(z)\,\frac{\sum_{j=0}^{m} b_j z^{-j}}{\sum_{i=0}^{n} a_i z^{-i}} \tag{7-59}$$

对式(7-59)求Z逆变换即得系统的零状态响应为

$$y_f(k) = z^{-1}[Y_f(z)] \tag{7-60}$$

7.4.3　全响应的Z域求解

对于线性时不变离散系统，若激励和初始状态都不为零，对应的响应称为完全响应。系统的完全响应等于系统的零输入响应和零状态响应之和，即

$$y(k) = y_x(k) + y_f(k) \tag{7-61}$$

也可直接由时域差分方程求Z变换而进行计算，即激励序列为 $f(k)$，初始条件 $y(-1)$，$y(-2)$，…，$y(-k)$ 不全为零时，对方程式进行单边Z变换，得

$$\sum_{i=0}^{n} a_i z^{-i}\left[Y(z) + \sum_{k=-i}^{-1} y(k) z^{-k}\right] = \sum_{j=0}^{m} b_j z^{-j} F(z)$$

整理得到

$$Y(z)=\frac{-\sum_{i=0}^{n}\left[a_i z^{-i}\sum_{k=-i}^{-1}y(k)z^{-k}\right]}{\sum_{i=0}^{n}a_i z^{-i}}+F(z)\frac{\sum_{j=0}^{m}b_j z^{-j}}{\sum_{i=0}^{n}a_i z^{-i}}$$

$$=\frac{M(z)}{A(z)}+\frac{B(z)}{A(z)}F(z)$$

$$=Y_x(z)+Y_f(z) \tag{7-62}$$

式中：$A(z)=\sum_{i=0}^{n}a_i z^{-i}$，$B(z)=\sum_{j=0}^{m}b_j z^{-j}$，$M(z)=-\sum_{i=0}^{n}\left[a_i z^{-i}\sum_{k=-i}^{-1}y(k)z^{-k}\right]$。式(7-62)为代数方程，由此可解得全响应的象函数 $Y(z)$，从而求得全响应 $y(k)$。同时，也可分别得到 $y_x(k)$和 $y_f(k)$。

例 7-26 已知某系统的差分方程为 $y(k+2)-3y(k+1)+2y(k)=f(k+2)-f(k+1)$，初始状态 $y_x(0)=2$，$y_x(1)=1$，激励 $f(k)=(2)^k\varepsilon(k)$，求系统的零输入响应、零状态响应和全响应。

解：(1) 系统的零输入响应。对差分方程取 Z 变换后变成代数方程，在初始状态下，可得零输入响应的象函数。

$$Y_x(z)=\frac{y_x(0)z^2+[y_x(1)-3y_x(0)]z}{z^2-3z+2}$$

$$=\frac{3z}{z-1}-\frac{z}{z-2} \tag{7-63}$$

对式(7-63)取逆 Z 变换，可得零输入响应为

$$y_x(k)=[3-(2)^k]\varepsilon(k)$$

(2) 系统的零状态响应。系统零状态响应的象函数为

$$Y_f(z)=\frac{z^2}{(z-2)^2}=\frac{z}{z-2}+\frac{2z}{(z-2)^2} \tag{7-64}$$

对式(7-64)取逆 Z 变换，可得零状态响应为

$$y_f(k)=(1+k)(2)^k\varepsilon(k)$$

将零输入响应和零状态响应相加得到系统的全响应为

$$y(k)=y_x(k)+y_f(k)=[3+k(2)^k]\ \varepsilon(k)$$

例 7-27 已知某线性时不变离散系统的差分方程为

$$y(k)+\frac{3}{4}y(k-1)+\frac{1}{8}y(k-2)=f(k)+3f(k-1)$$

系统的初始条件和初始状态值分别为 $y(0)=1$，$y(-1)=-6$，输入 $f(k)=\left(\frac{1}{2}\right)^k\varepsilon(k)$，试求系统的零输入响应、零状态响应和完全响应。

解：若应用右移单边 Z 变换性质对系统微分方程取 Z 变换，需要系统的初始状态值 $y(-1)$和 $y(-2)$，根据所给条件，需将后向差分方程转换成前向差分方程，则有

$$y(k+1)+\frac{3}{4}y(k)+\frac{1}{8}y(k-1)=f(k+1)+3f(k) \tag{7-65}$$

对式(7-65)两边进行单边 Z 变换，利用位移性质可得

$$zY(z)-zy(0)+\frac{3}{4}Y(z)+\frac{1}{8}[z^{-1}Y(z)+y(-1)]=zF(z)-zf(0)+3F(z)$$

代入初始条件得

$$Y(z)=-\frac{\left(\frac{3}{4}\right)z^{-1}}{1+\left(\frac{3}{4}\right)z^{-1}+\left(\frac{1}{8}\right)z^{-2}}+\frac{1+3z^{-1}}{1+\left(\frac{3}{4}\right)z^{-1}+\left(\frac{1}{8}\right)z^{-2}}F(z)$$

零输入响应和零状态响应的单边Z变换分别为

$$Y_x(z)=\frac{3}{1+\left(\frac{1}{4}\right)z^{-1}}-\frac{3}{1+\left(\frac{1}{2}\right)z^{-1}}$$

$$Y_f(z)=\frac{7}{3\left[1+\left(\frac{1}{2}\right)z^{-1}\right]}-\frac{5}{1+\left(\frac{1}{2}\right)z^{-1}}+\frac{11}{3\left[1+\left(\frac{1}{4}\right)z^{-1}\right]}$$

分别求Z逆变换，得零输入响应和零状态响应为

$$y_x(k)=3\left[\left(-\frac{1}{4}\right)^k-\left(-\frac{1}{2}\right)^k\right]\varepsilon(k)$$

$$y_f(k)=\left[\frac{7}{3}\left(\frac{1}{2}\right)^k-5\left(-\frac{1}{2}\right)^k+\frac{11}{3}\left(-\frac{1}{4}\right)^k\right]\varepsilon(k)$$

系统的完全响应为

$$y(k)=y_x(k)+y_f(k)=\left[\frac{7}{3}\left(\frac{1}{2}\right)^k+\frac{20}{3}\left(-\frac{1}{4}\right)^k-8\left(-\frac{1}{2}\right)^k\right]\varepsilon(k)$$

7.5　传递函数与系统特性

利用传递函数可以简化系统零状态响应的求解，而利用传递函数的零极点分布则可以分析线性时不变系统的基本特性。这一节将讨论传递函数与离散系统的时域响应、频率响应和稳定性的关系。

7.5.1　传递函数的零点与极点

对于一个用线性常系数差分方程描述的线性时不变系统来说，其传递函数 $H(z)$可以表示为 z^{-1}或 z 的实系数有理分式。因此，其分子分母的多项式都可以分解为各个因子相乘的形式，即

$$H(z)=\frac{\sum_{i=0}^{M}b_iz^{-i}}{\sum_{j=0}^{N}a_jz^{-j}}=G\frac{\prod_{i=1}^{m}(1-z_iz^{-1})}{\prod_{j=1}^{n}(1-p_jz^{-1})} \tag{7-66}$$

式(7-66)中，G 为传递函数的幅度因子，$G=b_0/a_0$，a_0、b_0均不为零，分子中任一因子$(1-z_iz^{-1})$都在 $z=z_i$处产生 $H(z)$的一个零点，并在 $z=0$ 处产生一个极点。分母中任一因子$(1-p_jz^{-1})$都在 $z=p_j$处产生 $H(z)$的一个极点，并在 $z=0$ 处产生一个零点。将式(7-66)分子、分母同时乘以 z^{m+n}，可以将 $H(z)$写成 z 的正幂形式为

$$H(z)=Gz^{n-m}\frac{\prod_{i=1}^{m}(z-z_i)}{\prod_{j=1}^{n}(z-p_j)} \tag{7-67}$$

由式(7-67)可知，当$n>m$时，系统在$z=0$处有$(n-m)$个零点；当$n<m$时，系统在$z=0$处有$(m-n)$个极点。由于$H(z)$的零点和极点由差分方程的实系数a_j、b_i决定，所以它们可能是实数、虚数或复数，当为虚数或复数时，必然成对共轭出现。由式(7-66)和式(7-67)可知，除去仅影响传递函数幅度大小的比例常数$G=b_0/a_0$以外，传递函数完全由零、极点确定。因此，$H(z)$的零、极点分布及其收敛域决定了系统的众多特性。

7.5.2 传递函数的零、极点与时域响应

$H(z)$是离散系统单位响应$h(k)$的单边Z变换，$h(k)$是$H(z)$的单边Z逆变换。$H(z)$的极点分布决定$h(k)$的形式，$H(z)$的零点影响$h(k)$的幅度和相位。离散系统的极点，按其在Z平面上的位置可分为单位圆内、单位圆上和单位圆外3类。

1. 单位圆内的极点。若传递函数有一个实极点$p=r$，$|r|<1$，则$H(z)$的分母含有因子$(z-r)$，其对应的序列形式$Ar^k\varepsilon(k)$；若传递函数含有一对共轭极点$p_{1,2}=re^{\pm j\beta}$($|r|<1$)，则$H(z)$的分母含有因子$(z^2-2rz\cos\beta+r^2)$，其对应序列形式为$Ar^k\cos(\beta k+\theta)\varepsilon(k)$，式中$A$、$\theta$均为常数。由于$|r|<1$，所以序列随$k$的增大按指数规律衰减到零。在单位圆内的重极点，所对应的序列当$k\to\infty$时也趋近于零，如图7.9所示。

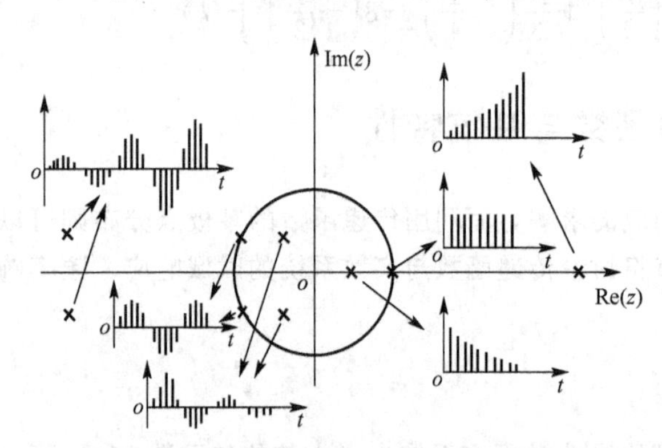

图7.9 $H(z)$的极点分布与$h(k)$的关系

2. 单位圆上的极点。若传递函数在单位圆上有一阶极点$p=\pm1$或$p_{1,2}=e^{\pm j\beta}$，则$H(z)$的分母含有因子$(z-1)$、$(z+1)$或$(z^2-2z\cos\beta+1)$，它们所对应的序列形式分别为$\varepsilon(k)$、$(-1)^k\varepsilon(k)$或$A\cos(\beta k+\theta)\varepsilon(k)$，其幅度均不随$k$变化。在单位圆上的重极点，所对应的序列随$k$的增大而增大，如图7.9所示。

3. 单位圆外的极点。单位圆外的一阶极点$p=r(|r|>1)$或$p_{1,2}=re^{\pm j\beta}$，所对应的响应序列为$Ar^k\varepsilon(k)$或$Ar^k\cos(\beta k+\theta)\varepsilon(k)$。由于$|r|>1$，其响应序列均随$k$的增大而增大，在单位圆外的重极点，所对应的序列也随k的增大而增大，如图7.9所示。

7.5.3 传递函数与频率响应

若传递函数$H(z)$的极点全部在单位圆内，则$H(z)$在单位圆$|z|=1$上收敛，$H(e^{j\omega})$称为离散系统的频率响应。若n阶系统的传递函数$H(z)$的极点全部在单位圆内，根据式(7-67)，令$b_m=Gz^{n-m}$，则n阶离散系统的频率响应为

$$H(e^{j\omega}) = H(z)\big|_{z=e^{j\omega}} = \frac{b_m \prod\limits_{i=1}^{m}(e^{j\omega} - z_i)}{\prod\limits_{j=1}^{n}(e^{j\omega} - p_j)} \tag{7-68}$$

令$(e^{j\omega}-z_i)=B_i e^{j\varphi_i}$，$(e^{j\omega}-p_j)=A_j e^{j\theta_j}$，则 $H(e^{j\omega})$又可表示为

$$H(e^{j\omega}) = \frac{b_m \prod\limits_{i=1}^{m} B_i e^{j\varphi_i}}{\prod\limits_{j=1}^{n} A_j e^{j\theta_j}} = |H(e^{j\omega})| e^{j\varphi(\omega)} \tag{7-69}$$

式中：$b_m>0$。幅频响应和相频响应分别为

$$|H(e^{j\omega})| = \frac{b_m B_1 B_2 \cdots B_m}{A_1 A_2 \cdots A_n} \tag{7-70}$$

$$\varphi(\omega) = (\varphi_1 + \varphi_2 + \cdots + \varphi_m) - (\theta_1 + \theta_2 + \cdots + \theta_n) \tag{7-71}$$

例 7-28　已知离散系统的传递函数为

$$H(z) = \frac{6(z-1)}{4z+1} \quad |z| > \frac{1}{4}$$

求系统的频率响应，画出系统的幅频和相频特性曲线。

解： 由于 $H(z)$的收敛域为$|z|>\frac{1}{4}$，所以 $H(z)$在单位圆上收敛。$H(z)$有一个极点 $p_1=-\frac{1}{4}$，有一个零点 $z_1=1$。系统的频率响应为

$$H(e^{j\omega}) = H(z)\big|_{z=e^{j\omega}} = \frac{3}{2}\left[\frac{e^{j\omega}-1}{e^{j\omega}-\left(\frac{1}{4}\right)}\right]$$

令 $Ae^{j\theta}=e^{j\omega}-\left(-\frac{1}{4}\right)$，$Be^{j\varphi}=e^{j\omega}-1$，则

$$H(e^{j\omega})\frac{3}{2}\cdot\frac{Be^{j\varphi}}{Ae^{j\theta}} = |H(e^{j\omega})| e^{j\varphi(\omega)}$$

$$|H(e^{j\omega})| = \frac{3B}{2A}$$

$$\varphi(\omega) = \varphi - \theta$$

差矢量 $Ae^{j\theta}$和 $Be^{j\phi}$如图 7.10(a)所示。

由图 7.10(a)可知，当 $\omega=0$ 时，$B=0$，$\psi=\frac{\pi}{2}$，$A=\frac{5}{4}$，$\theta=0$，所以$|H(e^{j\omega})|=0$，$\varphi(\omega)=\frac{\pi}{2}$。当 ω 从 0 开始增加到 π 时，B 增大，φ 增大，A 减小，θ 增大，θ 比 φ 增加较快，所以，$|H(e^{j\omega})|$增大，$\varphi(\omega)$减小。当 $\omega=\pi$ 时，B 达到最大值，$|H(e^{j\omega})|=4$，达最大值，$\varphi(\omega)=0$。当 ω 从 π 继续增加到 2π 时，B 减小，$|\varphi|$减小，φ 的主值为负值，A 增大，$|\theta|$减小，θ 的主值为负值，所以，$|H(e^{j\omega})|$减小，$|\varphi(\omega)|$增大，$\varphi(\omega)$为负值。当 $\omega=2\pi$ 时，$B=0$，$\varphi=-\frac{\pi}{2}$，$A=\frac{5}{4}$，$\theta=0$，所以，$|H(e^{j\omega})|=0$，$\varphi(\omega)=-\frac{\pi}{2}$。

系统的幅频和相频特性曲线如图 7.10(b)所示。

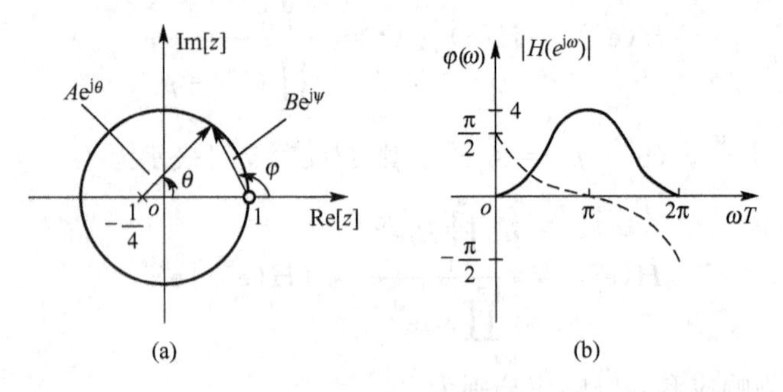

图 7.10 例 7-28 图

7.5.4 传递函数与稳定性

一个离散系统，如果对任意有界输入产生的零状态响应也是有界的，则该系统称为有界输入有界输出意义下的稳定系统，简称稳定系统。即设 M_f、M_y 为有限正实数，若

$$|f(k)|\leqslant M_f$$

并且

$$|y_f(k)|\leqslant M_y$$

则该离散系统为稳定系统。

线性时不变因果离散系统稳定的充分和必要条件为

$$\sum_{k=-\infty}^{\infty}|h(k)|\leqslant M \tag{7-72}$$

充分性和必要性的证明和第 6 章连续系统稳定性条件的证明相似，这里不再赘述。

当传递函数的特征方程的所有特征根 z_i 的模 $|z_i|<1$，$i=1, 2, \cdots, n$，即处于 z 平面的单位圆内时，其对应的单位响应 $h(k)$ 随 k 的增加而逐渐衰减为 0，即 $h(k)$ 满足绝对可和。因此，一个因果的离散系统，若传递函数 $H(z)$ 的极点全部在单位圆内，则该系统为稳定系统。

朱里提出了一种用列表的方法来判断 $H(z)$ 的极点是否全部在单位圆内，这种方法称为朱里准则。朱里准则是根据 $H(z)$ 的分母 $A(z)$ 的系数列成的表来判断 $H(z)$ 的极点位置，该表又称朱里排列。

设 n 阶离散系统的传递函数 $H(z)=\dfrac{B(z)}{A(z)}$，$A(z)$ 为

$$A(z)=a_nz^n+a_{n-1}z^{n-1}+a_{n-2}z^{n-2}+\cdots+a_1z+a_0$$

朱里排列见表 7-3。

朱里排列共有 $(2n-3)$ 行。第 1 行为 $A(z)$ 的各项系数从 a_n 到 a_0 依次排列，第 2 行是第 1 行的倒排。若系数中某项为零，则用 0 替补。第 3 行及以后各行的元素按以下规则计算。

$$c_{n-1}=\begin{vmatrix}a_n & a_0\\ a_0 & a_n\end{vmatrix},\quad c_{n-2}=\begin{vmatrix}a_n & a_1\\ a_0 & a_{n-1}\end{vmatrix},\quad c_{n-3}=\begin{vmatrix}a_n & a_2\\ a_0 & a_{n-2}\end{vmatrix},\ \cdots \tag{7-73}$$

$$d_{n-2}=\begin{vmatrix}c_{n-1} & c_0\\ c_0 & c_{n-1}\end{vmatrix},\quad d_{n-3}=\begin{vmatrix}c_{n-1} & c_1\\ c_0 & c_{n-2}\end{vmatrix},\quad d_{n-4}=\begin{vmatrix}c_{n-1} & c_2\\ c_0 & c_{n-3}\end{vmatrix},\ \cdots \tag{7-74}$$

表 7-3　朱里排列表

行	系数						
1	a_n	a_{n-1}	a_{n-2}	…	a_2	a_1	a_0
2	a_0	a_1	a_2	…	a_{n-2}	a_{n-1}	a_n
3	c_{n-1}	c_{n-2}	c_{n-3}	…	c_1	c_0	
4	c_0	c_1	c_2	…	c_{n-2}	c_{n-1}	
5	d_{n-2}	d_{n-3}	d_{n-4}	…	d_0		
6	d_0	d_1	d_2	…	d_{n-2}		
⋮	⋮	⋮	⋮	…			
$2n-3$	r_2	r_1	r_0				

根据以上规则，依次计算表中各个元素，直到计算出第 $2n-3$ 行为止。

朱里准则是：$A(z)=0$ 的根，即 $H(z)$的极点全部在单位圆内的充分必要条件为

$$\begin{cases}A(1)=A(z)\big|_{z=1}>0\\(-1)^n A(-1)>0\\a_n>|a_0|\\c_{n-1}>|c_0|\\d_{n-2}>|d_0|\\\cdots\\r_2>|r_0|\end{cases}\tag{7-75}$$

例 7-29　已知离散系统的传递函数为

$$H(z)=\frac{z^2+z+3}{12z^3-16z^2+7z-1}$$

判断系统的稳定性。

解：传递函数 $H(z)$的分母 $A(z)=12z^3-16z^2+7z-1$，对 $A(z)$的系数进行朱里排列。

$$\begin{matrix}12 & -16 & 7 & -1\\-1 & 7 & -16 & 12\\c_2 & c_1 & c_0 & \end{matrix}$$

根据式(7-75)得

$$c_2=\begin{vmatrix}12 & -1\\-1 & 12\end{vmatrix}=143$$

$$c_1=\begin{vmatrix}12 & 7\\-1 & -16\end{vmatrix}=-185$$

$$c_0=\begin{vmatrix}12 & -16\\-1 & 7\end{vmatrix}=68$$

根据朱里准则，由于

$$A(1)=2>0$$

$$(-1)^3A(-1)=36>0$$

$$c_2>|c_0|$$

因此，$H(z)$的极点全部在单位圆内，故系统为稳定系统。

系统单位响应$h(k)$完全取决于$H(z)$的极点分布，综上所述，得出以下结论。

(1) 若$H(z)$的所有极点全部位于单位圆内，则系统稳定。

(2) 若$H(z)$的一阶极点位于单位圆上，单位圆外无极点，则系统临界稳定。

(3) 若$H(z)$的极点只要有一个位于单位圆外，或在单位圆上有重极点，则系统不稳定。

例 7-30 某数字滤波器的传递函数为

$$H(z)=\frac{z^2-z+1}{z^2-z+\frac{1}{2}}$$

判断系统的稳定性。

解：传递函数变换为

$$H(z)=\frac{z^2-z+1}{(z-z_1)(z-z_2)}$$

极点为

$$z_{1,2}=\frac{1}{2}\pm\frac{\mathrm{j}}{2}$$

这对共轭极点均在单位圆内，故系统是稳定的。

本章小结

Z变换是离散信号的幂级数展开描述，它是分析离散信号与系统的重要工具，其性质和作用类似于连续信号与系统的拉普拉斯变换。离散系统的方框图、信号流图表示与连续系统相似，几个离散系统的串联、并联或串并混联组成的复合系统，可以表示一个复杂的离散系统。离散系统也可以通过Z变换将离散系统的差分方程变成Z域的代数方程来求解，然后结合Z变换的性质等再进行逆变换，可以方便地计算离散系统零输入响应、零状态响应和完全响应。利用传递函数可以简化系统零状态响应的求解，而利用传递函数的零、极点分布，则可以分析线性时不变系统的基本特性。系统的极点分布决定了系统的稳定性。

习 题 七

7.1 求下列序列的Z变换，并标明其收敛域。

(1) $\left(\frac{1}{2}\right)^k\varepsilon(k)$　　(2) $\left(\frac{1}{2}\right)^k\varepsilon(-k)$

(3) $\left(\frac{1}{3}\right)^{-k}\varepsilon(k)$　　(4) $\left(\frac{1}{3}\right)^k\varepsilon(-k)$

(5) $-\left(\frac{1}{2}\right)^k\varepsilon(-k-1)$　　(6) $\delta(k+1)$

(7) $\left(\frac{1}{5}\right)^k\varepsilon(n)-\left(\frac{1}{3}\right)^k\varepsilon(-k-1)$　　(8) $\mathrm{e}^{\mathrm{j}k\omega_0}\varepsilon(k)$

7.2　利用Z变换的性质求下列序列的Z变换 $F(z)$。

(1) $f(k)=\frac{1}{2}[1-(-1)^k]\varepsilon(k)$　　(2) $f(k)=\varepsilon(k)-\varepsilon(k-6)$

(3) $f(k)=k(-1)^k\varepsilon(k)$　　(4) $f(k)=k(k+1)\varepsilon(k)$

(5) $f(k)=\cos\frac{k\pi}{2}\varepsilon(k)$　　(6) $f(k)=\left(\frac{1}{2}\right)^k\cos\frac{k\pi}{2}\varepsilon(k)$

7.3　试计算下列离散信号的Z变换，并标明其收敛域。

(1) $X(z)=\sum_{k=-\infty}^{\infty}\left(\frac{1}{2}\right)^k[\varepsilon(k)-\varepsilon(k-10)]z^{-k}$

(2) $X(z)=\sum_{k=-\infty}^{\infty}\left[\left(\frac{1}{2}\right)^k\varepsilon(k)+\left(\frac{1}{3}\right)^k\varepsilon(k)\right]z^{-k}$

7.4　试求下列Z变换所对应的序列。

(1) $F(z)=\frac{1}{1+0.5z^{-1}}$，$|z|>\frac{1}{2}$

(2) $F(z)=\frac{1-0.5z^{-1}}{1+\frac{3}{4}z^{-1}+\frac{1}{8}z^{-2}}$，$|z|>\frac{1}{2}$

(3) $F(z)=\frac{1-0.5z^{-1}}{1-0.25z^{-2}}$，$|z|>\frac{1}{2}$

(4) $F(z)=\frac{1-az^{-1}}{z^{-1}-a}$，$|z|>\left|\frac{1}{a}\right|$

7.5　求下列各 $F(z)$ 的逆Z变换。

(1) $F(z)=\frac{z^2+z}{(z-1)(z^2-z+1)}$，$|z|>1$

(2) $F(z)=\frac{z}{(z+1)(z-1)^2}$，$|z|>1$

(3) $F(z)=\frac{z^{-5}}{z+2}$，$|z|>2$

7.6　已知序列 $f(n)$ 的Z变换 $F(z)$ 如下，求初值 $f(0)$、$f(1)$ 及终值 $f(+\infty)$。

(1) $F(z)=\frac{z^2+z+1}{(z-1)\left(z+\frac{1}{2}\right)}$，$|z|>1$　　(2) $F(z)=\frac{z^2}{(z-1)(z-2)}$，$|z|>2$

7.7　某线性时不变系统在阶跃信号 $\varepsilon(k)$ 的激励作用下产生的响应为 $g(k)=\left(\frac{1}{2}\right)^k\varepsilon(k)$,试求：①该系统的传递函数 $H(z)$ 和单位样值响应 $h(k)$；②在 $e(k)=\left(\frac{1}{3}\right)^k\varepsilon(k)$ 激励下产生的零状态响应 $y(k)$。

7.8　已知离散系统的差分方程为 $y(k)-3y(k-1)+2y(k-2)=f(k-1)-2f(k-2)$，系统的初始状态为 $y(-1)=-\frac{1}{2}$，$y(-2)=-\frac{3}{4}$，当输入为 $f(k)$ 时，系统的完全响应为 $y(k)=2(2^k-1)\varepsilon(k)$，试求 $f(k)$。

7.9　已知离散系统的差分方程为 $y(k)-y(k-1)-2y(k-2)=f(k)+2f(k-2)$，系统的初始状态为 $y(-1)=2$，$y(-2)=-\frac{1}{2}$，激励为 $f(k)=\varepsilon(k)$，求系统的零输入响应、

零状态响应和完全响应。

7.10　已知离散系统的单位阶跃响应 $g(k)=\left[\frac{4}{3}-\frac{3}{7}(0.5)^k+\frac{2}{21}(0.2)^k\right]\varepsilon(k)$，若要获得的零状态响应为 $y_f(k)=\frac{10}{7}[(0.5)^k-(-0.2)^k]\varepsilon(k)$，求输入序列 $f(k)$。

7.11　根据下列离散系统的不同形式，求出对应系统的传递函数。

(1) $y(k)-2y(k-1)-5y(k-2)+6y(k-3)=f(k)$

(2) $H(E)=\dfrac{2-E^2}{E^3-\frac{1}{2}E^2+\frac{1}{18}E}$

7.12　某离散线性时不变系统，当输入 $f(k)=\varepsilon(k)$ 时，其零状态响应为 $y_f(k)=2\varepsilon(k)-\left(\frac{1}{2}\right)^k\varepsilon(k)+\left(-\frac{3}{2}\right)^k\varepsilon(k)$，求该系统的传递函数和差分方程。

7.13　题图 7.13 所示离散因果系统，$H_1(z)=z^{-1}$，$H_2(z)=\frac{1}{z+2}$，$H_3(z)=\frac{1}{z-1}$。试求：①离散系统的差分方程；②单位脉冲响应 $h(k)$。

7.14　题图 7.14 所示系统，D 为单位延迟器，当输入为 $f(k)=\frac{1}{4}\delta(k)+\delta(k-1)+\frac{1}{2}\delta(k-2)$ 时，零状态响应 $y_x(k)$ 中，$y_x(0)=1$，$y_x(1)=y_x(3)=0$，试确定系数 a、b、c。

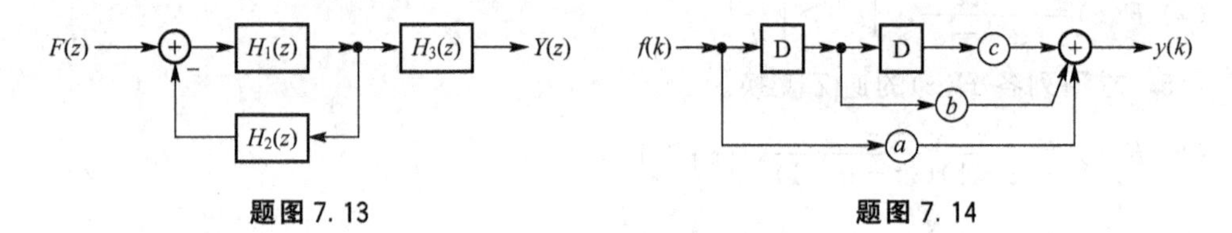

题图 7.13　　　　题图 7.14

7.15　求题图 7.15 所示离散系统在下列输入作用下的零状态响应。

(1) $f(k)=\varepsilon(k)$　　(2) $f(k)=k\varepsilon(k)$　　(3) $f(k)=\sin\left(\frac{k\pi}{3}\right)\varepsilon(k)$

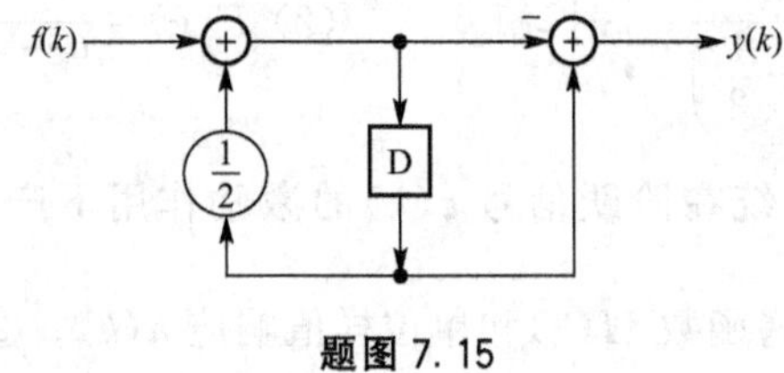

题图 7.15

7.16　已知离散系统如题图 7.16 所示。

(1) 画出系统的信号流图。

(2) 用梅森公式求传递函数 $H(z)$。

7.17　已知离散系统的传递函数如下，分别用串联形式和并联形式信号流图模拟系统。

(1) $H(z)=\dfrac{z+3}{(z+1)(z+2)(z+3)}$　　(2) $H(z)=\dfrac{0.75-1.1z}{(z-0.5)(z^2-0.5z+0.25)}$

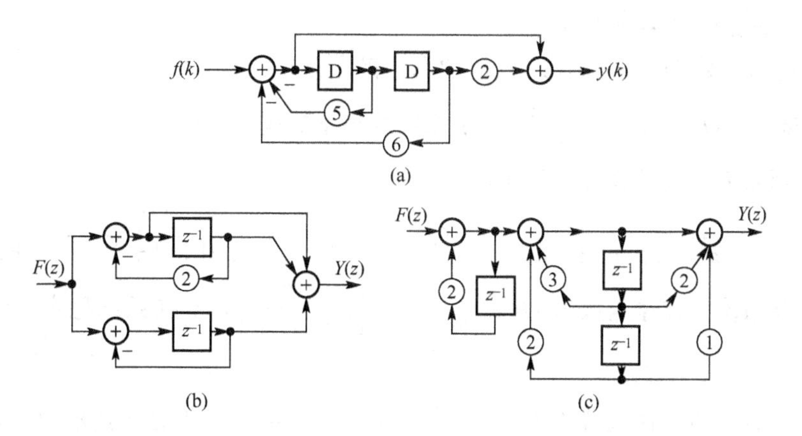

题图 7.16

7.18　已知离散系统的传递函数 $H(z)$的零、极点分布如题图 7.18 所示，且 $H(0)=-2$。

(1) 求传递函数 $H(z)$。

(2) 求系统的频率响应。

(3) 粗略画出系统的幅频响应曲线。

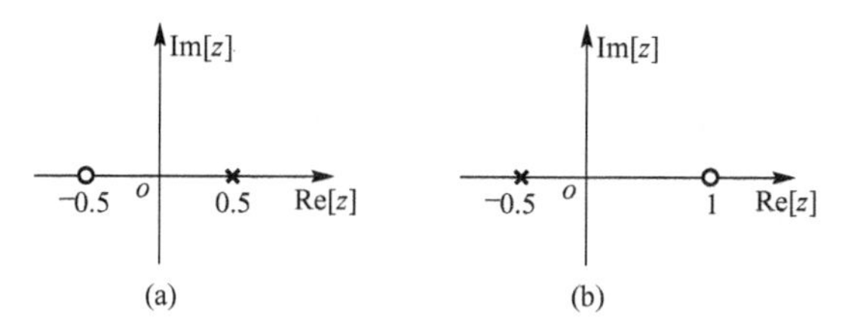

题图 7.18

7.19　已知离散系统的差分方程表达式为 $y(k)-\frac{3}{4}y(k-1)+\frac{1}{8}y(k-2)=f(k)+\frac{1}{3}f(k-1)$。

(1) 求传递函数和单位脉冲响应。

(2) 画传递函数的零、极点分布图。

(3) 粗略画出幅频响应特性曲线。

(4) 画出系统的结构框图。

7.20　已知离散系统如题图 7.20 所示。

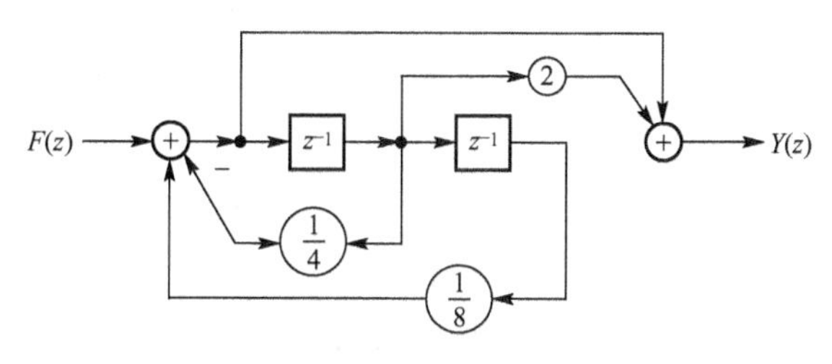

题图 7.20

(1) 写出该系统的差分方程。

(2) 求传递函数 $H(z)$，画出 $H(z)$的零、极点分布图。

(3) 若输入 $f(k)=2+2\sin\left(\frac{k\pi}{6}\right)$，求系统的稳态响应。

7.21 判断下列离散系统是否稳定。

(1) $H(z)=\frac{z^2}{6z^3+2z^2+2z-2}$　　(2) $H(z)=\frac{z^2+3}{z^5+2z^4+3z^3+3z^2+2z+2}$

7.22 某系统的传递函数为 $H(z)=\frac{z^2+3z+2}{2z^2-(K-1)z+1}$，要使系统稳定，常数 K 要满足什么条件。

7.23 某系统的传递函数为 $H(z)=\frac{z^2-1}{z^2+0.5z+(K+1)}$，要使系统稳定，常数 K 要满足什么条件。

第8章

MATLAB在信号与系统中的应用

本章学习目标

★ 了解信号与系统的基本运算；
★ 了解信号与系统的时域分析；
★ 掌握信号与系统的频域分析；
★ 了解信号与系统的复频域分析；
★ 了解信号与系统的Z域分析。

本章教学要点

知识要点	能力要求	相关知识
信号与系统的基本运算	了解信号与系统的基本运算	MATLAB基本指令和编程、绘图
信号与系统的时域分析	了解信号与系统的时域分析	卷积、卷积和、冲激响应、阶跃响应、零输入和零状态响应
信号与系统的频域分析	掌握信号与系统的频域分析	傅里叶变换、逆变换、快速傅里叶变换、功率谱、数字滤波
信号与系统的复频域分析	了解信号与系统的复频域分析	拉斯变换、逆变换、零极点图、稳定性判定
信号与系统的Z域分析	了解信号与系统的Z域分析	Z变换、逆变换、零极点图、稳定性判定

导入案例

MATLAB语言是当今科学界最具影响力、最有活力的软件。它起源于矩阵运算，并已经发展成一种高度集成的计算机语言。MATLAB可以实现信号与系统的数值分析和计算机仿真。图1是一个MATLAB实现地震频谱分析的实例，所用的数据是长白山天池火山监测站记录到的一个火山地震，通过

FFT 变换得到了该火山地震的优势频率为 4Hz。频谱分析方法在火山地震类型识别和爆破分析中有非常广泛的应用。

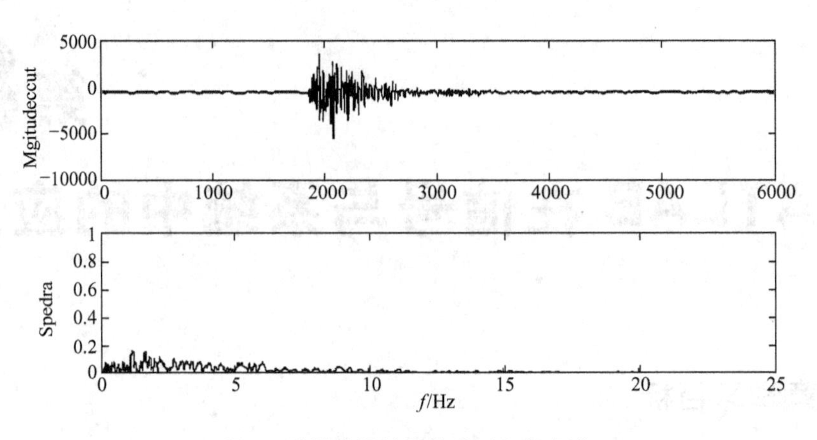

图 1 地震信号的原始波形和频率谱

引言

在当今的社会里，充斥着大量的各类信息，而信息的载体就是本章讨论的主题——信号。信号是无处不在的，如语音信号、视频图像信号、心电信号、脑电波信号以及脉搏、血压、呼吸等众多的生理信号。信号是消息的载体，一般表现为随时间变化的某种物理量。消息的载体有很多类，通常人们了解最多的是电信号，因为对电信号可以方便地进行各种各样的处理。

本章主要阐述 *MATLAB* 对信号的处理，从被处理的信号中获取所需要的信息。本章内容主要包括信号的基本知识、信号的时域分析、信号的频域分析、连续信号的复频域分析以及离散信号的 *Z* 域分析等。

8.1 信号的基本知识

8.1.1 数字信号与模拟信号之间的转换及采样频率

人们常见且容易理解的是模拟信号，如正弦信号。通过各种传感器获取的信号一般都是模拟信号，而计算机存储和处理的对象都是数字信号——即一串串的数码，这些数码串是对连续的模拟信号在时间和幅值上进行离散后获取的，计算机就用这些离散的数码串来表示模拟信号。时间上的离散称为采样，当然采样的时间间隔是可变的；幅值上离散称为量化和编码，把幅值只取某些规定数字的离散信号称为数字信号。连续的模拟信号转变为数字信号的过程叫模/数转换(A/D 转换)，相反的过程称为数/模转换(D/A 转换)。

图 8.1 中所表示的是对频率为 5Hz 的正弦信号每隔 0.01s 测量一次，得到一组数据。这里的“测量过程”就是采样，采样周期是 0.01s，采样频率是 100Hz。一般来说，采样频率越大，表示的信号越准确；采样频率越小，表示的信号越不精确。如果采样频率小于信号最高频率的 2 倍时，采样得到的数据就不能准确表示这个信号了。对于正弦

信号，一般要求采样频率在其频率的 5 倍以上，才不会引起明显的失真，例如对一个频率为 5Hz 的正弦信号分别以 100Hz、20Hz 的频率进行采样，得到的数字正弦信号如图 8.2 所示。

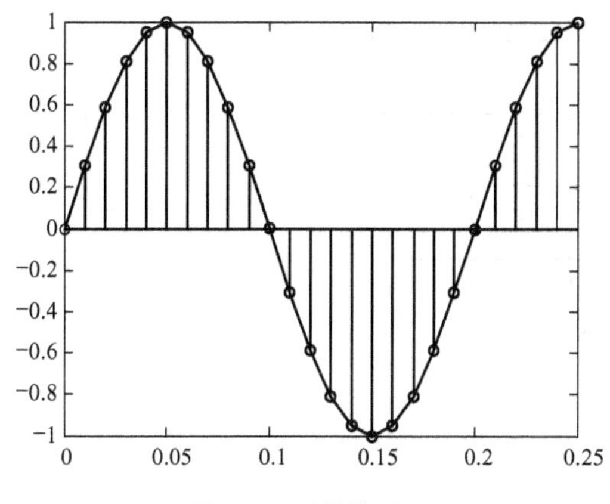

图 8.1　采样的原理

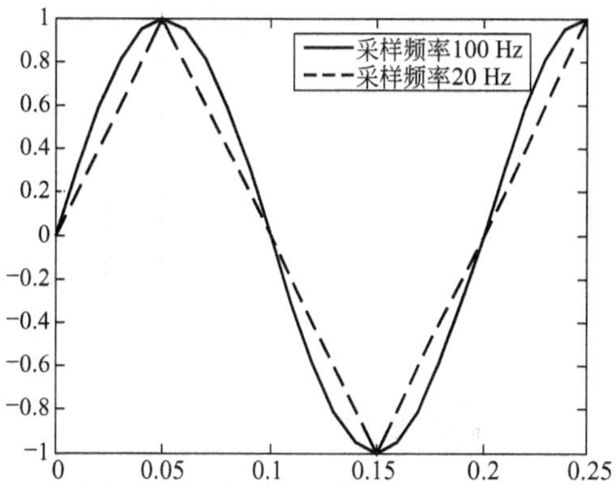

图 8.2　同一信号在不同采样率下的正弦波形

从图 8.2 可以看出，随着采样率的减小，正弦信号将会产生失真，采样率为 20Hz 时，正弦信号已经变为“三角信号”。在实际工程应用中，也不是采样频率越大越好，采样率越大，对相同的信号需要保存的数据就越多，这无论是对于数据的保存，还是数据的处理都增加了难度。

8.1.2　信号的表示

严格地讲，MATLAB 不能处理连续信号，只能用连续信号在等间隔点的采样值来近似表示连续信号。当采样率足够大时，这些采样数据就能较好地表示连续信号。

MATLAB 提供了大量生成基本信号的函数。最常用的指数信号、正弦信号是 MATLAB 的内部函数，即不安装任何工具箱即可调用的函数。

1. 单位阶跃信号

例 8－1　产生阶跃信号。

解：程序如下。

```
t0=0;tf=10;dt=0.1;t1=1;
t=[t0:dt:tf];                               % 时间序列
kt=length(t);                               % 序列的总点数
k1=floor((t1-t0)/dt);                       % t1 对应的样本序号
x2=[zeros(1, k1), ones(1, kt-k1)];          % 产生阶跃信号
```

stairs(t，x2)，grid on；%绘制阶跃信号及显示网格线。stairs 为绘制阶梯图函数，此处若使用 plot 指令，在阶跃部分将产生斜线

axis([0，10，0，1.1])；%设置坐标

程序运行结果如图 8.3 所示。

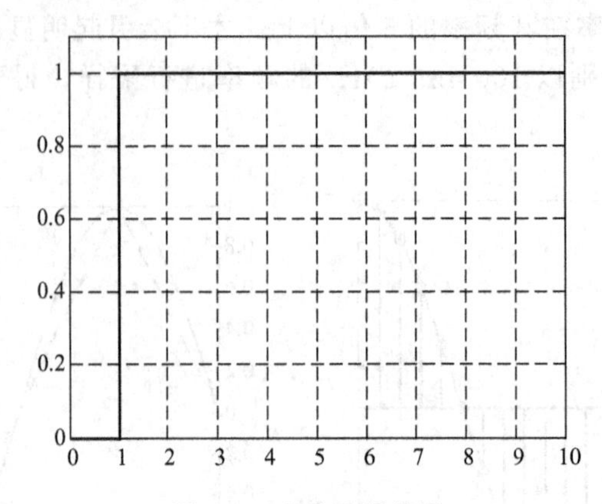

图 8.3　单位阶跃信号

2. 复指数信号

例 8-2　绘制复指数信号的波形。

解：程序如下。

```
t0=0;tf=6;dt=0.05;t=[t0:dt:tf];              % 时间序列
alpha=-0.5;w=10;
x3=exp((alpha+j* w)* t);                     % 产生复指数信号
subplot(2,1,1);plot(t,real(x3));
grid on;title('复指数信号实部');
subplot(2,1,2),plot(t,imag(x3));
grid on;title('复指数信号虚部');
```

程序运行结果如图 8.4 所示。

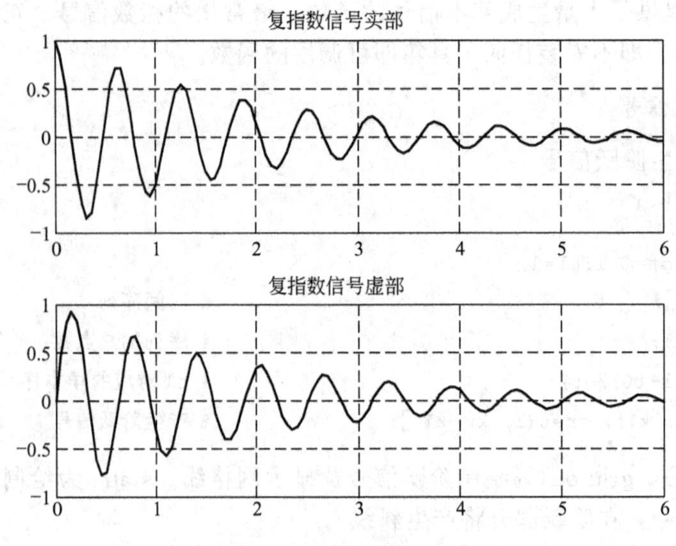

图 8.4　复指数信号的波形

3. 矩形脉冲信号

y=rectpuls(t, width)，该指令是生成一个幅度为1，脉宽为width，以时刻$t=0$为对称中心的脉冲信号。

例8-3 产生一个以$t=2$为对称中心，脉宽为3的矩形脉冲信号。

解： 程序如下。

```
t=0:0.001:4;
ft=rectpuls(t-2,3);
plot(t,ft);
axis([0,4,0,1.1]);
```

程序运行结果如图8.5所示。

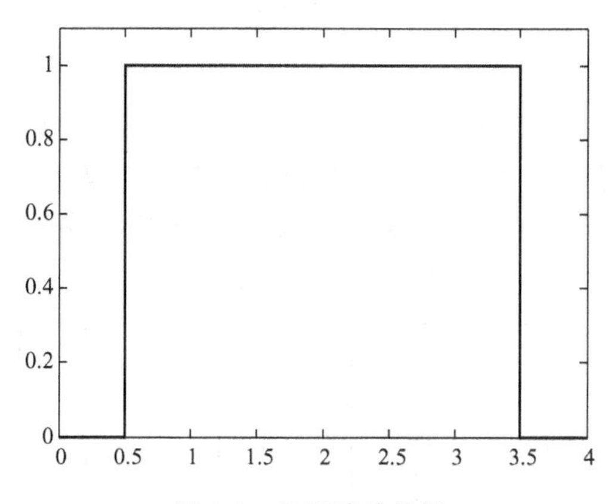

图8.5 矩形脉冲信号

4. 三角波脉冲信号

y=tripuls(t, width, skew)，该指令是生成一个最大幅值为1，以$t=0$为对称中心，脉宽为width的三角波脉冲信号。其中，skew表示三角波脉冲信号顶点的偏置情况($-1<\text{skew}<+1$)，若skew=0表示生成等腰三角波信号，skew<0表示三角波脉冲信号的顶点向左偏移，skew>0则表示三角波脉冲信号的顶点向右偏移。skew的大小表示顶点相对中心点偏移的百分数。

例8-4 生成三角波脉冲信号。要求该信号的最大幅值为1，中心点为1，脉宽为4，三角波脉冲信号的顶点向右偏移50%至时刻2，则skew=0.5。

解： 程序如下。

```
t=-2:0.001:4;ft=tripuls(t-1,4,0.5);
plot(t,ft);grid on
```

程序运行结果如图8.6所示。

5. 离散信号的MTALAB表示

由于MATLAB便于数值计算的特点，用其来表示离散信号是非常方便的。在MATLAB中，需要两个向量表示一个数字序列。x表示离散信号的幅值，k表示离散信号的采

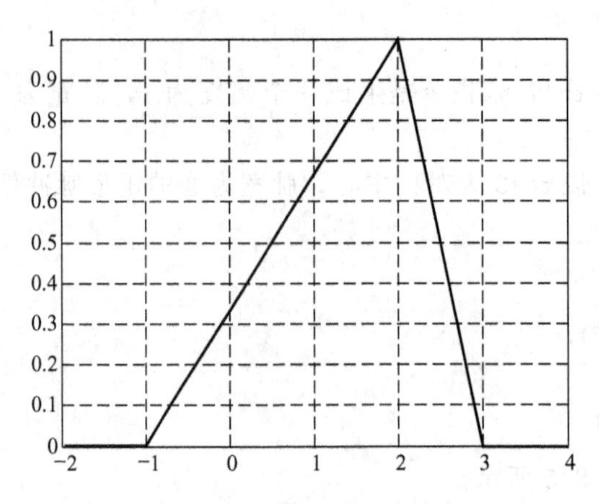

图 8.6　三角波脉冲信号

样时刻。例如：

k=[−3，−2，−1，0，1，2，3，4，5]；　x=[2，1，2，3，−1，2，−2，3，1]

若不需要采样位置信息或这个消息是多余的(例如序列从 $k=0$ 开始)，可以只用 x 表示。由于计算机内存有限，MATLAB 无法表示无限长的序列。$x(k)$的波形如图 8.7 所示。

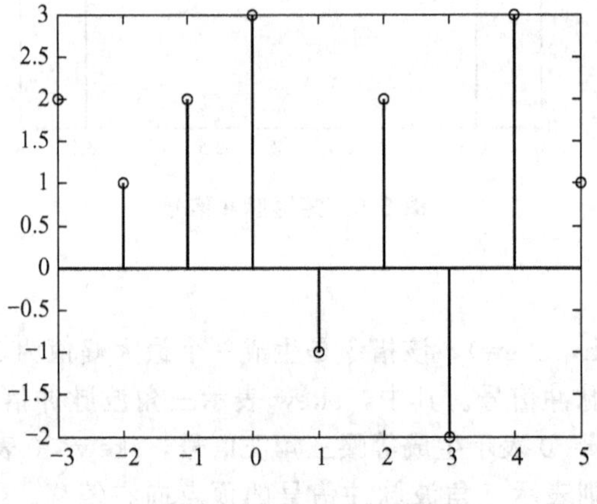

图 8.7　离散信号的波形

8.1.3　信号的基本运算

信号的基本运算主要包括信号的翻转、平移和尺度变换，连续信号的微分与积分，离散信号的差分与迭分等。

1. 信号的尺度变换、翻转和时移

信号的尺度变换、翻转和平移运算实际上是函数自变量的运算。

例 8－5　已知某三角波脉冲信号 $f(t)$，试绘制 $f(2t)$、$f(-2t)$和 $f(2-2t)$的波形。

解：程序如下。

```
t=-3:0.001:3;
```

```
ft=tripuls(t,4,0.5);
subplot(2,2,1);plot(t,ft);title('原始信号');
ft1=tripuls(2* t,4,0.5);                              % 尺度变换
subplot(2,2,2);plot(t,ft1);title(尺度变换');
ft2=tripuls(-2* t,4,0.5);                             % 翻转
subplot(2,2,3);plot(t,ft2);title('翻转');
ft3=tripuls(2-2* t,4,0.5);                            % 时移
subplot(2,2,4);plot(t,ft3);title('时移');
```

$f(t)$、$f(2t)$、$f(-2t)$和 $f(2-2t)$的波形如图 8.8 所示。

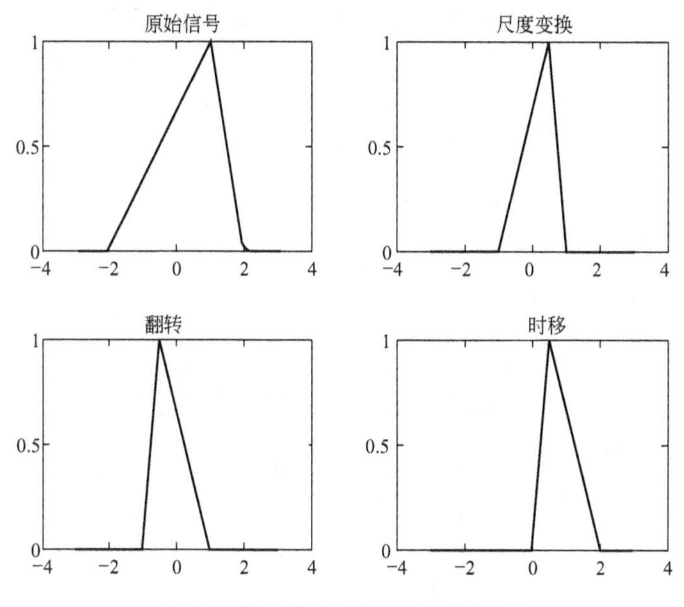

图 8.8 信号的尺度变换、翻转和时移

2. 信号的微分和积分

连续信号的微分可用 diff 函数来计算，连续信号的定积分可用 quad 函数或 quad8 函数来计算。其调用格式为

```
y=diff(x)/h
```

其中 x 为待微分的信号，h 为步长，y 为信号 x 的微分。

y=quad('function - name', a, b)，其中 function - name 为被积函数名，a、b 为积分区间的下限和上限，y 为积分后信号。

quad 和 quad8 都是积分函数，只是采用的积分方法不同而已。quad 采用较低次的可塑性递回辛普森积分法则，quad8 采用可塑性递回八段 Newton - Cotes 积分法则，quad8 不管是在精度上还是在速度上都明显高于 quad。

例 8-6 如图 8.8 所示的三角波脉冲信号 $f(t)$，试利用 MATLAB 绘制 $f'(t)$和 $\int_{-\infty}^{t} f(t)\mathrm{d}t$ 的波形。

解：为了使用quad函数来计算三角波脉冲信号 $f(t)$ 的积分，将 $f(t)$ 编写成MATLAB的函数文件，函数名为ft_tri.m。此函数文件如下。

```
function yt=ft_tri(t)
yt=tripuls(t,4,0.5);
```

利用diff和quad函数，并调用ft_tri.m即可计算三角波脉冲信号 $f(t)$ 的微分、积分。程序如下。

```
h=0.001;t=-3:h:3;
y1=diff(ft_tri(t))/h;
subplot(1,2,1);plot(t(1:length(t)-1),y1);title('信号的微分');
t=-3:0.1:3;
for x=1:length(t)
     y2(x)=quad('ft_tri',-3,t(x));
end
subplot(1,2,2);plot(t,y2);
title('信号的积分');
```

程序运行结果如图8.9所示。

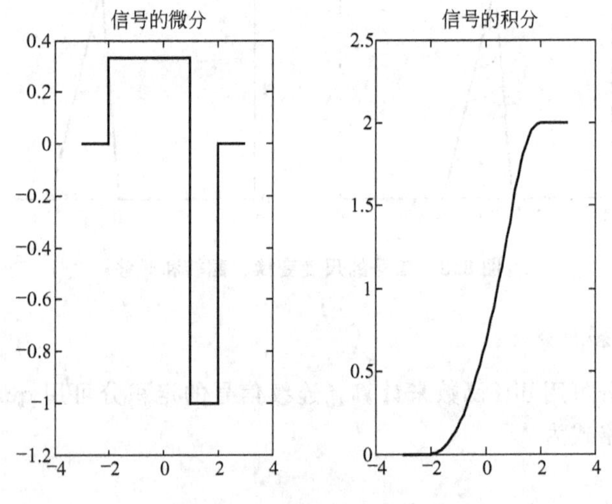

图8.9 信号的微分和积分

3. 信号的差分和迭分

离散序列的差分为 $\nabla f(k)=f[k]-f[k-1]$，用diff函数实现，其调用格式为y=diff(f)。

离散序列的迭分是 $\sum_{k=k_1}^{k_2} f[k]$，与信号的相加运算不同，迭分运算把 $k_1 \sim k_2$ 之间的所有样本 $f[k]$ 加起来，在MATLAB中用sum函数实现，其调用格式为y = sum(f(k1：k2))。

例8-7 计算指数信号 $(-1.6)^k \varepsilon(k)$，$k \leqslant 10$ 的能量。

解：离散信号的能量定义为

$$E = \lim_{N\to\infty}\sum_{k=-N}^{N}|f[k]|^2 \tag{8-1}$$

根据式(8－1)，程序如下。

```
k=0:10;
fk=(-1.6).^k;
E=sum(abs(fk).^2)
E=
  1.9838e+004
```

8.2 信号和系统的时域分析

信号的时域分析是指在给定传递函数和输入信号的情况下，求解系统的输出。系统的时域模型主要指微分方程和差分方程，当然也可以由传递函数(如拉氏变换、Z变换等)给出。求解时域响应的方法包括经典解法和现代解法，经典解法是指高等数学中求解微分方程或差分方程的方法，而现代解法是指卷积积分或卷和运算。

8.2.1 连续系统的冲激响应

若系统的微分方程或传递函数为

$$\sum_{i=0}^{n}a_i y^{(i)} = \sum_{j=0}^{m}b_j f^{(j)}(t) \tag{8-2}$$

$$H(s)=\frac{Y(s)}{F(s)}=\frac{b_0 s^m+b_1 s^{m-1}+\cdots+b_{m-1}s+b_m}{a_0 s^n+a_1 s^{n-1}+\cdots+a_{n-1}s+a_n},\ n\geqslant m \tag{8-3}$$

对于物理上可实现的系统，$n\geqslant m$。一般情况下，系数 $a_0=1$，若不为1则分子分母可以同时除以 a_0。

由微分方程和传递函数的关系可知，传递函数和微分方程中的系数 a_i 和 b_i 是严格对应的，因此，两种形式给出传递函数都可以用下面的方法解决。

y=impulse(b，a)，用于绘制向量a和b定义的LTI(线性时不变)系统的冲激响应。

y=step(b，a)，用于绘制向量a和b定义的LTI(线性时不变)系统的阶跃响应。

其中，a和b表示由系统微分方程中的 a_i 和 b_i 组成的系数向量。

例8－8 求系统 $7y''(t)+4y'(t)+6y(t)=f'(t)+f(t)$ 的冲激响应和阶跃响应。

解：程序如下。

```
a=[7 4 6];
b=[1 1];
subplot(1,2,1);impulse(b,a);                % 冲激响应
title('冲激响应');xlabel('时间');ylabel('幅值');
subplot(1,2,2);step(b,a);                   % 阶跃响应
title('阶跃响应');
xlabel('时间');
ylabel('幅值');
```

系统的冲激响应和阶跃响应如图 8.10 所示。

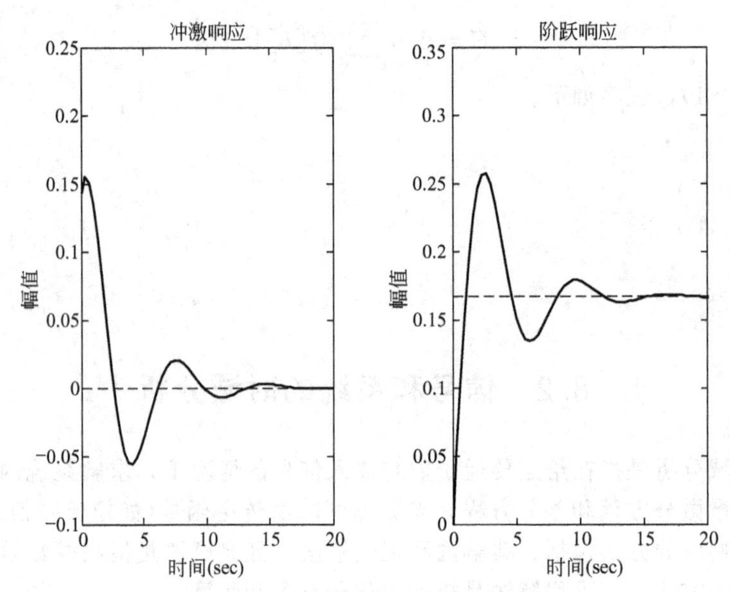

图 8.10 系统的冲激响应和阶跃响应

8.2.2 连续系统的零状态响应

LTI 连续系统以常系数微分方程描述，系统的零状态响应可通过求解初始状态为零的微分方程得到。MATLAB 提供的零状态响应函数为 lsim，其调用格式为

```
y= lsim(sys,f,t)
```

其中，t 是系统零状态响应的抽样点，f 是输入信号，sys 是 LTI(线性时不变)系统的模型，可以是微分方程、差分方程或状态空间方程。在求解微分方程时，LTI(线性时不变)系统的模型 sys 要借助函数 tf 来获得，其调用格式为

```
sys=tf(b,a)
```

其中，a、b 分别对应传递函数中输出和输入的系数向量。

例 8-9 已知系统 $y''(t)+2y'(t)+77y(t)=f(t)$。求输入信号为 $f(t)=10\sin 2\pi t$ 时，该系统的零状态响应。

解：程序如下。

```
sys=tf([1],[1 2 77]);
t=1:0.01:5;
f=10*sin(2*pi*t);
y=lsim(sys,f,t);
plot(t,y);
```

系统的零状态响应如图 8.11 所示。

8.2.3 离散系统的零状态响应

离散系统可以用差分方程来描述。

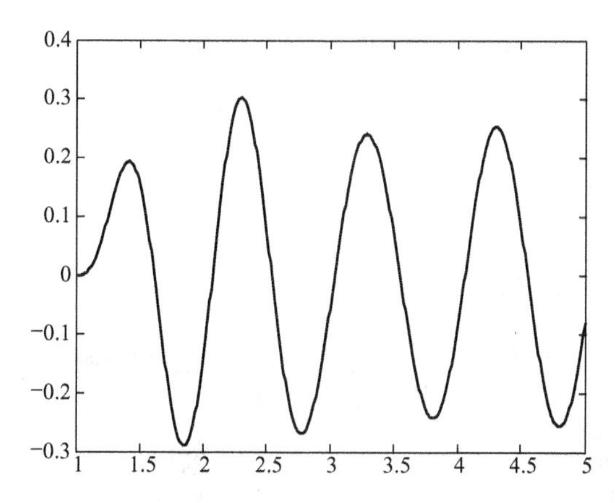

图 8.11 零状态响应

$$\sum_{i=0}^{n} a_i y[k-i] = \sum_{j=0}^{m} b_j f[k-j] \tag{8-4}$$

式中：$f[k]$、$y[k]$ 分别表示离散系统的输入和输出，n 表示差分方程的阶数。已知差分方程的 n 个初始状态和输入 $f[k]$，就可以利用迭代计算法来计算系统的输出。

$$y[k] = -\sum_{i=0}^{n} \frac{a_i}{a_0} y[k-i] + \sum_{j=0}^{m} \frac{b_j}{b_0} f[k-j] \tag{8-5}$$

在零初始状态下，MATLAB 工具箱提供了一个 filter 函数来计算差分方程的零状态响应，其调用格式为

```
y=filter(b,a,f)
```

其中，b、a 分别是差分方程输入和输出的各阶差分系数所组成的向量，f 为输入序列，y 为输出序列。注意：输出序列和输入序列的长度应当相等。

例 8-10 已知某LTI系统的输入输出关系为 $y[k]=\frac{1}{M}\sum_{n=0}^{M-1} f[k-n]$，输入信号为 $f[k]=s[k]+d[k]$，其中 $s[k]=2(k)*0.9^k$，$d[k]$ 是随机信号。试用 MATLAB 编程求系统的零状态响应。

解： 随机信号 $d[k]$ 可以由 rand 函数产生，假设 $M=5$。则程序如下。

```
R=51;                              % 信号长度
d=rand(1,R)-0.5;                   % 产生区间[-0.5 0.5]的随机数
k=0:R-1;
s=2*k.*(0.9.^k);
f=s+d;
subplot(1,2,1)
stem(k,f);
title('输入信号 f(k)');
axis([0 50 0 8]);
M=5;
b=ones(M,1)/M;
```

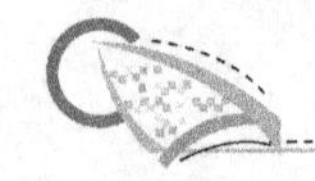


```
a=1;
y=filter(b,a,f);
subplot(1,2,2)
stem(k,y);
title('系统响应 y(k)');
axis([0 50 0 8]);
```

该系统的零状态响应如图 8.12 所示。

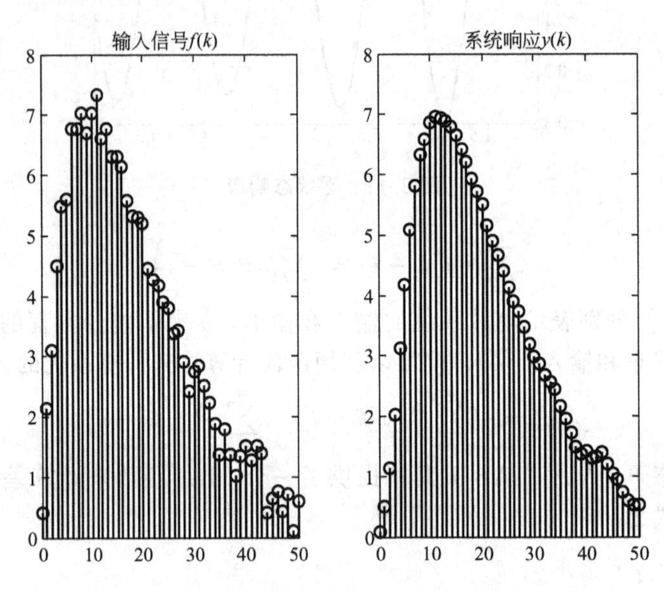

图 8.12　离散系统的零状态响应

8.2.4　离散系统的冲激响应

在 MATLAB 中，可以用 impz 函数来求解系统的冲激响应，其调用格式为

```
h=impz(b,a,k)
```

其中，b、a 分别是差分方程输入、输出的系数向量，k 表示输出序列的时间取值范围，h 就是系统的单位冲激响应。

例 8-11　某离散系统的差分方程为 $6y[k]-5y[k-1]+y[k-2]=f[k]$，初始条件为 $y[0]=0$，$y[1]=1$，求其冲激响应、零状态响应和完全响应。

解：程序如下。

```
k=-10:20;a=[6-5 1];b=[1];
subplot(1,3,1),impz(b,a,k);title('冲激响应');          % 冲激响应
kj=0:30;fk=cos(kj*pi/2);yf=filter(b,a,fk);             % 零状态响应
subplot(1,3,2),stem(kj,yf);
title('零状态响应');
axis([0 30-0.15 0.2]);                                   % 完全响应
y(1)=0;y(2)=1;                                           % 初值
```

```
for m=3:length(kj);
    y(m)=(1/6)*(5*y(m-1)-y(m-2)+fk(m));
end
subplot(1,3,3),stem(kj,y);
title('完全响应');
axis([0 30-0.15 1.1]);
```

程序运行结果如图 8.13 所示。

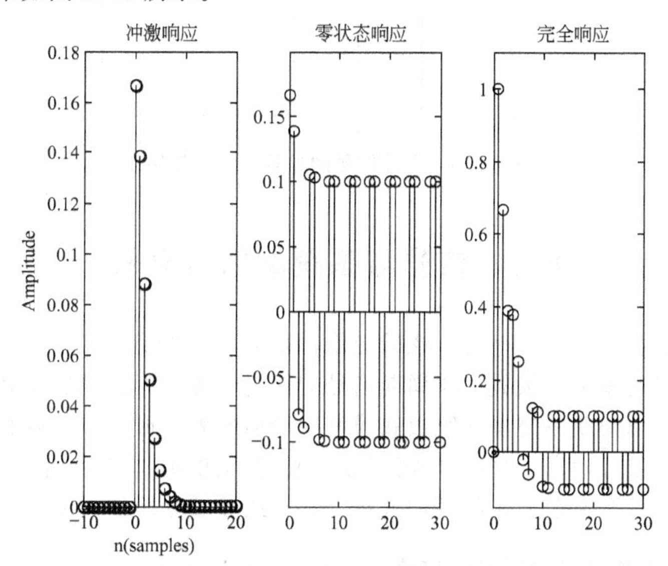

图 8.13　离散系统的冲激响应、零状态响应和完全响应

8.2.5　卷积和的运算

卷积和是计算离散系统零状态响应的强有力的工具之一，卷积和函数 conv 的调用格式为

```
c=conv(a,b)
```

其中，序列 c 的时间起点为两个向量 a、b 的时间起点之和，终点为两个向量 a、b 的时间终点之和，长度为 a、b 长度之和减 1。

例 8-12　已知序列 $x[k]=\{1, 2, 3, 4; k=0, 1, 2, 3\}$，$y[k]=\{1, 1, 1, 1, 1; k=0, 1, 2, 3, 4\}$，计算 $x[k]*y[k]$，并绘制卷积和的结果。

解：程序如下。

```
x=[1 2 3 4];y=[1 1 1 1 1];z=conv(x,y)
k=0:7  % z 的时间起点为 0+0,终点为 3+4
stem(k,z)
k=
  0 1 2 3 4 5 6 7
z=
  1 3 6 10 10 9 7 4
```

程序运行结果如图 8.14 所示。

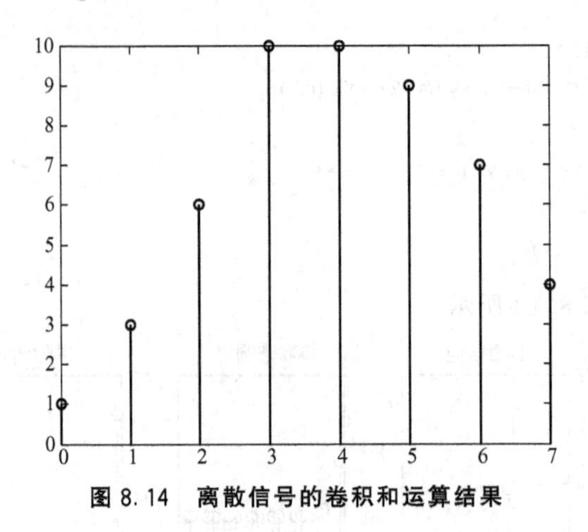

图 8.14 离散信号的卷积和运算结果

8.3 信号与系统的频域分析

信号的频域分析在实际中有着广泛的应用，是 LTI 系统分析的基础。对于连续信号的分析，如周期信号的傅里叶级数、非周期信号的傅里叶变换等，都需要利用其相应的公式进行分解或变换，以便获得傅里叶级数和傅里叶变换的表达形式，然后利用绘图工具绘制其频谱。对于连续信号而言，MATLAB 无法提供专门的函数进行频谱分析和处理。因此，本节只讨论离散信号和离散系统的频谱分析，并介绍频域分析的应用(以数字滤波为例)。

8.3.1 离散傅里叶变换及其逆变换

傅里叶变换可以将时域信号转换为频域信号，以便分析信号的频域特性，其逆变换则把频域信号转换为时域信号。傅里叶变换的原理是把一个时域信号分解成用不同频率的正弦信号(或复信号)线性组合的形式，这样时域信号所包含的频率成分就一目了然了。

离散傅里叶变换 DFT 是数字信号分析的主要工具，快速傅里叶变换是对离散傅里叶变换 DFT 进行快速计算的有效算法。在 MATLAB 中，利用函数 fft 和 ifft 分别计算一维信号的离散傅里叶变换和其逆变换。对于二维信号，离散傅里叶变换和离散傅里叶变换逆变换函数分别为 fft2 和 ifft2。函数 fft 和 ifft 的调用格式为

```
y=fft(x,n)
Y=ifft(X,n)
```

函数说明如下。

(1) x 和 X 分别为待变换的输入向量，x 为时域信号，X 为频域信号。

(2) n 表示进行变换的点数，可以默认，若输入的序列比 n 短，则 fft 和 ifft 用 0 填充序列，使其长度为 n；若输入的序列比 n 长，则截短输入序列。

(3) n 默认时，变换的点数为输入序列的长度。

(4) n 为 2 的幂数时，计算速度最快。

例 8－13 对信号 $x(t)=\sin 100\pi t+\sin 240\pi t$ 进行傅里叶变换，然后对变换后的序列进行傅里叶逆变换，并绘制它们的图像。

解：程序如下。

```
N=512;                                      % N为采样点数
T=1;                                        % T为采样时间终点
t=linspace(0,T,N);                          % 给出N个采样时间 ti(i=1:N)
x=sin(2*pi*50*t)+5*cos(2*pi*120*t);         % 求各采样点样本值 x
figure(1),plot(x(1:30));                    % 绘制输入信号的部分波形
dt=t(2)-t(1);                               % 采样周期
f=1/dt;                                     % 采样频率(Hz)
X=fft(x);                                   % 计算 x 的快速变换 X
F=X(1:N/2+1);                               % F(k)=X(k)(k=1:N/2+1)
f=f*(0:N/2)/N;                              % 使频率轴 f 从零开始
figure(2),plot(f,abs(F),'-*')               % 绘制振幅-频率图
xlabel('Frequency');ylabel('|F(k)|');
z=ifft(X);                                  % 傅里叶逆变换
Z=real(z);                                  % 逆变换后的信号是复信号,去其实部即可
figure(3),plot(Z(1:30));                    % 绘制逆变换后的信号
```

程序运行结果如图 8.15、图 8.16 和图 8.17 所示。

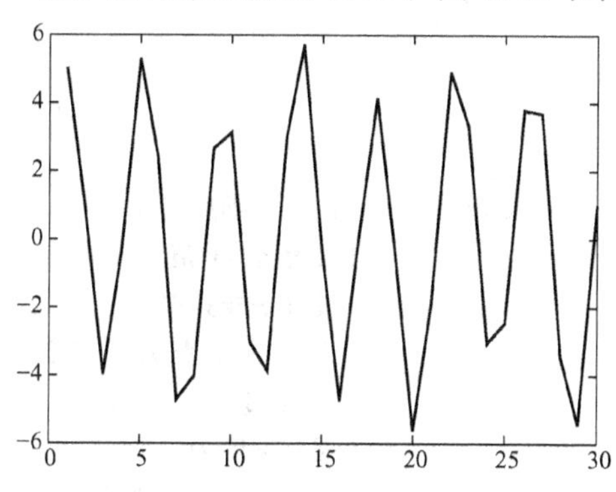

图 8.15 输入信号的时域图

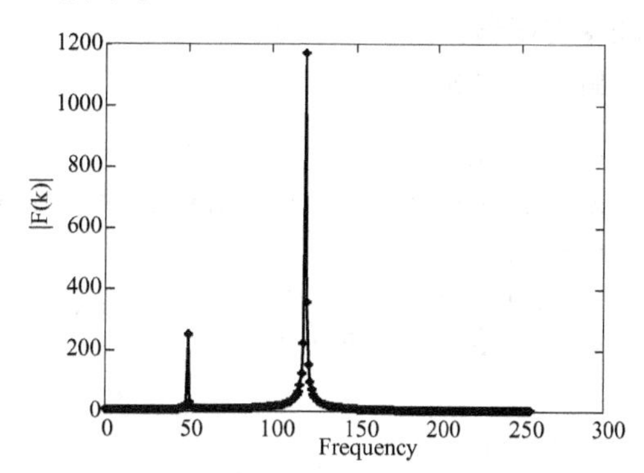

图 8.16 输入信号的频谱

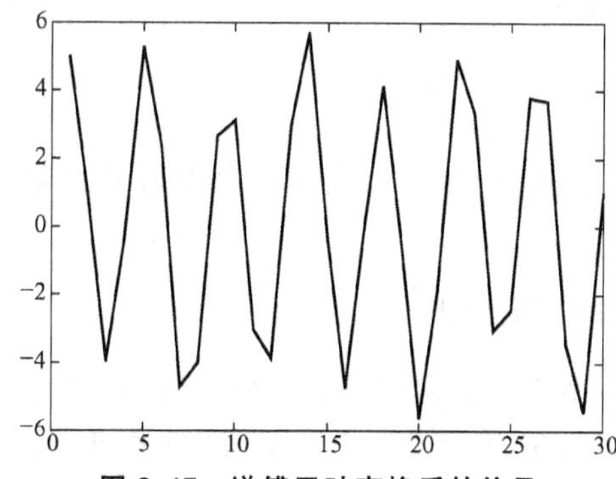

图 8.17 逆傅里叶变换后的信号

从程序运行结果可知，图 8.15 和图 8.17 是完全一致的，说明傅里叶变换和傅里叶逆变换是严格对应的。从图 8.16 可知，频谱在 50Hz 和 120Hz 有两个冲激，说明原时域信号中同时含有频率为 50Hz 和 120Hz 的两个周期信号。

8.3.2 信号的功率密度谱

信号的功率密度谱是信号功率谱密度值在频率范围内的分布，具体表现就是不同频段上波形幅值的变化。功率谱是进行频率分析的基础，在许多工程方面有着重要的意义。在MATLAB中，求取信号的功率密度谱用函数psd来实现，该函数的调用格式为

```
[Pxx,f]=psd(Xn,nfft,Fs,window,noverlap)
```

函数说明如下。

(1) Pxx为输入信号Xn的功率谱密度数值序列，f为与Pxx对应的频率序列。

(2) Xn为输入的时域信号，nfft为计算FFT的单位宽度，Fs为采样频率，window为声明窗函数的类型，noverlap是处理Xn混叠的点数。

(3) 使用psd函数计算信号的功率密度谱的基本原理是：把输入时域信号Xn分成许多连续的区域，对每个区域加窗(窗函数的类型由window设置)，然后做FFT计算，每两个相邻的区域之间有个重叠的区域(大小由noverlap设置)。把每个区域计算所得的序列先做模计算，然后对所有区域的序列进行求和，最后用这个和除以计算过的功率分布范围就得到了信号的功率密度谱。

例8-14 在时域信号$x(t)=\sin(120\pi t)+2\sin(320\pi t)$掺入随机噪声，并绘制该信号的功率密度谱。

解：程序如下。

```
t=0:0.001:1;
x=sin(2*pi*60*t)+2*sin(2*pi*160*t)+randn(size(t));   %信号加噪声
nfft=256;                                            %设置nfft值
Fs=1000;                                             %设置采样频率
window=hanning(nfft);                                %设置窗函数为汉宁窗,窗宽
                                                      为256
noverlap=128;                                        %混叠宽度为128点
[Pxx,f]=psd(x,nfft,Fs,window,noverlap);              %计算功率密度谱
plot(t(1:200),x(1:200));                             %绘制输入信号
figure,plot(f,Pxx)                                   %绘制功率密度谱
```

程序运行结果如图8.18所示。

从图8.18可以看出，经过psd函数的计算，随机噪声的能量被大大地弱化，而周期信号的能量得到了加强。

8.3.3 信号的互相关功率密度谱

信号的相关分为自相关和互相关两种类型，分别说明一个信号与自己或另外一个信号之间在频域上的相似性。信号的互相关功率密度谱(如果两个信号完全相同，则为自相关功率密度谱)在故障诊断和状态预测等方面有广泛的应用，例如检测振动信号中是否有周期信号、检测零部件裂缝的位置及孔洞的大小等。在MATLAB中，求取信号的互相关功率密度谱用函数csd来实现，该函数的调用格式为

```
[Pxy,f]=csd(x,y,nfft,Fs,window,noverlap)
```

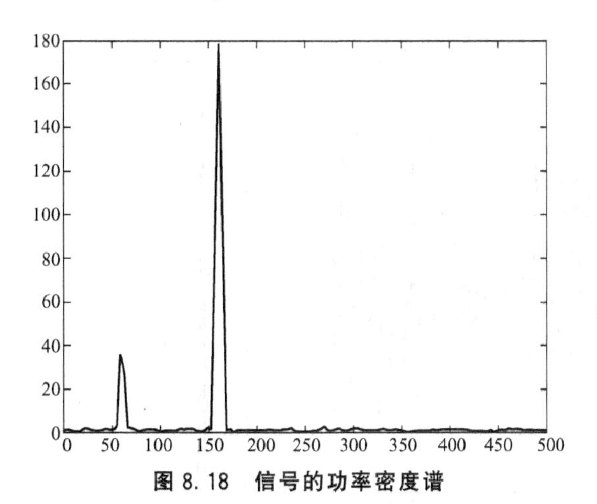

图 8.18　信号的功率密度谱

函数说明如下。

(1) x 和 y 分别为两个时域的输入信号，nfft 为计算 FFT 的单位宽度，Fs 为采样频率，window 是指窗函数的类型，noverlap 是处理 Xn 混叠的点数。

(2) Pxy 为互相关功率密度谱的数值序列，f 为相应的频率轴。

(3) 该函数与功率密度谱函数 psd 的原理基本相似。

(4) 该函数的主要作用是用来辨认信号中的周期成分。

例 8-15　求一个含有频率为 100Hz 正弦波的随机噪声信号的自相关功率密度谱，并绘制其图像。

解： 程序如下。

```
t=0:0.001:1;x=sin(2*pi*100*t)+randn(size(t)); %含有频率为 100Hz 正弦波的随机信号
nfft=256;                                      %设置 nfft 值
Fs=1000;                                       %设置采样频率
window=hanning(256);                           %设置窗函数为汉宁窗,窗宽为 256
noverlap=128;                                  %混叠宽度为 128 点
[Pxx,f]=csd(x,x,nfft,Fs,window,noverlap);      %计算自相关功率密度谱
subplot(1,2,1),plot(t(1:200),x(1:200));title('含有正弦信号的随机噪声');
                                               %绘制输入信号
subplot(1,2,2),plot(f,Pxx); title('功率密度谱') %绘制功率密度谱
```

程序运行结果如图 8.19 所示。

由图 8.19 可知，自相关功率密度值都大于 0，事实上自相关功率谱还是偶函数。从时域图像中很难看出此输入信号中含有周期成分，更不要说确定周期成分的周期，但是从自相关谱中很容易看出这个看似杂乱无章的信号中含有频率为 100Hz 的周期成分。

例 8-16　试绘制两个时域信号之间的互相关功率谱。

解： 程序如下。

```
t=0:0.001:1;x=sin(2*pi*300*t)+2*sin(2*pi*160*t)+randn(size(t));
y=sin(2*pi*100*t)+2*sin(2*pi*180*t)+randn(size(t));
nfft=256;                                      %设置 nfft 值
```

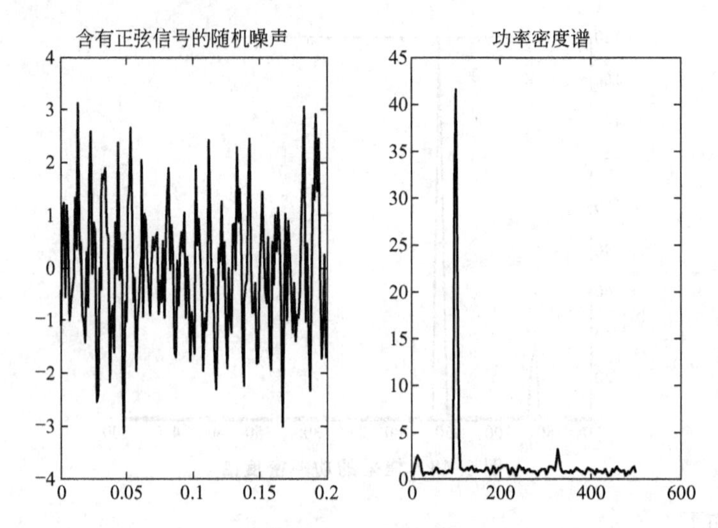

图 8.19　含有正弦信号的随机噪声及其自相关功率密度谱

```
Fs=1000;                                        %设置采样频率
window=hanning(256);                            %设置窗函数为汉宁窗,窗宽为 256
noverlap=128;                                   %混叠宽度为 128 点
[Pxy,f]=csd(x,y,nfft,Fs,window,noverlap);       %计算互相关功率密度谱
plot(f,Pxy)                                     %绘制功率密度谱图像
```

程序运行结果如图 8.20 所示。

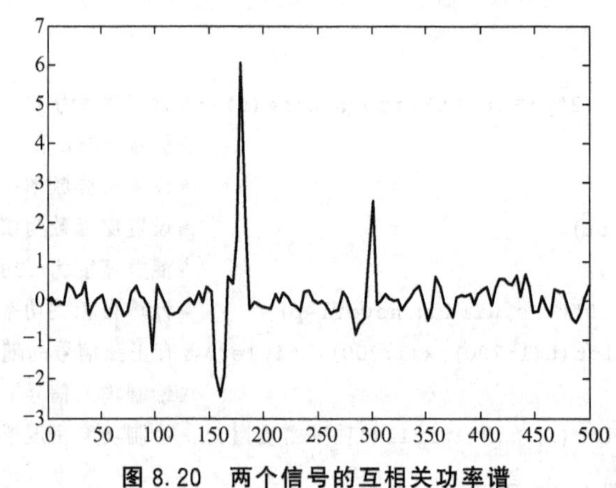

图 8.20　两个信号的互相关功率谱

两个信号分别含有频率为 160Hz、300Hz 和 100Hz、180Hz 的正弦波，从信号的互相关功率谱可以明显观察到这些频率的周期信号。从图 8.20 可知，互相关功率谱不全为正值。

8.3.4　数字滤波器

滤波器设计的目的是对信号进行数据序列的频率变换，去掉不需要的频率成分，变换成输出序列。一般有低通(滤除高频成分)、高通(滤除低频成分)、带通(滤除通频带两端的频率成分)和带阻(滤除声明的阻频带部分)等几种滤波器。

一般来讲，数字滤波器的输出序列 $y(n)$的 Z 变换 $Y(z)$与滤波器的输入序列 $x(n)$的 Z

变换 $X(z)$是相关联的，常常表述如下。

$$Y(z)=H(z)X(z)=\frac{b(1)+b(2)z^{-1}+\cdots+b(m+1)z^{-m}}{a(1)++a(2)z^{-1}+\cdots+a(n+1)z^{-n}}X(z) \tag{8-6}$$

其中，$H(z)$是滤波器的传递函数，常量 $a(i)$和 $b(j)$是滤波器的系数，而滤波器的阶次是 m 和 n 中的较大值，滤波器的系数分别以两个行向量 a 和 b 的形式被存储起来。

在 MATLAB 中，滤波运算用函数 filter 来实现，该函数的调用格式为

```
y=filter(b,a,x)
```

其中，a、b 是滤波器的系数向量。滤波器的输出序列 y 和输入序列 x 的长度(即采样点数)是相等的。

在 MATLAB 中，不同的滤波器类型是通过不同的函数计算来实现的。滤波器有很多类型，其对应的函数也各不相同，下面介绍其中的一类滤波器，即 Butterworth 滤波器。当计算出 Butterworth 滤波器的系数后，即可用之来实现信号的滤波。

例 8-17 在正弦信号 $x(t)=\sin 50\pi t$ 中加入随机噪声，采样频率为 1000Hz，请滤除其中频率为 30Hz 以上的噪声。

解：程序如下。

```
t=0:0.001:0.5;
x=sin(50*pi*t)+randn(size(t));                    %生成输入序列
[b,a]=butter(10,30/500);                          %计算滤波器系数
y=filter(b,a,x);                                  %进行数字滤波
subplot(1,2,1),plot(t,x);axis([0 0.5-4 4]);title('含噪信号');
                                                  %绘制滤波前信号的图像
subplot(1,2,2),plot(t,y);axis([0 0.5-2 2]);title('滤波结果');
                                                  %绘制滤波后信号的图像
```

程序运行结果如图 8.21 所示。

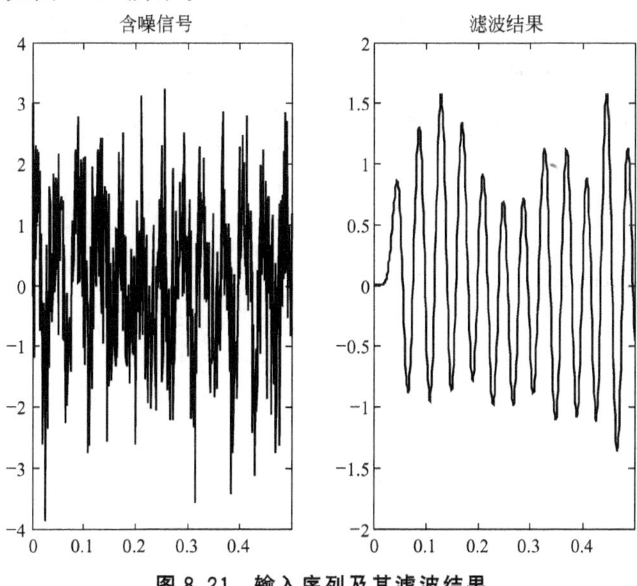

图 8.21 输入序列及其滤波结果

程序说明如下。

(1) butter(10, 30/500)是一个滤波器函数，它的第一个参数表示这个滤波器的阶数是10，此处的阶数为估计值。在不同的情况下应当选取什么样的阶次，MATLAB里面有专门的函数来计算这个数值。butter函数的阶次估计函数为buttord，其具体的用法此处不予介绍。

(2) butter(10, 30/500)的第二个参数是滤波器的标准化频率。在MATLAB中，包括butter在内的所有滤波器函数的截止频率都采用标准化频率，即以Hz为单位的截止频率除以采样频率的一半，所以标准频率是一个分布在区间［0，1］的比值。

(3) 从图8.21可知，信号中的高频成分被滤除了，但是由于其中仍然含有频率为30Hz以下的随机噪声，滤波后的信号不再是标准的正弦信号。

8.4 连续信号与系统的复频域分析

信号的频域分析建立在信号的傅里叶变换的基础上，而信号能够进行傅里叶变换的前提是必须满足狄义赫利条件，其中一条就是要求信号满足绝对可积，由于某些信号不满足这个条件，导致无法对它们进行频域分析。信号的复频域分析是在频域分析的基础上，引入适当的衰减因子，使得几乎所有的信号都满足绝对可积。复频域分析主要用在控制系统分析中，这里简要介绍复频域分析的基础知识。

8.4.1 MATLAB实现部分因式展开

一般情况下，信号的拉普拉斯变换用$F(s)$，系统的传递函数用$H(s)$表示，系统的响应用$Y(s)$表示。

在MATLAB中，函数residue可以得到$F(s)$的部分因式展开式，其调用格式为

```
[r,p,k]=residue(num,den)
```

其中，num、den分别为$F(s)$分子和分母多项式的系数向量，r为部分分式的系数，p为极点，k为多项式的系数。若$F(s)$为真分式，k=0；若$F(s)$为假分式，k为$F(s)$的分子除以分母的商的多项式系数。

例8-18 用部分因式展开法求$F(s)=\dfrac{s+2}{s^3+4s^2+4s}$的逆变换。

解：程序如下。

```
num=[1 2];den=[1 4 3 0];
[r p]=residue(num,den)
r=
  -0.1667
  -0.5000
0.6667
p=
  -3
  -1
  0
```

根据运行结果，$F(s)$可以展开为

$$F(s)=\frac{-0.1667}{s+3}+\frac{-0.5000}{s+1}+\frac{-0.6667}{s}$$

因此 $F(s)$的傅里叶逆变换为

$$f(t)=-0.1667\mathrm{e}^{-3t}\varepsilon(t)-0.5000\mathrm{e}^{-t}\varepsilon(t)+0.6667\varepsilon(t)$$

若分母不是 s 的多项式形式，则可以通过其他方式转换。如果 $F(s)$的分子多项式$B(s)$和分母多项式 $A(s)$是以因式相乘的形式出现的，则可以用函数 conv 将乘积形式转换为多项式的形式，其调用格式为

```
C=conv(A,B)
```

其中，A、B 是两个多项式的系数向量，C 是因子相乘所得多项式的系数向量。

如果分母多项式是以根或极点的形式给出的，则可以用函数 poly 将根式转换为多项式的形式，其调用格式为

```
B=poly(A)
```

例 8-19　用部分因式展开法求 $F(s)=\frac{2s^3+3s^2+5}{(s+1)(s^2+s+2)}$的逆变换。

解：程序如下。

```
num=[2 3 0 5];
den=conv([1 1],[1 1 2]);
[r p k]=residue(num,den)
r=
  -2.0000+1.1339i
  -2.0000-1.1339i
  3.0000
p=
  -0.5000+1.3229i
  -0.5000-1.3229i
  -1.0000
k=
2
```

由于产生了一对共轭复数根，因此时域表达式的求解比较复杂。为得到简洁的时域表达式，可以用函数 cart2pol 将笛卡儿坐标转换为极坐标，其调用格式为

```
[TH,R]=cart2pol(X,Y)
```

其中，X、Y 分别为笛卡儿的横坐标和纵坐标，TH 是极坐标的相角，R 是极坐标的模。

```
[angle,mag]=cart2pol(real(r),imag(r))
angle=
        2.6258
        -2.6258
        0
```

```
mag=
    2.2991
    2.2991
    3.0000
```

由此可得

$$F(s)=2+\frac{2.2991\mathrm{e}^{-2.6258\mathrm{i}}}{s+0.5000-1.3229\mathrm{i}}+\frac{2.2991\mathrm{e}^{2.6258\mathrm{i}}}{s+0.5000+1.3229\mathrm{i}}+\frac{3}{s+1.000}$$

故 $f(t)=2\delta(t)+1.1495\mathrm{e}^{-0.5t}\cos(1.3229t+2.6258)+3\mathrm{e}^{-t}\varepsilon(t)$

8.4.2 $H(s)$零极点与系统特性

系统的传递函数 $H(s)$通常是一个有理真分式，其分子分母均为 s 的多项式。MATLAB 提供了一个计算分子分母多项式根的函数 roots。

例 8-20 已知传递函数为 $H(s)=\dfrac{s-1}{s^2+4s+3}$，求系统的零极点并画出其分布图。

解：程序如下。

```
b=[1-1];a=[1 4 3];
zs=roots(b);
ps=roots(a);
plot(real(zs),imag(zs),'o',real(ps),imag(ps),'rx','markersize',12);
axis([-4 2 -2 2]);
grid on;legend('零点','极点')
```

运行结果如图 8.22 所示。

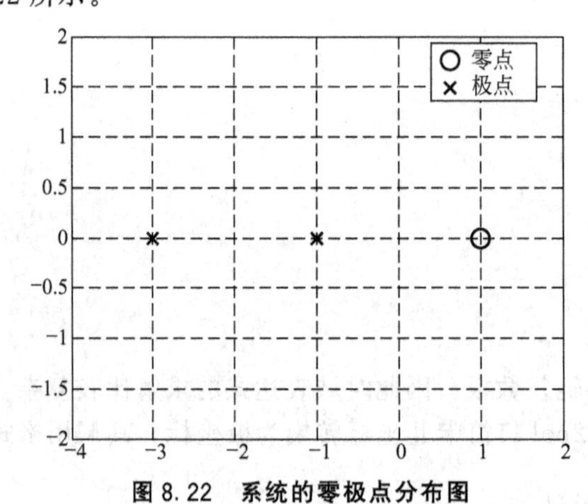

图 8.22 系统的零极点分布图

MATLAB 还提供了一种更加简便的方法来绘制零极点分布图，即直接用函数 pzmap，其调用格式为

```
pzmap(sys)
```

系统模型 sys 需要借助函数 tf 来获取，其调用格式为

```
sys=tf(b,a)
```

其中，b、a分别为系统的传递函数 $F(s)$ 分子和分母多项式的系数向量。例 8－20 也可以由以下程序来实现。

```
b=[1-1];
a=[1 4 3];
sys=tf(b, a);
pzmap(sys)
```

运行结果如图 8.23 所示。

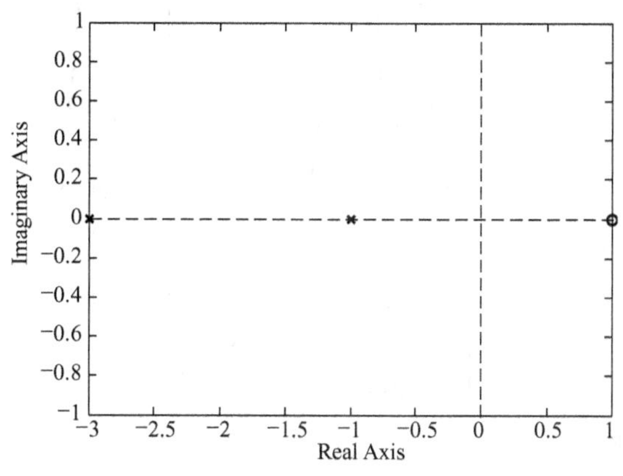

图 8.23　系统的零极点分布图

例 8－21　已知系统的传递函数为 $H(s)=\dfrac{1}{s^3+2s^2+3s+1}$，试画出系统的零极点分布图，求系统的单位冲激响应 $h(t)$ 和频率响应 $H(\mathrm{j}w)$，并判定系统的稳定性。

解： 程序如下。

```
num=[1];
den=[1 2 3 1];
sys=tf(num,den);
subplot(1,3,1)
pzmap(sys);                          %绘制零极点图
title('零极点图')
t=0:0.02:10;
h=impulse(num,den,t);                %系统冲激响应
subplot(1,3,2)
plot(t,h);title('系统冲激响应');
[H,w]=freqs(num,den);                %系统频率响应
subplot(1,3,3)
plot(w,abs(H));
title('系统频率响应')
```

程序运行结果如图 8.24 所示。

从图 8.24 可知，系统的 3 个极点都分布在 s 平面虚轴的左边，可以判定系统是稳定的。同样可以从系统的冲激响应中得到验证：当时间增加，冲激响应逐渐减小，输出收

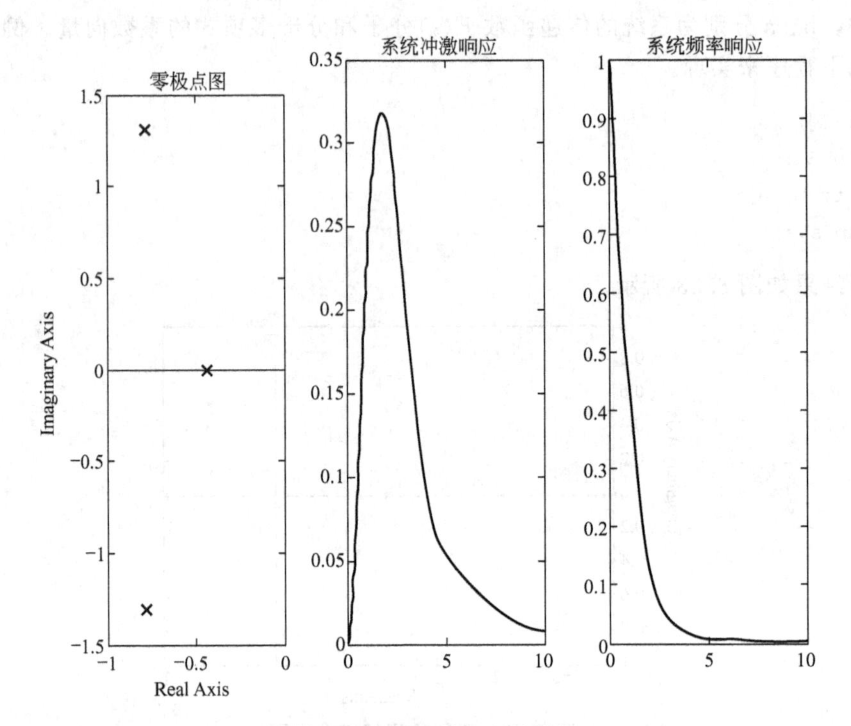

图 8.24 程序的运行结果

敛，所以该系统是稳定系统。

8.4.3 拉普拉斯变换的计算

在 MATLAB 的符号运算中，提供了计算拉普拉斯正、逆变换的函数 laplace 和 ilaplace，其调用格式为

```
F=laplace(f)
f=ilaplace(F)
```

其中，f 为信号的时域表达式的符号对象，F 为 f 的拉普拉斯变换表达式的符号对象。符号对象可以用函数 sym 来实现，其调用格式为

```
S=sym(A)
```

其中，A 为待分析表达式的字符串，S 为符号数字或变量。

例 8-22 分别用函数 laplace 和函数 ilaplace 求：①$f(t)=\mathrm{e}^{-t}\sin(at)\varepsilon(t)$的拉普拉斯变换；②$F(s)=s^2/(s^2+1)$的拉普拉斯逆变换。

解：(1) f=sym('exp(−t) * sin(a * t)');
F=laplace(f)

运行结果为 F=a/((s+1)^2+a^2)，即 $f(t)$的拉普拉斯变换为 $F(s)=\dfrac{a}{(s+1)^2+a^2}$。

(2) F=sym('s^2/(s^2+1)');
f=ilaplace(F)

运行结果为 f=dirac(t)-sin(t)，即 $F(s)$的拉普拉斯逆变换为 $f(t)=\delta(t)-\sin(t)$。

8.5 离散信号和系统的Z域分析

Z变换是对离散序列进行的一种数学变换，常用来求线性时不变系统差分方程的解。它在离散时间系统中的地位，如同拉普拉斯变换在连续时间系统中的地位。这一方法已成为分析线性时不变离散时间系统的重要工具。在数字信号处理、计算机控制系统等领域有广泛的应用。

8.5.1 MATLAB实现部分因式展开

信号的Z域表达式可以用下面的有理式来表示。

$$F(z)=\frac{b_0+b_1z^{-1}+b_2z^{-2}+\cdots+b_mz^{-m}}{1+a_1z^{-1}+a_2z^{-2}+\cdots+a_nz^{-m}}=\frac{\mathrm{num}(z)}{\mathrm{den}(z)} \tag{8-7}$$

为了能从信号的Z域中方便地获得其在时域中的原函数，可以将 $F(z)$展开成部分因式之和的形式，再对其进行Z变换。MATLAB的信号处理工具箱提供了一个对 $F(z)$进行部分因式展开的函数 residuez，其调用格式为

```
[r,p,k]=residuez(num,den)
```

其中，num、den分别表示 $F(z)$的分子和分母多项式的系数向量，r为部分因式的系数，p为极点，k为多项式的系数。若 $F(z)$为真分式，则k为0。residuez函数可以将 $F(z)$展开成部分因式之和的形式。

$$F(z)=\frac{r(1)}{1-p(1)z^{-1}}+\cdots+\frac{r(n)}{1-p(n)z^{-1}}+k(1)+k(2)z^{-1}+k(m-n+1)z^{-(m-n)} \tag{8-8}$$

例8-23 计算 $F(z)=\dfrac{18}{18+3z^{-1}-4z^{2}-z^{3}}$的部分因式展开式。

解： 程序如下。

```
num=[18];den=[18 3 -4 -1];
[r,p,k]=residuez(num,den)
r=
  0.3600
  0.2400
  0.4000
p=
  0.5000
  -0.3333
  -0.3333
k=[ ]
```

从运行结果可知，$p(2)$和 $p(3)$两个极点相同，属于二阶重极点，$r(2)$表示一阶节点前的系数，而 $r(3)$表示二阶极点前的系数。对于高阶极点，其表示方法是完全类似的。因此，本例的 $F(z)$的部分因式展开为

$$F(z)=\frac{0.36}{1-0.5z^{-1}}+\frac{0.24}{1+0.3333z^{-1}}+\frac{0.4}{(1-0.3333z^{-1})^2}$$

8.5.2 $H(z)$零极点与系统特性

如果系统的传递函数 $H(z)$的表达形式为 $H(z)=\frac{b_1 z^m+b_2 z^{m-1}+\cdots+b_{m+1}}{a_1 z^n+a_2 z^{n-1}+\cdots+a_{n+1}}$，那么传递函数的零极点可以用函数 roots 得到，也可以用 tf2zp 得到，tf2zp 的调用格式为

```
[z,p,k]=tf2zp(b,a)
```

其中，b、a 分别为 $H(z)$的分子和分母多项式的系数向量，它的作用是将 $H(z)$的传递函数形式转换为零点、极点和增益的形式，即

$$H(z)=k\frac{(z-z_1)(z-z_2)\cdots(z-z_m)}{(z-p_1)(z-p_2)\cdots(z-p_n)} \tag{8-9}$$

例 8-24 已知某系统的传递函数为 $H(z)=\frac{z^{-1}+2z^{-2}+z^{-3}}{1-0.5z^{-1}-0.005z^{-2}+0.3z^{-3}}$，假设该系统是离散的因果 LTI 系统，求该系统的零极点。

解：本例给出的传递函数的表达形式和标准形式稍有不同，但是只要分子分母同时乘以 z^3，$F(z)$就可以改写为标准形式。

$$H(z)=\frac{z^2+2z+1}{z^3-0.5z^2-0.005z+0.3}$$

程序如下。

```
b=[1 2 1];a=[1 -0.5 -0.005 0.3];
[r,p,k]=tf2zp(b,a)
r=
  -1
  -1
p=
  0.5198+0.5346i
  0.5198-0.5346i
  -0.5396
k=
  1
```

如果要直接获取系统传递函数的零极点分布图，可以使用函数 zplane(b，a)。其执行结果是在 z 平面上绘制以 b 和 a 分别作为分子、分母系数向量的传递函数的零点、极点和单位圆。

如果已知系统的传递函数 $F(z)$，可以用函数 impz 和 freqz 求系统的单位冲激响应和频率响应，并由此判定系统的稳定性。

例 8-25 已知某离散 LTI 系统的传递函数为 $H(z)=\frac{z^{-1}+2z^{-2}+z^{-3}}{1-0.5z^{-1}-0.005z^{-2}+0.3z^{-3}}$，绘制系统的零极点分布图，求解系统的单位冲激响应和频率响应，并判定系统是否稳定。

解：程序如下。

```
b=[1 2 1];a=[1 -0.5 -0.005 0.3];
figure(1);zplane(b,a);title('零极点分布图');legend('零点','极点');
```

```
                                              %绘制零极点分布图
h=impz(b,a);                                  %单位冲激响应
figure(2);stem(h,'.');title('单位冲激响应')
[H,w]=freqz(b,a);                             %频率响应
figure(3);plot(w,abs(H));title('频率响应')
```

程序运行结果如图 8.25 所示。

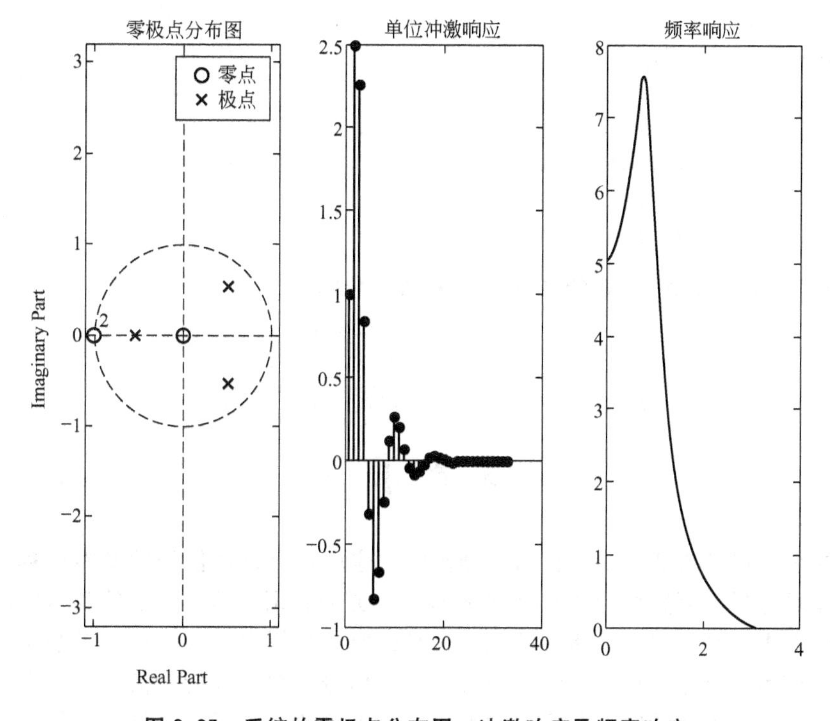

图 8.25 系统的零极点分布图、冲激响应及频率响应

在图 8.25 的零极点分布图中，符号○表示零点(旁边的数字表示零点的阶次)，符号X 表示极点，图中的虚线圆是单位圆。由图 8.25 可知，该系统的全部极点分布于单位圆内部，故系统是稳定的。

8.5.3 Z 变换的计算

在 MATLAB 的符号运算中，提供了计算 Z 变换的函数 ztrans 和 Z 逆变换的函数 iztrans，它们的调用格式为

```
F=ztrans(f)
f=iztrans(F)
```

其中，F 表示信号 f 的 Z 变换表达式，f 表示信号的时域表达式的符号对象。符号对象可以用函数 sym 来定义，调用格式为

```
S=sym(A)
```

其中，A 为待分析表达式的字符串，S 为符号数字或变量。

例 8-26 求解下列表达式的 Z 变换和 Z 逆变换。

(1) $f(k)=\cos(ak)\varepsilon(k)$的 Z 变换。

(2) $F(z)=\frac{1}{(1+z)^2}$的 Z 逆变换。

解： 程序如下。

```
f1=sym('cos(a*k)');
F1=ztrans(f1)
F2=sym('1/(1+z)^2');
f2=iztrans(F2)
F1=
  (z-cos(a))*z/(z^2-2*z*cos(a)+1)
f2=
  charfcn[0](n)-(-1)^n+(-1)^n*n
```

即(1)式的 Z 变换和(2)式的 Z 逆变换的结果分别为

$$F_1(z)=\frac{z[z-\cos(a)]}{z^2-2z\cos(a)+1}$$

$$f_2[k]=\delta[k]-(-1)^k\varepsilon[k]+k(-1)^k\varepsilon[k]$$

本 章 小 结

本章主要讲述了 MATLAB 在信号分析中的应用，分别从信号的基本运算、信号的时域分析、频域分析、复频域分析和 Z 域分析 5 个方面介绍了信号分析的基本应用。

信号的基本运算是信号分析的基础，信号的时域分析方法常常用于求解微分方程、差分方程，可应用于电路分析、数学建模等领域。信号的频域分析是信号处理中一个相当重要的工具，可用于信号的频率分析、滤波器的设计和故障诊断等领域。信号的复频域分析是对频域分析的改进，主要用于连续控制系统的分析中，也可用于微分方程的求解。Z 域分析是离散域的一种变换序列，主要用于离散控制系统的分析处理，也可用于差分方程的求解。

习 题 八

8.1 利用 impz 函数，计算系统

$$y[k]+0.7y[k-1]-0.45y[k-2]-0.6y[k-3]=$$
$$0.8f[k]-0.44f[k-1]+0.36f[k-2]+0.02f[k-3]$$

的单位脉冲响应，并绘制前 30 点的波形。

8.2 已知某连续时间系统的微分方程为

$$y''(t)+4y'(t)+3y(t)=2f'(t)+f(t)$$

其中，$f(t)=\varepsilon(t)$，$y(0^-)=1$，$y'(0^-)=2$，试求系统的零输入响应、零状态响应和完全响应，并绘制响应的波形。

8.3 已知某可实现的实际系统的 $H(jw)$为

$$H(\mathrm{j}w)=\frac{10^4}{(\mathrm{j}w)^4+26.131(\mathrm{j}w)^3+3.4142\times10^2(\mathrm{j}w)^2+2.6131\times10^3(\mathrm{j}w)+10^4}$$

用 freqs 绘制 $H(\mathrm{j}w)$ 的幅度谱和相位谱。

8.4　已知输入信号为 $f[k]=\varepsilon[k-1]-\varepsilon[k-11]$，系统的单位冲激响应为 $h[k]=0.9^k$，利用卷积和求系统的响应 $y[k]$，并绘制 $f[k]$、$h[k]$、$y[k]$ 的波形。

8.5　求 $N=64$ 点 DFT 的幅度谱，假设 $x(t)=2\sin(4\pi t)+5\cos(40\pi t)$，如果加上正态噪声 $x(t)=2\sin(4\pi t)+5\cos(40\pi t)+0.8w(t)$，比较有噪声与没有噪声的频谱的区别。

8.6　假设 $x(t)=\cos(200\pi t)+\cos(600\pi t)$，分别绘制 $x(t)$ 和 $x(t)+2w(t)$（$w(t)$ 为正态噪声）的功率密度谱，并做出适当分析。

8.7　求 N 点 DFT 的幅度值，设 $x(t)=2\sin(4\pi t)+5\cos(8\pi t)$，$t=0.01n(n=0\sim N-1)$ 分别对 $N=45$、50、55、60 的频谱幅值的情况进行讨论。

8.8　利用 MATLAB 产生 5Hz、15Hz 和 30Hz 三个正弦信号，三者相加后得到混合信号，然后产生一个带通滤波器，滤掉 5Hz 和 30Hz 的正弦信号，得到 15Hz 的正弦信号。

8.9　已知一个连续系统的传递函数为

$$H(s)=\frac{s+2}{s^3+2s^2+2s+1}$$

绘制该系统的零极点分布图，并求解系统的零输入响应、阶跃响应和频率响应。

8.10　已知一离散系统的差分方程为

$$y[k]-\frac{1}{6}y[k-1]-\frac{1}{6}y[k-2]=f[k]+2f[k-1]$$

假设输入信号为 $f[k]=0.5^k\varepsilon[k]$，系统的初始状态为 $y[-1]=1$，$y[-2]=3$，试用 filter 函数求系统的零输入响应、零状态响应和完全响应。

8.11　已知一离散系统为

$$H(z)=\frac{2z^4+16z^3+44z^2+56z+32}{3z^4+3z^3-15z^2+18z-12}$$

绘制系统的零极点分布图，判定系统的稳定性，并给出系统的阶跃响应。

习题一参考答案

1.1　解：根据信号翻转、平移、尺度变换的定义，得 $f(-2-t)\varepsilon(-t)$ 如题解图 1.1 所示。

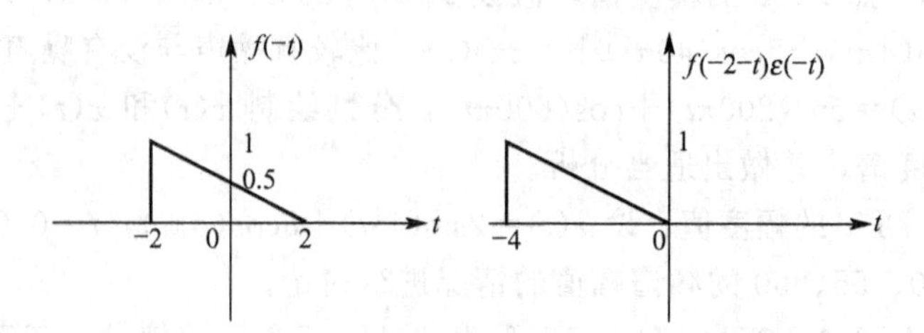

题解图 1.1

1.2　解：根据信号翻转、平移、尺度变换的定义，得 $f(2t-4)$ 如题解图 1.2 所示。

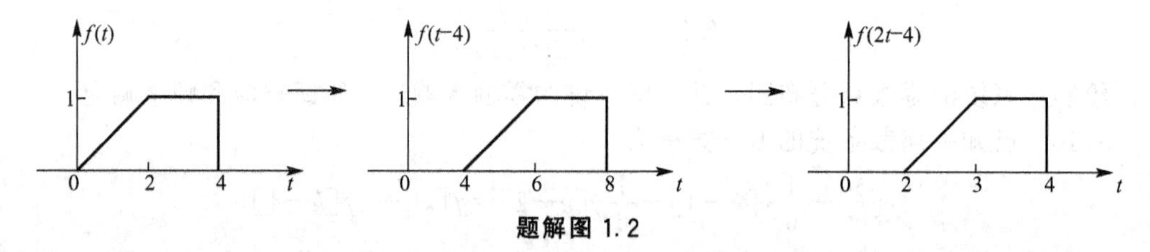

题解图 1.2

1.3　解：根据信号的定义，得 $y_1(t)$ 如题解图 1.3(a)所示，$y_2(t)$ 如题解图 1.3(b)所示。

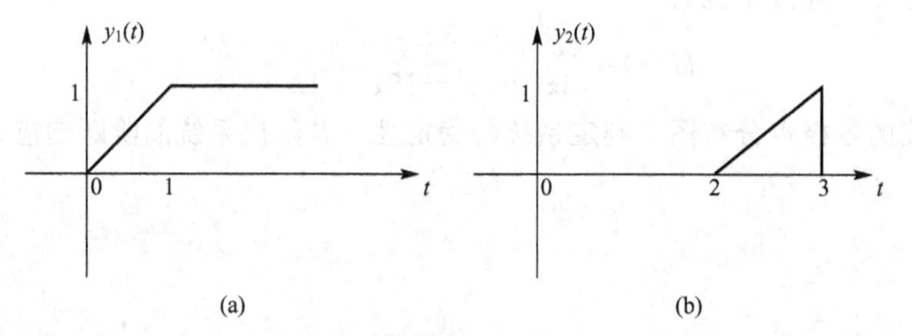

题解图 1.3

1.4　解：用阶跃信号表示信号区间。

$$f(t)=(t+3)[\varepsilon(t+3)-\varepsilon(t+1)]+2[\varepsilon(t+1)-\varepsilon(t-1)]+(-t+3)\ [\varepsilon(t-1)-\varepsilon(t-3)]$$
$$=(t+3)\varepsilon(t+3)+(-t-1)\varepsilon(t+1)+(-t+1)\varepsilon(t-1)+(t-3)\varepsilon(t-3)$$

1.5　解：(1) $f_1(t)=[\varepsilon(t)-\varepsilon(t-1)]+2[\varepsilon(t-1)-\varepsilon(t-2)]+4\varepsilon(t-2)$
$$=\varepsilon(t)+\varepsilon(t-1)+2\varepsilon(t-2)$$

(2) $f_2(t)=K\sin\left(\frac{\pi t}{T}\right)[\varepsilon(t)-\varepsilon(t-T)]$

1.6　解：非线性、时不变、因果、稳定。

1.7　解：(1) 因为 $e^{-x}[\delta(x)+\chi\delta'(x)]=\delta(x)+\delta'(x)-(-e^{-x})\mid_{x=0}\delta(x)$

$$=2\delta(x)+\delta'(x)$$

所以 $\int_{-\infty}^{t} e^{-x}[\delta(x)+\delta'(x)]dx=\int_{-\infty}^{t}[2\delta(x)+\delta'(x)]dx=2\varepsilon(x)+\delta(x)$

(2) $\int_{-\infty}^{\infty}(t^2+t+1)\delta\left(\frac{x}{2}\right)dt=\int_{-\infty}^{\infty}2(t^2+t+1)\delta(x)dt=2\int_{-\infty}^{\infty}\delta(x)dt=2$

1.8 解：(1) $(1-t)\frac{d}{dt}[e^{-2t}\delta t]=(1-t)\delta'(t)=\delta'(t)+\delta(t)$

(2) $\int_{-\infty}^{\infty}\frac{\sin(\pi t)}{t}\delta(t)dt=\lim_{t\to 0}\frac{\sin\pi t}{t}=\lim_{t\to 0}\frac{\pi\sin\pi t}{\pi t}=\pi$

1.9 解：(1) 非线性、时不变、因果、不稳定。

(2) 非线性、时不变、因果 、稳定系统。

1.10 解：(1) 因为冲激点不在积分限内，所以原式=0。

(2) $\int_{-\infty}^{\infty}e^{-j\omega t}[\delta(t)-\delta(t-t_0)]dt=\int_{-\infty}^{\infty}[\delta(t)-e^{j\omega t_0}\delta(t-t_0)]dt=1-e^{-j\omega t_0}$

1.11 解：波形如题解图 1.11 所示。

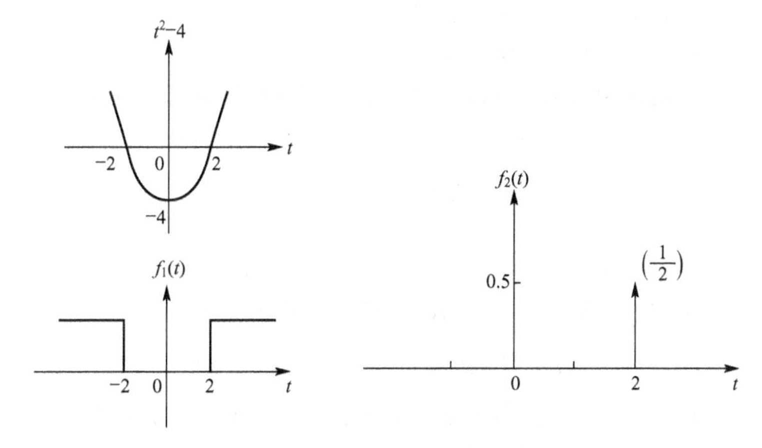

题解图 1.11

1.12 解：对题图 1.12 写出节点 a 的 KCL 方程为

$$i=i_s-i_L \tag{1}$$

或写成

$$i_L=i_s-i \tag{2}$$

写出节点 b 的 KCL 方程为

$$i_L=u'+\frac{u}{2} \tag{3}$$

写出回路 l(题解图 1.12)的 KVL 方程为

$$u=3i-i_L' \tag{4}$$

将(4)代入(3)得

$$i_L=3i-i''_L+\frac{3}{2}i-\frac{1}{2}i' \tag{5}$$

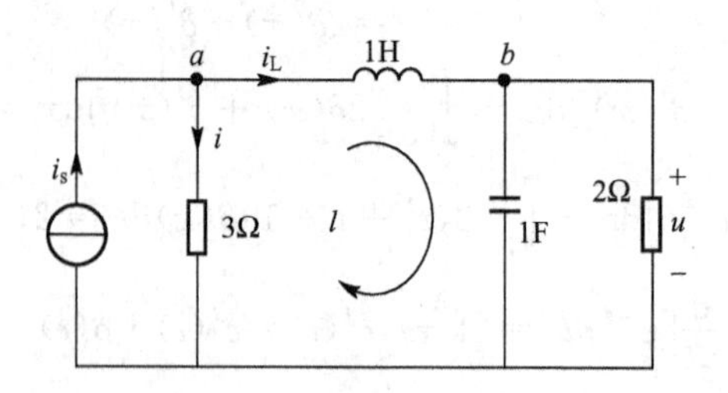

题解图 1.12

再将(2)代入(5)，整理得到以 i 为输出的输入输出方程为

$$2i''+7i'+5i=2i_s''+i_s'+2i_s$$

将(1)代入(4)得

$$u=3i_s-3i_L-i_L' \tag{6}$$

将(3)代入(6)，整理以 u 作为输出的输入输出方程为

$$2u''+7u'+5u=6i_s$$

1.13　解：(1) 线性、时变、因果、稳定系统。

(2) 线性、时变、非因果、稳定系统。

1.14　解：设零输入响应为 $y_{zi}(t)$，激励 $f(t)$引起的零状态响应为 $y_{zs}(t)$，则

$$y_1(t)=y_x(t)+y_f(t)=\mathrm{e}^{-t}+\cos(\pi t)$$

$$y_2(t)=y_x(t)+2y_f(t)=2\cos(\pi t)$$

解之得

$$y_x(t)=2\mathrm{e}^{-t},\quad y_f(t)=-\mathrm{e}^{-t}+\cos(\pi t)$$

所以相同初始状态下，激励为 $3f(t)$时的系统全响应为

$$y_3(t)=y_x(t)+3y_f(t)=-\mathrm{e}^{-t}+3\cos(\pi t),\quad t\geqslant 0$$

1.15　解：(1) $\int_{-\infty}^{\infty}\left[t^2+\sin\left(\frac{\pi t}{4}\right)\right]\delta(t+2)\mathrm{d}t=(-2)^2+\sin\left(-\frac{\pi}{2}\right)=3$

(2) $\int_{-\infty}^{t}(1-x)\delta'(x)\mathrm{d}x=\int_{-\infty}^{t}(1-x)\mathrm{d}\delta(x)$

$$=(1-x)\delta(x)\big|_{-\infty}^{t}-\int_{-\infty}^{t}\delta(x)\mathrm{d}(1-x)$$

$$=\delta(x)+\int_{-\infty}^{t}\delta(x)\mathrm{d}x=\delta(t)+\varepsilon(t)$$

1.16　解：线性、时不变、因果、不稳定系统。

1.17　解：(1) 该系统不是因果系统。

(2) 该系统是线性系统。

1.18　解：(1) 线性、时变、因果。

(2) 线性、时变、非因果。

(3) 非线性、时不变、因果。

1.19　解：(1) $\frac{\pi}{6}+\frac{1}{2}$

(2) $1-\mathrm{e}^{\mathrm{j}\omega t_0}$

1.20　解：线性、时变、因果、稳定系统。

1.21　解：设激励为 $x(t)$ 时的完全响应为 $y_{zs}(t)$。

由题意得

$$y_x(t)+y_f(t)=(2e^{-3t}+\sin 2t)\varepsilon(t)$$

$$y_x(t)+2y_f(t)=(e^{-3t}+2\sin 2t)\varepsilon(t)$$

两式相减得

$$y_f(t)=(-e^{-3t}+\sin 2t)\varepsilon(t)$$

易得

$$y_x(t)=3e^{-3t}u(t)$$

$$y_2(t)=2y_x(t)+2y_f(t)=(4e^{-3t}+2\sin 2t)\varepsilon(t)$$

习题二参考答案

2.1　解：

(1) $f_1(t)*f_2(t)=f_1(t)*[\delta(t+1)+\delta(t-1)]$

$$=f_1(t+1)+f_1(t-1)=\begin{cases} t+2, & -2\leqslant t<1 \\ -t, & -1\leqslant t<0 \\ t, & 0\leqslant t<1 \\ t-2, & 1\leqslant t<2 \\ 0, & \text{其余 } t \end{cases}$$

波形如题解图 2.1-1 所示。

(2) $f_1(t)*f_3(t)=f_1(t)*[\delta(t+1)+\delta(t)+\delta(t-1)]$

$$=f_1(t+1)+f_1(t)+f_1(t-1)=\begin{cases} t+2, & -2\leqslant t<-1 \\ 1, & -1\leqslant t<1 \\ t-2, & 1\leqslant t<2 \\ 0, & \text{其余} \end{cases}$$

波形如题解图 2.1-2 所示。

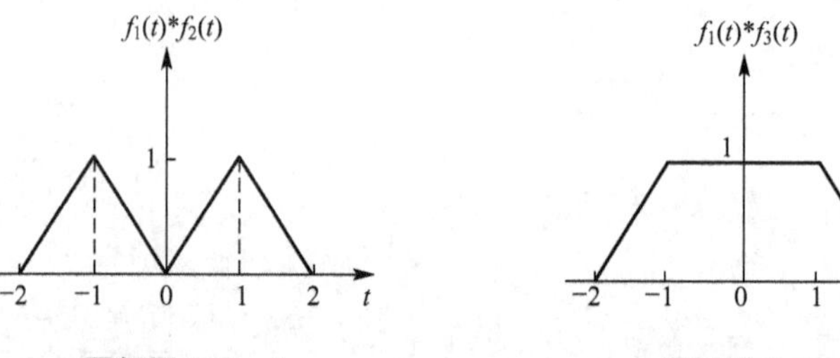

题解图 2.1-1　　　　题解图 2.1-2

(3) $f_4(t)*f_3(t)=f_4(t)*[\delta(t+1)+\delta(t)+\delta(t-1)]$

$$=f_4(t+1)+f_4(t)+f_4(t-1)$$

$$=\varepsilon(t+2)+\varepsilon(t+1)-\varepsilon(t-1)-\varepsilon(t-2)$$

波形如题解图 2.1-3 所示。

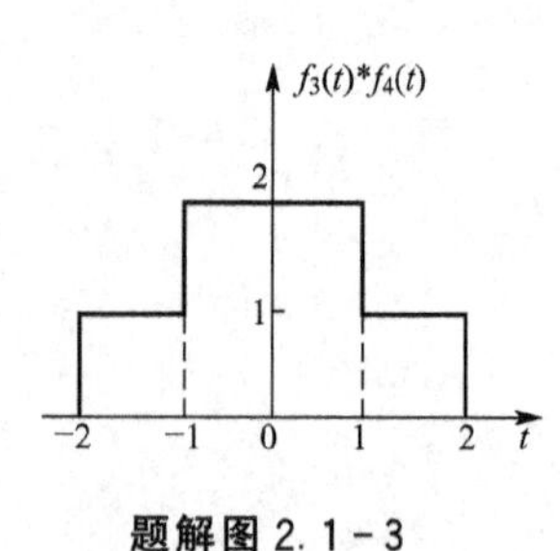

题解图 2.1-3

(4) 用图解法求卷积积分。求解过程及 $f_4(t)*f_5(t)$ 波形如题解图 2.1-4 所示。因为 $t<0$ 时，$f_4(t)*f_5(t)=0$

$0\leqslant t<2$ 时，$f_4(t)*f_5(t)=\int_1^{t+1}f_5(\tau)f_4(t-\tau)\mathrm{d}\tau=\int_1^{t+1}\mathrm{d}\tau=t$

$2\leqslant t<3$ 时，$f_4(t)*f_5(t)=\int_{t-1}^{t+1}f_5(\tau)f_4(t-\tau)\mathrm{d}\tau=\int_{t-1}^{t+1}\mathrm{d}\tau=2$

$3\leqslant t<5$ 时，$f_4(t)*f_5(t)=\int_{t-1}^{4}f_5(\tau)f_4(t-\tau)\mathrm{d}\tau=\int_{t-1}^{4}\mathrm{d}\tau=$

$5-t$

$t\geqslant 5$ 时，$f_4(t)*f_5(t)=0$

所以 $f_4(t)*f_5(t)=\int_{-\infty}^{\infty}f_5(\tau)f_4(t-\tau)\mathrm{d}\tau=\begin{cases}t, & 0\leqslant t<2\\ 2, & 2\leqslant t<3\\ 5-t, & 3\leqslant t<5\\ 0, & \text{其余 } t\end{cases}$

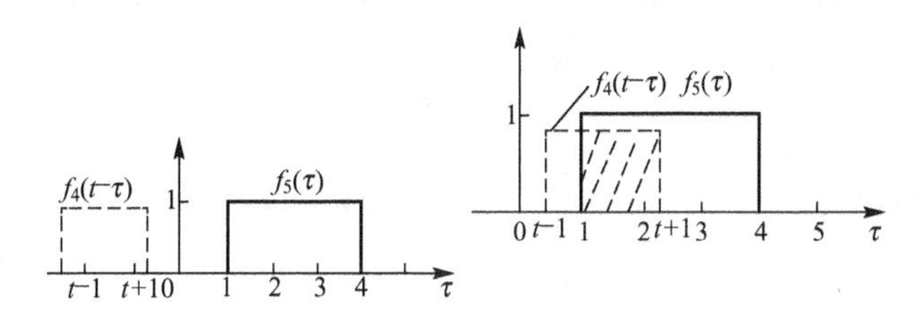

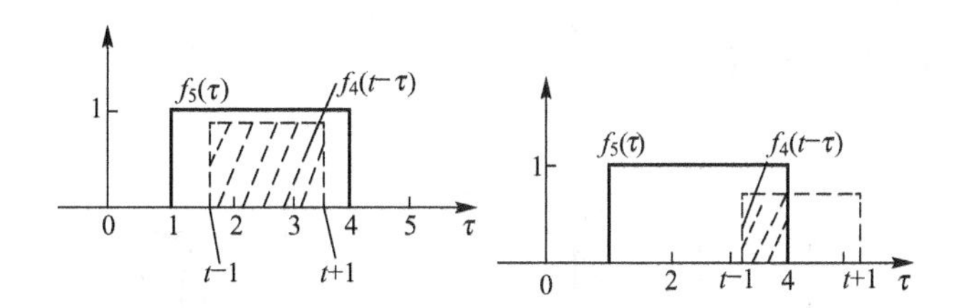

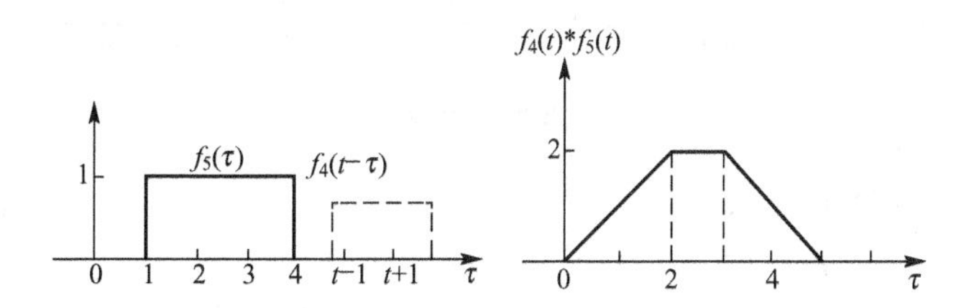

题解图 2.1-4

2.2　解：应用卷积性质和公式计算卷积积分。

(1) $\varepsilon(t)*\varepsilon(t)=t\varepsilon(t)$

(2) $\varepsilon(t)*e^{-t}(t)=\dfrac{-1}{0-1}(1-e^{-t})\varepsilon(t)=(1-e^{-t})\varepsilon(t)$

(3) $e^{-t}\varepsilon(t)*e^{-2t}(t)=\dfrac{-1}{1-2}(e^{-t}-e^{-2t})\varepsilon(t)=(e^{-t}-e^{-2t})\varepsilon(t)$

(4) $t\varepsilon(t)*\varepsilon(t)=\int_{-\infty}^{\infty}\tau\varepsilon(\tau)\varepsilon(t-\tau)\mathrm{d}\tau=\int_0^{\infty}\tau\varepsilon(t-\tau)\mathrm{d}\tau=\int_0^t\tau\mathrm{d}\tau=\dfrac{1}{2}t^2\varepsilon(t)$

(5) $e^{-t}\varepsilon(t)*t\varepsilon(t)=\int_{-\infty}^{\infty}e^{-\tau}\varepsilon(\tau)\cdot(t-\tau)\varepsilon(t-\tau)\mathrm{d}\tau=\int_0^t\tau\varepsilon(t-\tau)\mathrm{d}\tau=(e^{-t}+t-1)\varepsilon(t)$

(6) $e^{-2t}\varepsilon(t)*e^{-t}=\int_{-\infty}^{\infty}e^{-2\tau}\varepsilon(\tau)e^{-(t-\tau)}\mathrm{d}\tau=\int_0^{\infty}e^{-t}\cdot e^{-\tau}\mathrm{d}\tau=e^{-t}(-\infty<t<\infty)$

(7) $e^{-t}\varepsilon(t)*\sin t\varepsilon(t)=\int_{-\infty}^{\infty}e^{-\tau}\varepsilon(\tau)\sin(t-\tau)\varepsilon(t-\tau)\mathrm{d}\tau$

$$=\int_0^t e^{-\tau}\sin(t-\tau)d\tau=\int_0^t e^{-\tau}(\sin t\cos\tau-\cos t\sin\tau)d\tau$$

(8) $f_1(t)=\varepsilon(t-1), f_2(t)=e^t\varepsilon(2-t)$

$$f_1(t)*f_2(t)=f_2(t)*f_1(t)=\int_{-\infty}^{\infty}f_2(\tau)\cdot f_1(t-\tau)d\tau$$

结合题解图 2.2，求得

$t<3$ 时，$\int_{-\infty}^{\infty}f_2(\tau)f_1(t-\tau)d\tau=\int_{-\infty}^{\infty}e^{\tau}\varepsilon(2-\tau)\cdot\varepsilon(t-\tau-1)d\tau$

$$=\int_{-\infty}^{t-1}e^{\tau}d\tau=e^{t-1}$$

$t\geqslant 3$ 时，$\int_{-\infty}^{\infty}f_2(\tau)f_1(t-\tau)d\tau=\int_{-\infty}^{\infty}e^{\tau}\varepsilon(2-\tau)\cdot\varepsilon(t-\tau-1)d\tau$

$$=\int_{-\infty}^{2}e^{\tau}d\tau=e^2$$

所以 $$f_1(t)*f_2(t)=\begin{cases}e^{t-1}, & t<3\\ e^2, & t\geqslant 3\end{cases}$$

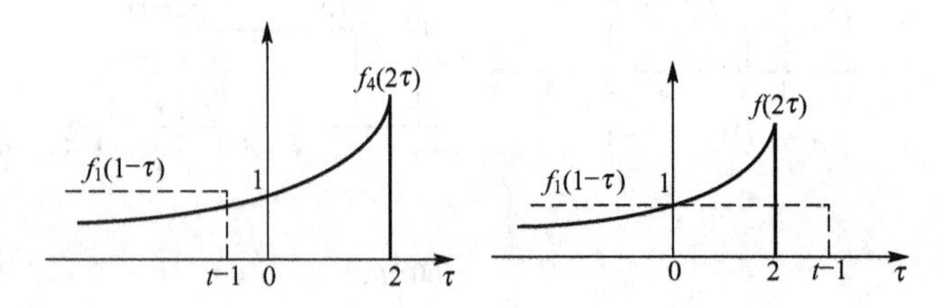

题解图 2.2

(9) 将 $f_1(t)$，$f_2(t)$改写为

$$f_1(t)=e^{-2t}\varepsilon(t-1)=e^{-2}\cdot e^{-2(t-1)}\varepsilon(t-1)$$
$$f_2(t)=e^{-3t}\varepsilon(t+3)=e^{9}\cdot e^{-3(t+3)}\varepsilon(t+3)$$

先计算

$$e^{-2t}\varepsilon(t)*e^{-3t}\varepsilon(t)=\frac{-1}{2-3}(e^{-2t}-e^{-3t})\varepsilon(t)=(e^{-2t}-e^{-3t})\varepsilon(t)$$

再应用卷积时移性质，求得

$$f_1(t)*f_2(t)=e^{-2}\cdot e^{9}(e^{-2t}-e^{-3t})\varepsilon(t)\big|_{t\to t+2}$$
$$=(e^{3-2t}-e^{1-3t})\varepsilon(t+2)$$

(10) 因为

$$t\varepsilon(t)*\varepsilon(t)=\frac{1}{2}t^2\varepsilon(t)$$

$$t\varepsilon(t)*\varepsilon(t-2)=\frac{1}{2}t^2\varepsilon(t)\bigg|_{t\to t-2}=\frac{1}{2}(t-2)^2\varepsilon(t-2)$$

所以

$$t\varepsilon(t)*[\varepsilon(t)-\varepsilon(t-2)]=\frac{1}{2}[t^2\varepsilon(t)-(t-2)^2\varepsilon(t-2)]$$

2.3 解：$f_1(t)=[f(t)\cdot\delta_T(t)]*g_\tau(t)$ $f_2(t)=[g_\tau(t)*\delta_T(t)]\cdot f(t)$

2.4　解：先画出 $f_1(t-\tau)\mid_{t=0}$ 即 $f_1(-\tau)$ 和 $f_2(\tau)$ 波形如题解图 2.4(a)所示。再令 t 从 $-\infty$ 开始增长，随 $f_1(t-\tau)$ 波形右移，分区间计算卷积积分。

$t<-1$　　$f_1(t)*f_2(t)=0$

$-1\leqslant t<0$　　$f_1(t)*f_2(t)=\int_{-1}^{t}\mathrm{d}\tau=t+1$

$0\leqslant t<1$　　$f_1(t)*f_2(t)=\int_{t-1}^{0}\mathrm{d}\tau+\int_{0}^{t}2\mathrm{d}\tau=t+1$

$1\leqslant t<2$　　$f_1(t)*f_2(t)=\int_{-1}^{1}2\mathrm{d}\tau-\int_{1}^{t}\mathrm{d}\tau=5-3t$

$2\leqslant t<3$　　$f_1(t)*f_2(t)=\int_{-1}^{2}(-1)\mathrm{d}\tau=t-3$

$t>3$　　$f_1(t)*f_2(t)=0$

最后整理得

$$f_1(t)*f_2(t)=\begin{cases}t+1, & -1\leqslant t<1\\ 5-3t. & 1\leqslant t<2\\ t-3, & 2\leqslant t\leqslant 3\\ 0, & t<-1 \text{ 或 } t>3\end{cases}$$

波形如题解图 2.4(b)所示。

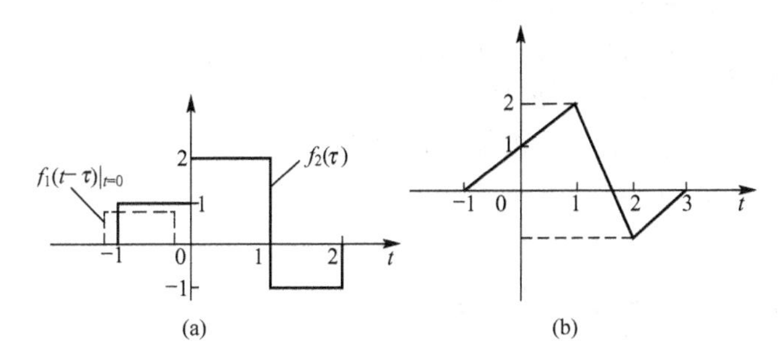

题解图 2.4

2.5　解：(1) $y_1(t)=2*f_1(t)=2S=-3$(S 为 $f_1(t)$ 与时间轴围成的面积)

(2) $y_2(t)=\dfrac{t^{n+1}}{n+1}\varepsilon(t)$

(3) $y_3(t)=\mathrm{e}^{-t}\varepsilon(t)$

(4) $y_4(t)=\mathrm{e}^{-2t}\varepsilon(t)$

2.6　解：$f(-1)=-2$，　$f(0)=-3$，　$f(1)=-2$

2.7　解：$f_1(t)*f_2(t)=[1-\mathrm{e}^{-(t-1)}]\varepsilon(t-1)-[1-\mathrm{e}^{-(t-2)}]\varepsilon(t-2)$

或者写成

$$f_1(t)*f_2(t)=\begin{cases}0, & t<0\\ 1-\mathrm{e}^{1-t}, & 1\leqslant t<2\\ \mathrm{e}^{2-t}-\mathrm{e}^{1-t}, & t\geqslant 2\end{cases}$$

2.8　解：

(1) $\begin{cases} x_1''+3x_1'+4x_1=f'+2f \\ x_2''+3x_2'+4x_2=f' \end{cases}$

(2) $\begin{cases} x_1''+3x_1'+x_1=f'+f \\ x_2''+3x_2'+x_2=f'+2f \end{cases}$

(3) $\begin{cases} x_1''-9x_1'=f''-2f'-3f \\ x_2''-9x_2'=f''-2f'-3f \end{cases}$

(4) $\begin{cases} x_1''+2x_1'+x_1=-3f'-f \\ x_2''+2x_2'+x_2=f' \end{cases}$

2.9　解：(1) $y'(t)+2y(t)=f'(t)$

(2) $y'(t)+y(t)=f'(t)+f(t)$

(3) $2y'(t)+3y(t)=f'(t)+f(t)$

(4) $y''(t)+3y'(t)+2y(t)=f''(t)+3f'(t)$

2.10　解：$H_1(p)=\dfrac{i_1(t)}{f(t)}=\dfrac{p^2+2p+1}{p^3+2p^2+2p+3}$

$H_2(p)=\dfrac{i_2(t)}{f(t)}=\dfrac{2p^2+3p+3}{p^3+2p^2+2p+3}$

$H_3(p)=\dfrac{i_3(t)}{f(t)}=\dfrac{p^2+3p}{p^3+2p^2+2p+3}$

2.11　解：$H(p)=\dfrac{u_0(t)}{f(t)}=\dfrac{p^2+3p+2}{2p^2+3p+2}$

2.12　解：(1) $y_x(t)=4e^{-2t}-3e^{-3t}$，$t\geqslant 0$

(2) $y_x(t)=(1+3t)e^{-2t}$，$t\geqslant 0$

2.13　解：

(1) $y_x(t)=1.5-2e^{-t}+0.5e^{-2t}$，$t\geqslant 0$

(2) $y_x(t)=\dfrac{1}{2}-4e^{-t}(e^{j2t}+e^{-j2t})=\dfrac{1}{2}(1-e^{-2t}\cos 2t)$，$t\geqslant 0$

(3) $y_x(t)=1-(1+2t)e^{-2t}$，$t\geqslant 0$

2.14　解：

(1) $h(t)=h_1(t)+h_2(t)+h_3(t)=\delta'(t)-2\delta(t)+(e^{-2t}+2e^{-3t})\varepsilon(t)$

(2) $h(t)=2+e^{-2t}\cos 3t$，$t\geqslant 0$

2.15　解：

(1) $g(t)=\dfrac{1}{2}(6e^{-t}-e^{-2t}+4t-5)\varepsilon(t)$

(2) $g(t)=[(t+1)-(1+2t)e^{-t}]\varepsilon(t)$

2.16　解：(1) 零状态响应为

$$u_f(t)=2(1-e^{-0.5t}-e^{-2t})\varepsilon(t)$$

(2) 零输入响应为

$$u_x(t)=e^{-0.5t}+e^{-2t},\ t\geqslant 0$$

(3) 完全响应为

$$u(t)=u_x(t)+u_f(t)=2-e^{-0.5t}-e^{-2t},\ t\geqslant 0$$

2.17 解：(1) 初始观察时刻 $t_0=0$，此时

零输入响应 $y_x(t)=[f_1(t)*h(t)]\varepsilon(t)=e^{-t}-e^{-(t+1)},\ t\geqslant 0$

零状态响应 $y_f(t)=[f_1(t)*h(t)]\varepsilon(t)=\begin{cases}1-e^{-t}, & 0\leqslant t<1\\ e^{-(t-1)}-e^{-t}, & t\geqslant 1\end{cases}$

完全响应 $y(t)=y_x(t)+y_f(t)=\begin{cases}1-e^{-(t+1)}, & 0\leqslant t<1\\ e^{-(t-1)}-e^{-(t+1)}, & t\geqslant 1\end{cases}$

(2) 初始观察时刻 $t_0=-1$，此时

零输入响应 $y_x(t)=0,\ t\geqslant -1$

零状态响应 $y_f(t)=[f_1(t)*h(t)]\varepsilon(t+1)=\begin{cases}1-e^{-(t+1)}, & -1\leqslant t<1\\ e^{-(t-1)}-e^{-(t+1)}, & t\geqslant 1\end{cases}$

完全响应 $y(t)=y_x(t)+y_f(t)=\begin{cases}1-e^{-(t+1)}, & -1\leqslant t<1\\ e^{-(t-1)}-e^{-(t+1)}, & t\geqslant 1\end{cases}$

(3) 初始观察时刻 $t_0=1$，此时

零输入响应 $y_x(t)=[f_1(t)*h(t)]\varepsilon(t-1)=e^{-(t-1)}-e^{-(t+1)},\ t\geqslant 1$

零状态响应 $y_f(t)=0,\ t\geqslant 1$

完全响应 $y(t)=y_x(t)+y_f(t)=y_x(t)=e^{-(t-1)}-e^{-(t+1)},\ t\geqslant 1$

习题三参考答案

3.1 解：

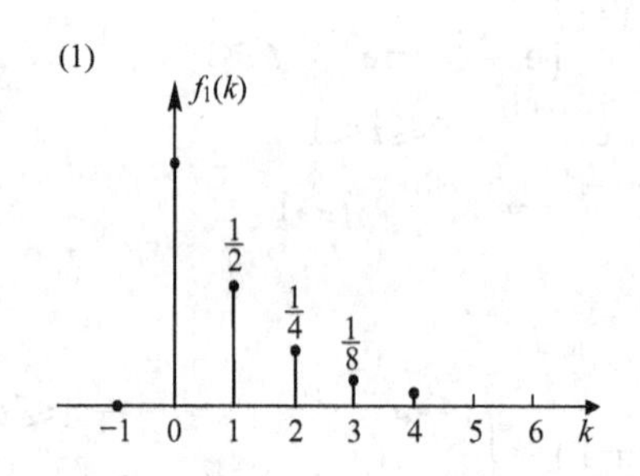

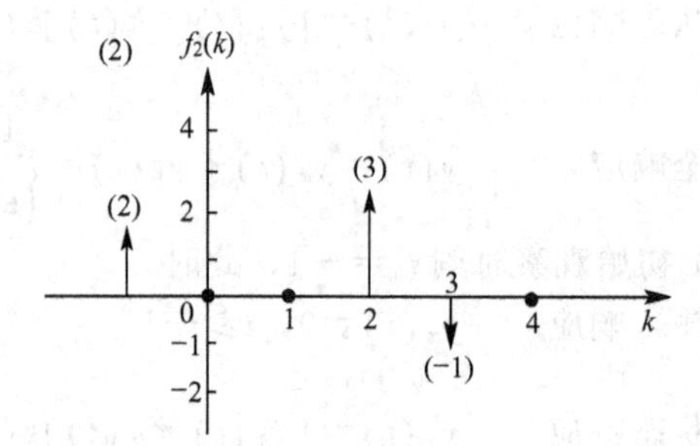

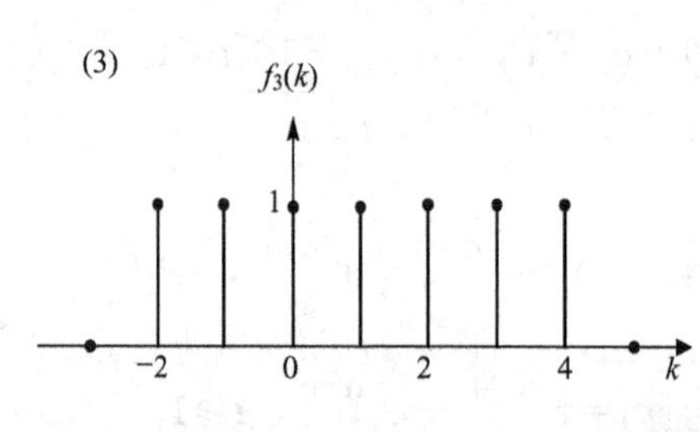

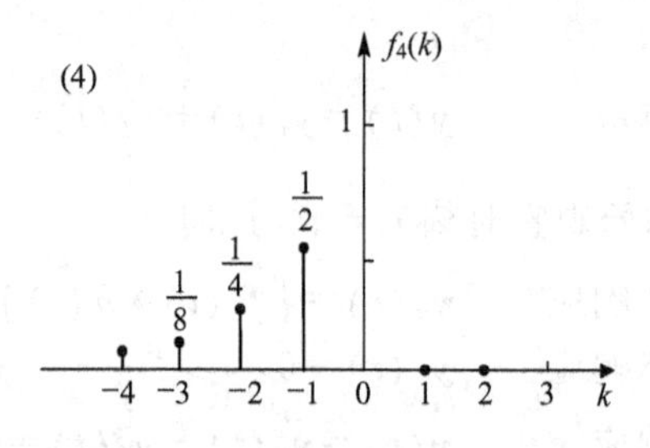

题解图 3.1

3.2 解：

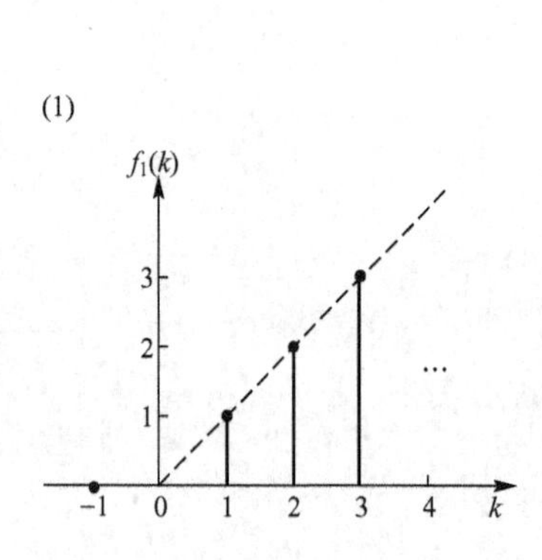

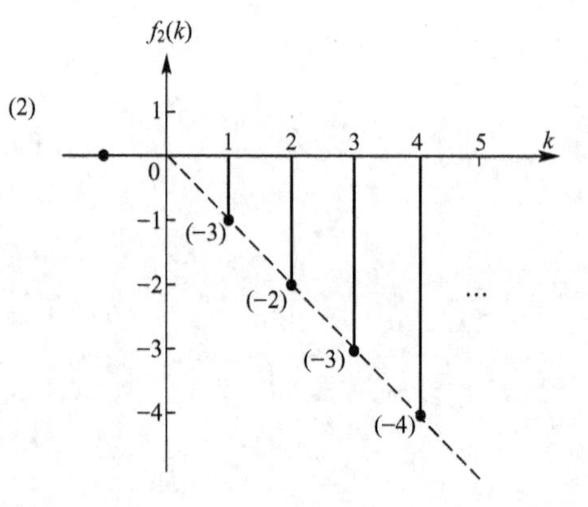

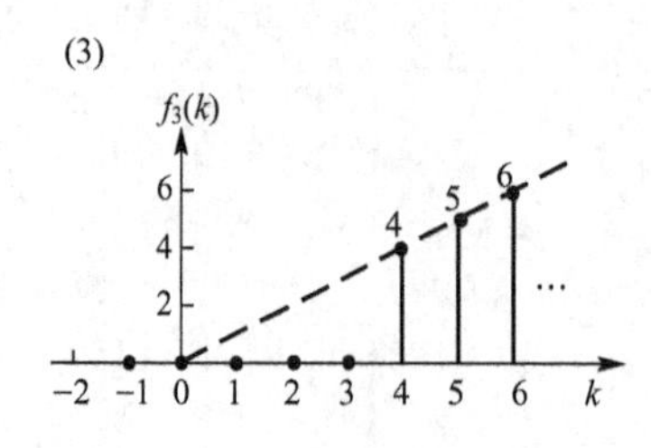

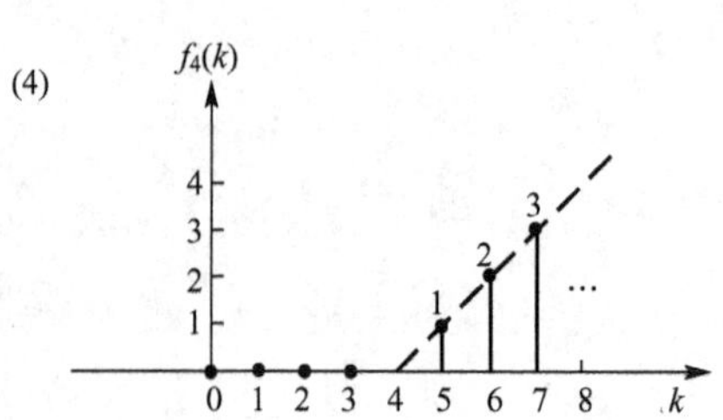

题解图 3.2

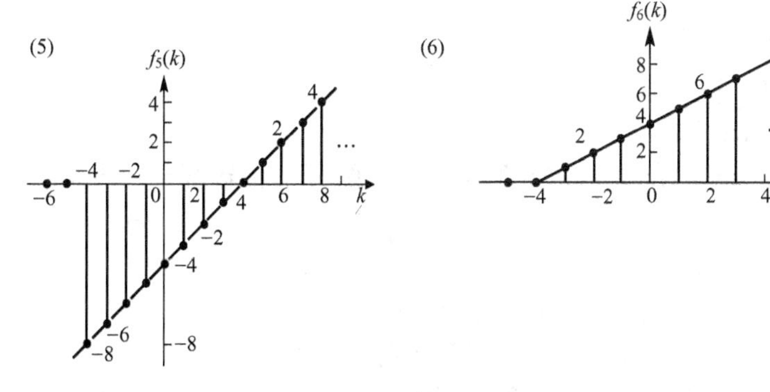

题解图 3.2(续)

3.3　解：由序列图形写出序列的表达式。

(a) $f_1(k)=\varepsilon(k-2)-\varepsilon(k-8)$

(b) $f_2(k)=\begin{cases}4-k, k=0,1,2,3\\ 4+k, k=-1,-2,-3\\ 0, \quad 其他\end{cases}$

(c) $f_3(k)=\varepsilon(k+2)-2\varepsilon(k-2)+\varepsilon(k-6)$

(d) $f_4(k)=(-1)^k\varepsilon(k)$

3.4　解：

(1) $f_1(k) * f_2(k)=\dfrac{\alpha^{k+1}-\beta^{k+1}}{\alpha-\beta}\varepsilon(k)$

(2) $f_1(k) * f_2(k)=(2-0.5^k)\varepsilon(k)$

(3) $f_1(k) * f_2(k)=2\varepsilon(1-k)+0.5^{k-2}\varepsilon(k-2)$

(4) $f_1(k) * f_2(k)=2[\varepsilon(k)+2^k\varepsilon(-k-1)]$

(5) $f_1(k) * f_2(k)=\left[2k\left(\dfrac{1}{2}\right)^k+\left(\dfrac{1}{4}\right)^k\right]\varepsilon(k)$

(6) $f_1(k) * f_2(k)=1.5\left[(-1)^{k+1}-\left(\dfrac{1}{3}\right)^{k+1}\right]\varepsilon(k)$

3.5　解：

$$g(k)=x(k) * y(k)=\begin{cases}0 & k<0 \text{ 或 } k>10\\ 2^{k+1}-1 & 0\leqslant k\leqslant 4\\ 2^{k+1}-2^{k-4} & 4<k\leqslant 6\\ 2^7-2^{k-4} & 6<k\leqslant 10\end{cases}$$

$$=\{\cdots, 0, \underset{\uparrow k=0}{1}, 3, 7, 15, 31, 62, 124, 120, 112, 96, 64, 0, \cdots\}$$

3.6　解：由系统差分方程写出传输算子 $H(E)$ 如下。

(1) $H(E)=\dfrac{cE+d}{E^2-aE+b}$

(2) $H(E)=\dfrac{1+E^{-1}}{E-2E^{-2}}$

(3) $H(E)=\frac{1-2E^{-1}}{E+5+6E^{-1}}$

(4) $H(E)=\frac{E^{-1}+3E^{-2}}{E+4E^{-1}+5E^{-3}}$

3.7　解：应用 Mason 公式，由方框或信号流图写出传输算子，进而写出系统差分方程。

(a) $y(k)+3y(k-1)+5y(k-2)=f(k)$

(b) $y(k)+3y(k-1)+5y(k-2)=f(k-2)$

(c) $y(k)-4y(k-1)-5y(k-2)=3f(k)+2f(k-1)$

(d) $y(k)+8y(k-1)+17y(k-2)+10y(k-3)=6f(k-1)+17f(k-2)+19f(k-3)$

3.8　解：

(1) $y_x(k)=(-2)^k\varepsilon(k)$

(2) $y_x(k)=(-1+2^k)\varepsilon(k)$

(3) $y_x(k)=[(-1)^k-(-2)^k]\varepsilon(k)$

(4) $y_x(k)=\frac{1}{3}[5(0.2)^k-2(-1)^k]\ \varepsilon(k)$

(5) $y_x(k)=2^k\left[\cos\left(\frac{2\pi}{3}k\right)+\sqrt{3}\sin\left(\frac{2\pi}{3}k\right)\right]\varepsilon(k)$

(6) $y_x(k)=(2k-1)(-1)^k\varepsilon(k)$

3.9　解：

(1) $h(k)=\frac{1}{6}[\delta(k)-3(2)^k+2(3)^k]\varepsilon(k)$

(2) $h(k)=\left[\frac{4}{15}(-2)^k-\frac{1}{6}+\frac{9}{10}(3)^k\right]\varepsilon(k)$

(3) $h(k)=4\delta(k)+4(k-1)(0.5)^k\varepsilon(k)$

(4) $h(k)=324\delta(k)+36\delta(k-1)+\left[106\left(\frac{1}{3}\right)^k-431\left(\frac{1}{6}\right)^k\right]\varepsilon(k)$

(5) $h(k)=\left(\frac{\sqrt{2}}{2}\right)^k\cos\left(\frac{\pi}{2}k\right)\varepsilon(k)$

3.10　解：

(1) $y_x(k)=0$

$y_f(k)=\frac{\mathrm{e}}{2\mathrm{e}+1}[\mathrm{e}^{-k}-(-2)^k]\varepsilon(k)$

$y(k)=y_x(k)+y_f(k)=y_f(k)=\frac{\mathrm{e}}{2\mathrm{e}+1}[\mathrm{e}^{-k}-(-2)^k]\varepsilon(k)$

(2) $y_x(k)=[(-1)^k-4(-2)^k]\varepsilon(k)$

$y_f(k)=\frac{1}{6}[1-3(-1)^k+8(-2)^k]\varepsilon(k)$

$y(k)=y_x(k)+y_f(k)=\frac{1}{6}[1+3(-1)^k-16(-2)^k]\varepsilon(k)$

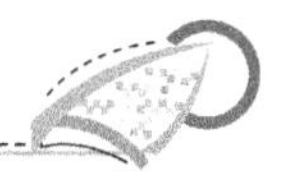

(3) $y_x(k)=7[(-2)^k-(-3)^k]\varepsilon(k)$

$y_f(k)=[3(-3)^k-2(-2)^k]\varepsilon(k)$

$y(k)=y_x(k)+y_f(k)=[5(-2)^k-4(-3)^k]\varepsilon(k)$

3.11　解：$y(k)=[(1.5+k)+(-2)^k+2(-3)^k]\varepsilon(k)$

3.12　解：

零输入响应为 $y_x(k)=[(0.2)^k+6(0.5)^k]\varepsilon(k)$

零状态响应为 $y_f(k)=[12.5-0.5(0.2)^k-5(0.5)^k]\varepsilon(k)$

自由响应(暂态响应)为 $[0.5(0.2)^k+(0.5)^k]\varepsilon(k)$

强迫响应(稳态响应)为 12.5

习题四参考答案

4.1　解：(a) 因为

$$a_0=\frac{2}{T}\int_{-\frac{T}{2}}^{0}A\mathrm{d}t=A$$

$$a_n=\frac{2}{T}\int_{-\frac{T}{2}}^{0}A\cos n\Omega t\,\mathrm{d}t=0$$

$$b_n=\frac{2}{T}\int_{-\frac{T}{2}}^{0}A\sin n\Omega t\,\mathrm{d}t=\frac{2A}{T}\left(-\frac{\cos n\Omega t}{n\Omega}\right)\Bigg|_{-\frac{T}{2}}^{0}=\begin{cases}\dfrac{-2A}{n\pi} & n\text{ 为奇数}\\ \dfrac{-2A}{(2n-1)\pi} & n=1,2,3,\cdots\end{cases}$$

所以

$$f(t)=\frac{A}{2}-\sum_{n=1}^{\infty}\frac{2A}{\pi(2n-1)}\sin\left[\frac{2\pi}{T}(2n-1)t\right]$$

(b) 因为

$$a_0=\frac{2}{T}\int_{-\frac{T}{4}}^{\frac{T}{4}}A\mathrm{d}t=A$$

$$a_n=\frac{2}{T}\int_{-\frac{T}{4}}^{\frac{T}{4}}A\cos n\Omega t\,\mathrm{d}t=\frac{2A}{T}\frac{\sin n\Omega t}{n\Omega}\Bigg|_{-\frac{T}{4}}^{\frac{T}{4}}=\begin{cases}\dfrac{2A}{n\pi} & n=1,5,9,\cdots\\ -\dfrac{2A}{n\pi} & n=3,7,11,\cdots\end{cases}$$

$$=-\frac{2A}{\pi(2n-1)}(-1)^n\quad n=1,2,3\cdots$$

$b_n=0$

所以

$$f(t)=\frac{A}{2}-\sum_{n=1}^{\infty}\frac{2A}{\pi(2n-1)}(-1)^n\cos\left(\frac{2\pi(2n-1)}{T}t\right)$$

4.2　解：根据傅里叶变换的定义可知

$$F(\mathrm{j}\omega)=\int_{-\infty}^{+\infty}f(t)\mathrm{e}^{-\mathrm{j}\omega t}\mathrm{d}t=\int_0^1 2\mathrm{e}^{-\mathrm{j}\omega t}\mathrm{d}t+\int_1^2\mathrm{e}^{-\mathrm{j}\omega t}\mathrm{d}t$$

$$=\frac{1}{-\mathrm{j}\omega}\left[2\mathrm{e}^{-\mathrm{j}\omega t}\Big|_0^1+\mathrm{e}^{-\mathrm{j}\omega t}\Big|_1^2\right]=\frac{1}{-j\omega}[\mathrm{e}^{-\mathrm{j}\omega2}+\mathrm{e}^{-\mathrm{j}\omega}-2]$$

4.3　解：(1) $f(t)\to \mathrm{F}(\mathrm{j}\omega)$

$$f(2t)\to\frac{1}{2}\mathrm{F}\left(\mathrm{j}\,\frac{\omega}{2}\right)$$

所以

$$tf(2t)\to\frac{\mathrm{j}}{2}\frac{\mathrm{dF}\left(\mathrm{j}\,\frac{\omega}{2}\right)}{\mathrm{d}\omega}=\frac{\mathrm{j}}{4}\frac{\mathrm{dF}(\mathrm{j}\omega)}{\mathrm{d}\omega}$$

(2) $tf(t) \to \frac{j}{2}\frac{dF\left(j\frac{\omega}{2}\right)}{d\omega} = j\frac{dF(j\omega)}{d\omega}$

$2f(t) \to 2F(j\omega)$

$(t-2)f(t) \to j\frac{dF(j\omega)}{d\omega} - 2F(j\omega)$

(3) $f(-2t) \to \frac{1}{2}F\left(-j\frac{\omega}{2}\right)$

$tf(-2t) \to \frac{j}{2}\frac{dF\left(-j\frac{\omega}{2}\right)}{d\omega} = -\frac{j}{4}\frac{dF(j\omega)}{d\omega}$

$-2f(-2t) \to -F\left(-j\frac{\omega}{2}\right)$

$(t-2)f(-2t) \to -\frac{j}{4}\frac{dF(j\omega)}{d\omega} - F\left(-j\frac{\omega}{2}\right)$

(4) $\frac{df(t)}{dt} \to j\omega F(j\omega)$

$t\frac{df(t)}{dt} \to j[j\omega F(j\omega)]' = -F(j\omega) - \omega\frac{dF(j\omega)}{d\omega}$

(5) $tf(t) \to \frac{j}{2}\frac{dF\left(j\frac{\omega}{2}\right)}{d\omega} = j\frac{dF(j\omega)}{d\omega} = jF'(j\omega)$

$(1-t)f(1-t) \to = je^{-j\omega}[F'(j\omega)]|_{\omega=-\omega} = je^{-j\omega}\frac{dF(-j\omega)}{d(-\omega)} = -je^{-j\omega}\frac{dF(-j\omega)}{d\omega}$

4.4 解：(1) $\frac{\sin t}{t} \to \pi g_2(\omega)$

(2) $\frac{\sin t \cdot \sin 2t}{t^2} = 2Sa(t) \cdot Sa(2t)$

$\because Sa(t) \xrightarrow{FT} \pi g_2(\omega)$，$Sa(2t) \xrightarrow{FT} \frac{\pi}{2}g_4(\omega)$

$\therefore 2Sa(t) \cdot Sa(2t) \xrightarrow{FT} \frac{1}{2\pi} \times 2\pi g_2(\omega) * \frac{\pi}{2}g_4(\omega) = F(j\omega)$

故

$$F(j\omega) = \begin{cases} \frac{\pi}{2}(\omega+3), & -3 \leqslant \omega \leqslant -1 \\ \pi, & -1 \leqslant \omega \leqslant 1 \\ \frac{\pi}{2}(3-\omega), & 1 \leqslant \omega \leqslant 3 \\ 0, & |\omega| > 3 \end{cases}$$

(3) 由于$\frac{\sin 2t}{t} \Longleftrightarrow \pi g_4(\omega)$

所以

$$\frac{\sin^2 2t}{t^2} \Longleftrightarrow \frac{1}{2\pi} \times [\pi g_4(\omega) * \pi g_4(\omega)] = \begin{cases} 0; & \omega < -4, \ \omega > 4 \\ 0.5\pi(\omega+4); & -4 \leqslant \omega < 0 \\ 0.5\pi(4-\omega); & 0 \leqslant \omega \leqslant 4 \end{cases}$$

(4) 由于

$$\frac{\sin 2t}{\pi t} \Longleftrightarrow g_4(\omega)$$

所以

$$\frac{\sin^2 2t}{\pi^2 t^2} \Longleftrightarrow \frac{1}{2\pi} \times [g_4(\omega) * g_4(\omega)] = \frac{1}{2\pi}(-|\omega|+4), \quad |\omega| \leqslant 4$$

$$\frac{\sin^2 2t}{\pi^2 t^2}\cos 2t \Longleftrightarrow \begin{cases} \frac{1}{2\pi}(-|\omega|+6), & 2 \leqslant |\omega| \leqslant 6 \\ \frac{2}{\pi}, & |\omega| < 2 \\ 0, & |\omega| > 6 \end{cases}$$

(5) 由于 $\left(\frac{\sin \pi t}{\pi t}\right)' = \frac{\pi t \cos \pi t - \sin \pi t}{\pi t^2}$，$\frac{\sin \pi t}{\pi t} \Longleftrightarrow g_{2\pi}(\omega)$

$$\left(\frac{\sin \pi t}{\pi t}\right)' \Longleftrightarrow \mathrm{j}\omega g_{2\pi}(\omega)$$

所以 $\frac{\pi t \cos \pi t - \sin \pi t}{\pi^2 t^2} \Longleftrightarrow \frac{\mathrm{j}\omega}{\pi} g_{2\pi}(\omega)$

(6) 由于

$$\left(\frac{\sin 5\pi t}{5\pi t}\right)' = \frac{5\pi t \cos 5\pi t - \sin 5\pi t}{5\pi t^2}, \quad \frac{\sin 5\pi t}{5\pi t} \to \frac{1}{5} g_{10\pi}(\omega)$$

$$\left(\frac{\sin 5\pi t}{5\pi t}\right)' \Longleftrightarrow \frac{1}{5}\mathrm{j}\omega g_{10\pi}(\omega)$$

$$\left(\frac{\sin 5\pi t}{5\pi t}\right)' \cos t \Longleftrightarrow \frac{1}{10}\mathrm{j}(\omega-1) g_{10\pi}(\omega-1) + \frac{1}{10}\mathrm{j}(\omega+1) g_{10\pi}(\omega+1)$$

所以

$$\frac{5\pi t \cos 5\pi t - \sin 5\pi t}{5\pi^2 t^2}\cos t = \frac{1}{\pi}\left(\frac{\sin 5\pi t}{5\pi t}\right)' \cos t$$

$$\Longleftrightarrow \frac{1}{10\pi}\mathrm{j}(\omega-1) g_{10\pi}(\omega-1) + \frac{1}{10\pi}\mathrm{j}(\omega+1) g_{10\pi}(\omega+1)$$

4.5 解：(1) $\int_{-\infty}^{+\infty} f(t)\mathrm{d}t = \int_{-\infty}^{+\infty} f(t)\mathrm{e}^{\mathrm{j}\omega t}\mathrm{d}t\,|_{\omega=0} = F(\mathrm{j}\omega)\,|_{\omega=0} = F(0)$

由于 $\frac{\sin 2t}{t} \Longleftrightarrow \pi g_4(\omega)$

所以

$$\frac{\sin^2 2t}{t^2} \Longleftrightarrow \frac{1}{2\pi} \times [\pi g_4(\omega) * \pi g_4(\omega)] = \begin{cases} 0; & \omega < -4, \ \omega > 4 \\ 0.5\pi(\omega+4); & -4 \leqslant \omega < 0 \\ 0.5\pi(4-\omega); & 0 \leqslant \omega \leqslant 4 \end{cases}$$

即

$$\int_{-\infty}^{+\infty} \frac{\sin^2 2t}{t^2}\mathrm{d}t = F(0) = 2\pi$$

(2) $\int_{-\infty}^{+\infty} f(t)\mathrm{d}t = \int_{-\infty}^{+\infty} f(t)\mathrm{e}^{\mathrm{j}\omega t}\mathrm{d}t\,|_{\omega=0} = F(\mathrm{j}\omega)\,|_{\omega=0} = F(0)$

由于$\dfrac{\sin 2t}{\pi t} \Longleftrightarrow g_4(\omega)$

$\dfrac{\sin^2 2t}{\pi^2 t^2} \Longleftrightarrow \dfrac{1}{2\pi}\times[g_4(\omega) * g_4(\omega)] = \dfrac{1}{2\pi}(-|\omega|+4)$，$|\omega| \leqslant 4$

$$\frac{\sin^2 2t}{\pi^2 t^2}\cos 2t \Longleftrightarrow \begin{cases} \dfrac{1}{2\pi}(-|\omega|+6), & 2\leqslant|\omega|\leqslant 6 \\ \dfrac{2}{\pi}, & |\omega|<2 \\ 0, & |\omega|>6 \end{cases}$$

所以 $\int_{-\infty}^{+\infty} \dfrac{\sin^2 4t}{\pi^2 t^2}\cos 2t\mathrm{d}t = F(0) = \dfrac{2}{\pi}$

(3) $\int_{-\infty}^{+\infty} f(t)\mathrm{d}t = \int_{-\infty}^{+\infty} f(t)\mathrm{e}^{\mathrm{j}\omega t}\mathrm{d}t\,|_{\omega=0} = F(\mathrm{j}\omega)\,|_{\omega=0} = F(0)$

由于$\left(\dfrac{\sin\pi t}{\pi t}\right)' = \dfrac{\pi t\cos\pi t - \sin\pi t}{\pi t^2}$，$\dfrac{\sin\pi t}{\pi t} \Longleftrightarrow g_{2\pi}(\omega)$

$\left(\dfrac{\sin\pi t}{\pi t}\right)' \Longleftrightarrow \mathrm{j}\omega g_{2\pi}(\omega)$

所以 $\int_{-\infty}^{+\infty} \dfrac{\pi t\cos\pi t - \sin\pi t}{\pi^2 t^2}\mathrm{d}t = \int_{-\infty}^{+\infty} \dfrac{1}{\pi}\left(\dfrac{\sin\pi t}{\pi t}\right)'\mathrm{d}t = F(0) = 0$

(4) $\int_{-\infty}^{+\infty} f(t)\mathrm{d}t = \int_{-\infty}^{+\infty} f(t)\mathrm{e}^{\mathrm{j}\omega t}\mathrm{d}t\,|_{\omega=0} = F(\mathrm{j}\omega)\,|_{\omega=0} = F(0)$

由于 $g_2(t) \Longleftrightarrow 2Sa(\omega)$

故
$$F^{-1}[2Sa(\omega)] = \frac{1}{2\pi}\int_{-\infty}^{+\infty} 2Sa(\omega)\mathrm{e}^{\mathrm{j}\omega t}\mathrm{d}\omega = g_2(t)$$

当 $t=0$ 时 $\quad \dfrac{1}{\pi}\int_{-\infty}^{+\infty} Sa(\omega)\mathrm{d}\omega = 1$

所以
$$\frac{1}{\pi}\int_{-\infty}^{+\infty} Sa(\omega)\mathrm{d}\omega = 1$$

4.6 解：(1) $f(t) \Longleftrightarrow F(\mathrm{j}\omega)$

$f\left(\dfrac{t}{2}\right) \Longleftrightarrow 2F(\mathrm{j}2\omega)$

故 $y(t) = f\left(\dfrac{t}{2}+3\right) \Longleftrightarrow 2F(\mathrm{j}2\omega)\mathrm{e}^{\mathrm{j}6\omega}$

(2) $f(t) \Longleftrightarrow F(\mathrm{j}\omega)$

$f\left(\dfrac{t}{a}\right) \Longleftrightarrow |a|F(\mathrm{j}a\omega)$

故 $y(t) = f\left(\dfrac{t}{a}+b\right) \Longleftrightarrow |a|F(\mathrm{j}a\omega)\mathrm{e}^{\mathrm{j}ab\omega}$

4.7 解：(1) $f_1(t) \xrightarrow{FT} F(\mathrm{j}\omega)$

$f_1(4t) \xrightarrow{FT} \dfrac{1}{4}F(\mathrm{j}\omega/4)$

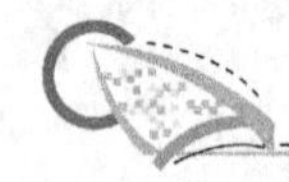

$f_m=4f_{m1}$；$\omega_m=4\omega_{m1}$

$\therefore f_s=2f_m=8f_{m1}$

$T_s=\dfrac{1}{8f_{m1}}$

(2) $f_2(t)\xrightarrow{FT}F(j\omega)$

$f_2^2(t)\xrightarrow{FT}\dfrac{1}{2\pi}F(j\omega)*F(j\omega)$

$f_m=2f_{m2}$；$\omega_m=2\omega_{m2}$

$\therefore f_s=2f_m=4f_{m2}$

$T_s=\dfrac{1}{4f_{m2}}$

(3) $f_1(4t)+f_2^2(t)\xrightarrow{FT}\dfrac{1}{4}F(j\omega/4)+\dfrac{1}{2\pi}F(j\omega)*F(j\omega)$

$f_m=\max\{4f_{m1};\ 2f_{m2}\}$；$\omega_m=\max\{4\omega_{m1};\ 2\omega_{m2}\}$

$\therefore f_s=2f_m=\max\{8f_{m1};\ 4f_{m2}\}$

$T_s=\min\left\{\dfrac{1}{8f_{m1}};\ \dfrac{1}{4f_{m2}}\right\}$

4.8　解：$f(t)=2\cos995t\cdot\dfrac{\sin5t}{\pi t}=\dfrac{10}{\pi}Sa(5t)\cdot\cos995t$

由 $Sa(5t)\xrightarrow{FT}\dfrac{\pi}{5}g_{10}(\omega)$

$F(j\omega)=\dfrac{10}{\pi}\times\dfrac{1}{2}\left[\dfrac{\pi}{5}g_{10}(\omega-995)+\dfrac{\pi}{5}g_{10}(\omega+995)\right]$

$\therefore F(j\omega)=g_{10}(\omega-995)+g_{10}(\omega+995)$

同理 $H(j\omega)=g_8(\omega-1000)+g_8(\omega+1000)$

$Y(j\omega)=F(j\omega)\cdot H(j\omega)=g_4(\omega-998)+g_4(\omega+998)$

故 $f(t)*h(t)=F^{-1}[Y(j\omega)]=\dfrac{4}{\pi}Sa(2t)\cos998t=2\cos998t\cdot\dfrac{\sin2t}{\pi t}$

4.9　解：由 $\dfrac{\sin t}{\pi t}\Longleftrightarrow g_2(\omega)$，$\dfrac{\sin2t}{\pi t}\Longleftrightarrow g_4(\omega)$

$\therefore h_1(t)\Longleftrightarrow g_4(\omega)=H_1(j\omega)$，$h_2(t)\Longleftrightarrow\dfrac{1}{2\pi}\cdot2\pi\cdot g_2(\omega)*g_4(\omega)=H_2(j\omega)$

$H_2(j\omega)$如题解图 4.9－1 所示。

而 $H(j\omega)=H_1(j\omega)\cdot H_2(j\omega)$，$H(j\omega)$如题解图 4.9－2 所示。

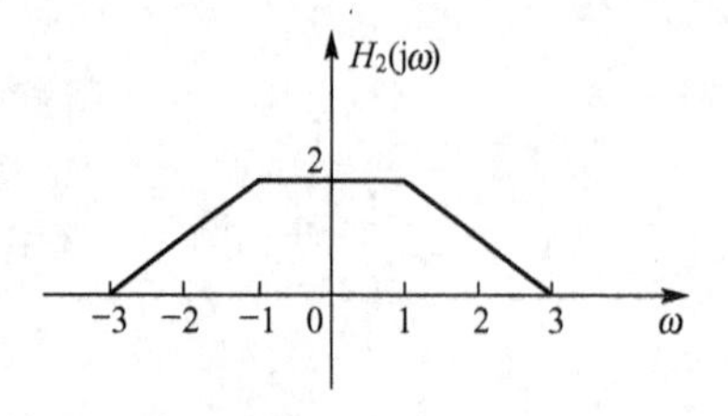

题解图 4.9－1

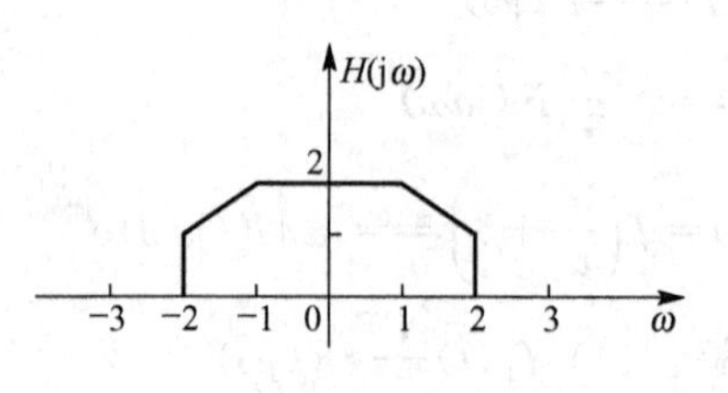

题解图 4.9－2

而 $H(\mathrm{j}\omega)$ 可表示为 $H_a(\mathrm{j}\omega)$ 和 $H_b(\mathrm{j}\omega)$ 之和，$H_a(\mathrm{j}\omega)$、$H_b(\mathrm{j}\omega)$ 如题解图 4.9－3、题解图 4.9－4 所示。

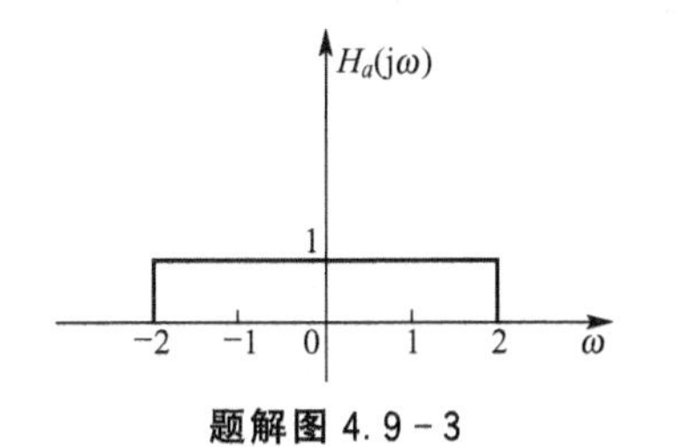

题解图 4.9－3

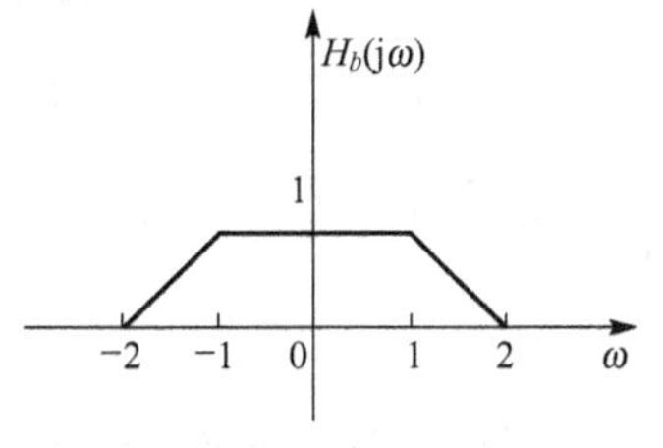

题解图 4.9－4

$$H(\mathrm{j}\omega)=H_a(\mathrm{j}\omega)+H_b(\mathrm{j}\omega)$$
$$=g_4(\omega)+g_1(\omega)*g_3(\omega)$$

故 $h(t)=F^{-1}[H(\mathrm{j}\omega)]=\frac{\sin 2t}{\pi t}+2\pi\cdot\frac{\sin\frac{1}{2}t}{\pi t}\cdot\frac{\sin\frac{3}{2}t}{\pi t}$

4.10　解：$h_1(t)=\frac{\sin 2t}{\pi t}\Longleftrightarrow g_4(\omega)=H_1(\mathrm{j}\omega)$

$h_2(t)=\frac{\sin t}{\pi t}\cos 2t\Longleftrightarrow\frac{1}{2}\left[g_2(\omega+2)+g_2(\omega-2)\right]=H_2(\mathrm{j}\omega)$

$h(t)=h_1(t)*h_2(t)=F^{-1}[H_1(\mathrm{j}\omega)\cdot H_2(\mathrm{j}\omega)]$

故 $h(t)=F^{-1}\left[\frac{1}{2}g_1(\omega+1.5)+\frac{1}{2}g_1(\omega-1.5)\right]=\frac{\sin\frac{t}{2}}{\pi t}\cos\frac{3}{2}t$

4.11　解：$f(t)s(t)=2\cos 100t\cdot\cos^2 500t$

$\cos 100t\Longleftrightarrow\pi[\delta(\omega+100)+\delta(\omega-100)]$

$\cos 500t\Longleftrightarrow\pi[\delta(\omega+500)+\delta(\omega-500)]$

$\cos^2 500t\Longleftrightarrow\frac{\pi}{2}[2\delta(\omega)+\delta(\omega+1000)+\delta(\omega-1000)]$

$\therefore f(t)s(t)\Longleftrightarrow 2\cdot\frac{1}{2\pi}\cdot\frac{\pi}{2}\cdot\pi[2\delta(\omega+100)+2\delta(\omega-100)+\delta(\omega+1100)+\delta(\omega+900)+\delta(\omega-900)+\delta(\omega-1100)]$

$Y(\mathrm{j}\omega)=\pi[\delta(\omega+100)+\delta(\omega-100)]$

故 $y(t)=\cos 100t$，$t\in(-\infty,\infty)$

4.12　解：$H(\mathrm{j}\omega)=g_{8\pi}(\omega)$

$|H(\mathrm{j}\omega)|=1$，$\varphi(\omega)=0$，其截止频率为 4π

$\therefore y(t)=\cos 2t$

4.13　解：$H(\mathrm{j}\omega)=g_{10\pi}(\omega)$

$|H(\mathrm{j}\omega)|=1$，$\varphi(\omega)=0$，其截止频率为 5π

$\therefore y(t)=\cos 2t+\sin 4t$

4.14　解：根据频率响应可知：直流信号 1，频率为 0，其放大倍数为 12，相位为 0；4sin4t，频率为 4，其放大倍数为 8，相位为 $-\pi/6$；8cos8t，频率为 8，其放大倍数为 4，

相位为 $-\pi/3$；16sin16t，频率为 16，其放大倍数为 0。

所以 $$y(t)=12+32\sin\left(4t-\frac{\pi}{6}\right)+32\cos\left(8t-\frac{\pi}{3}\right)$$

4.15 解：$y(t)=f(t)\times s(t)\times s(t)*h(t)$

$$Y(j\omega)=\left\{\frac{1}{2\pi}\left[\frac{1}{2\pi}F(j\omega)*S(j\omega)\right]*S(j\omega)\right\}\cdot H(j\omega)$$

$$\frac{\sin t}{\pi t}\Longleftrightarrow g_2(\omega)$$

$$\cos 500t\Longleftrightarrow\pi[\delta(\omega+500)+\delta(\omega-500)]$$

$$\therefore Y(j\omega)=\left\{\frac{1}{2\pi}\left[\frac{1}{2\pi}F(j\omega)*S(j\omega)\right]*S(j\omega)\right\}\cdot H(j\omega)$$

$$=\frac{1}{4\pi^2}g_2(\omega)*\pi[\delta(\omega+500)+\delta(\omega-500)]*\pi[\delta(\omega+500)+\delta(\omega-500)]\cdot H(j\omega)$$

$$=\frac{1}{4\pi^2}g_2(\omega)*\pi^2[2\delta(\omega)+\delta(\omega+1000)+\delta(\omega-1000)]\cdot H(j\omega)$$

$$=\frac{1}{2}g_2(\omega)$$

故 $y(t)=\dfrac{\sin t}{2\pi t}$

4.16 解：$f(t)=\sum_{n=0}^{\infty}\cos nt$

$$=1+\cos t+\cos 2t+\cdots,t\geqslant 0$$

$$Y_f(j\omega)=F[f(t)]\cdot H(\omega)e^{-j2\omega}$$

$$=F[\varepsilon(t)+\cos t\varepsilon(t)]\cdot H(\omega)e^{-j2\omega}$$

$$=2F[\varepsilon(t)]e^{-j2\omega}+F[\cos t\varepsilon(t)]e^{-j2\omega}$$

故 $y_f(t)=2\varepsilon(t-2)+\cos(t-2)\varepsilon(t-2)$

4.17 解：$\dfrac{\sin 4t}{\pi t}\Longleftrightarrow\pi g_8(\omega)$

$$F(j\omega)=\frac{\pi}{2}g_8(\omega+6)+\frac{\pi}{2}g_8(\omega-6)$$

$$Y(j\omega)=F(j\omega)\cdot H(j\omega)=\frac{\pi}{2}g_4(\omega+4)e^{-j3\omega}+\frac{\pi}{2}g_4(\omega-4)e^{-j3\omega}$$

故 $y(t)=\dfrac{\sin(2t-6)}{t-3}\cos(4t-12)$

4.18 解：微分方程两边取傅里叶变换为

$$j\omega Y(j\omega)+2Y(j\omega)=F(j\omega),\quad H(j\omega)=\frac{Y(j\omega)}{F(j\omega)}=\frac{1}{j\omega+2}$$

$$f(t)=e^{-t}\varepsilon(t)\Longleftrightarrow F(j\omega)=\frac{1}{j\omega+1}$$

$$Y(j\omega)=F(j\omega)\cdot H(j\omega)$$

$$=\frac{1}{(j\omega+1)(j\omega+2)}=\frac{1}{j\omega+1}-\frac{1}{j\omega+2}$$

$$y(t)=(e^{-t}-e^{-2t})\varepsilon(t)$$

习题五参考答案

5.1　解：(1) $\sum_{k=0}^{4} e^{-j\omega k}$　　(2) $\sum_{k=-2}^{\infty}\left(\frac{1}{4}e^{-j\omega}\right)^{k}$

(3) $\sum_{k=-2}^{1}\left(\frac{1}{2}e^{-j\omega}\right)^{k}$　　(4) $\sum_{k=0}^{6} k e^{-j\omega k}$

(5) $\sum_{k=-2}^{1}(\sin k)e^{-j\omega k}$　　(6) $\sum_{k=-5}^{1}(\cos k)e^{-j\omega k}$

5.2　解：(1) $\sum_{k=0}^{N-1} b e^{-j\frac{2\pi}{N}kn}$　　(2) $\sum_{k=0}^{16} 0.9^{k} e^{-j\frac{2\pi}{17}kn}$

(3) $\sum_{k=-3}^{1} 2e^{-j\frac{2\pi}{5}kn}$　　(4) $\sum_{k=0}^{6} k e^{-j\frac{2\pi}{7}kn}$

(5) $\sum_{k=-2}^{2} k^{2} e^{-j\frac{2\pi}{4}kn}$　　(6) $\sum_{k=1}^{7} \frac{1}{k} e^{-j\frac{2\pi}{7}kn}$

5.3　解：$H(e^{j\omega})=\dfrac{Y(e^{j\omega})}{F(e^{j\omega})}=\dfrac{e^{j2\omega}-\frac{3}{4}e^{j\omega}+\frac{1}{8}}{\frac{3}{2}e^{j2\omega}-\frac{9}{8}e^{j\omega}+\frac{5}{12}}$

5.4　解：$H(e^{j\omega})=\dfrac{Y(e^{j\omega})}{F(e^{j\omega})}=\dfrac{e^{j2\omega}}{2e^{j2\omega}+3e^{j\omega}+1}$

$$h(k)=\left[(-1)^{k}-\frac{1}{2}\left(-\frac{1}{2}\right)^{k}\right]\varepsilon(k)$$

5.5　解：$h(k)+\frac{1}{2}h(k-1)=\delta(k-1)$

$$H(e^{j\omega})+\frac{1}{2}e^{j\omega}H(e^{j\omega})=e^{j\omega}$$

则有

$$H(e^{j\omega})=\frac{1}{e^{j\omega}+\frac{1}{2}}=\frac{2}{\sqrt{5+4\cos\omega}}e^{-j\arctan\frac{\sin\omega}{\cos\omega+\frac{1}{2}}}$$

由输入正弦序列的表达式可知，其 $\omega=\pi/3$，所以有

$$H(e^{j\omega})\big|_{\omega=\frac{\pi}{3}}=\frac{2}{\sqrt{7}}e^{-j\arctan\sqrt{3}/2}$$

则该离散系统的稳态响应为

$$y_s(k)=\frac{20}{\sqrt{7}}\cos\left(\frac{\pi}{3}k+\frac{2\pi}{3}-\arctan(\sqrt{3}/2)\right)$$

5.6　解：$H(e^{j\omega})=\dfrac{1}{e^{j\omega}+\frac{1}{2}}=\dfrac{2}{\sqrt{5+4\cos\omega}}e^{-j\arctan\frac{\sin\omega}{\cos\omega+\frac{1}{2}}}$

由输入正弦序列的表达式可知，其 $\omega=\pi$，所以有

$$H(e^{j\omega})\big|_{\omega=\pi}=2e^{-j0}$$

则该离散系统的稳态响应为

$$y_s(k)=20\cos\left(\pi k+\frac{2\pi}{3}\right)$$

5.7　解：根据题意，系统函数为

$$H(e^{j\omega})=\frac{6}{1+0.1e^{-j\omega}-0.02e^{-j2\omega}}$$

则系统冲激响应为

$$h(k)=2(0.1)^k\varepsilon(k)+4(-0.2)^k\varepsilon(k)$$

由于 $F(e^{j\omega})=\dfrac{1}{1-0.5e^{-j\omega}}$

则有

$$Y(e^{j\omega})=F(e^{j\omega})H(e^{j\omega})=\frac{6}{(1-0.5e^{-j\omega})(1-0.1e^{-j\omega})(1+0.2e^{-j\omega})}$$

$$Y_f(e^{j\omega})=\frac{\frac{75}{14}}{1-0.5e^{-j\omega}}+\frac{-\frac{1}{2}}{1-0.1e^{-j\omega}}+\frac{\frac{8}{7}}{1+0.2e^{-j\omega}}$$

利用离散傅里叶反变换得零状态响应为

$$y_f(k)=\frac{75}{14}(0.5)^k\varepsilon(k)-\frac{1}{2}(0.1)^k\varepsilon(k)+\frac{8}{7}(-0.2)^k\varepsilon(k)$$

习题六参考答案

6.1 解：(1) $\frac{3}{2}(e^{-2t}-e^{-4t})$　　(2) $\frac{1}{5}[1-\cos(\sqrt{5}t)]$

(3) $\frac{RC\omega}{1+(RC\omega)^2}\left[e^{-\frac{t}{RC}}-\cos(\omega t)+\frac{1}{RC\omega}\sin(\omega t)\right]$　　(4) $1-2e^{-\frac{t}{RC}}$

(5) $\frac{100}{199}(49e^{-t}+150e^{-200t})$　　(6) $e^{-t}(t^2-t+1)-e^{-2t}$

(7) $\frac{A}{K}\sin(Kt)$　　(8) $\frac{1}{6}\left[\frac{\sqrt{3}}{3}\sin(\sqrt{3}t)-t\cos(\sqrt{3}t)\right]$

(9) $\frac{1}{4}[1-\cos(t-1)]\varepsilon(t-1)$　　(10) $\frac{1}{t}(e^{-9t}-1)$

6.2 解：(1) $\frac{3}{2}(e^{-2t}-e^{-4t})$　　(2) $\frac{1}{5}[1-\cos(\sqrt{5}t)]$

(3) $\frac{RC\omega}{1+(RC\omega)^2}\left[e^{-\frac{t}{RC}}-\cos(\omega t)+\frac{1}{RC\omega}\sin(\omega t)\right]$　　(4) $1-2e^{-\frac{t}{RC}}$

(5) $\frac{100}{199}(49e^{-t}+150e^{-200t})$　　(6) $e^{-t}(t^2-t+1)-e^{-2t}$

(7) $\frac{A}{K}\sin(Kt)$　　(8) $\frac{1}{6}\left[\frac{\sqrt{3}}{3}\sin(\sqrt{3}t)-t\cos(\sqrt{3}t)\right]$

(9) $\frac{1}{4}[1-\cos(t-1)]\ \varepsilon(t-1)$　　(10) $\frac{1}{t}(e^{-9t}-1)$

6.3 解：

(a)
$$f(t)=\varepsilon(t)-\varepsilon(t-T)$$
$$F(s)=\int_{0^-}^{\infty}f(t)e^{-st}\,dt=\frac{1}{s}(1-e^{-sT})$$

(b) $F(s)=\frac{1-e^{-s\tau}-s\tau e^{-s\tau}}{s^2\tau}$

(c) $f(t)=\begin{cases}\frac{t}{T} & 0<t<T\\ -\frac{1}{T}(t-2T) & T<t<2T\\ 0 & \text{其余}\end{cases}$

$$F(s)=\int_{0^-}^{\infty}f(t)e^{-st}\,dt=\int_{0^-}^{T}\frac{t}{T}e^{-st}\,dt-\int_{T}^{2T}\frac{1}{T}(t-2T)e^{-st}\,dt=\frac{2}{Ts^2}(1-e^{-\frac{T}{2}s})^2$$

(d) $F(s)=\frac{\pi(1-e^{-2s})}{s^2+\pi^2}$

6.4 解：

(1) $\frac{1}{2}F\left(\frac{s+2}{2}\right)$　　(2) $2e^{-2s}\cdot\frac{d^2F(2s)}{ds^2}$

(3) $\frac{1}{a}e^{-\frac{n}{a}s}\cdot F\left(\frac{s}{a}\right)$　　(4) $-\frac{1}{3}\frac{dF\left(\frac{s+1}{3}\right)}{ds}$

6.5 解：

(a) $F(s)=\dfrac{1}{s(1+e^{-\frac{T}{2}s})}$

(b) $F(s)=\dfrac{s+\frac{2}{T}(e^{-\frac{T}{2}s}-1)}{s^2(1+e^{-\frac{T}{2}s})}$

(c) $F(s)=\dfrac{1}{1+e^{-s}}$

(d) $F(s)=\dfrac{2\pi}{(4s^2+\pi^2)(1-e^{-2s})}$

6.6　解：(1) $\dfrac{2}{4s^2+6s+3}$　　(2) $\dfrac{2e^{-\frac{s+3}{2}}}{s^2+4s+7}$

6.7　解：

(1) $y(t)=e^{-3t}+4e^{-t}-3e^{-2t}$，$t>0$

(2) $y(t)=(3+2t)e^{-t}-e^{-2t}$，$t>0$

6.8　解：

(1) $H(s)=\dfrac{5s+3}{s^2+11s+24}$　　(2) $H(s)=\dfrac{s+3}{s^3+3s^2+2s}$

6.9　解：

(1) $y_f(t)=\left[t-\dfrac{1}{2}(1-e^{-2t})\right]\varepsilon(t)-\left[(t-2)-\dfrac{1}{2}(1-e^{-2(t-2)})\right]\varepsilon(t-2)$

(2) $f(t)=(1+2t)\varepsilon(t)$

6.10　解：微分方程为 $y''(t)+4y'(t)+3y(t)=f'(t)+5f(t)$

零状态响应为 $y_{zs}(t)=(2e^{-t}-3e^{-2t}+e^{-3t})\varepsilon(t)$

6.11　解：

(1) $H(s)=\dfrac{s}{(s+1)(s+2)}$　　ROC:　$\mathrm{Re}[s]>-1$

(2) $h(t)=(2e^{-2t}-e^{-t})u(t)$　　(3) $\dfrac{3}{20}e^{3t}$，$-\infty<t<+\infty$

6.12　解：$h(t)=(e^{-2t}-e^{-3t})u(t)$

6.13　解：$x(t)=\left(1-\dfrac{1}{2}e^{-2t}\right)\varepsilon(t)$

6.14　解：$g(t)=(1-e^{-2t}+2e^{3t})\varepsilon(t)$

6.15　解：$y_{zs}(t)=(-2te^{-2t}-3e^{-2t}+3e^{-t})\varepsilon(t)$　　$y_{zi}(t)=(3e^{-t}-2te^{-2t})\varepsilon(t)$

6.16　解：(1) $f(0^+)=1$，$f(\infty)=0$

(2) $f(0^+)=1$，$f(\infty)$不存在

6.17　解：$i(t)=80e^{-4t}-30e^{-3t}$，$t\geqslant 0$

6.18 解：

$u_x(t)=(8t+6)\mathrm{e}^{-2t}$

$u_f(t)=3-(6t+3)\mathrm{e}^{-2t}$

$u(t)=u_x(t)+u_f(t)=3+(2t+3)\mathrm{e}^{-2t}$

6.19 解：

$h(t)=\frac{2}{\sqrt{3}}\mathrm{e}^{-t}[\sqrt{3}\cos(\sqrt{3}t)-\sin(\sqrt{3}t)]\varepsilon(t)$

$g(t)=\frac{2}{\sqrt{3}}\mathrm{e}^{-t}\sin(\sqrt{3}t)\varepsilon(t)$

6.20 解：

(1) $h(t)=(1+\mathrm{e}^{-t}-\mathrm{e}^{-2t})\varepsilon(t)$

(2) $g(t)=\frac{1}{2}(1+2t-2\mathrm{e}^{-t}+\mathrm{e}^{-2t})\varepsilon(t)$

6.21 解：(a) $y''(t)+5y'(t)+6y(t)=f'(t)+f(t)$

信号流图如题解图 6.21-1 所示。

(b) $y''(t)+3y'(t)-2y(t)=f''(t)+2f'(t)+3f(t)$

信号流图如题解图 6.21-2 所示。

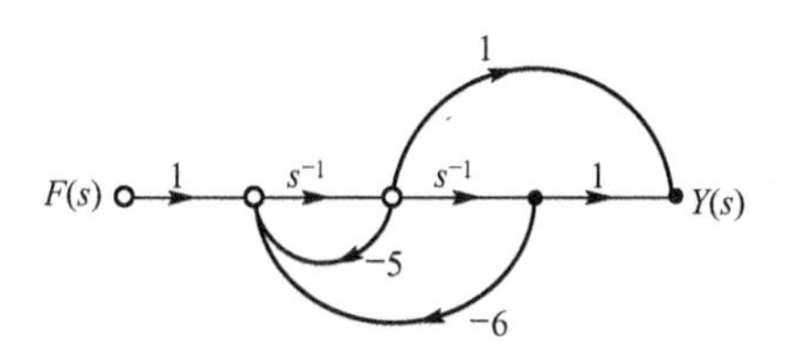

题解图 6.21-1

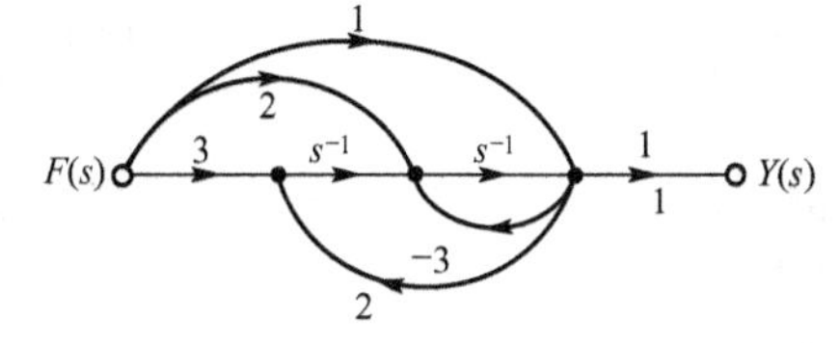

题解图 6.21-2

6.22 解：

(a) $H(s)=\frac{H_1H_2H_5H_7}{1-(H_2H_3H_4+H_2H_3H_5H_6)}$

(b) $H(s)=\frac{G_4(1-G_2H_1)+G_1G_2G_3}{1-(G_2H_1+G_1G_2G_3H_2+G_4H_2)+(G_2H_1G_4H_2)}$

6.23 解：(1) 稳定　　(2) 不稳定

(3) 稳定　　(4) 不稳定

6.24 解：(1) $H(s)=\frac{s+1}{s^2+s-6}$，图略

(2) $h(t)=\left(\frac{3}{5}\mathrm{e}^{2t}+\frac{2}{5}\mathrm{e}^{-3t}\right)\varepsilon(t)$，不稳定

6.25 解：$0<a<\infty$，$0<b<\infty$

习题七参考答案

7.1 解：

(1) $\dfrac{z}{z-\frac{1}{2}}$，$|z|>\dfrac{1}{2}$

(2) $\dfrac{1}{1-2z}$，$|z|<\dfrac{1}{2}$

(3) $\dfrac{z}{z-3}$，$|z|>3$

(4) $-\dfrac{\frac{1}{3}}{z-\frac{1}{3}}$，$|z|<\dfrac{1}{3}$

(5) $\dfrac{z}{z-\frac{1}{2}}$，$|z|<\dfrac{1}{2}$

(6) z，　$|z|<\infty$

(7) $\dfrac{z}{z-\frac{1}{5}}-\dfrac{3z}{3z-1}$，$\dfrac{1}{5}<|z|<\dfrac{1}{3}$

(8) $\dfrac{z}{z-e^{j\omega_0}}$，$|z|>1$

7.2 解：

(1) $\dfrac{z}{z^2-1}$

(2) $\dfrac{z-z^{-5}}{z-1}$

(3) $\dfrac{-z}{(z+1)^2}$

(4) $\dfrac{z^2}{(z-1)^3}$

(5) $\dfrac{z^2}{z^2+1}$

(6) $\dfrac{4z^2}{4z^2+1}$

7.3 解：

(1) $\dfrac{2z-(2z)^{-9}}{2z-1}$，$0<|z|\leqslant\infty$

(2) $\dfrac{z(12z-5)}{(2z-1)(3z-1)}$，$|z|>0.5$

7.4 解：

(1) $(-0.5)^k\varepsilon(k)$

(2) $\left[4\left(-\dfrac{1}{2}\right)^k-3\left(-\dfrac{1}{4}\right)^k\right]\varepsilon(k)$

(3) $\left(-\dfrac{1}{2}\right)^k\varepsilon(k)$

(4) $-a\delta(k)+\left(a-\dfrac{1}{a}\right)\left(\dfrac{1}{a}\right)^k\varepsilon(k)$

7.5 解：

(1) $f(k)=2\left(1-\cos\dfrac{k\pi}{3}\right)\varepsilon(k)$

(2) $f(k)=\dfrac{1}{4}[(-1)^k+2k-1]\varepsilon(k)$

(3) $f(k)=(-2)^{k-6}\varepsilon(k-6)$

7.6 解：

(1) $f(0)=1$，$f(1)=\frac{3}{2}$，$f(+\infty)=2$

(2) $f(0)=1$，$f(1)=3$，终值不存在

7.7　解：(1) $H(z)=\frac{z-1}{z-0.5}$，$h(k)=\delta(k)-\left(\frac{1}{2}\right)^k\varepsilon(k-1)$

(2) $y_{zs}(k)=\left[4\left(\frac{1}{3}\right)^k-3\left(\frac{1}{2}\right)^k\right]\varepsilon(k)$

7.8　解：$\mathrm{e}(k)=(2)^k\varepsilon(k)$

7.9　解：

$y_x(k)=2(2)^k-(-1)^k$，$k\geqslant-2$

$y_f(k)=\left[2(2)^k+\frac{1}{2}(-1)^k-\frac{3}{2}(1)^k\right]\varepsilon(k)$

$y(n)=[2(2)^k-(-1)^k]+\left[2(2)^k+\frac{1}{2}(-1)^k-\frac{3}{2}\right]\varepsilon(k)$

7.10　解：$f(n)=(0.2)^{k-1}\varepsilon(k-1)$

7.11　解：(1) $H(z)=\frac{z^3}{z^3-2z^2-5z+6}$　　(2) $H(z)=\frac{2-z^3}{z^3-\frac{1}{2}z^2+\frac{1}{18}z}$

7.12　解：

$$H(z)=\frac{2+\frac{1}{2}z^{-1}}{1+z^{-1}-\frac{3}{4}z^{-2}}$$

$y(k)+y(k-1)-\frac{3}{4}y(k-2)=2f(k)+\frac{1}{2}f(k-2)$

7.13　解：

(1) $y(k)+y(k-1)-y(k-2)-y(k-3)=f(k-2)+2f(k-3)$

(2) $\frac{1}{4}[3+5(-1)^k+2k(-1)^{k-1}]\varepsilon(k)-2\delta(k)$

7.14　解：$a=4$，$b=-16$，$c=8$

7.15　解：

(1) $-\left(\frac{1}{2}\right)^k\varepsilon(k)$

(2) $2\left[\left(\frac{1}{2}\right)^k-1\right]\varepsilon(k)$

(3) $\frac{1}{\sqrt{3}}\left[\left(\frac{1}{2}\right)^k-2\cos\left(\frac{\pi}{3}k-\frac{\pi}{3}\right)\right]\varepsilon(k)$

7.16　解：(1) 信号流图略。

(2)

(a) $H(z)=\frac{z^2+2}{z^2+5z+6}$

(b) $H(z)=\frac{z^2+3z+3}{z^2+3z+2}$

(c) $H(z)=\dfrac{z(z^2+2z+1)}{(z-2)(z^2+3z+2)}$

7.17　解：信号流图略。

7.18　解：(1) (a) $H(z)=\dfrac{2(2z+1)}{2z-1}$　　　(b) $H(z)=\dfrac{2(z-1)}{2z+1}$

(2)

(a) $H(e^{j\Omega})=\dfrac{2\left[3\cos\left(\dfrac{\Omega}{2}\right)+j\sin\left(\dfrac{\Omega}{2}\right)\right]}{\cos\left(\dfrac{\Omega}{2}\right)+3j\sin\left(\dfrac{\Omega}{2}\right)}$

(b) $H(e^{j\Omega})=\dfrac{4j\sin\left(\dfrac{\Omega}{2}\right)}{3\cos\left(\dfrac{\Omega}{2}\right)+j\sin\left(\dfrac{\Omega}{2}\right)}$

(3) 曲线图略。

7.19　解：

(1) $H(z)=\dfrac{\dfrac{10}{3}z}{z-\dfrac{1}{2}}+\dfrac{-\dfrac{7}{3}z}{z-\dfrac{1}{4}}\quad |z|>\dfrac{1}{2}$

$h(n)=\left[\dfrac{10}{3}\left(\dfrac{1}{2}\right)^k-\dfrac{7}{3}\left(\dfrac{1}{4}\right)^k\right]\varepsilon(k)$

(2)、(3)、(4)略

7.20　解：

(1) $y(k)+\dfrac{1}{4}y(k-1)-\dfrac{1}{8}y(k-2)=f(k)+2f(k-1)$

(2) $H(z)=\dfrac{z(z+2)}{\left(z+\dfrac{1}{2}\right)\left(z-\dfrac{1}{4}\right)}$

(3) $y_s(n)=5.3+5.04\sin\left(\dfrac{\pi}{6}n-19.3^\circ\right)$

7.21　解：(1) 稳定　　　(2) 不稳定

7.22　解：$-2<K<4$

7.23　解：$-1.5<K<0$

习题八参考答案

8.1　解：程序如下。

```
a=[1,0.7,-0.45,-0.6];
b=[0.8,-0.44,0.36,0.02];
k=0:30;
x=impz(b,a,k);
stem(x);
grid on;
```

单位脉冲响应的波形如题解图 8.1 所示。

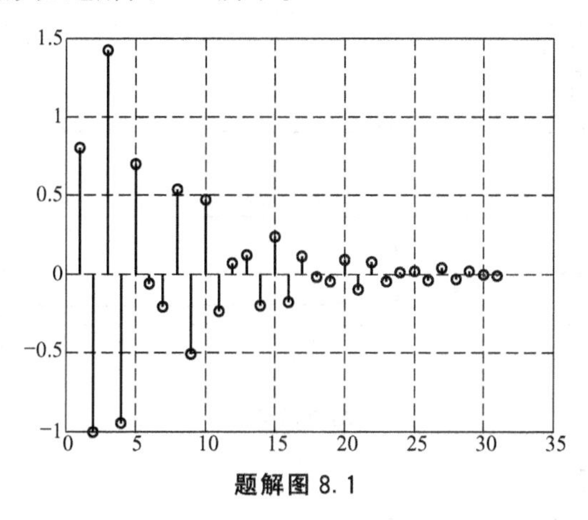

题解图 8.1

8.2　解：由微分方程可知，系统的极点为−1 和−3，再结合初始条件，可以求解系统的零输入响应，由

$$\begin{cases} y''(t)+4y'(t)+3y(t)=2f'(t)+f(t) \\ y(0^-)=1,\ y'(0^-)=2 \end{cases}$$

则零输入响应为

$$y_x(t)=\frac{5}{2}\mathrm{e}^{-t}-\frac{3}{2}\mathrm{e}^{-3t}$$

程序如下。

```
sys= tf([2 1],[1 4 3]);                 %系统函数对于的系数向量
t=1:0.05:10;
kt=length(t);
                                        %零状态响应
f= ones(1,kt)                           %输入信号
yf=lsim(sys,f,t);                       %系统的零状态响应
subplot(3,1,1),plot(t,yf);title('零状态响应');
                                        %零输入响应
yx=2.5*exp(-t)-1.5*exp(-3*t);           %系统的零输入响应
```

```
subplot(3,1,2),plot(t,yx);title('零输入响应');
                                              %完全响应
y=yx+yf';                                     %lsim计算得到的零状态响应为列向量,零输入相应
                                               为行向量,故需要转置
subplot(3,1,3),plot(t,y);title('完全响应');
```

系统的零输入响应、零状态响应、完全响应如题解图 8.2 所示。

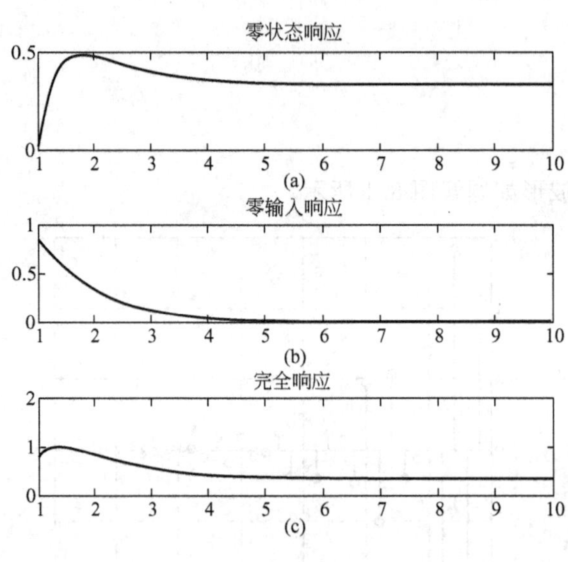

题解图 8.2

8.3 解：程序如下。

```
w=linspace(0,2*pi,512);b=[10000];
a=[1 16.131 341.42 1613.1 10000];
                                                              %绘制幅度谱
H=freqs(b,a,w);                                               %频率响应函数
subplot(2,1,1),plot(w,abs(H));                                %绘制幅度谱
set(gca,'xtick',[0 1 2 3 4 5 6 7]);set(gca,'ytick',[0 0.4 0.707 1]);grid on;
xlabel('\omega');ylabel('|H(j\omega)|');
                                                              %绘制相位谱
subplot(2,1,2);plot(w,angle(H));                              %绘制相位谱
set(gca,'xtick',[0 1 2 3 4 5 6 7]);
set(gca,'ytick',[0 0.4 0.707 1]);grid on;
xlabel('\omega');
ylabel('|phi(\omega)|');
```

幅度谱和相位谱如题解图 8.3 所示。

8.4 解：程序如下。

```
n=[1:100];
x=[1,1,1,1,1,1,1,1,1,1,zeros(1,90)];      %输入信号
```

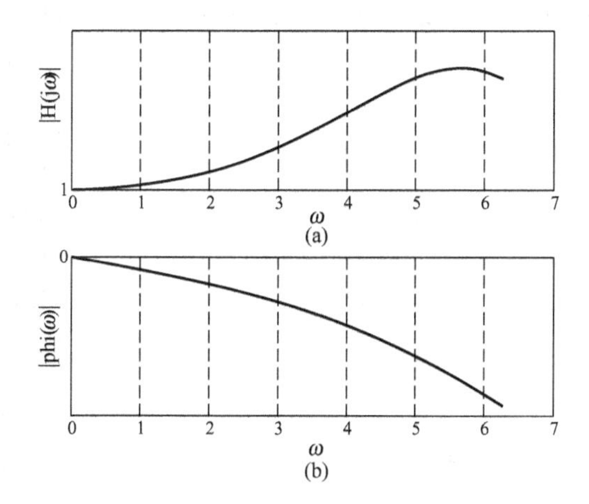

题解图 8.3

```
h=0.9.^n;                                    %系统冲激响应
y=conv(x,h);                                 %系统输出
k=[1:199];
subplot(3,1,1);stem(n,x);
subplot(3,1,2);stem(n,h);
subplot(3,1,3);stem(k,y);
```

输入信号、冲激响应、输出信号的波形如题解图 8.4 所示。

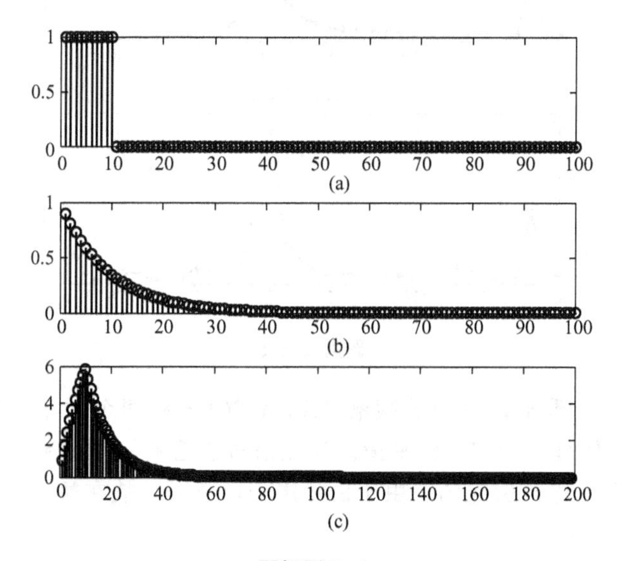

题解图 8.4

8.5 解：程序如下。

```
N=64;                                        %采样点数
T=1;                                         %采样时间终点
t=linspace(0,T,N);                           %给出 N 个采样时间 ti(I= 1:N)
```

```
x1=2*sin(2*pi*2*t)+5*cos(2*pi*20*t);                    %信号
x2=2*sin(2*pi*2*t)+5*cos(2*pi*20*t)+0.8*randn(1,N);     %信号加噪声
dt=t(2)-t(1);                                           %采样周期
f=1/dt;                                                 %采样频率(Hz)
                                                        %计算信号的傅里叶变换
X1=fft(x1);                                             %计算 x 的快速傅里叶变换 X
F1=X1(1:N/2+ 1);                                        %F(k)=X(k)(k=1:N/2+1)
                                                        %计算信号加噪声
X2=fft(x2);                                             %计算 x 的快速傅里叶变换 X
F2=X2(1:N/2+ 1);                                        %F(k)=X(k)(k=1:N/2+1)

f=f*(0:N/2)/N;                                          %使频率轴 f 从零开始
subplot(2,1,1),plot(f,abs(F1),'-*')                     %绘制振幅—频率图
title('信号频谱');
subplot(2,1,2),plot(f,abs(F2),'-*')                     %绘制振幅—频率图
title('加噪信号频谱');
```

信号和加噪信号的频谱如题解图 8.5 所示。

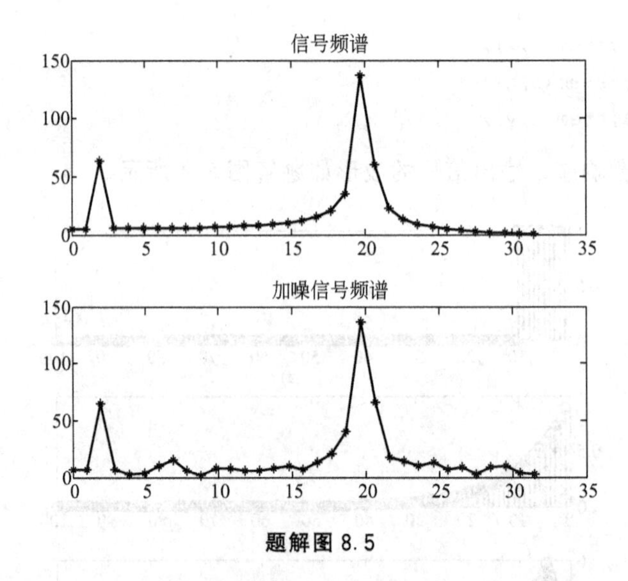

题解图 8.5

从两者的频谱可以看出，信号的频谱 2Hz 和 20Hz 有两个冲激，所以原信号中含有 2Hz 和 20Hz 的正弦信号，频谱比较平滑。加噪信号也含有这两个频率成分，但是其频谱有较大波动，这主要是噪声引起的。由于白噪声为白色谱，故在整个频率轴上都有影响。

8.6　解：程序如下。

```
t= 0:0.001:1;
x1=sin(2*pi*100*t)+2*sin(2*pi*300*t);                     %信号
x2=sin(2*pi*100*t)+2*sin(2*pi*300*t)+2*randn(size(t));    %信号加噪声
nfft=256;                                                 %设置 nfft 值
Fs=1000;                                                  %设置采样频率
```

```
window=hanning(nfft);                          %设置窗函数为汉宁窗，
                                                窗宽为 256
noverlap=128;                                  %混叠宽度为 128 点
[Pxx1,f]=psd(x1,nfft,Fs,window,noverlap);      %计算信号功率密度谱
[Pxx2,f]=psd(x2,nfft,Fs,window,noverlap);      %计算加噪信号功率密
                                                度谱
subplot(2,1,1),plot(f,Pxx1)                    %绘制信号功率密度谱
                                                图像
subplot(2,1,2),plot(f,Pxx2)                    %绘制加噪功率密度谱
                                                图像
```

两信号的功率密度谱如题解图 8.6 所示。

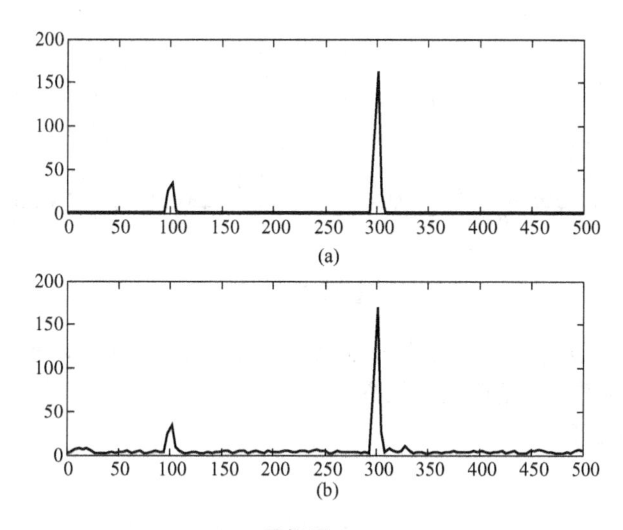

题解图 8.6

从题解图 8.6 可以看出，信号的功率密度谱和频谱一样，都可以反映信号的频率分布。信号加噪前后的区别主要体现在是否含有噪声的功能密度谱。加噪之后，功率密度谱在整个频率轴上产生波动。

8.7 解：程序如下。

```
for i=1:4;
N=40+i*5;
T=1;
t=linspace(0,T,N);                  %把时间 T 分成 N 份,T/N 为采样频率
f=1/(t(2)- t(1));                   %采样频率
x=2*sin(4*pi*t)+5*cos(40*pi*t);
y=fft(x);
F=y(1:N/2+1);
f=f*(0:N/2)/N;                      %由于频谱的对称性,显示一半频率的频谱
subplot(2,2,i);
plot(f,abs(F),'-*')
```

```
end
```

采样点分别为 45、50、55 和 60 点对应频谱的波形分别如题解图 8.7(a)、题解图 8.7(b)、题解图 8.7(c)和题解图 8.7(d)所示。

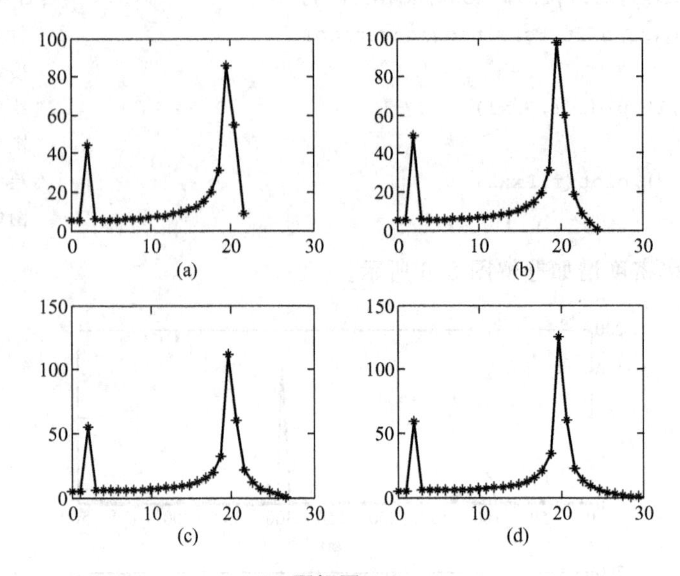

题解图 8.7

从题解图 8.7 可以看出，采样点分别为 40、45、50、60 点，其频谱均能较高精度，但是随着采样点数的增加，精度逐渐提高。

8.8 解：程序如下。

```
pi=3.1415926;
T=1;N=100;                    %定义采样间隔和采样点数
t=linspace(0,T,N);            %把时间 T 分成 N 份,T/N 为采样频率
f=1/(t(2)-t(1));              %采样频率
w1=5;w2=15;w3=30;             %定义信号频率
s1=sin(2*pi*w1*t);
s2=sin(2*pi*w2*t);
s3=sin(2*pi*w3*t);
s=s1+ s2+ s3;
subplot(4,4,1);
plot(t,s1);title('5hz 信号')
subplot(4,4,2);plot(t,s2);title('15hz 信号')
subplot(4,4,5);plot(t,s3);title('30hz 信号')
subplot(4,4,6)
plot(t,s,'-r');
title('相加结果')
subplot(4,2,2)
plot(t,s,'-r');
title('相加结果')
```

```
                                      %信号的频谱在 5,15,30Hz 处 3 个脉冲;
X=fft(s);
F=X(1:N/2+ 1);
f=f* (0:N/2)/N;                       %由于频谱的对称性,显示一半频率的频谱
subplot(4,2,4)
plot(f,abs(F),'-+ ')
xlabel('频率(Hz)');
ylabel('幅度谱');
                                      %定义 8 阶带通滤波器带宽为 10～20Hz,并给出滤波器的频谱
[b,a]=butter(8,[10 20]*2/N);
[H,w]=freqz(b,a,N/2+1);
subplot(2,2,3)
plot(w*N/(2*pi),abs(H),'-r*');
xlabel('频率(Hz)');
ylabel('频率响应幅值');
title('带通滤波器频谱')
                                      %频率响应,滤除 5Hz、30Hz 的正弦信号并显示滤波的频谱和时域
                                       波形
Y=F.*H';
subplot(2,4,7)
plot(w*N/(2*pi),abs(Y),'-kx');
y=real(ifft(Y,N));                    %傅里叶反变换的结果去实部才是信号
subplot(4,4,16);
plot(t,y);
title('带通滤波后信号')
```

程序运行结果如题解图 8.8 所示。

从题解图 8.8 可以看出，混合信号中含有 5Hz、15Hz 和 30Hz 三个频率成分，Butterworth 滤波器函数产生一个 10～20Hz 的带通滤波器，对混合信号处理后，5Hz 和 30Hz 频率成分被滤除，只剩下 15Hz 的正弦信号。

8.9 解：程序如下。

```
a=[1,2,2,1];
b=[1,2];
sys=tf(b,a);
figure;
subplot(2,2,1)
pzmap(sys);                              %画出零极点图
subplot(2,2,2)
pzmap(sys);                              %画出零极点图
sgrid;                                   %绘制阻尼比和自然振荡频率
subplot(2,2,3)
rlocus(b,a);                             %根轨迹
title('根轨迹');
```

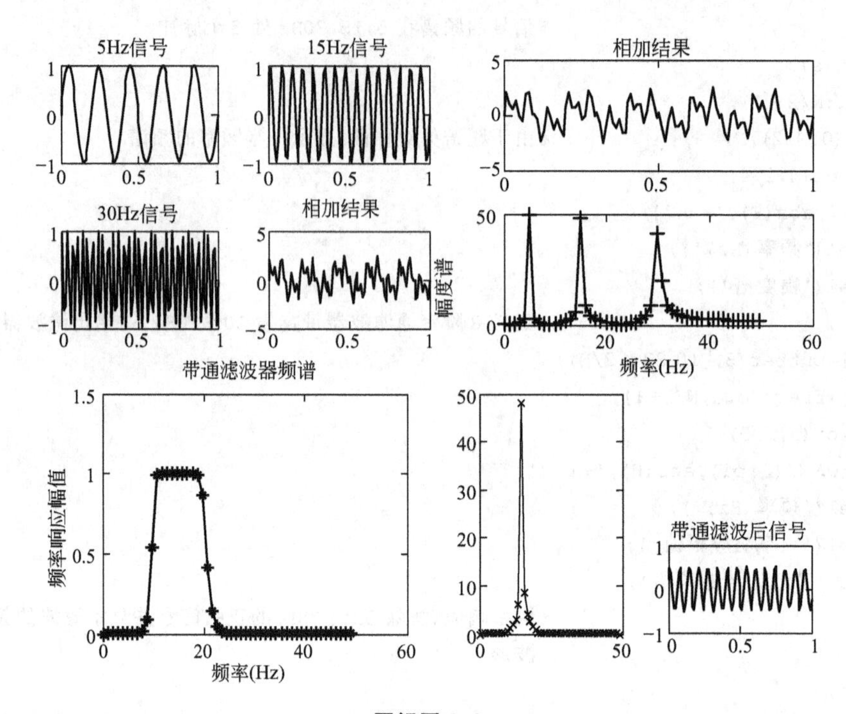

题解图 8.8

```
subplot(2,2,4)
rlocus(b,a);                    %根轨迹
sgrid;                          %绘制阻尼比和自然振荡频率
x=impulse(b,a);                 %冲击响应
y=step(b,a);                    %阶跃响应
figure;
subplot(2,2,1);
plot(x);
grid on;
title('系统冲击响应');
subplot(2,2,3);
plot(y);
grid on;
title('系统阶跃响应');
                                %频率响应(freqs)
[H,W]=freqs(b,a);
subplot(2,2,2);
plot(W,abs(H));
grid on;
title('幅度谱');
subplot(2,2,4);
plot(W,angle(H));
title('相位谱');
```

```
grid on;
```

零极点图和根轨迹图如题解图 8.9 所示。

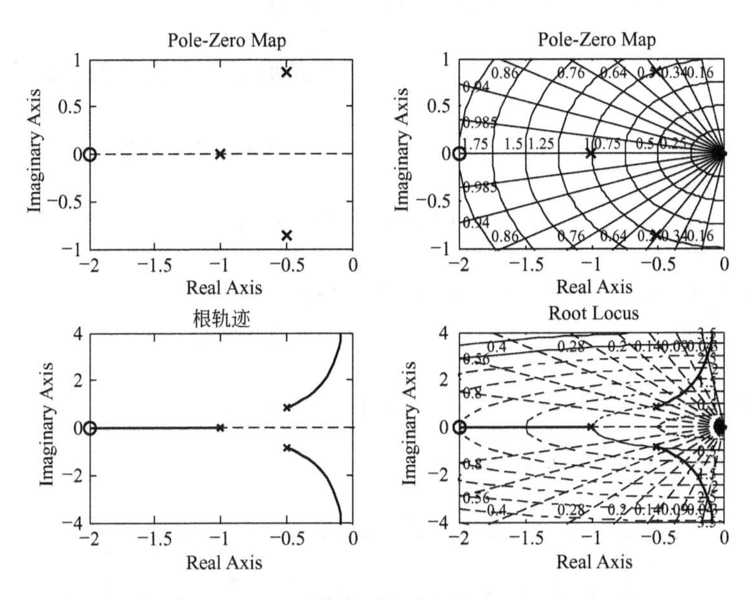

题解图 8.9 - 1

系统的零输入响应、阶跃响应和频率响应如题解图 8.9 - 2 所示。

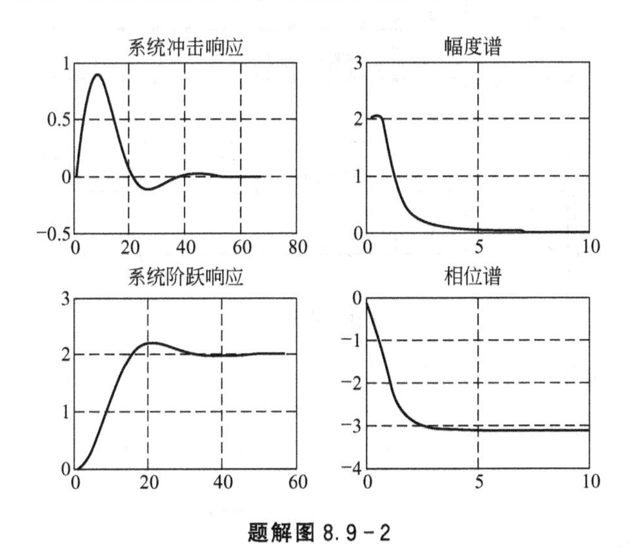

题解图 8.9 - 2

8.10 解：程序如下。

```
kj=0:15;
a=[1-1/6-1/6];
b=[1 2];
                                        %零状态响应
fk=(0.5).^kj;
```

```
subplot(4,1,1),stem(kj,fk,'.'),title('输入信号');
yf=filter(b,a,fk);
subplot(4,1,2),stem(kj,yf,'.'),title('零状态响应');
                                                  %完全响应
                                                  %由初始条件和差分方程计算 y[0]=2/3,y[1]=7/
                                                   9,y[2]=161/108
y(1)=7/9;y(2)=161/108;                            %初始条件,然后递推
for i=3:length(kj)
y(i)=(1/6)*y(i-1)+(1/6)*y(i-2)+fk(i)+2*fk(i-1);
end
subplot(4,1,4),stem(kj,y,'.'),title('完全响应');
                                                  %零输入响应
yx=y-yf;
subplot(4,1,3),stem(kj,yx,'.'),title('零输入响应');
```

运行结果如题解图 8.10 所示。

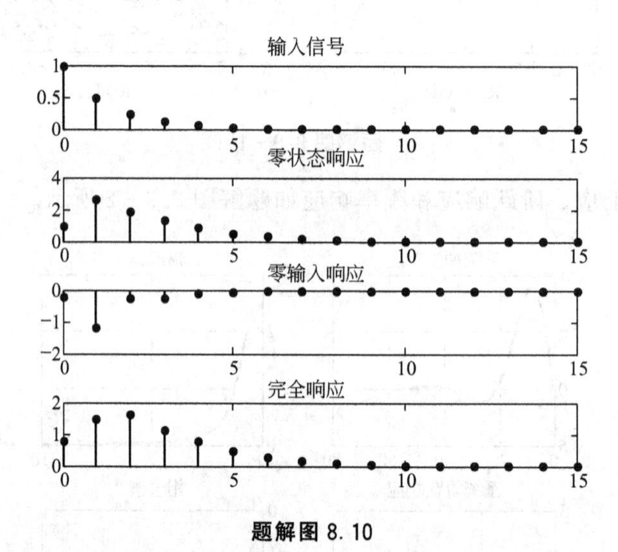

题解图 8.10

8.11 解：程序如下。

```
a=[3 3 -15 18 -12];
b=[2 16 44 56 32];
%p1= roots(a);                                     %极点
subplot(2,1,1);
zplane(b,a);
title('极点分布在单位圆外部,系统不稳定');
k=0:100;
u=ones(1,101);
x=filter(b,a,u);
subplot(2,1,2);
stem(x);
```

```
title('单位阶跃脉冲响应');
```

运行结果如题解图 8.11 所示。

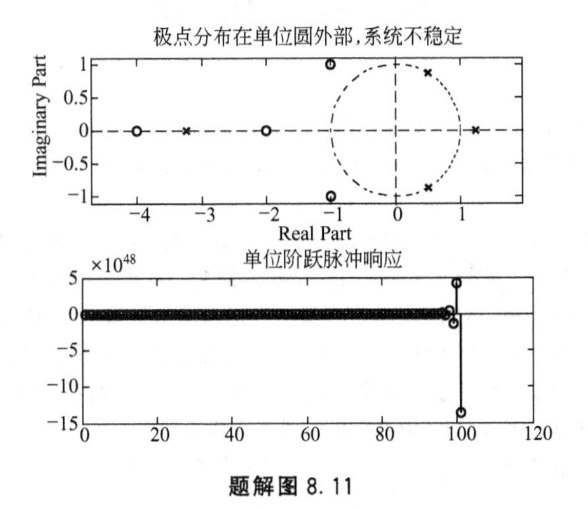

题解图 8.11

参 考 文 献

[1] 刘树堂. 信号与系统 [M]. 2版. 西安：西安交通大学出版社，1997.
[2] Oppenheim. A V，Willsky A S，Nawab S H. Signals and Systems [M]. 2nd Ed.，Prentice－Hall，Inc.，1997.
[3] 陈生潭，郭宝龙，李学武，等. 信号与系统 [M]. 3版. 西安：西安电子科技大学出版社，2009.
[4] 郑君里，杨为理，应启珩. 信号与系统 [M]. 2版. 北京：高等教育出版社，2000.
[5] 许丽佳，穆炯，康志亮，等. MATLAB程序设计及应用 [M]. 北京：清华大学出版社，2011.
[6] 董长虹，余啸海，高成，等. MATLAB信号处理与应用 [M]. 北京：国防工业出版社，2005.
[7] 丁玉美，高西全，彭学愚. 数字信号处理 [M]. 西安：西安电子科技大学出版社，1997.
[8] 张明友. 信号与系统习题集 [M]. 成都：电子科技大学出版社，2005.
[9] 孙洪，余翔宇. 数字信号处理——基于计算机的方法 [M]. 2版. 北京：电子工业出版社，2005.
[10] 华容，隋晓红. 信号与系统 [M]. 北京：北京大学出版社，2006.
[11] 陈后金，胡建，薛建. 信号与系统 [M]. 2版. 北京：清华大学出版社，2005.

北京大学出版社本科电气信息系列实用规划教材

序号	书名	书号	编著者	定价	出版年份	教辅及获奖情况
			物联网、大数据			
1	大数据导论	7-301-30665-9	王道平	39	2019	电子课件/答案
2	物联网概论	7-301-23473-0	王　平	38	2015 重印	电子课件/答案，有“多媒体移动交互式教材”
3	物联网概论	7-301-21439-8	王金甫	42	2012	电子课件/答案
4	现代通信网络(第 2 版)	7-301-27831-4	赵瑞玉　胡珺珺	45	2017，2018 第 3 次重印	电子课件/答案
5	无线通信原理	7-301-23705-2	许晓丽	42	2016 重印	电子课件/答案
6	家居物联网技术开发与实践	7-301-22385-7	付　蔚	39	2014 重印	电子课件/答案
7	物联网技术案例教程	7-301-22436-6	崔逊学	40	2013	电子课件
8	传感器技术及应用电路项目化教程	7-301-22110-5	钱裕禄	30	2013，2018 第 5 次重印	电子课件/视频素材，宁波市教学成果奖
9	电磁场与电磁波(第 2 版)	7-301-20508-2	邬春明	32	2016 重印	电子课件/答案
10	现代交换技术(第 2 版)	7-301-18889-7	姚　军	36	2013，2018 第 4 次重印	电子课件/习题答案
11	传感器基础(第 2 版)	7-301-19174-3	赵玉刚	32	2016 重印	视频
12	通信技术实用教程	7-301-25386-1	谢　慧	36	2015	电子课件/习题答案
13	物联网工程应用与实践	7-301-19853-7	于继明	39	2015	电子课件
14	传感与检测技术及应用	7-301-27543-6	沈亚强　蒋敏兰	43	2016	电子课件/数字资源
			单片机与嵌入式			
1	嵌入式系统基础实践教程	7-301-22447-2	韩　磊	35	2015 重印	电子课件
2	单片机原理与接口技术	7-301-19175-0	李　升	46	2017 第 3 次重印	电子课件/习题答案
3	单片机系统设计与实例开发(MSP430)	7-301-21672-9	顾　涛	44	2013	电子课件/答案
4	单片机原理与应用技术(第 2 版)	7-301-27392-0	魏立峰　王宝兴	42	2016	电子课件/数字资源
5	单片机原理及应用教程(第 2 版)	7-301-22437-3	范立南	43	2016 重印	电子课件/习题答案，辽宁“十二五”教材
6	单片机原理与应用及 C51 程序设计	7-301-13676-8	唐　颖	30	2017 第 7 次重印	电子课件
7	单片机原理与应用及其实验指导书	7-301-21058-1	邵发森	44	2012	电子课件/答案/素材
8	MCS-51 单片机原理及应用	7-301-22882-1	黄翠翠	34	2013	电子课件/程序代码
			物理、能源、微电子			
1	物理光学理论与应用(第 3 版)	7-301-29712-4	宋贵才	56	2019	电子课件/习题答案，“十二五”普通高等教育本科国家级规划教材
2	现代光学	7-301-23639-0	宋贵才	36	2014	电子课件/答案
3	平板显示技术基础	7-301-22111-2	王丽娟	52	2014 重印	电子课件/答案
4	集成电路版图设计(第 2 版)	7-301-29691-2	陆学斌	42	2019	电子课件/习题答案
5	新能源与分布式发电技术(第 2 版)	7-301-27495-8	朱永强	45	2016，2019 第 4 次重印	电子课件/习题答案，北京市精品教材，北京市“十二五”教材
6	太阳能电池原理与应用	7-301-18672-5	靳瑞敏	25	2011，2017 第 4 次重印	电子课件
7	新能源照明技术	7-301-23123-4	李姿景	33	2013	电子课件/答案

序号	书名	书号	编著者	定价	出版年份	教辅及获奖情况
8	集成电路EDA设计——仿真与版图实例	7-301-28721-7	陆学斌	36	2017	数字资源
			基础课			
1	电路分析	7-301-12179-5	王艳红　蒋学华	38	2017 第 5 次重印	电子课件，山东省第二届优秀教材奖
2	运筹学(第 2 版)	7-301-18860-6	吴亚丽　张俊敏	28	2016 第 5 次重印	电子课件/习题答案
3	电路与模拟电子技术（第 2 版）	7-301-29654-7	张绪光	53	2018	电子课件/习题答案
4	微机原理及接口技术	7-301-16931-5	肖洪兵	32	2010	电子课件/习题答案
5	数字电子技术	7-301-16932-2	刘金华	30	2010	电子课件/习题答案
6	微机原理及接口技术实验指导书	7-301-17614-6	李干林　李　升	22	2018 第 4 次重印	课件(实验报告)
7	模拟电子技术	7-301-17700-6	张绪光　刘在娥	36	2016 第 3 次重印	电子课件/习题答案
8	电工技术	7-301-18493-6	张　莉　张绪光	26	2017 第 4 次重印	电子课件/习题答案，山东省“十二五”教材
9	电路分析基础	7-301-20505-1	吴舒辞	38	2012	电子课件/习题答案
10	数字电子技术	7-301-21304-9	秦长海　张天鹏	49	2017 第 3 次重印	电子课件/答案，河南省“十二五”教材
11	模拟电子与数字逻辑	7-301-21450-3	邬春明	48	2019 第 3 次重印	电子课件
12	电路与模拟电子技术实验指导书	7-301-20351-4	唐　颖	26	2012	部分课件
13	电子电路基础实验与课程设计	7-301-22474-8	武　林	36	2013	部分课件
14	电文化——电气信息学科概论	7-301-22484-7	高　心	30	2013	
15	实用数字电子技术	7-301-22598-1	钱裕禄	30	2019 第 3 次重印	电子课件/答案/其他素材
16	模拟电子技术学习指导及习题精选	7-301-23124-1	姚娅川	30	2013	电子课件
17	电工电子基础实验及综合设计指导	7-301-23221-7	盛桂珍	32	2016 重印	
18	电子技术实验教程	7-301-23736-6	司朝良	33	2016 第 3 次重印	
19	电工技术	7-301-24181-3	赵莹	46	2019 第 3 次重印	电子课件/习题答案
20	电子技术实验教程	7-301-24449-4	马秋明	26	2019 第 4 次重印	
21	微控制器原理及应用	7-301-24812-6	丁筱玲	42	2014	
22	模拟电子技术基础学习指导与习题分析	7-301-25507-0	李大军　唐　颖	32	2015	电子课件/习题答案
23	电工学实验教程(第 2 版)	7-301-25343-4	王士军　张绪光	27	2015	
24	微机原理及接口技术	7-301-26063-0	李干林	42	2015	电子课件/习题答案
25	简明电路分析	7-301-26062-3	姜　涛	48	2015	电子课件/习题答案
26	微机原理及接口技术(第 2 版)	7-301-26512-3	越志诚　段中兴	49	2016，2017 重印	二维码数字资源
27	电子技术综合应用	7-301-27900-7	沈亚强　林祝亮	37	2017	二维码数字资源
28	电子技术专业教学法	7-301-28329-5	沈亚强　朱伟玲	36	2017	二维码数字资源
29	电子科学与技术专业课程开发与教学项目设计	7-301-28544-2	沈亚强　万　旭	38	2017	二维码数字资源
			电子、通信			
1	DSP 技术及应用	7-301-10759-1	吴冬梅　张玉杰	26	2018 第 10 次重印	电子课件，中国大学出版社图书奖首届优秀教材奖一等奖
2	电子工艺实习（第 2 版）	7-301-30080-0	周春阳	35	2019	电子课件
3	信号与系统	7-301-10761-4	华　容　隋晓红	33	2016 第 6 次重印	电子课件

序号	书名	书号	编著者	定价	出版年份	教辅及获奖情况
4	电子工艺学教程	7-301-10744-7	张立毅　王华奎	45	2019 第 10 次重印	电子课件，中国大学出版社图书奖首届优秀教材奖一等奖
5	信息与通信工程专业英语(第 2 版)	7-301-19318-1	韩定定　李明明	32	2018 第 4 次重印	电子课件/参考译文，中国电子教育学会 2012 年全国电子信息类优秀教材
6	高频电子线路(第 2 版)	7-301-16520-1	宋树祥　周冬梅	35	2013 重印	电子课件/习题答案
7	MATLAB 基础及其应用教程	7-301-11442-1	周开利　邓春晖	39	2019 第 16 次重印	电子课件
8	通信原理	7-301-12178-8	隋晓红　钟晓玲	32	2018 第 3 次重印	电子课件
9	数字信号处理	7-301-16076-3	王震宇　张培珍	32	2019 第 4 次重印	电子课件/答案/素材
10	光纤通信（第 2 版）	7-301-29106-1	冯进玫	39	2018	电子课件/习题答案
11	数字信号处理	7-301-17986-4	王玉德	32	2010	电子课件/答案/素材
12	电子线路 CAD	7-301-18285-7	周荣富　曾　技	41	2011	电子课件
13	MATLAB 基础及应用	7-301-16739-7	李国朝	39	2011	电子课件/答案/素材
14	现代电子系统设计教程（第 2 版）	7-301-29405-5	宋晓梅	45	2018	电子课件/习题答案
15	信号与系统（第 2 版）	7-301-29590-8	李云红	42	2018	电子课件
16	MATLAB 基础与应用教程	7-301-21247-9	王月明	32	2013	电子课件/答案
17	微波技术基础及其应用	7-301-21849-5	李泽民	49	2013	电子课件/习题答案/补充材料等
18	网络系统分析与设计	7-301-20644-7	严承华	39	2012	电子课件
19	DSP 技术及应用	7-301-22109-9	董　胜	39	2013	电子课件/答案
20	通信原理实验与课程设计	7-301-22528-8	邬春明	34	2015	电子课件
21	信号与系统	7-301-22582-0	许丽佳	58	2013	电子课件/答案
22	信号与线性系统	7-301-22776-3	朱明旱	33	2013	电子课件/答案
23	信号分析与处理	7-301-22919-4	李会容	39	2013	电子课件/答案
24	MATLAB 基础及实验教程	7-301-23022-0	杨成慧	36	2016 重印	电子课件/答案
25	DSP 技术与应用基础(第 2 版)	7-301-24777-8	俞一彪	45	2015	实验素材/答案
26	EDA 技术及数字系统的应用	7-301-23877-6	包　明	55	2015	
27	算法设计、分析与应用教程	7-301-24352-7	李文书	49	2014	
28	Android 开发工程师案例教程	7-301-24469-2	倪红军	48	2014	
29	ERP 原理及应用（第 2 版）	7-301-29186-3	朱宝慧	49	2018	电子课件/答案
30	综合电子系统设计与实践	7-301-25509-4	武　林　陈　希	32	2015	
31	高频电子技术	7-301-25508-7	赵玉刚	29	2015	电子课件
32	信息与通信专业英语	7-301-25506-3	刘小佳	29	2015	电子课件
33	信号与系统	7-301-25984-9	张建奇	45	2015	电子课件
34	数字图像处理及应用	7-301-26112-5	张培珍	36	2015	电子课件/习题答案
35	Photoshop CC 案例教程(第 3 版)	7-301-27421-7	李建芳	49	2016	电子课件/素材
36	激光技术与光纤通信实验	7-301-26609-0	周建华　兰　岚	28	2015	数字资源
37	Java 高级开发技术大学教程	7-301-27353-1	陈沛强	48	2016	电子课件/数字资源
38	VHDL 数字系统设计与应用	7-301-27267-1	黄　卉　李　冰	42	2016	数字资源
39	光电技术应用	7-301-28597-8	沈亚强　沈建国	30	2017	数字资源
			自动化、电气			
1	自动控制原理	7-301-22386-4	佟　威	30	2013	电子课件/答案
2	自动控制原理	7-301-22936-1	邢春芳	39	2016 重印	

序号	书名	书号	编著者	定价	出版年份	教辅及获奖情况
3	自动控制原理	7-301-22448-9	谭功全	44	2013	
4	自动控制原理	7-301-22112-9	许丽佳	30	2017 第 4 次重印	
5	自动控制原理(第 2 版)	7-301-28728-6	丁 红	45	2017	电子课件/数字资源
6	现代控制理论基础	7-301-10512-2	侯媛彬等	20	2013 第 4 次重印	电子课件/素材，国家级“十一五”规划教材
7	计算机控制系统(第 2 版)	7-301-23271-2	徐文尚	48	2017 第 3 次重印	电子课件/答案
8	电力系统继电保护(第 2 版)	7-301-21366-7	马永翔	46	2019 第 4 次重印	电子课件/习题答案
9	电气控制技术(第 2 版)	7-301-24933-8	韩顺杰 吕树清	28	2014,2016 重印	电子课件
10	自动化专业英语(第 2 版)	7-301-25091-4	李国厚 王春阳	46	2014，2017 重印	电子课件/参考译文
11	电力电子技术及应用	7-301-13577-8	张润和	38	2008	电子课件
12	高电压技术(第 2 版)	7-301-27206-0	马永翔	43	2016	电子课件/习题答案
13	控制电机与特种电机及其控制系统	7-301-18260-4	孙冠群 于少娟	42	2011	电子课件/习题答案
14	供配电技术	7-301-16367-2	王玉华	49	2012	电子课件/习题答案
15	PLC 技术与应用(西门子版)	7-301-22529-5	丁金婷	32	2013	电子课件
16	电机、拖动与控制	7-301-22872-2	万芳瑛	34	2013	电子课件/答案
17	电气信息工程专业英语	7-301-22920-0	余兴波	26	2013	电子课件/译文
18	集散控制系统(第 2 版)	7-301-23081-7	刘翠玲	36	2013，2019 第 4 次重印	电子课件，2014 年中国电子教育学会“全国电子信息类优秀教材”一等奖
19	工控组态软件及应用	7-301-23754-0	何坚强	56	2014，2019 第 3 次重印	电子课件/答案
20	发电厂变电所电气部分(第 2 版)	7-301-23674-1	马永翔	54	2014，2019 第 3 次重印	电子课件/答案
21	自动控制原理实验教程	7-301-25471-4	丁 红 贾玉瑛	29	2015	
22	自动控制原理(第 2 版)	7-301-25510-0	袁德成	35	2015	电子课件/辽宁省“十二五”教材
23	电机与电力电子技术	7-301-25736-4	孙冠群	45	2015	电子课件/答案
24	虚拟仪器技术及其应用	7-301-27133-9	廖远江	45	2016	
25	智能仪表技术	7-301-28790-3	杨成慧	45	2017	二维码资源

如您需要更多教学资源如电子课件、电子样章、习题答案等，请登录北京大学出版社第六事业部官网 www.pup6.cn 搜索下载。

如您需要浏览更多专业教材，请扫下面的二维码，关注北京大学出版社第六事业部官方微信(微信号：pup6book)，随时查询专业教材、浏览教材目录、内容简介等信息，并可在线申请纸质样书用于教学。

感谢您使用我们的教材，欢迎您随时与我们联系，我们将及时做好全方位的服务。联系方式：010-62750667，pup6_czq@163.com，pup_6@163.com，欢迎来电来信。客户服务 QQ 号：1292552107，欢迎随时咨询。